스마트 배관관리 기술분석

남상엽 · 강민구 · 전준철 · 정해진 · 박제석 · 황동선 공저

도서출판 상 학 당

欲爲大者 當爲人役

크고자 하거든 남을 섬기라

스마트 배관관리 기술분석

머리말

배관관리(Pipeline Management)는 상·하수도 물 관리용 배관과 산업용 배관의 오일 분야에서 배관청소에 관한 기술이다. 전기와 통신관로에서도 내시경으로 전선을 포설한 전후에 영상으로 배관을 모니터링 하는 영역을 포함하고 있다.

배관은 상·하수도, 위생난방, 소화설비, 공기조화장치 등에 사용되고 중화학 및 조선업, 건설 플랜트 등에 배관분야가 속해 있다.

배관관리 기술은 국내외에서 장기로 사용하는 매설배관이 늘어나면서 관리부실에 의한 사고 위험이 존재하고, 시설에 대한 검사와 부수뿐만 아니라 시스템적 접근 및 근원적 문제 해결을 위한 지속적인 제도와 더불러 다양한 배관을 관리하는 안전관리기법(배관검사 로봇기술, 딥러닝 기반 신경망 기술 등)이나 기존 배관상태를 사전에 검증하는 방법으로 매설배관 진단기술매설(배관 건전성 관리를 위한 최신 비파괴검사(NDT, Non-Destructive Testing) 등을 총칭한다.

배관관리를 위한 기술은 다양한 방법으로 배관시스템의 유지보수와 관리를 개선하는 데 사용된다. 이러한 기술은 시스템의 성능, 효율성, 안전성, 수명을 향상시키는 데 도움을 줄 수 있다. 최근 빅데이터를 활용한 도시가스 배관 종합관리시스템(CPMS, City-gas Pipeline Management System)'이 있다. 도시가스사가 보유하고 있는 배관의 정보와 공사가 보유한 진단정보를 웹사이트에 업로딩하고 도시가스사, 공사, 정부 등에서 이 정보를 안전관리에 활용할 수 있도록 시스템을 구축한 것이다.

배관관리에서 배관검사와 판독은 중요한 단계이다. 이들은 배관시스템의 안전성과 신뢰성을 유지하기 위해 필요한 절차이다. 대다수 배관내시경은 끝단에 LED조명이 내장된 소형 카메라를 PVC코팅 Fiberglass 케이블에 연결하여 조명조절장치와 영상저장장치가 내장된 제어기를 통과하여 소형 액정모니터와 연결되어 있다.

배관내시경의 영상분석을 통한 불량 개소처럼 오배수 배관의 많은 하자로 인하여 막대한 경제적 손실은 물론 브랜드 이미지에 부정적 영향을 받아 배관검사 필수를 내규로 정하여 신축 공동주택 모두에 적용하고 있다.

배관의 위치추적용 표식방법은 배관관리에서 중요한 역할을 한다. 이를 통해 배관의 위치를 정확하게 파악하고 유지보수 및 수리작업시에 필요한 정보를 제공할 수 있다.

배관기술은 배관시스템의 설계, 설치, 유지보수 및 관리에 관련된 기술이다. 주로 건축물이나 산업시설에서 물, 가스, 습기, 화학물질 등을 운반하고 분배하기 위해 사용되는 배관시스템에 적용된다. 배관(급수관, 배수관, 오수관 등) 시험 및 검사에 대한 이해가 필요하며 육안검사, 비파괴 검사를 통하여 배관의 시공상태를 파악한다.

상수도의 수질관리는 일정한 수압유지에 의한 부단수를 기반으로 하는 배관청소와 내시경 영상확보가 강조되고 있다. 공공주택, 상업 및 공장건물의 배관관리는 하수관과 오수관의 청소와 누수 관련한 영상정보의 데이터 분석이 필요하다.

석유화학과 자동차 산업분야에서도 오일과 화학성분의 액체를 운반하는 수송관에 관한 배관청소는 청소 이전과 이후의 배관내부의 상태를 영상으로 비교판별 하고자 하는 배관 내시경 기술과 관리기술 등이 발전되고 있다. 이때, 배관을 통과하는 오일의 상태를 정제하는 플러싱은 화학용기와 배관의 계통을 유체의 속도와 충격으로 청소를 할 수 있다.

화학 및 오일용 배관은 이중 배관시스템을 사용하면 위험한 매체 및 화학의 안전한 수송을 위해 특별히 설계된 배관시스템이다. 이 배관시스템은 유체이동을 위한 내부 파이프와 유출방지를 위한 외부 파이프로 구성된다. 내부 파이프에서 예기치 않게 누출이 발생한 경우 외부 파이프가 배관밖으로 유출되는 것을 방지하여 주변환경이나 작업자를 최대한 보호한다.

가스용 배관관리 분석은 가스시스템의 안전성과 효율성을 유지하기 위해 수행되는 프로세스이다. 이 분석은 가스배관 시스템의 상태를 모니터링하고 평가하여 잠재적인 문제를 예방하고 식별하는 데 도움을 준다.

배관공사에 사용하는 전선관, 박스 및 부속품은 관련 기준과 표준에 적합한 것을 선정하고, 배관공사의 종류 및 규격, 배관방식 등을 고려하여 설계되었는지 확인할 수 있다.

전선의 피복이 손상되지 않도록 전선관의 끝부분 및 내면을 매끈하게 할 수 있고 전선과 케이블의 종류, 배선 시공방법에 맞는 배관공사를 하기 위하여 도면과 현장상황을 고려하여 분석할 수 있다.

스마트 배관관리는 현대의 정보기술과 통신기술을 활용하여 배관시스템을 효율적으로 관리하고 분석하는 접근방법이다. 스마트 배관관리 분석은 다양한 데이터를 수집하고 분석하여 배관시스템의 성능, 상태, 유지보수 요구사항 등을 파악하는 과정을 의미한다.

이 교재에서는 '스마트 배관관리 기술분석'을 기반으로 배관청소방식인 '세척, 세정, 세관' 전후의 배관영상 분석으로 용수로와 도로망 및 선박 배관 등 스마트 시티 구현에서 배관분야의 빅데이터 영상과 인공지능 및 6G/WiFi를 연계한 미래의 '스마트 배관관리 기술분석'을 소개하고자 한다.

머리말

이 교재는 건축, 건설설비시공, 컴퓨터, 정보통신, 디지털 트윈, IoT, AR/VR/MR, 인공지능, 콘텐츠, 핀테크 엔지니어링, 보안 등 4차산업 관련 공학, 환경, 위생, 금융 및 경영 분야의 입문자를 대상으로 스마트 배관관리 기술분석에 대한 기본적인 지식이 없어도 단계별 필요지식 및 수행과정을 꾸준히 따라오면, 스마트 배관관리 기술분석에 관련 지식을 얻어 이해하는 단계로 발전하여 능력향상이라는 숲을 볼 수 있도록 눈높이를 맞추는 데 1차적인 목표를 두었다.

이 교재의 주요구성은 다음과 같다.

학습 1. 배관관리 기술의 개요, 학습 2. 배관검사와 판독, 학습 3. 배관영상 분석, 학습 4. 배관위치 파악과 영상마카, 학습 5. 배관기술 및 시장동향, 학습 6. 배관의 시공/누설확인 및 시운전, 학습 7. 상수 및 하수용 배관관리의 분석, 학습 8. 화락 및 오일용 배관관리의 분석, 학습 9. 가스용 배관관리의 분석, 학습 10. 전기 및 통신용 배관관리의 분석, 학습 11. 스마트 배관관리의 분석, 학습 12. 스마트 배관관리의 영상활용으로 구성되어 있다.

특히 각 장에서는 수행 순서에 따른 수행 질문에 따라 임의적으로 해법을 제시하여 창의적인 사고를 학생들이 추가로 작성하고, 제시된 수행과제를 보다 많은 지식을 상호간 문제점에 대하여 토론하고 확인할 수 있다.

이 교재가 출간되기까지 가장 많은 지원과 아낌없는 격려를 보내주신 도서출판 상학당의 남승우 사장님 및 스마트 배관관리 기술분석 관련 자문 및 논문, 보고서 사이트 등 자료제공을 해주신 관련 교수님, 기업 및 단체에 대하여 지면을 빌려 깊은 감사의 말씀을 드린다. 특히 스마트 배관관리 기술분석 관련 자료를 인터넷 블로그 및 관련 연구소 자료집에 올려주신 저자들 등 관련 관계자 여러분에게 감사의 마음을 전한다. 이 책에서 부족했던 점이나 기타 문의사항과 관련한 자료제공 및 지원은 도서출판 상학당을 통해 지속적으로 지원할 계획이며, 수행에 필요한 자료 등 기타 보충자료 또한 지속적으로 업데이트할 예정이므로 독자 여러분의 따뜻한 질책과 조언을 부탁드린다.

저자 씀

차 례

차 례

스마트 배관관리 기술분석 학습모듈 개요

1. 학습모듈의 목표

스마트 배관관리 기술분석은 현대의 정보기술과 통신기술인 데이터를 저장하는 클라우드 기술, 전송하는 인터넷 기술, 분석하는 인공지능(AI) 기술, 융합하는 응용 프로그래밍 인터페이스(API) 기술 등과 같은 정보통신 기술을 최대한 활용 · 융합하여 배관시스템의 배관검사는 정보통신 기술과 융합을 통해서 다양한 데이터를 수집 · 통합 · 활용 및 서비스를 제공하는 플랫폼을 학습한다. 또한 배관작업 및 배공시공 완료 후 설계도서와 시방서를 활용하여 배관내시경으로 분석하고 활용함으로써 설비의 성능을 파악하는 능력 등을 학습하는데 목표로 한다.

2. 선행 학습

스마트 정보기술, 머신러닝과 딥러닝 학습, 4차산업 기술, 영상분석, 영상마커, 배관시험 및 검사에 대한 이해, 설계도서, 표준시방서 이해, 인공지능, 클라우스 기술, 인터넷 기술, 가상현실, 증강현실, 건축 공간정보, ICT, 플랫폼, 스마트시티, 스마트 건설, 바이오헬스, 컴퓨터 활용능력 등

3. 핵심 용어

배관기술, 배관검사와 판독, 배관영상 분석, 배관내시경, 육안검사, 비파괴 검사, 품질표준서, 체크리스트, 설계도면, 시방서, 시운전 계획서, 상하수도 배관관리 기술 및 분석, 화학 및 오일용 배관관리 기술분석, 가스용 배관 기술분석, 전기 및 통신용 배관관리 기술분석, 스마트 배관관리 기술분석, 빅데이터, IoT, 인공지능, 시뮬레이션, 클라우드, 6G. 분석기술, 가시화/시각화 운영기술 등

4. 교육과정 학점 및 이수시간

학 습	교육과정 학점 및 이수시간	
	학점	이수시간
1. 배관관리 기술의 개요	3	3
2. 배관검사와 판독	3	3
3. 배관영상 분석	3	3
4. 배관위치 파악과 영상마카	3	3
5. 배관기술 및 시장동향	3	3
6. 배관의 시공/누설확인 및 시운전	3	3
7. 상수 및 하수용 배관관리의 분석	3	3
8. 화학 및 오일용 배관관리의 분석	3	3
9. 가스용 배관관리의 분석	3	3
10. 전기 및 통신용 배관관리의 분석	3	3
11. 스마트 배관관리의 분석	3	3
12. 스마트 배관관리의 영상활용	3	3

스마트 배관관리 기술분석 학습모듈 명세서

학습명	학습내용명
1. 배관관리 기술의 개요	1-1 배관관리의 기술개요 1-2 배관관리의 기술 1-3 산업용 배관내시경의 개요 1-4 산업용 배관내시경의 구조 1-5 오배수관의 종류 1-6 오배수관의 영상검사 사례
2. 배관검사와 판독	2-1 배관관리의 검사와 판독 2-2 배관의 진단조사 2-3 배관의 진단검사 2-4 배관의 성능확보 검사 2-5 배관내시경의 판독 2-6 배관검사의 비용산출
3. 배관영상 분석	3-1 지능형 영상 분석 3-2 배관영상 분석 3-3 디지털 영상장비 분석
4. 배관위치 파악과 영상마카	4-1 배관의 위치추적용 표식방법 4-2 배관마커 네비게이터 속도와 마커위치 추정 4-3 오배수 처리의 오배수관 계통
5. 배관기술 및 시장동향	5-1 배관기술의 개요 5-2 배관의 시장동향
6. 배관의 시공/누설확인 및 시운전	6-1 배관의 시공확인 6-2 배관의 누설상태 확인 6-3 배관의 시운전 조치계획 6-4 배관의 시운전 수행

학습명	학습내용명
7. 상수 및 하수용 배관관리의 분석	7-1 상수용 배관관리의 분석 7-2 하수용 배관관리의 분석 7-3 합성수지관 배관
8. 화학 및 오일용 배관관리의 분석	8-1 화학 및 오일용 배관관리 8-2 화학용 배관관리의 분석 8-3 오일용 배관관리의 분석
9. 가스용 배관관리의 분석	9-1 가스용 배관의 분석 9-2 가스용 배관의 시험 및 검사 9-3 가스용 배관의 시설관리
10. 전기 및 통신용 배관관리의 분석	10-1 전기통신용 배관시공 10-2 전기통신용 배관의 종류 및 규격 10-3 전기통신용 배관의 검사
11. 스마트 배관관리의 분석	11-1 스마트 배관관리의 분석 11-2 스마트 배관관리의 지능화 정보기술
12. 스마트 배관관리의 영상활용	12-1 배관의 비파괴 검사기술의 개요 12-2 배관의 비파괴 X-Ray 검사기술 12-3 배관의 비파괴 적외선 열화상 카메라 기술 12-4 지능형 배관관리용 영상활용 기술

학습 1	배관관리 기술의 개요
학습 2	배관검사와 판독
학습 3	배관영상 분석
학습 4	배관위치 파악과 영상마카
학습 5	배관기술 및 시장동향
학습 6	배관의 시공/누설확인 및 시운전
학습 7	상수 및 하수용 배관관리의 분석
학습 8	화학 및 오일용 배관관리의 분석
학습 9	가스용 배관관리의 분석
학습 10	전기 및 통신용 배관관리의 분석
학습 11	스마트 배관관리의 분석
학습 12	스마트 배관관리의 영상활용

학습 목표

1. 배관관리 기술의 개요를 이해할 수 있다.

1-1 배관관리의 기술개요

1. 배 관

배관(配管, 나눌배, 짝배, 대롱관, Pipe, Piping)은 관을 배치, 시공하는 공사를 이르는 것으로 배관에는 밸브나 코크 등을 부착하는 경우가 많다. 즉, 소정의 위치에 관을 배치(형태)한 기기를 연결하는 유체(액체, 기체, 분말 등)를 수송이나 배선 등의 보호를 목적으로 관(파이프), 튜브, 호스의 통로(목적)로서 연결하여 배설한 관으로 형태와 목적으로 정의한다.

배관을 영어로 PIPE, PIPING라고 쓰는데 PIPING이 좀 더 정확하다.

미국기계학회(ASME, The American Society of Mechanical Engineers)에서는 "파이프(PIPE) : 내압이 있는 실린더, 유체와 유체압력을 이송한다", "파이핑(Piping) : 파이핑 요소들의 조합[이송(Distribute), 분리(Separate), 혼합(Mix), 계측(Meter), 제어(Control), 차단에 사용하는]파이프 서포트 요소도 포함한다. 예외는 스트럭쳐(Structure), 프레임(Frames), 기초 등 ASME에서 다루지 않는 기기들이고, 파이핑의 요소의 예는 파이프, 엘보, 티, 캡, 레듀셔, 밸브, 플랜지, 볼트, 너트, 계측기 등 시스템들을 이룰 수 있는 최소한의 구성이다."라고 한다.

즉 배관은 압력유체를 이송하기 위한 요소들을 시스템에 맞게 구성하는 것으로 정의했다.

[그림 1-1] 파이프(Pipe)와 파이핑(Piping)의 구분

배관은 상 · 하수도, 위생난방, 소화설비, 공기조화장치 등에 사용되고 중화학 및 조선업, 건설 플랜트 등에 배관분야가 속해 있다.

2. 배관의 분류

배관의 분류는 일반(건축)배관과 공장(산업)배관으로 크게 구분한다.

1) 일반(건축)배관

(1) 급배수설비(給排水設備, Plumbing Equipment, Plumbing System)

급배수설비는 건축물의 내부서 상수도의 공급, 하수의 배수(필요한 통기 포함)의 배관, 기구, 펌프, 택트 그 외의 부대설비를 총칭하는 말이다.

(2) 위생설비(衛生設備, Sanitation, Sanitary Installation)

위생설비는 넓은 뜻으로는 급배수(위생)설비를 의미하며 상 · 하수도까지 포함하는 경우도 있다. 좁은 뜻으로는 오수처리 설비, 특히 분뇨 정화조 설비를 의미하며 쓰레기 처리 설비 등을 포함하는 경우도 있다.

(3) 난방설비(煖房設備, Heating Apparatus)

난방설비는 가열원을 이용하여 실내를 적극적으로 덥게 하기 위한 설비를 총칭한다.

(4) 소화설비(消化設備, Suppression System)

소화설비는 옥내소화전, 옥외소화전 설비, 동력소방펌프 설비, 스프링클러 소화설비, 물분무 등의 소화설비 등 여러 종류가 있다. 소화설비 중 분무 소화설비는 물분무 소화설비, 포말 소화설비, 이산화탄소 소화설비, 할로겐화합물 소화설비, 분말 소화설비, 기타 정부에서 고시한 청정 소화설비 등이 있다.

(5) 급탕설비(給湯設備, Hot Water Apparatus)

급탕설비는 가열장치를 설치하여 필요한 곳에 필요한 양의 탕을 적온으로 공급하는 설비로써 종류는 개별식과 중앙식이 있다. 개별식은 개소마다 소형 가열장치를 설치하고, 종류는 순간 탕 가열기와 저탕식 가열기 등으로 구분한다. 중앙식은 대형의 가열장치에서 배관에 의해 급탕한다.

(6) 배수통기설비(排水通氣設備, Drainage Waste and Vent System, Drainage)

배수통기설비는 건물 내 및 부지 내에서 오수, 잡배수, 우수, 특수배수를 지장없이 배출하기 위한 중력식 배수와 통기의 설비, 오수와 잡배수에 대하여 합류식과 분류식이 있다.

2) 산업배관(공장배관)

산업배관은 주로 공장에서 사용하는 배관으로 화력 및 수력발전용, 선박 및 화학공업용, 제철 및 관상설비용, 정유 및 공기조화용 등으로 구분한다.

3. 배관관리 기술

배관관리 기술은 국내외에서 장기로 사용하는 매설배관이 늘어나면서 관리부실에 의한 사고위험이 존재하고 시설에 대한 검사와 부수뿐만 아니라 시스템적 접근 및 근원적 문제해결을 위한 지속적인 제도와 더불러 다양한 배관을 관리하는 안전관리기법(배관검사 로봇기술, 딥러닝 기반 신경망 기술 등)이나 기존 배관상태를 사전에 검증하는 방법으로 매설배관 진단기술매설(배관 건전성 관리를 위한 최신 비파괴검사(NDT, Non-Destructive Testing) 등을 총칭한다.

최근 4차산업혁명 기술을 사용하여 매설배관의 안전관리 향상과 배관설비의 설치 시 최신기법을 활용하여 배관설비공사를 수행하고 있다. 특히 배관의 안전관리를 위해 드론 및 인공지능(AI) 기술을 탑재하여 처리하는 기술이 도입되고 있다. AI 기술이 적용된 드론을 도시가스 등 안전관리 분야에 활용하여 드론 주변 CCTV · 모바일 영상 등을 실시간으로 분석해 위험상황을 파악 · 경고하는 드론관제 플랫폼을 개발해 서비스를 시작했다.

AI 기술이 탑재된 드론은 사람이 접근하기 어려운 산지나 위험지역에 위치한 시설물 · 가스관을 감시한다. 드론관제 플랫폼은 드론으로부터 가스배관 주변상황의 영상을 실시간으로 받아 분석하고, 지리정보 시스템(GIS)과 연계해 현장의 실시간 영상에 시설물 정보를 증강현실(AR)로 함께 보여주고, 위험지역의 위치정보(도로명 주소)를 제공한다.

객체인식 기술을 활용해 다양한 색상의 굴삭기 움직임을 실시간으로 감지하고 땅 밑에 묻혀있는 가스배관 위치를 AR로 보여줘 미신고 굴착공사로 인한 사고를 방지한다. 드론관제 플랫폼은 드론의 효율적 운용과 중점 감시지역 선별도 지원한다. 지도와 연계한 드론별 비행 횟수는 물론 기간 · 장소별 드론 비행 횟수도 제공해 드론의 감시지역 누락을 방지한다.

또한 지역별로 미신고 굴삭기 등 위험장비 출몰 횟수 등의 정보도 제공해 드론 감시 횟수를 늘려야 하는 지역도 알려 준다. 이는 클라우드 기반 서비스로 별도의 시스템 투자 부담이 없다는 것도 장점이다. 드론관제 플랫폼은 고객이 보유한 드론과 연계만 하면 언제든 적용할 수 있다.

1-2 배관관리의 기술

배관관리를 위한 기술은 다양한 방법으로 배관시스템의 유지보수와 관리를 개선하는 데 사용된다. 이러한 기술은 시스템의 성능, 효율성, 안전성, 수명을 향상시키는은 도움을 줄 수 있다.

다음에는 배관관리를 위한 몇 가지 주요 기술에 대해 설명한다.

1. 상태 모니터링 기술

배관시스템의 상태를 실시간으로 모니터링하고 문제를 식별하는 기술이다. 센서와 모니터링 장치를 사용하여 배관내부의 압력, 온도, 유속 등을 감지하고, 이 데이터를 분석하여 시스템의 상태를 평가한다. 문제가 발생하면 조기경고를 제공하고 예방조치를 취할 수 있다.

2. 무파괴 검사 기술

배관의 내부상태를 조사하고 결함을 탐지하는 데 사용되는 기술이다. 예를 들어 초음파, 자기적외선, 라디오그래피, 라미네이션 등의 기술을 사용하여 배관내부의 부식, 파열, 증착물 층 등을 검사할 수 있다. 이를 통해 배관의 결함을 조기에 발견하고 교체나 수리작업을 수행할 수 있다.

3. 예측 유지보수 기술

데이터 분석, 기계학습 및 인공지능 기술을 활용하여 배관시스템의 예측 유지보수를 수행하는 기술이다. 이를 통해 시스템의 미래 고장을 예측하고 예방조치를 취할 수 있다. 예를 들어 센서데이터와 과거 유지보수 기록을 분석하여 특정 부분의 고장 가능성을 예측하고 해당 부분의 교체작업을 사전에 계획할 수 있다.

4. 스마트 모니터링 시스템

인터넷을 통해 배관시스템을 원격으로 모니터링하고 관리하는 기술이다. 이를 통해 운영자는 언제 어디서든 배관시스템의 상태를 확인하고 문제를 신속하게 대응할 수 있다.

이 시스템은 실시간 데이터 수집, 분석 및 경고기능을 통해 배관 네트워크의 상태를 모니터링하고 유지보수를 지원한다. 다음은 스마트 모니터링 시스템의 사례에 대한 상세한 설명이다.

1) 센서 네트워크

스마트 모니터링 시스템은 배관 네트워크에 설치된 센서 네트워크를 기반으로 작동한다. 이 센서들은 배관의 다양한 위치에 배치되어 데이터를 수집하고 전송한다. 예를 들어 압력센서, 온도센서, 유속센서 등이 사용될 수 있다. 이러한 센서들은 배관의 상태에 대한 실시간 정보를 제공한다.

2) 데이터 수집

센서들이 수집한 데이터는 중앙집중식 서버 또는 클라우드 기반 플랫폼으로 전송된다. 이러한 데이터 수집은 실시간으로 이루어지며, 센서들이 감지한 배관의 다양한 매개변수에 대한 정보를 포함한다. 데이터는 보안 및 안전한 방식으로 전송되며, 암호화와 인증기술을 사용하여 보호된다.

3) 데이터 분석

수집된 데이터는 분석 알고리즘을 사용하여 처리된다. 이 알고리즘은 데이터를 해석하고 배관 네트워크의 상태를 평가하기 위해 사용된다. 예를 들어 데이터 분석은 배관내부의 압력이 정상범위를 벗어날 경우 이를 감지하고 경고를 생성할 수 있다. 이를 통해 이상상태를 식별하고 필요한 조치를 취할 수 있다.

4) 경고 및 알림

스마트 모니터링 시스템은 배관 네트워크의 문제를 신속하게 파악하고 관리자에게 경고 및 알림을 제공한다. 예를 들어 시스템은 배관파손, 누수, 압력 이상 등과 같은 이상상태를 탐지하면 즉시 경고를 생성한다. 이를 통해 운영자는 문제를 신속하게 파악하고 조치를 취할 수 있다.

5. 증강현실 기술활용

AR(증강현실) 기술을 적용해 도시가스의 배관 스마트 안전관리에 나선다. 증강현실 기반 검증이 완료되어 도시가스의 배관 등이 지하에 매설되어 있는 시설물에 적용하면 현장에서 배관정보를 신속하고 직관적으로 파악하고 위치를 정확히 표출할 수 있게 된다. 타 굴착공사에 따른 도시가스 배관 파손사고를 사전에 예방하는 효과가 기대되는 대목이다.

AI(인공지능)의 정압기에서 지하에 매설되어 있는 도시가스 배관에 고정밀 GPS 기술의 실제 데이터를 적용한 증가현실 안전관리 기술이다. 위치기반 증강현실 기술을 도시가스 지하배관의 안전관리에 적용한 후 도시가스 현장 안전관리자의 의견 및 테스트를 통해 개선사항을 파악, 솔루션 기능을 고도화하는 것이다. 도시가스 배관 및 밸브 등 주요 시설물에 원격 측정장비를 설치해 운영하고 있고 이러한 원격 측정장비를 통해 배관의 부식여부 및 밸브박스 내 가스누출 여부를 실시간 탐측하는 등 도시가스 시설에 대한 스마트 안전관리 시스템을 구축하고 있다.

6. 빅데이터 기술활용

최근 빅데이터를 활용한 도시가스 배관 종합관리시스템(CPMS, City-gas Pipeline

Management System)'이 있다. 도시가스사가 보유하고 있는 배관의 정보와 공사가 보유한 진단정보를 웹사이트에 업로딩하고, 도시가스사 · 공사 · 정부 등에서 이 정보를 안전관리에 활용할 수 있도록 시스템을 구축한 것이다.

CPMS는 배관정보에 대한 데이터를 축적하고 있다. 올해 정밀안전진단 배관 중 19개 도시가스사 약 773km에 대한 정보가 입력됐고, 올 연말에는 31개 도시가스사 1,122km 배관에 대한 정보(약 58만개 항목)가 입력될 예정이다.

중압 도시가스배관의 모든 정보(약 1만 3,000km)가 모두 입력돼 운영되기까지 시간이 더 필요하겠지만, 현재로도 배관이력 정보를 기반으로 한 진단의 신뢰성은 크게 높아졌다고 할 수 있다.

과거에는 배관의 대략적인 위치파악도 어려워 배관을 진단하는 순서도 체계가 없었는데, CPMS에 축적된 배관정보는 배관의 대략적인 위치뿐만 아니라 배관의 보수이력, 점검실적 등 정보를 제공해 위험성이 상대적으로 높은 배관부터 우선 진단할 수 있는 체계가 갖추어진 것이다. 이와 같은 정보를 바탕으로 CPMS를 활용하면 정확한 통계를 파악할 수 있고, 정보의 전산화로 빅데이터가 구축돼 업무의 효율성과 신뢰성이 높아져 배관사고 예방에도 크게 기여할 수 있을 것으로 기대된다.

특히 업계측면에서는 진단, 검사관련 자료를 반복 제출했던 번거로움을 덜 수 있고, 진단신청 및 진단보고서 처리시간과 절차를 단축할 수 있다. 또한 진단정보 공유화로 업무소통이 원활해지고, 사고발생시 초기대응이 빨라지는 등 체계적인 배관유지관리가 가능할 것으로 예상된다.

7. 딥러닝 기술활용

보온재로 둘러싸인 배관은 원자력 발전소 및 석유, 화학, 가스산업과 같은 플랜트 산업 설비뿐만 아니라 가정 및 상업시설과 같은 생활시설 등 다양한 분야에 사용하고 있다. 배관내부의 유체의 흐름에 의해 발생하는 유동가속부식(FAC, Flaw Accelerated Corrosion)이나 보온제와 배관 경계면에서 발생하는 절연체 하부부식(CUI, Corrosion Under Insulation)같은 배관의 내 · 외부 부식에 의한 두께 감육은 배관 건전성을 위협하는 요소로서 주요 비파괴검사 대상이다. 그러나 종래기술은 비접촉 초음파 관련 검사 통해 사용할 경우에 보온재를 제거하고 검사후 재가설 과정으로 인하여 검사시간과 추가비용이 발생함으로 [그림 1-2]처럼 펄스 와전류 방식을 사용하면 이러한 문제를 한 번에 해결이 가능하다.

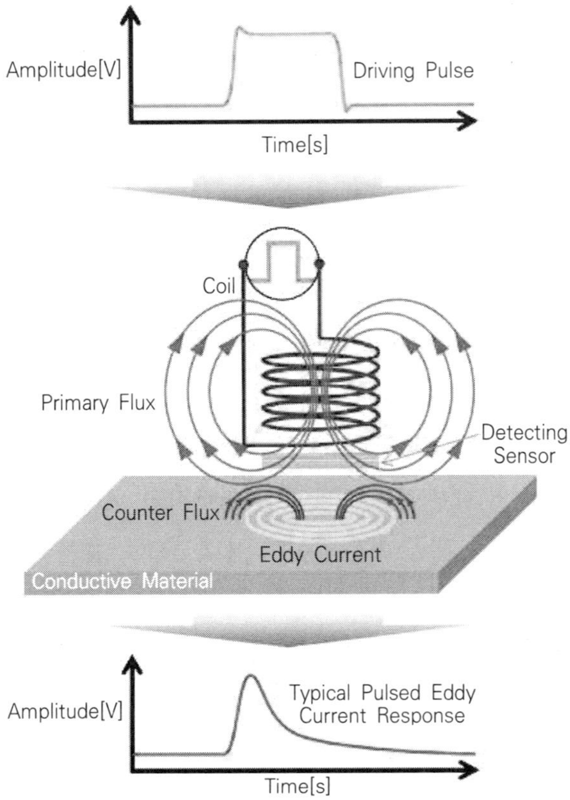

[그림 1-2] 펄스 와전류 시스템

이 방식은 광대역 주파수의 펄스를 사용하므로 깊이와 검사영역을 극복할 수 있다. 이러한 방식의 단점은 배관의 자기투과성, 저항률, 리프트 오프 등의 다양한 변수들에 의해 수신신호의 왜곡이 발생하며 이러한 요인으로 배관 두께 측정의 오차를 야기는 하지만 새로운 신호처리기법을 위해 수정 · 보완되고 있다.

이러한 데이터를 얻으면 1차원 시계열 데이터에 대한 딥러닝 모델를 통하여 보온제에 따른 여러 가지 변수는 있지만 딥러닝 학습기술을 통하여 해결을 할 수 가 있다.

1-3 산업용 배관내시경의 개요

1. 산업용 내시경

산업용 내시경 검사는 비파괴 검사를 수행할 때 접근 불가능한 부위의 Visual 검사를 위해 적용된다. 인체내부를 검사하는 유사한 장치는 통상 Endoscope라고 하며, 산업용 검사장치는 Borescope라고 호칭된다. Borescope들은 대부분 결함 또는 불완전한 부분들을 찾기 위한 용도로서 비파괴검사기술에 적용된다.

내시경(Borescopes)은 일반적으로 항공기 엔진, 산업용 가스터빈, 증기터빈, 디젤 엔진 및 자동차 및 트럭엔진의 육안검사에 사용되고, 또한 파이프, 보일러 관의 내부검사를 위해 사용된다.

산업용 내시경은 열악한 산업현장에서 완벽한 내시경 검사를 실시할 수 있도록 디자인되고 설계된 고품질 전문 산업용 내시경이다. 최신 고성능 이미지 센서와 고휘도 화이트 LED를 장착하여 자연색 표현을 가능하게 했으며, 최신 영상처리 프로세서를 통하여 최고의 이미지 구현과 데이터 저장을 가능하게 한다. 교환형 프로브(Probe)는 외경, 길이, 시야방향, 프로브 재질 등에 따라 최적화된 프로브를 선택하여 어느 산업현장에서나 최고의 성능을 발휘할 수 있도록 한다. 내장형 저장장치를 사용하여 정지영상과 동영상을 영상 손실없이 간편하게 저장하실 수 있으며, 외부출력 단자를 통해 외부기기 활용도 가능하다. 최적의 산업용 내시경은 합리적인 가격과 탁월한 성능, 강한 내구성을 겸비한 최고의 고효율, 편리한 휴대 및 간편한 사용 등 고성능 산업용 내시경이어야 한다. 그러나 현재 국산화가 거의 진행되지 않았고 대부분의 산업용 내시경 시스템은 중국, 일본, 미국 등지의 수입에 의존하고 있는 현실이다.

산업용 배관내시경은 최근에는 공동주택 다굴절 오배수관 내부검사용 Push Rod으로 사용된다. 산업현장에 있는 상하수도 배관, 전원/통신 케이블용 설치배관, 공조기의 덕트 및 배관의 연결부위 상태 등 각종 배관의 손상 내지 파손 여부와 그 원인을 확인할 수 있도록 한다.

지금 널리 쓰이는 '파이버 스코프(Fiber Scope)'라 불리는 내시경의 형태는 직경 10~20미크론의 유리섬유를 10만 개 이상 묶인 것으로 이 섬유의 끝에 연결된 카메라를 통해 인체내부의 상태를 화상으로 전달할 수 있게 되어 있다.

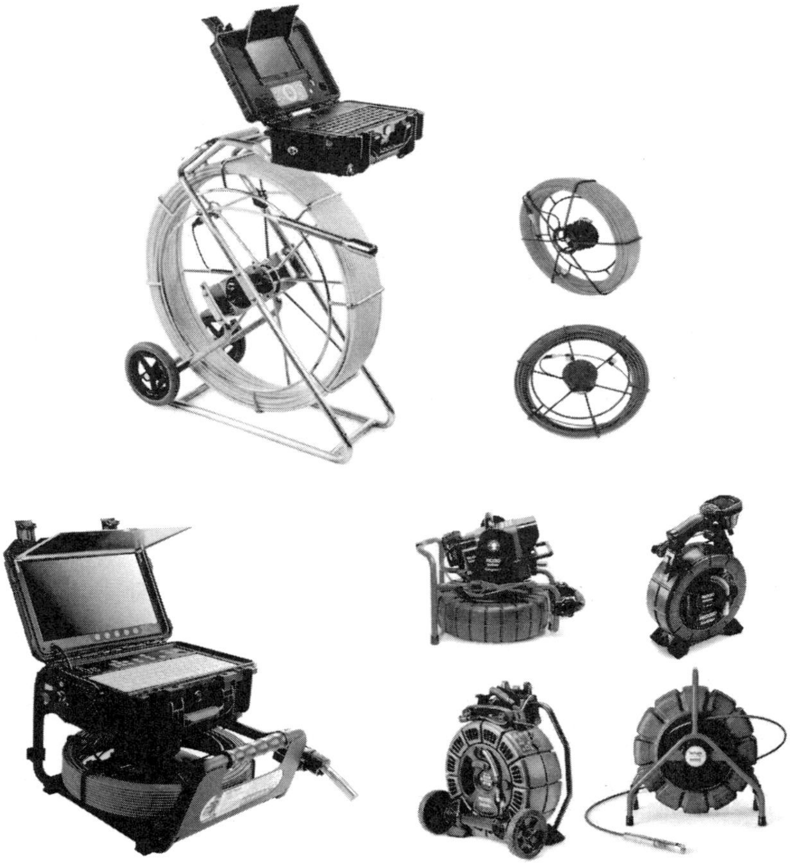

[그림 1-3] 산업용 배관내시경 장비

산업용으로 최초는 사람이 출입할 수 없는 기계 및 장치후면의 육안검사를 하기 위하여 플랙시블관 끝에 유리를 부착, 조명을 비추어 관찰범위 내에서 사용하였다.

최근 산업용은 반사경 관찰범위의 한계극복 및 편리성을 위하여 고해상도의 초소형 카메라를 약 20~50m 길이의 PVC코팅된 Fiberglass 케이블 끝단에 연결시켜 모니터에 영상을 전달 및 저장하는 형태의 산업용 내시경으로 대중화가 되어 있다.

지금까지 이러한 배관내시경의 주요시장은 산업체 기계점검용 그리고 차량엔진 사용으로 사용되어 왔으며, 생활오폐수 및 우수배관 막힘공사에서 내부 관찰용으로 사용된다.

1-4 산업용 배관내시경의 구조

산업용 배관내시경의 구조는 하드웨어와 소프트웨어로 구분하였다. 하드웨어는 우선 시스템 부분에 대하여 분석하고 그 외 주변기기인 카메라 부문, 외부 인테페이스 부문으로 구분하여 서술하고자 한다.

산업용 배관내시경 시스템의 하드웨어 구성은 [그림 1-4]처럼 CPU, 메모리 부문, 카메라 부문, 전원부, 저장 장치 및 유무선 네트워크 관련 기능이 포함되어 있다.

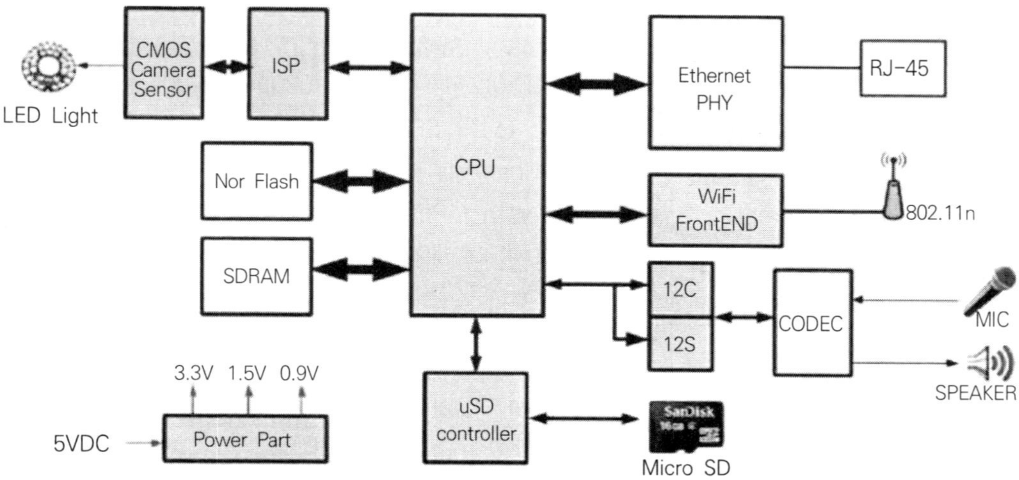

[그림 1-4] 산업용 배관내시경의 시스템 주요블록

〈표 1-1〉처럼 산업용 배관내시경의 주요 H/W 사양 및 방식/형태에 대하여 나타내었다.

Tip 카메라 모듈의 사양 예제

- 해상도(Resolution) : HD(1280×720)_90도 Angle 이상
- 렌즈(Lens) : 3M Optic Lens
- 비디어 포맷(Video Format) : H.264
- Night Vision : 6개의 백색LED(조절기 탑재)
- 케이블 형태 : 철심내장 및 플랫시블관
- 카메라 몸체 외경 : HD급(8mm), SD급(5.5mm) 방수처리

Network(이더넷, Wifi 등), 전원 포트(Battery 등), 메모리 부문(NOR Flash, SDRAM, Micro SD 제어 등), 코덱 부분(MIC, Speaker 등) 센서 부문 등으로 구성되어 있다. 소프트웨어 기능은 네트워크 기능, 카메라 영상촬영, H.264 압축 알고리즘 및 영상

전송기능, 프로토콜 처리, 원격제어, 배터리 전원 충전 및 처리기능, 센서처리, LED 제어 등을 구현하는데 필요하다.

〈표 1-1〉 산업내시경의 제원

형 태	구성사례 내용
MONITOR	5", 7", 9", 10.1", 13.3", Digital LCD screen
Video Out Format	NTSC & PAL
Resolution	VGA(640×480), SVGA(800×600), XVGA(1024×768), HD(1280×720), FHD(1920×1080), 각도(90~150°)
Power Supply	배터리 충전용(12V 4.5~9AH Lithium battery) Power Supply : AC 100~240V, 50Hz~60Hz
Camera	VGA(640×480), SVGA(800×600), XVGA(1024×768), HD(1280×720), FHD(1920×1080), 각도(90~150°)
DVR Video Recording	Support up to 1T SD Card
Wireless Receiver Frequency	2.4GHz, 4Channels
Compression Format	Compliant with MPEG4, AVI
Still Image Storage Format	480P : 852×480, HD(720P) : 1280×720, FHD(1080P) : 1920×1080
Cable Reel	Wire Material : Fiberglass Rod Fiberglass Length : 20m ~ 200m(by Option) Cable Wheel Material : Stainless Steel

산업용 내시경 시스템의 전체구조는 [그림 1-5]처럼 배관내시경 시스템에 전방/후방을 조명 및 촬영하는 내시경 카메라 모듈, 위상을 측정하는 위상감지 센서모듈, 촬영 데이터와 데이터를 편집하고 분석하는 영상처리모듈, 시스템 제어모듈 등으로 구성되어 있다. → 그림이 바뀌었습니다.

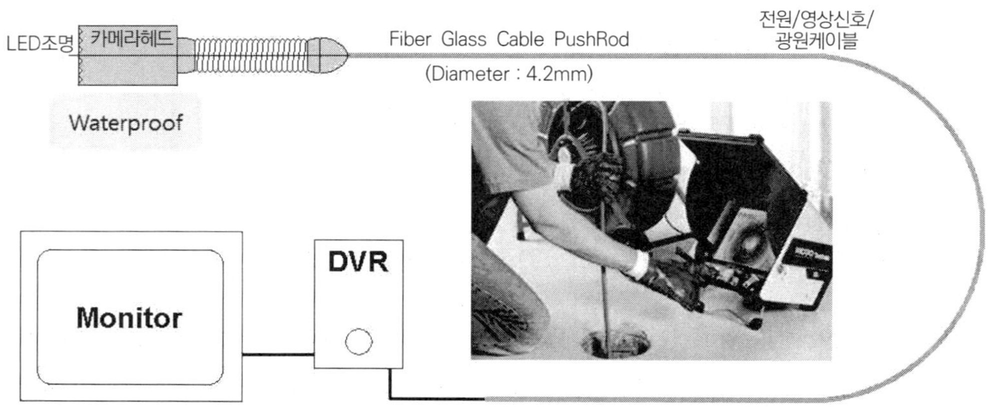

[그림 1-5] 산업용 내시경의 케이블 구조

1-5 오배수관의 종류

1. 옥상입상관

옥상의 직경100mm PVC 입상관은 통상적으로 각층의 호수라인별 옥상 우수관(1), 화장실 오수관(2구)/배수관(2구), 세탁실 배수관(1구), 주방 배수관(1) 등 기본 7개 이상의 입상관이 위치한다. 또한 1개동의 공동주택 각층 호수 4개 line을 기준으로 28개 이상의 입상관이 지하실 수평횡관에 연결되어 있다.

[그림 1-6]의 가운데 그림처럼 입상관은 몇 개층마다 빠짐 방지용 행거에 고정이 되어 있다. 시공시에는 내력벽만 보여서 점검이 유리하게 보이지만 마감시에는 PD(파이프 덕트) 경계부문을 조적으로 쌓고 미장 후 마감을 하기 때문에 점검 등이 불가능하다.

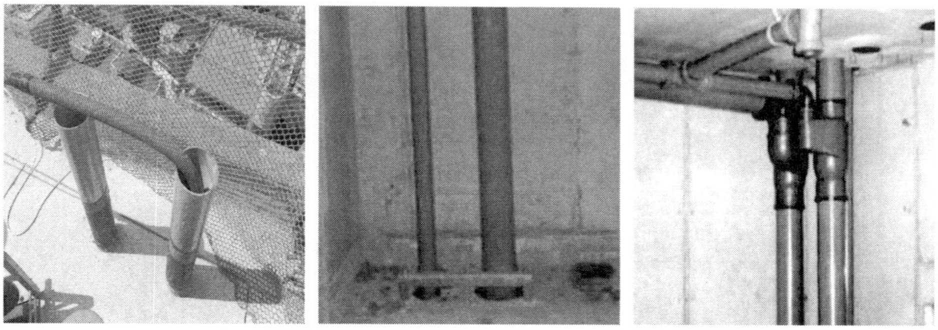

[그림 1-6] 옥상입상관 Vent

매립된 배관과 행거에 걸쳐진 배관의 소제와 수선방법을 틀리게 적용해야 한다. 특히 [그림 1-6] 우측 그림의 섹스티아(주 배수배관과 세대 가지배관을 합치는 부분)에 연결된 배관이 빠지는 것에 주의해야 한다.

2. 세대별 오배수용 배관

각층의 세대별 화장실 오수관(2구)/배수관(2구), 세탁실 배수관(1구), 주방 배수관(1) 직경 50mm PVC관으로 약 2~3m의 거리의 3~4회 꺾이는 다굴절 구조로 옥상 입상관에 연결된다.

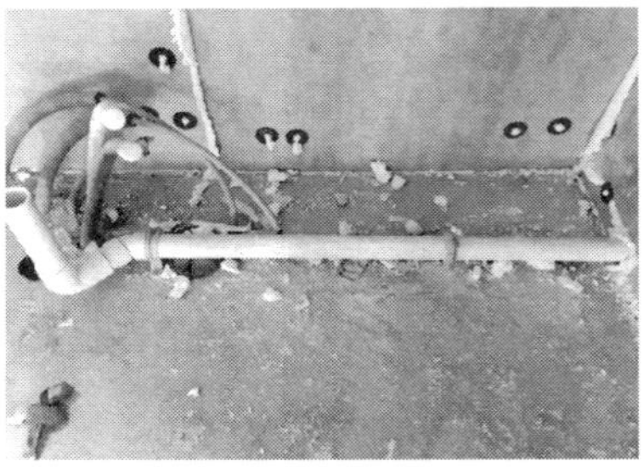

[그림 1-7] 주방배수관 / 욕실 오배수관

3. 세대별 비트 내부

각층의 세대별 욕실 측벽면에 위치하며 세대별 모든 오배수관이 입상관에 연결되는 통로이며, 지능형 Ventilation 원통관이 통과한다.

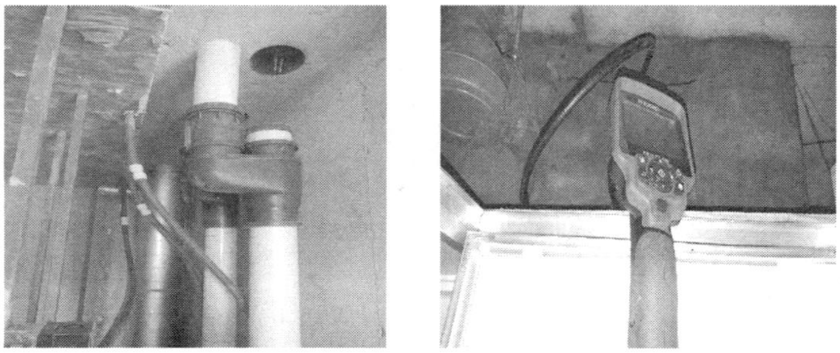

[그림 1-8] 세대별 비트내부/외부 관찰구

4. 지하실 수평횡관

공동주택 입상관을 통하여 수집된 모든 오배수는 지하의 직경 125mm 수평횡관을 통하여 건물밖 하수관으로 배출된다. 수평횡관의 철관, 주물관, PVC관으로 시공되어지며 최근에는 PVC관이 주로 시공되고 있다.

[그림 1-9] 지하실 수평횡관

1-6 오배수관의 영상검사 사례

배관내부의 이물질이나 크릭과 같은 결함은 직접적으로 관찰이 불가능하므로 산업용 배관내시경을 통하여 오배수관의 상태를 고휘도 LED 및 고감도 CCD 카메라 기술을 결합하여 최적의 밝기로 촬영한 가장 자연스러운 색감의 영상을 VGA급 모니터로 출력한 JPEG 사진파일 또는 MPEG-4 동영상 파일을 SDHC메모리카드나 HDD에 저장하여 배관의 결함, 부식상태, 이물질 위치 등의 배관상태를 다양한 오배수관의 영상을 획득할 수 있다.

[그림 1-10]은 배관영상 검사결과에 따라서 영상분석을 통한 불량개소의 특징을 분류한 것이다.

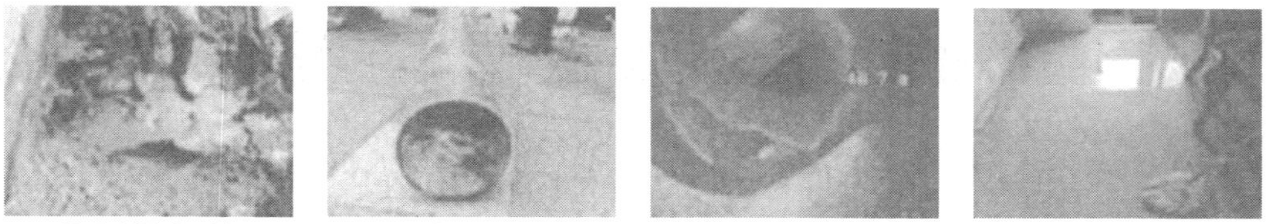

옥외 인출관 파손 / 지하층 배관 막힘 / 입상관 내 이물질 / 세대 역류

[그림 1-10] 배관영상 검사결과 분석을 통한 불량개소의 특징 분류

수행 내용

재료 · 자료

- 배관내시경의 개요 관련 자료

기기(장비 · 공구)

- 컴퓨터, 프린터, 주변기기

안전 · 유의사항

- 컴퓨터 및 주변기기의 전원을 관리한다.

수행 순서

01 배수의 목적, 배수의 종류와 배수방식에 대하여 분석하라.

1. 배수의 목적

배수의 목적은 위생기구 등에서 발생한 배수와 우수를 부지 바깥으로 원활히 배출시킴과 동시에 배수관내 포함되어 있는 악취가 실내로 침입하지 않토록 하여 실내공기의 오염을 방지하고 트랩내의 봉수를 유지하기 위한 것이다. 또한 만약의 경우 배수가 역류하여 기구가 오염되는 것을 방지하기 위하여 특정 기구류에는 간접배수라고 하는 배수 배관방식이 적용된다.

2. 배수의 종류와 배수방식

1) 배수의 종류

건물에서의 배수는 생활배수, 우수 및 특수배수로 구분할 수 있는데 생활배수는 건물내에서 사용한 후 버리는 물로서 화장실의 양변기, 소변기에서 배출되는 오수와 세면기, 세탁기, 주방 등에서 배출되는 잡배수로 구분된다.

우수는 강우로 인하여 발생되는 배수로 별도의 정화처리를 필요로 하지 않는 배수로서 건물의 지하층, 외벽 등에서 건물 내로 유출되는 지하수를 포함한다. 특수배수는 공장에서 제품생산 공정에서 배출되는 배수, 병원에서 치료·수술 등에 의해 발생되는 배수, 연구소·실험실 등에서 실험과정에서 발생되는 배수, 동물축사의 배수 등 여러가지 종류가 있다. 이러한 특수배수는 다량의 중금속, 미생물, 방사성물질을 포함하고 있어 별도의 특수한 정화시설에 의한 처리를 하여야 한다. 배수의 종류를 구분하면 다음의 〈표 1-2〉과 같다.

〈표 1-2〉 배수의 종류

구 분		내 용
생활배수	오 수	주거생활에서 발생하는 배수중 분뇨를 포함한 배수
	잡배수	주거생활에서 발생한 배수중 오수 이외의 배수
우 수		강우에 의한 배수로서 건물내 발생되는 용수를 포함
특수배수	공장배수	공장의 제품생산 공정에서 배출되는 다량의 오염물질이 포함된 배수
	실험실배수	실험, 연구과정에서 발생되는 약품 등이 포함된 배수
	병원배수	치료, 수술 등에서 발생되는 약품 등이 포함된 배수
	동물배수	축사 등으로부터 동물의 분뇨 등이 다량 포함된 배수
	방사성배수	원자력시설, 의료시설, 연구시설 등에서 방사성물질이 포함된 배수

2) 배수방식

배수방식은 배수의 종류에 대하여 오수처리시설 필요성의 유무, 오수처리시설의 종류에 의해 여러 가지로 분류될 수 있으며, 특수배수에 대해서는 전용의 처리시설을 설치한다.

(1) 처리방식에 의한 분류

① 합류식 : 합류식은 오수·잡배수·우수를 묶어 1개의 계통으로 배수하는 방식이다. 이 방식은 공설 오수처리장치가 있는 하수도가 완비된 지역 이외에서는 채용될 수 없다.

② 분류식 : 분류식 배수설비에는 2가지 방식이 있다. 첫 번째 방식은 오수와 잡배수를 통합하여 배수 후 공공 오수처리시설에서 처리하는 방법이며, 두 번째 방식은 오수만 사설 오수 정화처리시설에서 처리하여 방류하는 것으로 공공 오수처리시설을 설치하지 않는 경우에 사용하는 방식이며 하수관이 묻힌 하천의 경우와 개방된 하천의 경우가 있다.

개방된 하천의 경우는 주위의 환경 위생상 여러 가지 문제를 일으킬 수 있기 때문에 고도의 오수처리시설을 설치할 필요가 있다. 또한 하수가 농업용수로 사용되는 경우에는 오수처리시설에 대한 매우 신중한 배려가 요구된다.

(2) 기계(펌프) 사용에 따른 분류

① 중력식 배수 : 대기에 개방된 상태에서 물은 높은 곳에서 낮은 곳으로 흐르게 되는데, 이는 중력작용에 의한 것이며 이와 같은 원리를 이용한 방식을 중력식 배수라 한다. 배수계통의 대부분이 중력식 배수방식에 의한 것으로 반드시 높은 곳에서 낮은 곳으로 배출될 수 있도록 배관의 구배를 조정하여 구배불량으로 인한 배수의 정체 또는 역류가 발생되지 않도록 주의한다.

② 기계식 배수 : 지하층의 배수나 오수처리장치에서 오수와 연결되는 하수관보다 낮은 위치에서의 배수는 펌프 등의 기계장치에 의해 배출시켜야 하는데, 이와 같이 기계를 사용하여 배수를 배출하는 방식을 기계식 배수라 한다. 또한 공용하수도에 있어서도 하수관로보다 낮은 지역의 배수는 기계식 배수방식으로 하여야 하는 경우도 있다.

02 오배수관에 대하여 분석하라.

오배수관은 세대내 화장실, 주방, 발코니 등에서 사용한 오 · 배수를 단지외부 하수종말처리장 등으로 이송하기 위한 설비로 입상관, 횡주관 및 횡지관으로 구성된다. 공동주택의 노후화에 따른 횡주관 및 횡지관 교체시 신자재를 사용할 경우 시공성 향상 및 공사비 절감 등을 기대할 수 있다.

지하층 오배수관(횡주관 및 횡지관)은 대부분 주철관으로 되어 있어 장기간 사용에 따른 배관의 부식 등으로 인해 교체할 경우 신자재 사용으로 시공성 향상 및 공사비 절감 등을 꾀할 수 있다.

배관재 성능비교에서 고강도 PVC관은 고강성으로 인장 및 충격강도 우수하고 고도 PP관은 유연성, 종축복귀성 및 굽힘 성능이 우수하다.

주철관의 장단점은 고중량으로 시공성 저하되고, 인장강도 우수하고, 부식이 발생하고, 불연재료 등이 있다. 합성수지관인 고강도 PVC와 PP관의 장단점은 저중량으로 시공성이 향상되고, 내외면이 매끄럽고, 미관이 우수하고, 충격강도가 우수하고, 부식발생이 없고, 공사비가 절감된다.

[그림 1-11] 옥상 매입관의 작업

[그림 1-12] 주방 오배수관

[그림 1-13] 입상관 모음_비트벽

오배수관의 관경 선정은 다음과 같이 고려할 필요가 있다.

정상유량법에 의한 배수 관경 계산법은 기존의 오배수 배관을 분리배관에서 기구단위법을 적용하였을 때보다 일부 구간에서 관경이 다소 커진다. 정상유량법에 의한 관경계산과 오배수배관 합류식에서 기구단위법을 적용하여 산정된 관경은 같다. 세면기, 양변기, 욕조가 설치된 화장실 유니트에서 합류식 배관을 적용할 경우 세대 기구단위는 6fuD를 적용하여도 좋다. 다만 신정통기방식을 적용할 경우에는 배관내 공기압력을 고려하여 한단계 크게 하는 것이 바람직하다.

[그림 1-14] 지하횡관

오배수관 분리배관 방식에서는 오수관은 4fuD, 배수관은 기구 동시사용률을 고려할 때 배수부하 단위가 가장 큰 욕조를 기준으로 2fuD 를 적용할 수 있을 것으로 판단되므로 현행 기준에 대한 재검토가 필요하다. 단, 신정통기방식일 경우 한단계 큰 관경을 선정한다.

03 산업용 내시경의 기능에 대하여 분석하라.

1. 멀티프로브 구성 및 기능

외경, 프로브 재질, 시야방향, 길이에 따라 선택할 수 있는 멀티프로브 구성도 가능해야한다. 여러 방향 만곡프로브를 사용하여 사각지대 없는 검사를 가능하게 하여 검사의 효율을 극대화할 수 있다.

[그림 1-15] 다양한 크기의 카메라 모듈

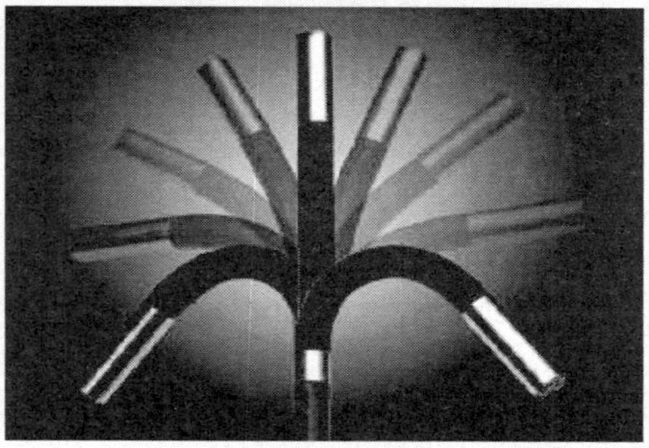

Type	A	B	C	D	E	F
프로브 이미지	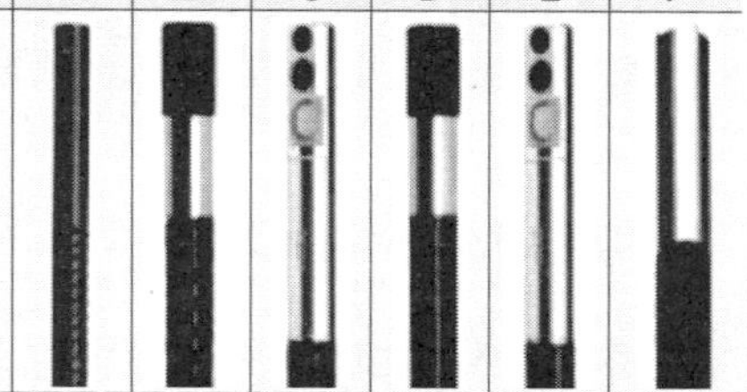					
외경	3.9mm	5.5mm	5.5mm	5.5mm	5.5mm	6.0mm
재질	Seri-rigid	Seri-rigid	Seri-rigid	Flexible	Flexible	Flexible
시야방향	정면	정면	측면	정면	측면	정면 2way

[그림 1-16] 멀티프로브의 구성

2. 배관내시경의 촬영기능

내시경(Borescope)은 케이블의 한쪽 끝에 달린 렌즈를 통해 사용자로부터 떨어진 사물의 이미지와 영상을 전달하는 광학장치(Optical Device)이다.

내시경은 사람이 접근하기 어려운 지점의 시각적인 검사를 위해 주로 사용되는데, 특히 결함이나 문제를 찾아낼 때 굴착이나 손상을 최소화하는 비파괴 공법에 용이하다.

1) 상/하수도 배관상태 확인

지반침하나 강한 압력의 영향 또는 노화로 인하여 하수관 및 배관에 금이 가거나 깨지는 일, 구멍이 생기는 경우가 종종 발생한다. 이때 배관내시경으로 하수관의 시각적 검사 기능으로 배관의 손상된 부분을 찾기 위해 땅 전체를 파헤치는 일이 없어도 하수관 내부의 문제지점을 찾을 수 있다.

2) 오/배수관 내부 이물질 확인

하수구나 오수관의 막힘과 역류는 하수관 내부로 유입된 이물질이 원인인 경우가 많다. 그런데 이물질의 종류가 다양한 만큼 이를 제거하는데 필요한 장비도 다양하다. 따라서 이물질의 종류를 확인하는 일이 중요하므로 이때 유용하게 사용되는 것이 배관내시경이다.

3) 눈으로 보이지 않는 배관위치 확인

종래에는 눈으로 직접 볼 수 없는 상하수도관의 위치를 찾기 위해 불가피하게 굴착을 하는 일이 빈번했다. 게다가 정확한 지점을 알 수 없어서 이곳저곳을 파헤쳐야 했다. 하지만 관로의 위치와 깊이를 탐지해주는 장비의 출현으로 이제는 매설된 배관의 위치를 땅 위에서서도 찾을 수 있게 되었으며, 이는 불필요한 굴착공사로 인한 비용낭비를 막을 수 있게 해준다. 이러한 장비가 부착된 배관내시경과 관로탐지기를 사용하면 배관의 위치와 깊이뿐만 아니라 배관의 구조도 파악할 수 있다.

3. 배관내시경 이용사례

① 하수구 막힘의 원인인 배관내부의 손상을 배관내시경 검사로 발견

② 우수관 내부의 이물질을 배관내시경으로 확인 후 알맞은 장비로 제거

③ 건물을 공사한 건축업자도 찾지 못하는 배관의 위치를 배관내시경으로 찾아냄

04 산업용 배관내시경의 한계점에 대하여 분석하라.

① 배관내시경으로 배관을 관찰하는 데는 한계가 있다.

② 배관내시경의 종류에 따라 차이가 있기는 하지만 보편적으로 32Ø 배관내시경은 관찰거리가 최대 30m, 8Ø 배관내시경은 최대 1.5m로 한정되어 있다.

③ 내시경 케이블은 힘을 주어 배관내부로 깊이 삽입할 수 있도록 빳빳하고 견고한 재질로 되어 있다. 이 케이블은 배관내부로 케이블을 밀어 넣기에는 좋으나 엘보가 있는 경우 꺾어서 들어가기가 어렵다.

학습활동.1 교수 · 학습 방법

교수 방법

- 배관관리 기술의 개요에 대한 관련 용어, 구성, 방식 이해 정도를 파악한 후 수업을 진행한다.
- 교수자의 주도로 배관관리 기술의 개요 등의 내용을 PPT 자료로 제시한 후 설명한다.
- 가능하면 사전에 개인별 학습 자료를 준비하여 모든 학생이 참여할 수 있는 문제 해결식 수업, 협력 수업이 가능하도록 한다.
- 배관관리 기술의 개요 전 과정을 작업의 순서에 따라 단계적으로 실습이 이루어질 수 있도록 지도한다.
- 교재를 통해 수업을 준비하는데 있어서 필요한 모든 정보나 팁, 힌트 등 도움이 될 만한 내용들을 확인할 수 있다.
- 학생들이 만들게 될 각 모델들은 수업시간에 중점적으로 다뤄질 부분과 어휘, 질문, 답을 포함하고 있으며 또한 탐구할만한 추가적인 아이디어들도 포함하고 있다.

학습 방법

- 배관관리 기술의 개요에 대한 관련 용어를 숙지하고, 배관관리 기술의 개요에 대해 이해한다.
- 배관관리 기술의 개요의 각 단계별 중점 사항을 체계적으로 학습한다.
- 배관관리 기술의 개요의 수행순서의 전 과정을 실습한다.
- 배관관리 기술의 개요의 내용을 이해한다.
- 배관관리 기술의 개요를 이해하고 숙달이 될 때까지 학습한다.

학습활동.1 평가 및 피드백

평가 준거

- 평가자는 피평가자가 수행 준거 및 평가 내용에 제시되어 있는 내용을 성공적으로 수행할 수 있는 지를 평가해야 한다.

평가 방법

학습내용	평가항목	성취수준		
		상	중	하
배관관리 기술의 개요	배관관리 기술의 개요를 이해할 수 있다.			

• 작업 포트폴리오

학습내용	평가항목	성취수준		
		상	중	하
배관관리 기술의 개요	배관관리 기술의 개요를 이해할 수 있다.			

• 필기시험

학습내용	평가항목	성취수준		
		상	중	하
배관관리 기술의 개요	배관관리 기술의 개요를 이해할 수 있다.			

• 체크리스트를 통한 관찰

학습내용	평가항목	성취수준		
		상	중	하
배관관리 기술의 개요	배관관리 기술의 개요를 이해할 수 있다.			

• 피드백

1. 작업 포트폴리오
   - 제출한 보고서를 평가한 후 주요 사항에 대하여 표시하여 돌려준다.
2. 필기시험
   - 평가 결과 성적이 저조한 학생은 보고서 제출 기회를 부여한다.
3. 체크리스트를 통한 관찰
   - 실습 과정에서 평가한 후 개선해야 할 사항 등을 정리하여 돌려둔다.

참 | 고 | 문 | 헌

- https://luckygg.tistory.com/27
- ㈜대우건설 · (사)대한건축학회, 『건축기술지침 Rev.1(기계)』, 도서출판 공간예술사, 2012.
- (사)대한건축학회, 『건축설비』, 기문당, 1995.
- 건축설비용어사전 편집위원회, 『건축설비용어사전』, 기문당, 1994.
- 박영순, 『건축기계설비일반시공』, 도서출판 세진사, 2000.
- 박종일 · 서기원 공저, 『건축설비 설계』, 도서출판 세진사, 1999.
- 한국종합건설 기계설비협의회, 『설비시공개선 사례집』, 한국종합건설 기계설비협의회, 2014.
- 00건설 건축기전팀, 『일반배관작업지침』 별첨 품질관리기준, 2011.
- 강동우 · 강민구 · 정해진 · 남상엽, "스마트 시티형 다굴절 오배수관용 Push Rod 및 무선 영상전송 플랫폼," 2019년도 한국인터넷정보학회 추계학술발표대회 논문집 제20권2호, 2019.11.02.
- 정해진, "다굴절 파이프 라인의 내부 검사를 위한 내시경 장치," 대한민국특허출원번호(10-2019-0115051), 2019.09.04.
- 설동현 외, "DDVS 기법을 활용한 일반 구조용 탄소강관 및 강재 파이프 서포트 영상기반 변위계측," 대한건축학회연합논문집 21권1호, 2019.
- 남명우, "EMD를 이용한 초음파 비파괴 평가용 3차원 영상처리 소프트웨어 개발," 한국산학기술학회 9권6호, 2008.
- 강민구 · 남상엽 · 정해진 · 전준철, "배관 네비게이션 시스템 및 이를 이용한 배관 네비게이팅 방법," 대한민국특허출원번호(10-2019-0137843), 2019.10.31.
- http://blog.naver.com/ltedrain
- http://www.tktech.kr/
- http://hiendt.co.kr/
- https://m.blog.naver.com/qorhksdml 정의 및 분류

학습 1	배관관리 기술의 개요
학습 2	**배관검사와 판독**
학습 3	배관영상 분석
학습 4	배관위치 파악과 영상마카
학습 5	배관기술 및 시장동향
학습 6	배관의 시공/누설확인 및 시운전
학습 7	상수 및 하수용 배관관리의 분석
학습 8	화학 및 오일용 배관관리의 분석
학습 9	가스용 배관관리의 분석
학습 10	전기 및 통신용 배관관리의 분석
학습 11	스마트 배관관리의 분석
학습 12	스마트 배관관리의 영상활용

학습 목표

1. 배관검사와 판독을 이해할 수 있다.

2-1 배관관리의 검사와 판독

배관관리에서 배관검사와 판독은 중요한 단계이다. 이들은 배관시스템의 안전성과 신뢰성을 유지하기 위해 필요한 절차이다.

1. 배관검사

배관검사는 시스템 내의 배관 구성요소들을 시각적 · 물리적으로 조사하는 과정이다. 이 단계에서는 배관의 외관상태와 이송되는 유체의 흐름을 확인하고 어떠한 결함이 있는지 검사한다. 배관검사는 정기적으로 수행되어야 하며, 주요 목적은 다음과 같다.

① 배관의 누수 및 파손여부 확인
② 부식, 증착물, 오염물질 등으로 인한 배관내부의 문제 파악
③ 배관의 지지체계, 고정장치 및 연결부의 안전성 확인

④ 배관시스템에서 발생하는 소음 및 진동 등의 이슈 파악
⑤ 센서, 계측기 및 제어기 등의 배관 관련 장비 작동여부 확인

2. 배관상태의 판독

배관상태의 판독은 배관검사의 결과를 해석하는 과정이다. 이 단계에서는 검사결과를 분석하여 배관시스템의 상태를 판단하고, 어떠한 조치가 필요한지 결정한다. 판독과정은 전문가나 엔지니어가 수행해야 하며, 다음과 같은 작업을 포함할 수 있다.

① 검사결과를 평가하여 배관시스템의 안전성 및 신뢰성 평가
② 발견된 결함의 심각도와 우선순위를 결정
③ 필요한 유지보수 또는 수리작업의 범위와 시기를 결정
④ 관련 규정, 표준 및 지침에 따라 절차 및 규정을 준수하는지 확인

판독을 통해 신속하고 정확한 대응조치를 취할 수 있으며, 배관시스템의 잠재적인 문제를 예방하고 시스템의 수명을 연장하는 데 도움이 된다. 따라서 배관검사와 판독은 배관시스템 관리의 핵심단계로 간주된다.

2-2 배관의 진단조사

오수나 배수용 배관의 건전성 평가를 위해 정량적인 비파괴 평가기법을 이용하여 오수나 배수용 배관에 존재하는 크랙, 핀홀, 부식, 감육(Metal Loss), 덴트(Dents), 흠(Gouges) 등의 결함들의 정량화는 물론 위치표정도 가능하여 매설오수나 배수용

[그림 2-1] 산업용 내시경을 이용한 검사

배관의 신뢰성 있는 데이터를 제공 오수나 배수용 배관의 종합적인 안전진단 서비스를 제공한다.

이러한 진단검사를 위하여 [그림 2-1]처럼 산업용 내시경 검사장비를 이용한 유관검사(Visual Inspection)를 오수나 배수용 배관에 직접적으로 관찰하여 결함이나 이물질이 있는지 알아내는 비파괴 검사방법이다.

이 방법의 장점은 빠르고 간단하게 하고 경제적이고, 장비가 간단하고 결과를 곧바로 영상으로 저장이 가능하다.

[그림 2-2] 각종 배관용 시공상태 점검과 육안검사

오수나 배수용 배관의 산업용 내시경을 이용한 유관검사를 위하여 기초조사, 현장조사 및 수질검사 등을 진단검사를 한다.

1. 기초조사

기초조사는 〈표 2-1〉처럼 기초사항 조사와 탐문조사 등을 조사한다.

〈표 2-1〉 유관검사의 기초조사

항 목	내 용
기초사항조사	준공연도, 배관도면, 관종, 관경, 배관길이 등
탐문조사	사출수 불량, 적수, 청수, 누수, 수압저하, 기타 문제점 조사

2. 현장조사

현장조사는 〈표 2-2〉처럼 수압측정, 유량측정, 스케일의 평균두께 측정, 배관내시경, 전문가의 관찰 및 판단 등을 조사한다.

〈표 2-2〉 유관검사의 현장조사

항 목	내 용
수압측정	누수, 설비상의 문제 등을 알 수 있음
유량측정	스케일에 의해 배관구경 협소로 유량이 작아짐
스케일의 평균두께 측정	스케일 형성 정도는 배관노후 정도와 직접적인 관계
배관내시경	배관노후 정도를 직접적으로 육안관찰에 의해 평가
전문가의 관찰 및 판단	Inspector의 전문적인 지식과 경험에 의한 종합적인 평가

3. 수질검사

수질검사는 〈표 2-3〉처럼 잔류이물질 측정, 색도측정, 탁도측정, 수소이온 농도, Fe, Cu, Zn, Pb 등을 검사한다.

〈표 2-3〉 유관검사의 수질조사

항 목	내 용
잔류 이물질 측정	물 속 배관이 노후될수록 녹찌꺼기, 이물질 등이 검출됨
색도 측정	색도계를 이용하여 측정
탁도 측정	탁도계를 이용하여 측정
수소이온 농도	pH Meter를 이용하여 측정
Fe	아연도강관의 경우 부식으로 인한 Fe 이온농도가 상승
Cu	동관의 경우 부식으로 인한 Cu 이온농도가 상승
Zn	강관 코팅제인 아연의 부식으로 인한 Zn 농도 상승
Pb	납 함유물질 검출여부 판단

2-3 배관의 진단검사

1. 배관 영상장비의 개요

건물 내 옥내 오수 및 배수용 배관에 대해서는 진단방법은 객관적이고 과학적인 진단방법으로 오수 및 배수용 배관의 노후정도와 연관된 진단항목 설정, 진단항목들의 객관적인 평가기준, 현장에서 적용가능한 실용적인 진단방법 등으로 진단이 가능하다.

배관내시경을 통하여 배관내부에 직접 내시경을 삽입하여 “영상비교 진단기법”으로 스케일 및 부식상태를 평가한다.

2. 배관의 진단검사

1) 영상비교 진단기법

영상비교 진단기법은 현장에서 관찰한 배관내시경 영상을 기존의 표준영상과 비교하여 근접한 영상을 찾아서 해당하는 그룹의 점수를 부여하여 평가하는 기법이다. 이는 육안분석시 주관적인 견해가 있을 수 있는 영상을 객관성 있는 등급으로 평가할 수 있다.

2) 잔류이물질 검사

현장에서 관찰한 배관내시경 영상을 기존의 표준영상과 비교하여 근접한 영상을 찾아서 해당하는 그룹의 점수를 부여하여 평가하는 기법으로 육안분석시 주관적인 견해가 있을 수 있는 영상을 객관성 있는 등급으로 평가할 수 있다.

3) 기타 진단기구 검사

수압테스터, 유량계, 내경측정 캘리퍼 등 진단기구를 사용하여 검사를 한다.

4) 수질검사 장비

탁도계, 색도계, 수온이온 농도측정기, 종합수질 분석기 등의 수질검사 장비를 통하여 검사한다.

2-4 배관의 성능확보 검사

오 · 배수 및 우수의 세대 내 역류사고 예방을 위해 배관 내 이물질 유입 여부 확인과 원활한 배수성능 확보는 배관내부 내시경 검사, 배수성능 확인 검사, 선제적 하자예방 조치 3가지로 분류한다.

학습
2

1. 배관내부 내시경 검사

1) 검사시기

세대 내 타일공사 완료 후 준공 10일 전까지 완료한다.

2) 검사범위

全동 오수, 배수, 우수 입상배관 및 지하 횡지관 1m 구간이다.

3) 검사방법

배관내시경은 모니터, 내시경 케이블, 관찰카메라 등으로 구성되는데 내시경 케이블 끝 Probe에 카메라가 장착된다. 내시경 카메라를 이용하여 배관내부를 확인한다. 배관의 구경에 따라 내시경 Probe의 크기도 달라지게 된다.

4) 적용방법

기계공사 발주내역에 반영하고, 기 발주지구는 현장설계에 변경한다.

2. 배수성능 확인검사

1) 검사시기

조경 준공 후 즉시 시행한다.

2) 검사범위

동호 라인별 오수, 배수관(세대~옥외 맨홀까지) 및 유수관 全 세대이다.

3) 검사방법

건 · 기 · 토 수급인 주관이다.

① 오 · 배수관 : 검사단위(6~10개층)별 분할하여 검사를 시행한다.
② 우수관 : 옥상드레인마다 물 50L 이상 일시배수 후 확인한다.

4) 적용방법

공가관리원을 포함하고, 추가 인건비 및 수도료 공가관리비 책정한다.

3. 선제적 하자예방 조치

1) 설계단계

관로 골곡개소 최소화 및 배관길이 등 고려한 관경 선정 등을 한다.

2) 시공단계

지하배관 연결시기 조정, 구배 적정여부 확인, 배수구 이물질 투입방지 교육·관리 및 준공청소시 이물질을 제거한다.

3) 입주 이후 조치

수급인 원인으로 역류하자 발생에 따른 집단민원, 언론보도 등의 경우 해당 수급인 제재조치(품질미흡통지서, 벌점부과 등)한다.

2-5 배관내시경의 판독

1. 배관진단 결과분석

1) 배관진단관리

오수 및 배수용 배관의 진단관리는 사용전 검사와 사용 중 관리 두 가지로 나눌 수 있다.

사용전 검사는 비파괴 내시경 검사를 통한 간단한 품질평가만이 이루어지나 사용중인 오수 및 배수용 배관은 보다 복잡한 해석과 까다로운 검사기법 등이 요구된다.

사용중 안전 및 잔여수명 평가는 재질, 사용온도와 압력, 사용이력, 사용년수, 재료의 열화 및 부식정도 등 복잡한 변수를 고려하여야 하며 이에 맞는 다양한 비파괴 검사기법을 적용하여야 한다.

또한 검사결과를 기반으로 한 구조해석과 파괴역학적 수명예측 등이 행해지며 최종적인 구조물의 안전여부, 교체시기, 잔여수명 등이 결정된다.

파괴역학을 이용한 균열성장 수명평가 해석, 금속 표명 복제법을 이용한 열화평가, 구조해석을 통한 안전평가, 다양한 비파괴 검사기법 적용 및 결과해석 등을 통해 오배수관의 안전 및 잔여수명 평가를 수행하고 있다.

산업용 배관내시경의 진단은 대부분 사용 중 문제가 발생하여 검사하는 것이 대부분이다.

2) 배관진단결과

① 정화조 배관내시경으로 역류원인 파악

② 자주막히는 배관원인 파악

검사장소	경기도 용인시 xx(한국건설(주), 한마음 아파트)			검사대상	1000세대
검사일시	2023.12.12 10:00~14:00	검사자	홍길동	연락처	010.3368.55xx
배관영상	입상관	오배수관	비트내부	수평횡관	특이사항 해설
2001호 (배관마커 번호)		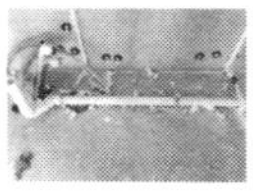		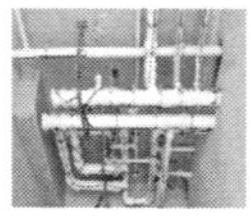	배관 마커번호 B2001-1/J200 1-1 파손 1건 배관 마커번호 B2001-3/J200 1-3이물질 1건
	 옥외 인출관 파손	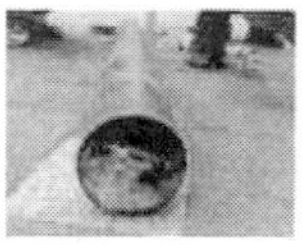 지하층 배관 막힘	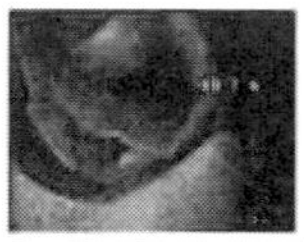 입상관 내 이물질	 세대 역류	
	B2001-1/J2001-1	B2001-2/J2001-2	B2001-3/J2001-3	B2001-4/J2001-4	
2002호					
......					
1101호					
......					
101호					
검사결과	2건	1건	0	5건	총 8건
결과요약	1. 파손 입상관의 재질 및 연결부위 보강 : 2건 (2001호, 802호) 2. 오배수관 막힘 제거 : 1건 (102호) 3. 비트내부 : 이상없음 4. 수평횡관 : 누수 1건(101호), 연결부실 4건(201, 301, 401, 501호) 5. 동영상 저장장소(구글 드라이브) : https://drive.google.com/drive/folders/				
위와 같이 귀사의 한마음 아파트 배관영상 결과보고서를 제출합니다. 2023. 12. 12. 배관내시경사 홍길동(인) 한국건설(주) 귀중					

[그림 2-3] 오수 및 배수용 배관진단결과 보고서 작성

③ 오수 및 배수용 배관 막힘 원인파악
④ 배관의 막힘의 원인을 찾지 못했을 경우 촬영
⑤ 뚫어도 또 막히는 배관
⑥ 스프링 청소기가 들어가지 않는 배관

2-6 배관검사의 비용산출

1. 내시경 공사비용 산출

1) 내시경 검사비용 : [계단식] 14,400 천원/단지, [복도식] 10천원/단지

산출기준은 (계단식) 800호, 20층, 4호조합, 10개동, (복도식) 800호, 20층, 8호조합, 5개동 기준으로 산출한다.

2) 배수성능확인 검사비용 : [계단식] 3.7 백만원/단지, [복도식] 2.3 백만원/단지

산출기준은 (계단식) 800호, 20층, 4호조합, 10개동, (복도식) 800호, 20층, 8호조합, 5개동 기준으로 산출한다.

2. 입상 배관내시경 촬영비용

입상 배관내시경 촬영비용(호당단가)은 다음과 같다.

구 분		적용단가(호당)	비 고
계단식	16층 이상	14,570	‘신규일위대가’, ‘비용산출 근거’ 시트 참조
	15층 이만	14,010	
복도식	16층 이상	8,250	
	15층 이만	7,910	

※ 세대 당(계단식)18천원, (복도식) 10천원 예상(간접비 30% 포함)

3. 배수 성능확인 검사비

1) 인건비

① 인건비 : (계단식) 3,308천원/단지, (복도식) 2,067천원/단지

<table>
<tr><th rowspan="2">구 분</th><th rowspan="2">적용단가(호당)</th><th colspan="2">비 고</th></tr>
<tr><th>공가관리원(직영인부)</th><th>추가인력</th></tr>
<tr><td>계단식(800호)
20층 4호 조합
10개동</td><td>(1일 투입인원) 10명
(총괄1안은 수급사)
(총 작업량) 4라인×10개동
=40개 라인
(소요일수) 4일(1일 10개 라인)</td><td rowspan="2">800호/300=3명/1일 (기준 300세대당 1인)</td><td rowspan="2">7명/일 추가필요(공가관리원 3인 제외)
⇨ (계단식) 보통인부 기준 4일 투입 시
7×4×118,1130
=3,307,640원 소요
⇨ (복도식) 보통인부 기준 2일 투입 시
7×2.5×118,1130
=2,067,275원 소요
(보통인부 노임 : 118,130원)</td></tr>
<tr><td>복도식(800호)
20층 8호 조합
5개동</td><td>(1일 투입인원) 10명(총괄1안은 수급사)
(총 작업량) 8라인×5개동
=40개 라인
(소요일수) 2.5일(1일 15개 라인)</td></tr>
</table>

2) 수도료

수도료 : (계단식) 397천원/단지, (복도식) 264천원/단지

구 분	수도량	수도료
계단식(800호) 20층 4호 조합 10개동	0.3ton/세대	800호×0.3×1,653원 =396,720원 / 단지
복도식(800호) 20층 8호 조합 5개동	0.2ton/세대	800호×0.2×1,653원 =264,480원 / 단지

수행 내용

재료 · 자료

- 배관내시경 검사와 판독 관련 자료

기기(장비 · 공구)

- 컴퓨터, 프린터, 주변기기

안전 · 유의사항

- 컴퓨터 및 주변기기의 전원을 관리한다.

수행 순서

01 배관관리를 위한 기술중 배관검사와 판독의 사례에 대하여 분석하라.

배관관리를 위한 기술 중 하나는 배관검사와 판독이다. 이 기술은 배관시스템의 상태를 평가하고 잠재적인 결함을 감지하는 데 도움을 준다. 다양한 방법과 기술이 사용되지만, 여기에는 주로 사용되는 기술에 대해 설명하겠다.

1. 비파괴 검사(NDT, Non-destructive Testing)

비파괴 검사는 배관의 내부 및 외부 결함을 확인하기 위해 사용되는 기술이다. 이 기술은 배관의 물리적 손상, 부식, 파열, 누출 등을 감지할 수 있다. 주로 사용되는 비파괴 검사방법에는 다음과 같은 것들이 있다.

1) 자기입도 검사(MFL, Magnetic Flux Leakage Testing)

자기입도 검사는 배관의 자기적 특성을 이용하여 외부결함을 감지하는 방법이다. 자기적으로 증강된 소형센서가 배관의 표면을 따라 움직이면서 자기적인 변화를 감지한다. 결함이 있는 영역에서 자기필드의 변화가 발생하므로 결함을 식별할 수 있다.

2) 초음파 검사(UT, Ultrasonic Testing)

초음파 검사는 초음파 파동을 이용하여 배관의 두께를 측정하고 결함을 감지하는 방법이다. 초음파 파동은 배관을 통과하며 내부결함 또는 두께 감소지점에서 반사되어 돌아온다. 이러한 반사신호를 분석하여 결함을 식별할 수 있다.

학습 2

3) 유도기판 검사(ECT, Eddy Current Testing)

유도기판 검사는 배관의 표면전기 전도도를 검사하여 결함을 감지하는 방법이다. 유도기판을 배관표면에 가까이 가져가면 배관내부의 전류유속에 따라 유도기판의 전기적 특성이 변화한다. 결함이 있는 영역에서는 전류의 흐름이 변화하므로 결함을 탐지할 수 있다.

2. 영상진단(Visual Inspection)

영상진단은 배관의 상태를 시각적으로 확인하기 위해 사용되는 기술이다. 이는 배관내부의 상태를 직접 시각화하여 결함을 식별하는 데 도움을 준다.

영상진단은 배관관리를 위한 중요한 기술 중 하나이다. 이 기술은 배관시스템의 상태를 평가하고 문제를 식별하는 데 도움이 된다. 영상진단은 일반적으로 내부검사 및 외부검사로 구분된다.

1) 내부검사

내부검사는 배관의 내부상태를 살펴보기 위해 진행된다. 주로 사용되는 영상진단 기술에는 다음과 같은 것들이 있다.

(1) 내부 카메라 시스템

배관내부로 카메라를 삽입하여 실시간으로 영상을 전송하고, 문제를 식별할 수 있다. 카메라는 유연한 케이블로 배관에 삽입되며, 영상은 모니터 또는 녹화장치를 통해 확인할 수 있다.

(2) 라이다(라이트 레이 디오 다이오드)

라이다는 레이저 광선을 사용하여 배관의 형태와 상태를 분석하는 기술이다. 레이저 광선은 배관내부를 스캔하고, 수집된 데이터는 컴퓨터 프로그램을 통해 3D 모델로 변환된다. 이를 통해 배관의 결함, 부식, 파열 등을 식별할 수 있다.

(3) 초음파 검사

초음파는 고주파 소리파동을 사용하여 배관의 내부상태를 분석하는 기술이다. 초음파 센서를 배관에 삽입하고, 소리파동이 반사되어 돌아오는 시간을 측정하여 배관의 두께, 결함, 부식 등을 평가한다. 이를 통해 배관의 결함이나 노후도를 식별할 수 있다.

2) 외부검사

외부검사는 배관의 외부상태를 평가하기 위해 사용되는 영상진단 기술이다. 주로 사용되는 기술에는 다음과 같은 것들이 있다.

(1) 열화상 카메라

열화상 카메라는 객체의 열 패턴을 캡처하여 온도분포를 시각화하는 기술이다. 배관의 열 패턴을 분석하여 부식, 누출, 절연 결함 등을 식별할 수 있다.

(2) 드론 검사

드론을 사용하여 배관의 외부를 검사할 수 있다.

02 오수 및 배수용 배관의 배관진단에 따른 개선방법에 대하여 분석하라.

공법명	원 리	특장점	적용성
에어샌딩 (A/S공법)	연마제를 강한 선회류로 발사하여 배관의 녹을 완전히 제거하고 에폭시로 코팅	• 배관 내부를 새로운 재질의 에폭시로 코팅 • 수명이 오래감	적용성 높음 (아연도 강관)
충격파 배관 세척공법	배관내에 약 $5Kg/cm^2$의 공기압을 단락적으로 발사하여 초음파와 공기방울에 의한 충격에 의해 스케일을 제거함	• 공사비가 저렴 • 연질의 스케일, 유기물 슬라임 제거에 효과	적용성 높음(내부식성 배관)
피그공법 (Pigging)	우레탄 재질의 폴리피그를 배관에 삽입하고 물을 고압으로 발사하여 피그를 관 내부에 통과시켜 스케일을 제거함	• 피그의 직접적인 마찰로 스케일 제거 • 연질의 스케일 제거에 효과	적용성 어려움(아연도 강관의 갱생공법은 아님)
방청제 투입공법	인산염 또는 규산염 성분의 방청제를 일정량 지속 투입하여 배관내벽에 피막을 형성하여 부식방지	• 약품 투입즉시 부식방지 • 관리비가 저렴	국내아파트 다수 적용 중
수처리기 설치공법	전자공급, 자기장 형성등의 원리로 부식을 방지	배관에 부착하는 간단한 시공으로 입주민의 불편이 없음	적용성 떨어짐 (기존 형성된 스케일은 제거 어려움)

공법명	원 리	특장점	적용성
오존(O_3) 공법	녹을 오존(O_3)으로 산화시켜 산화피막을 형성하여 부식을 방지	• 아연도 강관의 녹을 산화시켜 부식방지 • 오존에 의한 미생물 살균효과도 있음	국내 아파트 다수 적용중

03 오수 및 배수용 배관의 배관진단에 따른 외국시공법 사례에 대하여 분석하라.

공 법	시공방법	특장점	주요국가	적용성
배관우회 시공	기존 부식된 배관을 그대로 두고 별도의 배관을 우회 설치	• 시공비가 싸다 • 고급스런 DUCT로 실내 미관을 해치지 않고 시공	유럽	건물 구조상 아파트에는 적용이 어려움
약품세척 시공	청관제를 사용하여 녹을 분해하여 제거하고 산화피막을 형성하여 부식을 억제	• 인체에 무해한 약품사용 • 산화피막이 형성되어 더이상의 부식을 방지	미국	시공기간이 길고(2~3일) 모든 수도꼭지에 연결해서 시공하므로 국내에 적용이 어려움
배관갱생 시공 (에어샌딩공법)	청규사로 배관의 녹을 제거하고 에폭시로 코팅	• 배관 내부를 새로운 재질의 에폭시로 코팅 • 수명이 오래간다	일본	적용성 어려움(아연도 강관의 갱생공법은 아님)
배관세척 시공	물과 공기파에 의한 배관 세척	• 공사비가 저렴 • 연질의 스케일, 유기물 슬라임 제거에 효과	일본	국내아파트 다수 적용 중

04 배관내시경 검사의 적용범위에 대하여 분석하라.

배관내시경 검사는 사람이 들어갈 수 없는 관로 내부의 상황을 특수 케이블 카메라를 탑재한 시스템을 이용하여 오배수관 내부를 정밀조사하는 시스템으로서 증설여부를 판단하는 기준이 될 뿐 아니라 균열, 누수 등 붕괴 위험들을 사전에 예방하는 등 다양한 목적으로 사용되고 있다.

배관내시경 검사의 적용범위는 다음과 같다.

① 오배수관를 여러 업체에서 방문 수리하였음에도 자주 막히는 원인을 파악할 때
② 오배수관 청소가 잘 되었는지 확인할 때
③ 오배수관 내부손상이 되었는지 파악할 때
④ 오배수관 개량공사 및 준설공사 후 검사
⑤ 신도시, 신공단 조성시 오배수관의 이상 유무 조사(공공시설물 인수인 계시)
⑥ 시의 기존 오배수관 실태파악, 특히 수계별 오배수관 정비를 위한 기본설계를 할 때
⑦ 처리장에 오배수관로를 통하여 필요없이 들어오는 과다한 불명 침입수를 찾아낼 때
⑧ 공단 등에서 폐수가 무단 방류되고 있는 오배수관로에 TV-CAMERA 투입, 현황파악
⑨ 시가지 침수 축대붕괴, 도로함몰 등의 원인조사
⑩ 그 밖의 불명 노선찾기, 없어진 맨홀 위치찾기
⑪ 입주전후의 아파트단지 내 우·오수 오접상태, 오물불통 상태등을 조사
⑫ 상수원 유역 간이 오수 처리장 유입관로 조사

05 배관(입상관)내시경 검사에 대하여 분석하라.

1. 목 적

막혀있거나 문제있는 배관의 부분은 입상관이므로 산업용 내시경을 통해 카메라로 찾아내는 것이다.

2. 연구의 목적

배관에서 막히거나 깨진 부분들을 영상처리나 딥러닝을 활용하여 찾아내는 것이다.

3. 연구의 범위

일반 배관이 아닌 새로 지은 아파트에서의 깨끗한 배관이다.

4. 연구의 확대

① 깨진/막힌 부분의 대략적인 위치 파악

② 깨진/막힌 부분의 종류 파악

5. 비정상(작업불량) 영상자료

	불량개소	내 용
경우 1	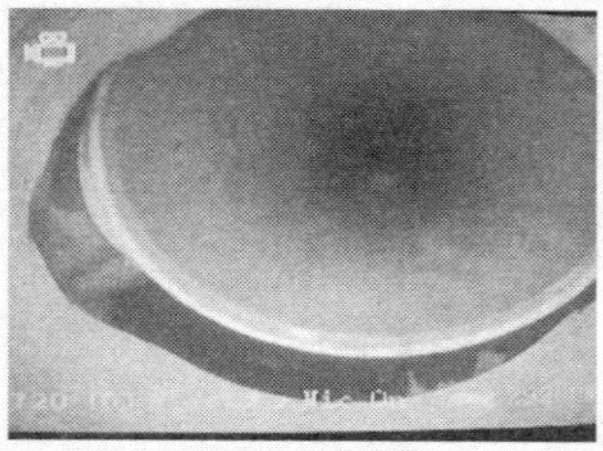	파이프이탈
경우 2	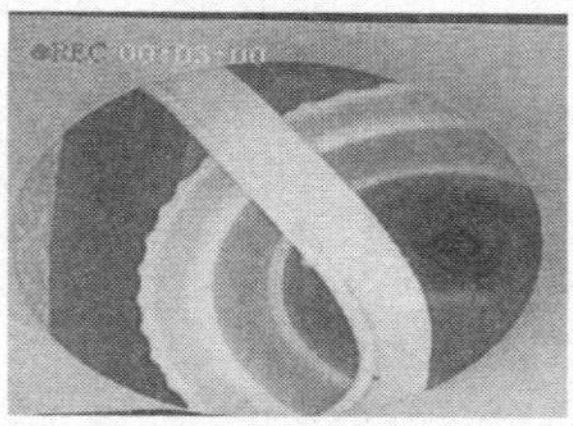	Packing 누락
경우 3	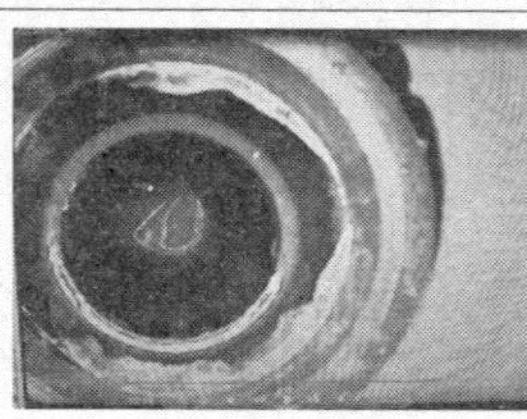	Sextia의 배관 삽입불량
경우 4	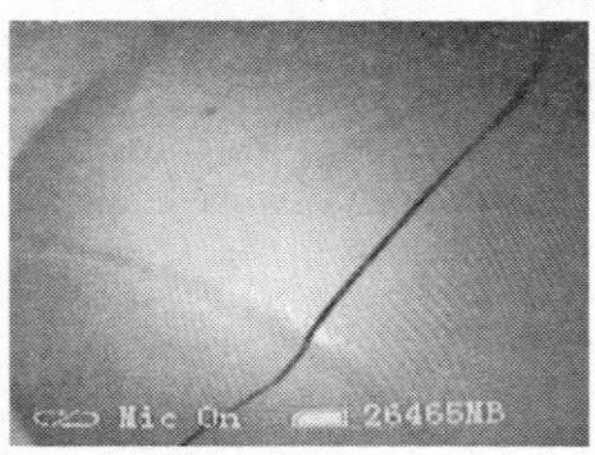	주방 연결부 균열(벽돌충격)
경우 5	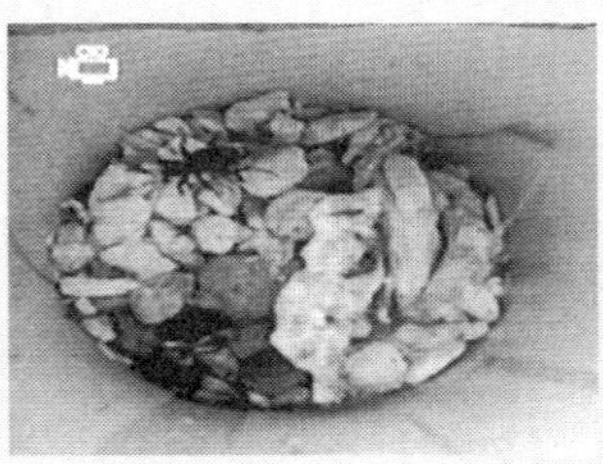	옥상우수관 막힘

	불량개소	내 용
경우 6		옥상우수관 막힘
경우 7	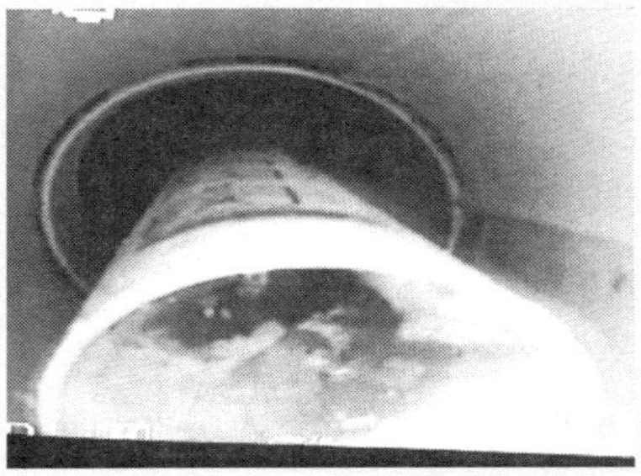	옥상우수관 실리콘빈통
경우 8	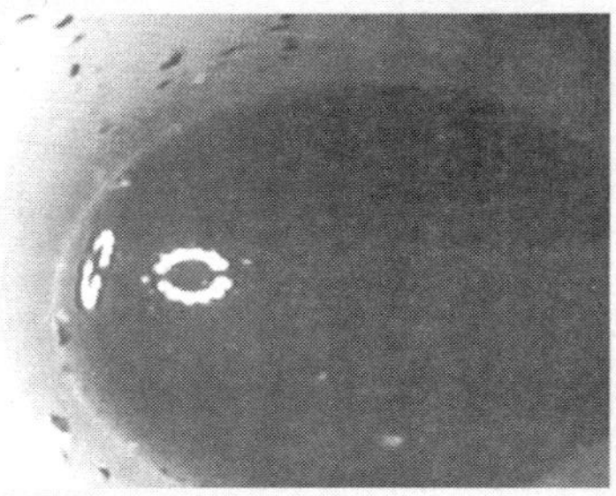	옥상우수관 막힘으로 인한 배수불량
경우 9	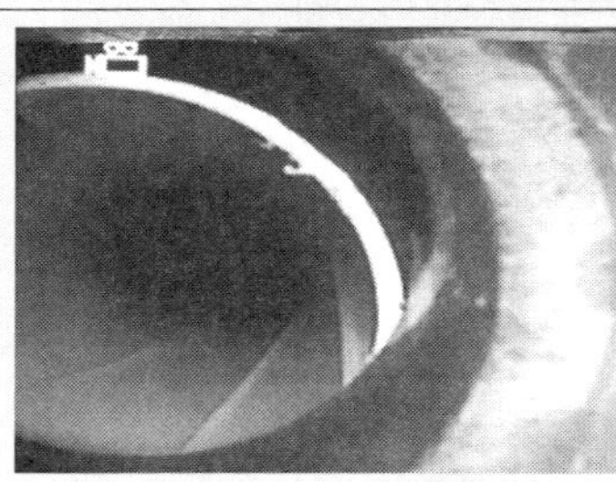	Sextia의 배관 삽입불량
경우 10		PVC 파이프 파손으로 인한 시멘트침투

	불량개소	내 용
경우 11	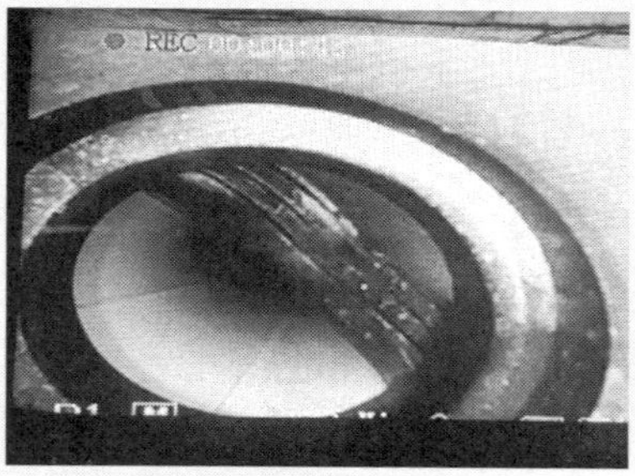	팩킹누락
경우 12	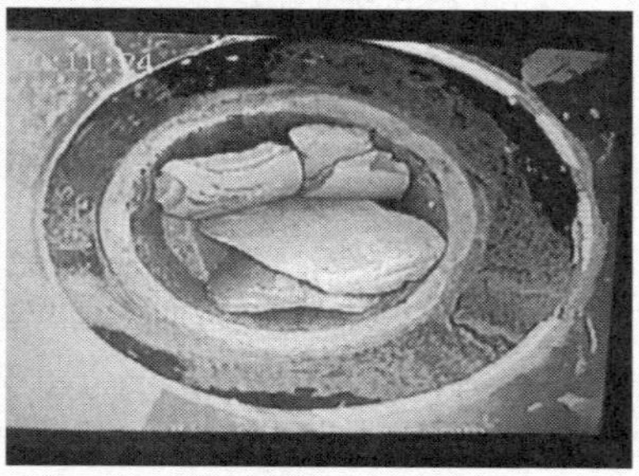	파이프막힘

6. 결 론

① 비정상으로 의심되는 부분은 딱 2가지이다.

㉠ 배관 연결부분이 어긋나 보이는 부분

㉡ 배관 연결하는 부분이 깨진 부분

② 배관장비도 두 가지로 나눈다.

㉠ 영상의 중앙을 가리는 철이 있는 장비

㉡ 일반 카메라와 비슷한 장비

의외로 육안으로 발견하기는 쉬워 보인다.

학습활동.2 교수 · 학습 방법

교수 방법

- 배관검사와 판독에 대한 관련 용어, 구성, 방식 이해 정도를 파악한 후 수업을 진행한다.
- 교수자의 주도로 배관검사와 판독 등의 내용을 PPT 자료로 제시한 후 설명한다.
- 가능하면 사전에 개인별 학습 자료를 준비하여 모든 학생이 참여할 수 있는 문제 해결식 수업, 협력 수업이 가능하도록 한다.
- 배관검사와 판독 전 과정을 작업의 순서에 따라 단계적으로 실습이 이루어질 수 있도록 지도한다.
- 교재를 통해 수업을 준비하는데 있어서 필요한 모든 정보나 팁, 힌트 등 도움이 될 만한 내용들을 확인할 수 있다.
- 학생들이 만들게 될 각 모델들은 수업시간에 중점적으로 다뤄질 부분과 어휘, 질문, 답을 포함하고 있으며 또한 탐구할만한 추가적인 아이디어들도 포함하고 있다.

학습 방법

- 배관검사와 판독에 대한 관련 용어를 숙지하고, 배관검사와 판독에 대해 이해한다.
- 배관검사와 판독의 각 단계별 중점 사항을 체계적으로 학습한다.
- 배관검사와 판독의 수행순서의 전 과정을 실습한다.
- 배관검사와 판독의 내용을 이해한다.
- 배관검사와 판독을 이해하고 숙달이 될 때까지 학습한다.

학습활동.2 평가 및 피드백

평가 준거

- 평가자는 피평가자가 수행 준거 및 평가 내용에 제시되어 있는 내용을 성공적으로 수행할 수 있는 지를 평가해야 한다.

학습내용	평가항목	성취수준		
		상	중	하
배관검사와 판독	배관검사와 판독을 이해할 수 있다.			

평가 방법

• 작업 포트폴리오

학습내용	평가항목	성취수준		
		상	중	하
배관검사와 판독	배관검사와 판독을 이해할 수 있다.			

• 필기시험

학습내용	평가항목	성취수준		
		상	중	하
배관검사와 판독	배관검사와 판독을 이해할 수 있다.			

• 체크리스트를 통한 관찰

학습내용	평가항목	성취수준		
		상	중	하
배관검사와 판독	배관검사와 판독을 이해할 수 있다.			

• 피드백

1. 작업 포트폴리오
   - 제출한 보고서를 평가한 후 주요 사항에 대하여 표시하여 돌려준다.
2. 필기시험
   - 평가 결과 성적이 저조한 학생은 보고서 제출 기회를 부여한다.
3. 체크리스트를 통한 관찰
   - 실습 과정에서 평가한 후 개선해야 할 사항 등을 정리하여 돌려둔다.

참 | 고 | 문 | 헌

- https://luckygg.tistory.com/27
- ㈜대우건설. (사)대한건축학회, 『건축기술지침 Rev.1(기계)』, 도서출판 공간예술사, 2012.
- (사)대한건축학회, 『건축설비』, 기문당, 1995.
- 건축설비용어사전 편집위원회, 『건축설비용어사전』, 기문당, 1994.
- 박영순, 『건축기계설비일반시공』, 도서출판 세진사, 2000.
- 박종일 · 서기원 공저, 『건축설비 설계』, 도서출판 세진사, 1999.
- 한국종합건설 기계설비협의회, 『설비 시공 개선 사례집』, 한국종합건설 기계설비협의회, 2014.
- 00건설 건축기전팀, 『일반배관작업지침』 별첨 품질관리기준, 2011.
- 강동우 · 강민구 · 정해진 · 남상엽, "스마트 시티형 다굴절 오배수관용 Push Rod 및 무선 영상전송 플랫폼," 2019년도 한국인터넷정보학회 추계학술발표대회 논문집 제20권2호, 2019.11.02.
- 정해진. "다굴절 파이프 라인의 내부 검사를 위한 내시경 장치," 대한민국특허출원번호(10-2019-0115051), 2019.09.04.
- 설동현 외, "DDVS 기법을 활용한 일반 구조용 탄소강관 및 강재 파이프 서포트 영상기반 변위계측," 대한건축학회연합논문집 21권1호, 2019.
- 남명우, "EMD를 이용한 초음파 비파괴 평가용 3차원 영상처리 소프트웨어 개발," 한국산학기술학회 9권6호, 2008.
- 강민구 · 남상엽 · 정해진 · 전준철, "배관 네비게이션 시스템 및 이를 이용한 배관 네비게이팅 방법," 대한민국특허출원번호(10-2019-0137843), 2019.10.31.
- http://www.pacco.co.kr/
- http://www.tktech.kr/
- http://hasugubaksa.kr/

학습 1	배관관리 기술의 개요
학습 2	배관검사와 판독
학습 3	**배관영상 분석**
학습 4	배관위치 파악과 영상마카
학습 5	배관기술 및 시장동향
학습 6	배관의 시공/누설확인 및 시운전
학습 7	상수 및 하수용 배관관리의 분석
학습 8	화학 및 오일용 배관관리의 분석
학습 9	가스용 배관관리의 분석
학습 10	전기 및 통신용 배관관리의 분석
학습 11	스마트 배관관리의 분석
학습 12	스마트 배관관리의 영상활용

학습 목표

1. 배관영상 분석을 이해할 수 있다.

3-1 지능형 영상 분석

1. 디지털 영상

영상은 원래 기본적으로 아날로그 신호로 구성되어 있다. 디지털 영상은 이러한 아날로그 신호를 컴퓨터로 처리하기 위하여 디지털 형태로 변환시켜 놓은 상태이다.

영상을 구성하는 기본요소를 화소(Pixel)라고 부르며, 각 화소는 이러한 2차원 배열의 영상구조를 구성하는 기본요소가 된다.

[그림 3-1]은 영상의 기본요소인 화소의 특성을 확인할 수 있는 영상으로 영상의 특정 부분을 확대해서 관찰할 경우 우측 사진과 같이 서로 다른 밝기값으로 구성된 격자구조의 화소들이 분포하고 있음을 확인할 수 있다. 이처럼 영상이란 밝기값 혹은 컬러값과 같은 수치값을 갖는 일정 크기의 배열이라고 말할 수 있으며, 이러한 배열을 디지털 영상(Digital Image)이라 한다. 초당 프레임(FPS, Frames Per Second)은 동영상을 물리적으로 환원하면 시간상 연속된 정지사진들의 모임인데 이 각각의 정지사진 하나를 프레임(Frame)이다. 이런 사진 토막들을 1초에 몇 장 보이느

냐, 즉 프레임이 보이는 속도(Frame Rate)이다. 예를 들면 30fps는 초장 30장 사진을 볼 수 있다는 의미이다.

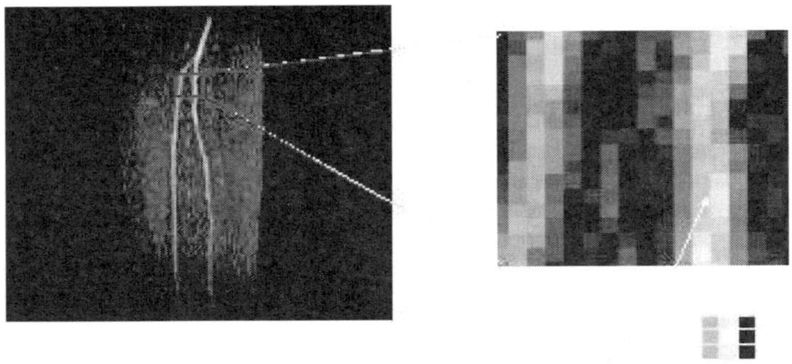

[그림 3-1] 영상화소의 사례

코덱(Codec)은 영상이나 음성신호를 디지털로 변환하거나 반대로 변환하는 기능인 복원을 수행하는 기술로써 코더(Coder)와 디코더(Decoder)의 합성어이다.

2. 디지털 영상저장

1) 영상압축

영상압축은 영상을 표현하는 데 필요한 방대한 양의 데이터를 축소하는 작업으로 어느 때나 원래의 영상의 질이 떨어트리지 않도록 하는 것이 주목적이다. 초당 30 프레임으로 구성된 512TIMES 512 크기의 컬러 동영상을 저장하기 위해서는 초당 23.6Mbyte(512×512×3byte×30)의 저장공간이 필요하다. 따라서 1시간 분량의 해당 동영상을 저장하고자 한다면 무려 84.5Gbyte의 저장공간이 필요하다. 이처럼 방대한 크기의 영상을 저장 또는 전송하기 위해서는 영상압축이 반드시 필요하다는 것을 알 수 있다.

영상압축 방법은 영상압축 후 복원시 원영상의 정보를 모두 유지하는가 아닌가에 따라 무손실 압축과 손실압축으로 나눈다.

동영상 압축의 대표적인 MPEG(Moving Picture Experts Group), 블록단위의 동영상 압축표준인 H264 혹은 MPEG-4 파트10, AVC(Advanced Video Coding)은 동영상 녹화, 압축배포를 위한 방식으로 현재 가장 보편적으로 사용되고 있는 포맷이다. 정지영상(이미지)의 압축표준은 JPEG(Joint Picture Experts Group)을 사용한다.

(1) 무손실 압축

무손실 압축은 영상의 코딩과 디코딩을 완벽하게 수행하여 압축된 영상을 복원시 복원된 영상이 원영상과 완전히 일치한다.

(2) 손실 압축

손실 압축은 영상에서 중복되거나 상대적으로 중요하지 않은 부분의 정보를 제거함으로써 영상압축시 압축률을 높이는 압축방법으로 복원된 영상은 원영상과 제거된 정보만큼의 차이를 갖는다.

일반적으로 영상압축 기술의 핵심사항은 시각적으로 영상의 품질저하 없이 영상 표현에 필요한 데이터의 크기를 얼마나 감소시킬 수 있는가에 달려 있다.

[그림 3-2]는 영상압축에 사용되는 웨이블릿 변환에 의한 압축과정을 보여주는 예제이다.

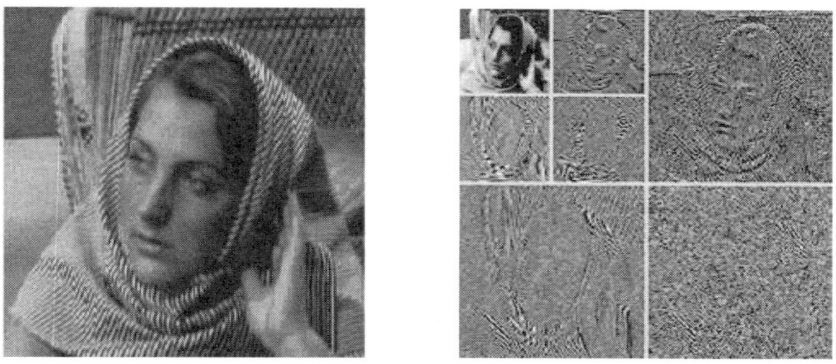

(a) 원영상 (b) 2차 웨이블릿 변환의 결과

[그림 3-2] 웨이블릿을 이용한 영상변환 과정

2) DVR

디지털 비디오 저장장치(DVR, Digital Video Recorder)는 컴퓨터 시스템의 하드디스크(HDD)를 저장매체로 사용되기 때문에 녹화테이프를 교체할 필요가 없고 인터넷을 통하여 실시간 영상저장이 가능하다.

산업용 배관내시경 시스템에서 카메라에서 촬영된 영상이 유선/무선 통신 케이블선을 통하여 DVR(녹화장치)장비까지 들어오면 DVR 안에 하드디스크에 저장이 된다.

또한 [그림 3-3]처럼 네트워크 상에 설치된 카메라나 비디오 서버영상 녹화, 모니터링, 이벤트 관리, 재생 등을 위한 전용 PC서버 IP카메라를 통해 디지털 영상을 전송받아 압축저장하는 장치는 NVR(Network Video Recorder)이다.

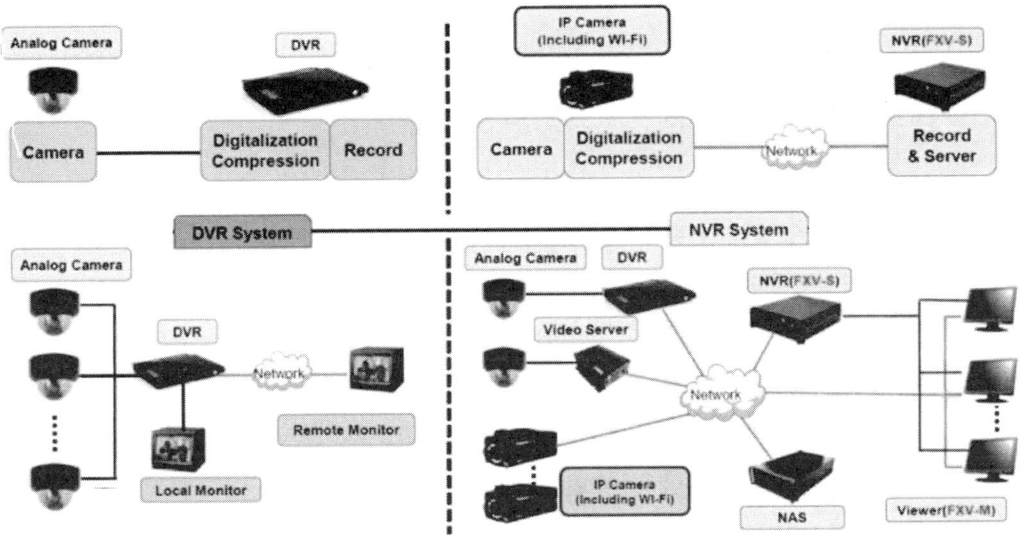

[그림 3-3] DVR과 NVR 시스템의 차이

3. 지능형 디지털 영상분석

지능형 영상분석은 배관관리에서 매우 유용한 도구이다. 이 기술은 컴퓨터 비전과 기계학습 알고리즘을 결합하여 영상에서 유용한 정보를 추출하고, 이를 통해 배관시스템의 상태를 평가하고 예측할 수 있다.

지능형 영상분석을 통하여 산업용 배관내시경 영상 안의 대상물(이물질 및 결함 등)을 탐지/추적하고, 추적하고 있는 목적물(이물질 및 결함 등) 중에 지정한 규칙(Rule)에 따라 필터링하여 분석(사용)자가 원하는 정보를 제공한다. 움직임/정지감지 기술(Detection)과 비교하여 탐지율과 영상경보의 정확도를 획기적으로 개선한 기능이다. 또한 방대한 저장장치 비용을 대폭 절감할 수 있고, 산업용 배관내시경 시스템의 지능형 탐지/추적 시스템이다.

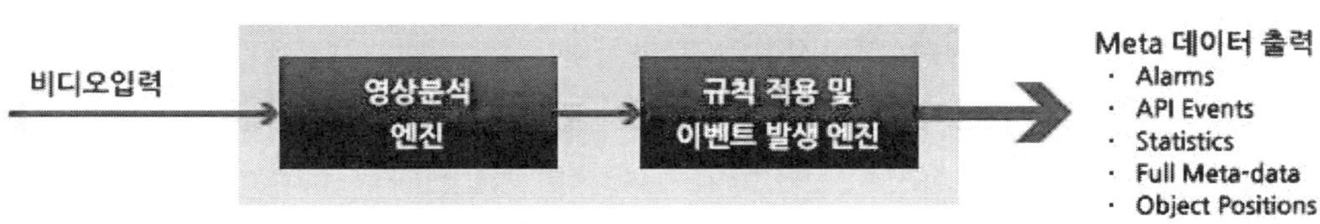

[그림 3-4] 지능형 디지털 영상 분석시스템

[그림 3-4]처럼 지능형 영상 분석시스템(Video Contents Analytics System)은 산업용 배관내시경의 비디오 입력을 받게 되면 영상분석 엔진이 화면상에 의미 있는

물체만 추적하고 추적된 물체 중에서 사용자가 설정한 규칙에 위배되는 물체만 감지하여 알람기능 등에도 메타데이터를 제공하여 추후에 경계지역 탐지, 카메라 보정, 위치확인 및 검색이 가능하다.

지능형 영상분석을 사용하면 다음과 같은 기능을 수행할 수 있다:

1) 이상감지

영상분석 알고리즘을 사용하여 배관시스템에서 이상을 감지할 수 있다. 예를 들어 누수, 파손, 부식 등의 이상을 감지하여 조기에 대응할 수 있다.

2) 결함탐지

배관의 결함을 식별하고 위치를 정확하게 파악할 수 있다. 이를 통해 유지보수 작업을 진행하고 결함이 있는 부분을 교체할 수 있다.

3) 예측 유지보수

영상데이터를 기반으로 기계학습 알고리즘을 사용하여 배관시스템의 예상 수명과 유지보수 일정을 예측할 수 있다. 이를 통해 예방적인 유지보수 계획을 수립할 수 있다.

4) 안전감시

배관시스템에서 발생할 수 있는 위험상황을 감지하고 예방할 수 있다. 예를 들어 가스누출이나 화재와 같은 위험요소를 감지하여 조기에 대응할 수 있다.

5) 자동검사 및 보고

지능형 영상분석은 자동으로 배관시스템을 검사하고 결과를 보고할 수 있다. 이를 통해 인력과 시간을 절약하고 효율성을 높일 수 있다.

지능형 영상분석은 컴퓨터 비전 기술의 발전과 기계학습 알고리즘의 발전으로 더욱 정교해지고 있다. 이를 활용하여 배관시스템의 안전성과 효율성을 향상시킬 수 있으며, 예방적인 유지보수와 고장예측에 큰 도움을 줄 수 있다.

3-2 배관영상 분석

1. 오배수관 영상의 케이블(매체) 특성

[그림 3-5]는 LED전원과 비디오영상 전송이 가능한 영상추적/판독을 위한 배관영상 검사용 케이블 형상이다.

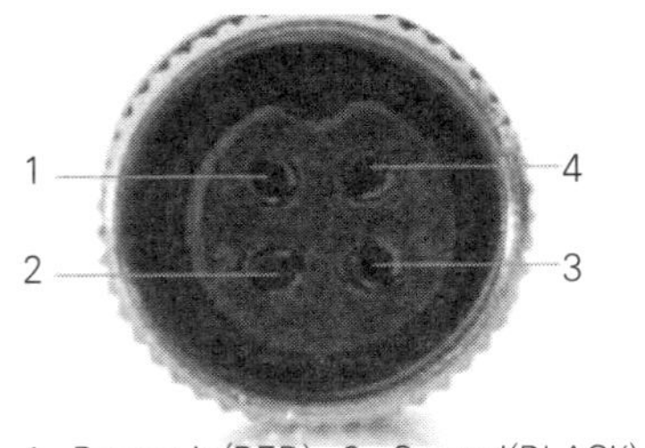

1. Power In(RED) 2. Ground(BLACK)
3. Audio(Green) 4. Video(YELLOW)

[그림 3-5] 배관내시경 연결용 4-P Audio/Video 케이블 형상과 전기신호

기존 산업용 내시경의 공동주택 구리 입상관용 Push Rod 케이블은 [그림 3-6] (a)처럼 4P 광 게이블을 사용함으로써 [그림 3-6] (b)처럼 내구성의 한계로 개선된 공동주택 다굴절 오배수관용 Push-Rod 케이블 사용을 권장한다.

1) 공동주택 구리 입상관용 Push Rod Cable

산업용 내시경에서 사용하는 케이블은 오배수관의 상태를 케이블에 LED카메라를 부착하여 LED조명을 이용하여 오배수관의 상태를 영상으로 촬영하여 오배수관의 상태를 확인한다.

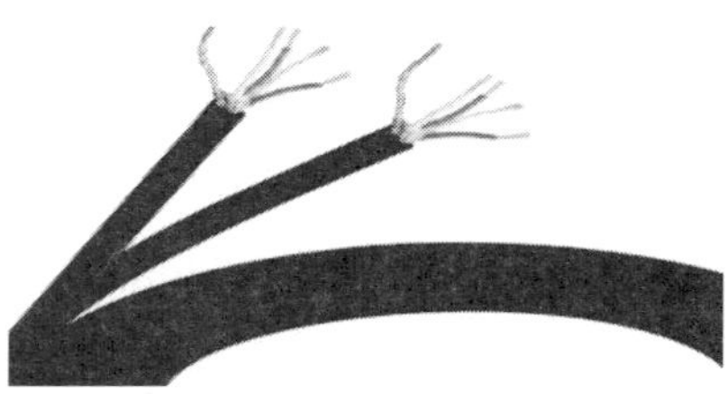

(a) 4P 케이블(전원, 영상, LED조명용)

(b) 일반용 2색 CANARE L-4E6S케이블

[그림 3-6] 입상관용 Push Rod Cabel

2) 공동주택 다굴절 오배수관용 Push-Rod 케이블

스마트 시티에서 공공주택을 위한 배관공사의 특성상 각 층을 통과하는 각종 입상 수직관의 연결부를 포함한 바닥 내부에 묻혀는 있는 [그림 3-7]처럼 다양한 다굴절 형상으로 배관이 구성되어 있다.

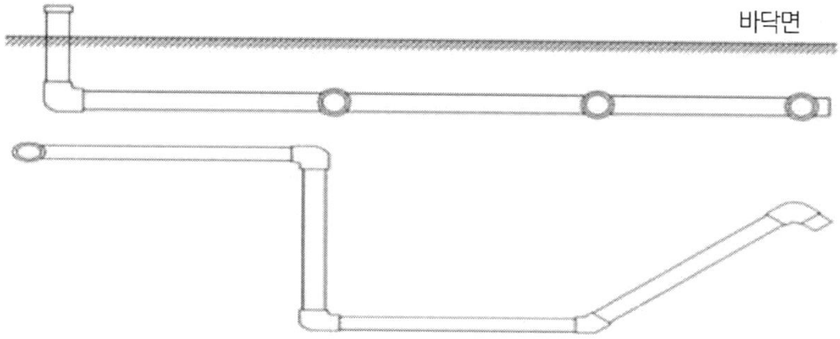

[그림 3-7] 입상 오배수관의 형태

[그림 3-8]은 공공주택의 바닥면에 매립된 오배수관과 다굴절 형상의 Push Rod에 의한 오배수배관의 연결부 불량과 미세한 균열이 파손의 원인이 될 수 있다.

[그림 3-8]처럼 공동주택의 오배수관의 관찰상태를 확인하기 위하여 적합한 Push-Rod 케이블은 기존 제품과의 차별화된 카메라 헤드모듈 설계와 연결 케이블(스테인리스, AV-4P) 제작 및 동영상 정보의 전송장치 기반의 실시간 영상분석 플랫폼을 활용한다.

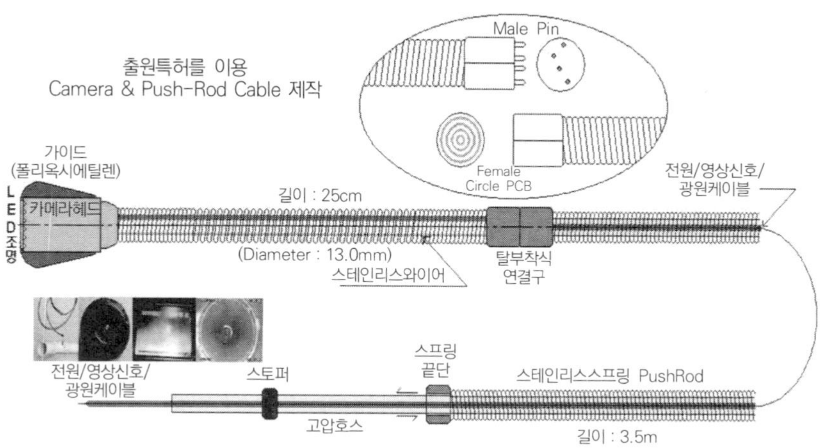

[그림 3-8] 다굴절 오 · 배수관용 Push-Rod 케이블

3) 입상관용과 오배수관용 케이블 특성

〈표 3-1〉 입상관용 케이블 특성

구 성	특 성
외피/내피	외피 : PVC, 내피 : 폴리에틸렌
편조실드	Cable(Φ8.0mm, 4P)
편조밀도	96% 이상
도체 단면적	0.20mm^2(24AWG)
도체구성	40/0.08A
도체저항	9.8Ω/100m(심선), 3.0Ω/100m(실드)
선간용량	150pF/m(심-심), 185pF/m(실드)
인장강도	200kgf/cm^2, 방수 : IP68

〈표 3-2〉 오배수관용 케이블 특성

구 성	특 성
Stainless Spring	OD : Φ16.0mm
Stainless Wire	OD : Φ1.5mm
편조실드 Cable	Φ2.5.mm, 4P
편조밀도	93% 이상
방 수	IP68

2. 오배수관용 카메라 모듈

이러한 공동주택의 오배수관 종류에 맞는 카메라는 배관의 영상검사 대상 오배수관 종류에 따라 배관내부에 삽입되는 〈표 3-3〉의 카메라 특성과 배관벽면과의 적절한 결상위치(Working Distance)를 결정하는 고해상도의 Lens와 배관내부와 벽면을 명확히 구분할 수 있는 LED조명의 광학계가 필요하다.

〈표 3-3〉 카메라 모듈 특성

구성내용	입상관용 특성	오배수관용 특성
초점거리(Working Distance)	20mm	15mm
화각(Angle of View)	90°	100°
조명(Illumination)	1200Lux(Max.)	500Lux(Max.)

3. 오배수관의 영상

[그림 3-9]처럼 대다수 배관내시경은 끝단에 LED조명이 내장된 소형카메라를 PVC코팅 fiberglass 케이블에 연결하여 조명조절장치와 영상저장장치가 내장된 제어기를 통과하여 소형 액정모니터와 연결되어 있다.

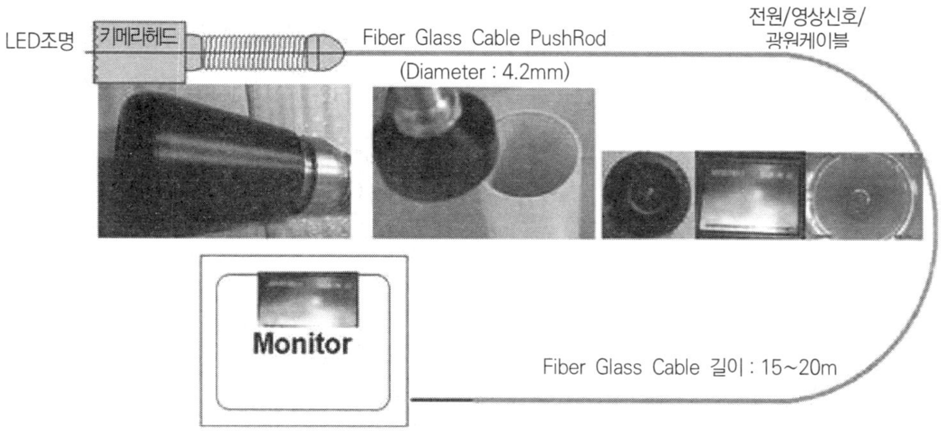

[그림 3-9] 공공주택 오배수관/다굴절 형상 Push Rod 케이블

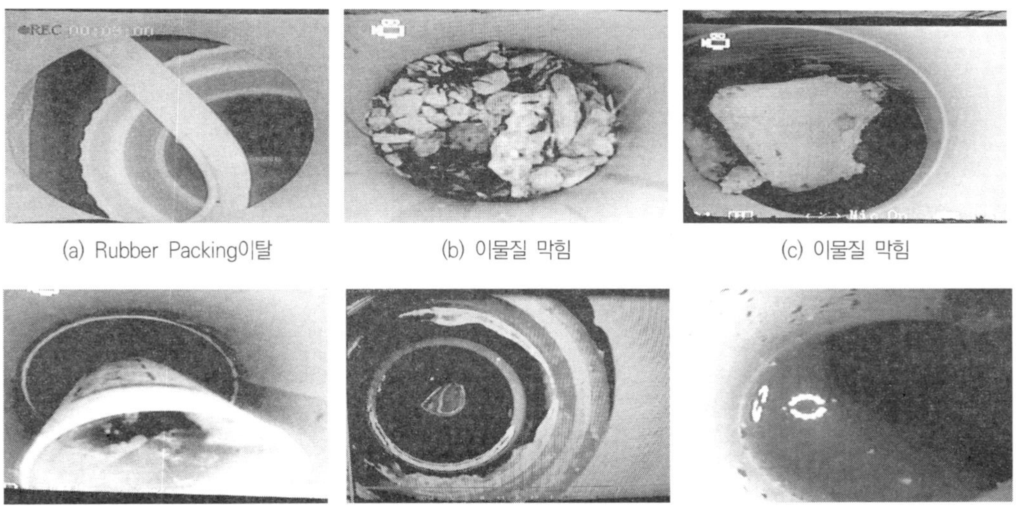

(a) Rubber Packing이탈　(b) 이물질 막힘　(c) 이물질 막힘

(d) 빈 실리콘 통 추락　(e) Sextia의 작업 불량　(f) 막힘에 의한 배수 불량

[그림 3-10] 배관내시경의 영상분석을 통한 불량개소의 특징 분류

[그림 3-10]의 배관내시경의 영상분석을 통한 불량 개소처럼 오배수 배관의 많은 하자로 인하여 막대한 경제적 손실은 물론 브랜드 이미지에 부정적 영향을 받아 배관검사 필수를 내규로 정하여 신축 공동주택 모두에 적용하고 있다.

또한 모든 대형건설사 대부분이 배관공사 후 관로 내부검사를 행하고 있어 여기에 관련된 설비업체와 시공업체에서도 배관검사용 장비구입이 필수가 되어 수요가 빠르게 증가하고 있다.

이는 공동주택의 다양한 형태의 오배수관 내부검사에 모두 완벽하게 실행할 수 없어 관찰작업에 무리한 진행으로 많을 시간과 비용을 소요하게 되므로 현장 상황의 니즈를 충족시킬 수 없다.

3-3 디지털 영상장비 분석

1. 디지털 이미지 센서의 이해

[그림 3-11]처럼 디지털 카메라 시스템에서 이미지 센서는 렌즈 또는 다른 광학장치를 통해 초점이 맞춰지는 입사광(광자)을 받게 된다.

센서가 CCD 또는 CMOS 인지에 따라 정보는 전압 또는 디지털 신호로서 다음 단계로 전송된다.

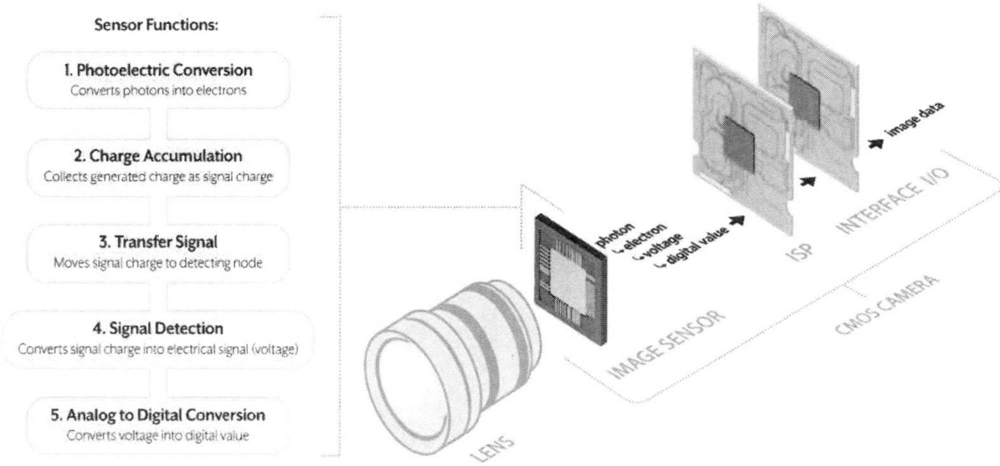

[그림 3-11] 디지털 COMS 카메라의 센서의 기능 및 레이아웃

CMOS 센서는 On-Chip ADC (Analog to Digital Convert)를 사용하여 광자를 전자로 그리고 전압으로, 마지막은 디지털 값으로 변환한다. 또한 카메라 제조업체에 따라 사용되는 레이아웃과 구성요소가 다르다.

이 레이 아웃의 주요 목적은 빛을 디지털 신호로 변환한 다음 분석하여 향후 작업을 트리거 하는 것이다. 소비자 수준의 카메라(㉠ 일반 DSLR 같은 카메라)는 이미지 저장(메모리 카드), 보기(Viewing : 임베디드 LCD) 및 머신비전 카메라가 제어할 수 없는 노브(knobs) 및 스위치를 위한 추가 구성요소를 가지고 있다.

2. 배관내시경의 동영상 모니터링 플랫폼 활용

학습 3

[그림 3-12]는 공공주택 오배수관의 동영상을 분석하기 위해서는 다양한 카메라와 케이블의 구조로 다양한 형태의 공동주택의 오수배관으로 업그레이드된 공동주택의 오수배관의 영상검사 및 판독을 위한 유·무선 통합 플랫폼이 필요하다.

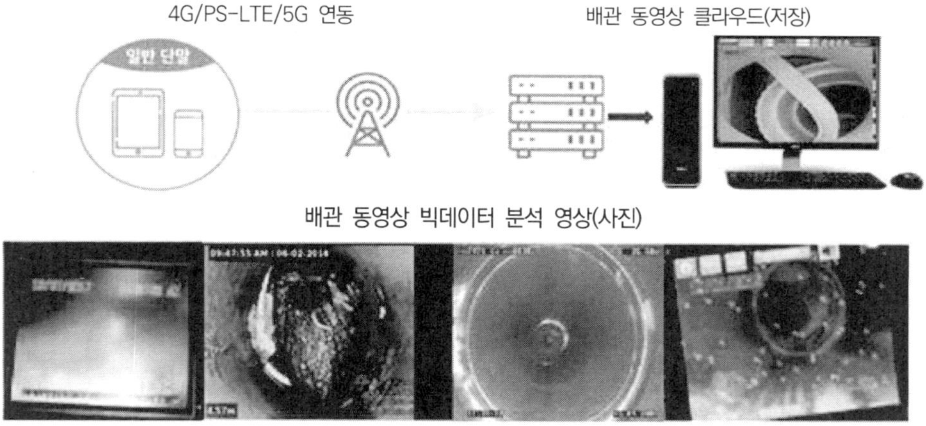

[그림 3-12] 오수배관의 영상검사 및 판독을 위한 유·무선 통합 플랫폼

이러한 플랫폼은 배관영상의 추적하기 위해서는 4/5G 및 PS-LTE 기반의 무선전송 플랫폼은 카메라 헤드 모듈과 연동하는 오수/배수관 GPS 모니터링 플랫 설계로 기존의 작업환경을 개선할 수 있다.

[그림 3-12]처럼 배관 파이프에 구비되는 근거리 무선통신 안테나를 해당 설계도면에 정합함에 따라 이후 내부영상의 분석으로 거쳐 결함이 발생한 위치를 설계도면 상에서 확인함에 따라 작업자는 현장의 해당 근거리 무선통신 안테나와 통신 가능한 무선 통신장치를 통해 그 결함 위치를 간편하게 찾아낼 수 있다.

수행 내용

재료 · 자료

• 배관영상과 지능형 영상분석 관련 자료

기기(장비 · 공구)

• 컴퓨터, 프린터, 주변기기

안전 · 유의사항

• 컴퓨터 및 주변기기의 전원을 관리한다.

수행 순서

01 지능형 영상 분석시스템의 작업자의 안전에 대하여 분석하라.

최근 안전작업 사고예방을 위한 지능형 영상 분석시스템이 주요 위험작업 지역에 설치되어 운영되고 있다.

지능형 영상 분석시스템은 기존 아날로그 CCTV 방식에서 볼 수 없었던 것으로 인공지능 기반 영상 분석기술을 활용하였다. 위험지역에서의 안전작업시 작업자의 안전규정 위반이나 위험행동을 실시간으로 모니터링 하고 작업자 쓰러짐이나 달리기 등 위험상황 발생시 사전 설정된 감지 알고리즘에 의해 알람을 발생시켜 방재센터나 중앙감시반에서 상황에 따라 즉각 대응할 수 있도록 구성된 시스템이다.

지능형 영상 분석시스템을 통하여 방독면 미착용 등의 안전행동 규정 위반이 감지되면 지능형 영상 분석시스템의 알람이 발생하면서 모니터링 요원이 방송을 통하여 현장의 위반사항을 시정하도록 조치하도록 하였다. 작업자 규정위반이 발생할 경우, 해당 작업자 및 위반사항을 파악하여 재발방지 서약서 징구, 교육, 출입정지 등의 페널티 프로그램이 연동되어 있어 작업자 인식변화에 따른 사고예방 효과도 기대된다.

현재 지능형 영상 분석시스템으로 감지하는 안전작업 관련된 작업자 행동감지 알고리즘은 위험지역에서의 달리기, 쓰러짐, 보호구 미착용, 이종복장, 위험물 굴리기, 위험물 던지기의 여섯 가지다. 주로 가스나 화학물질 등 유독물을 취급되고 있는 지역에 설치되어 운영하고 있으며, 방재센터와 함께 환경안전/인프라 중앙감시반에서 24시간 모니터링하고 있다.

본 사례는 세계적 규모의 디스플레이 생산라인의 Gas/Chemical Room 등 주요 위험지역에 지능형 영상 분석시스템으로 2013년 6월부터 구축하고 지속적으로 적용범위를 확대하고 있다.

지능형 영상 분석시스템과 작업자 안전의식 및 안전행동 요인 간 분석이 필요하다. 전체적인 지능형 영상 분석시스템의 개념적인 구조는 [그림 3-13]과 같다.

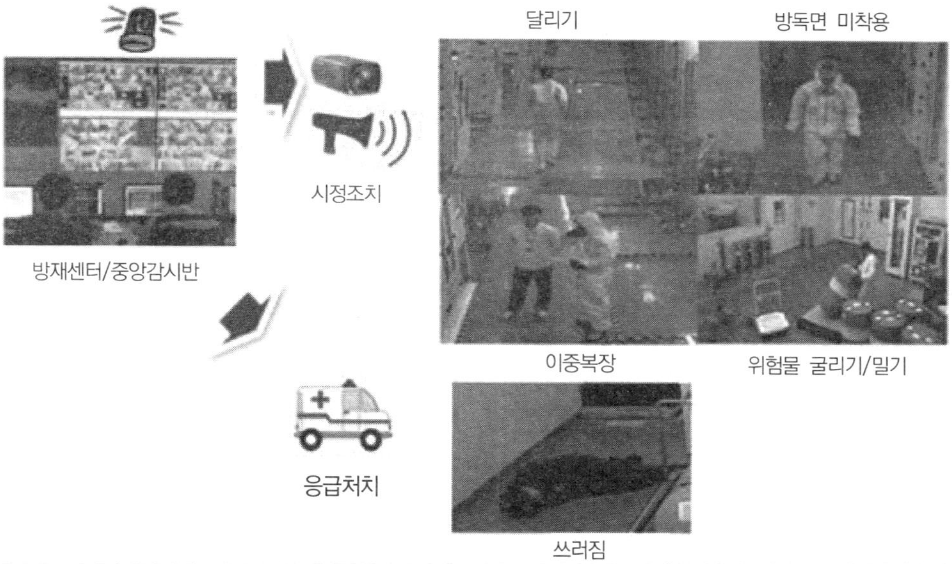

[그림 3-13] 영상 분석시스템의 개념적 구조

안전작업과 관련된 동작감지 알고리즘은 위험지역에서 작업자의 위급한 상황을 감지하기 위한 달리기, 쓰러짐과 작업규정 준수 여부를 감지하기 위한 방독면 미착용, 이종복장 그리고 위험물 굴리기와 밀기 동작을 감지하도록 구성되어 있다. 이종복장은 동일 작업 장소에서 위험도가 높은 작업 기준으로 보호구를 착용하기 위한 것이며, 위험물 굴리기와 밀기는 화학물질 저장용 용기를 작업 규정에 명시된 지게차나 대차를 이용하지 않고 작업자 임의로 부주의하게 운반하다 발생할 수 있는 사고를 예방하기 위한 것이다.

방재센터나 중앙감시반에서 24시간 모니터링 하는 것은 기존 아날로그 CCTV 모니터링 방식과 같지만, 영상정보를 시스템에서 분석하여 상황발생시 자동으로 알람을 발생시켜 감시자가 현장을 즉각 제어할 수 있고, 조치내용에 따라 시스템에 해당 내역을 입력하여 페널티나 인센티브를 관리할 수 있도록 개선되었다. 이렇게 지능형 영상 분석시스템으로부터 감지된 안전작업 위험행동은 관제센터에서 24시간 모니터링하며 상황발생시 즉각 조치하는 한편 안전규정 위반자에 대해서는 관련 프로세스에 의거 페널티를 부여한다.

옥상이나 반입구 등 위험지역 특성에 따라 침입, 도난, 방치, 화재 등의 알고리즘도 병행하여 운영하고 있는데 안전사고 예방에 대한 중요성이 부각되면서 최근 그 범위가 확대되는 추세이다.

도입 초기에는 작업자 행동감지 알고리즘의 정확도 부족으로 인한 감지오류의 발생, 모니터링 요원의 교육 부족, 작업자의 인식 부족, 표준 업무프로세스 부재 등의 원인으로 정착에 어려움이 많았다. 도입 후 오랜기간 동안 행동감지 알고리즘을 개선하고 관련 표준 및 업무 프로세스를 수립하여 작업자 교육을 실시하고 안전규정 위반자에 대해서는 철저한 사후관리를 하면서 가성도 많이 줄었고, 업무 프로세스가 안정적으로 운영되면서 작업현장의 모습도 많이 달라졌다.

특히 작업자의 경우, 안전작업 위반시 페널티 규정에 따라 제재가 가해지면서 모니터링 요원에게 데이터 삭제를 요구하는 등 불만이 많았다. 그럼에도 불구하고 경영진의 강력한 의지로 안전작업 규정 위반자에 대한 사유서 및 재발방지 서약서 징구, 사업장 출입정지 등의 강력한 페널티가 함께 운영되면서 안전작업 위반 건수가 줄어들었다. 더 나아가서는 안전보호구 착용 등 과거 불편하게 여겼던 안전작업 규정을 점차 당연한 것으로 받아들이는 경향이 두드러지게 나타났다. 지능형 영상 분석시스템이 작업자 안전의식 및 안전행동에 미치는 영향의 파악을 위하여 설문 진행과정에서 인터뷰한 여러 작업자 및 관련자들도 지능형 영상 분석시스템 도입 후, 실제로 위험작업 현장의 모습이 많이 달라졌다고 언급하는 사람이 많았다.

지능형 CCTV시스템 구축/운영으로 안전작업 규정위반이 감소하는 등 긍정적인 효과로 향후에도 지속적으로 확대 예정이다. 이에 따라 경영진 설득을 위한 객관적 타당성 확보를 위하여 위험작업 지역에서의 안전작업 모니터링에 도입되어 효과를 보이고 있는 지능형 영상 분석시스템은 작업자의 안전의식과 행동에 어떤 방식으로 영향을 주는지 기존 연구를 찾아보았으나 지능형 CCTV시스템의 구성요인에 대한 연구 및 작업자의 안전의식 및 안전행동 간 어떤 영향을 미치는지에 대한 기존 연구는 찾기 어려웠다. 직장에서의 안전의식이나 안전행동에 대한 기존의 연구는 안전경영이나 심리학이나 경영관리 측면에서 조직적인 풍토나 경영진의 의지, 안전교육, 개인적인 성향, 안전의식의 동기요인이나 실천요인 간의 관계를 규명하는데 초점이 맞추어져 있었다. 그러나 안전의식이나 안전행동에 대한 기존 연구는 조직적 풍토나 교육, 개인적인 성향, 안전의식 및 안전행동 위주로 지능형CCTV 시스템과 안전의식, 안전행동간 연구는 부족한 현실이다.

02 디지털 이미지 센서에 대하여 분석하라.

이미지 센서는 모든 머신비전 카메라의 중요한 구성 요소 중 하나이다.

센서의 기능은 빛을 전기 신호로 변환하는 것이지만, 모든 센서가 동일하게 구성되는 것은 아니다.

센서는 구조(CCD or CMOS), 채도(Color or Mono), 셔터(Global or Rolling Shutter)와 같은 기준으로 분류할 수 있다. 이 같은 기준들은 해상도(Resolution), 출력속도(Frame Rate), 픽셀크기(Pixel Size), 센서포맷(Sensor Format)의 조건들로 다시 분류된다.

이미지 센서의 목적은 들어오는 빛(광자 : Photons)을 보이고, 분석되고 또는 저장하기 위해 전기적인 신호로 변환하는 것이다.

이미지 센서는 고체 상태(Solid-State) 장치이며, 머신비전 카메라 내부에 가장 중요한 구성 요소이다. 빛 감도, 속도, 해상도, 센서 크기에 따라 새로운 종류의 센서들이 생산된다.

고체 상태의 이미지 센서 칩은 감광요소, 마이크로 렌즈 및 마이크로 전기 구성요소(Micro Electrical Components)로 구성된 픽셀을 포함한다. 이 칩은 반도체 회사가 웨이퍼로 절단하여 제작한다. 와이어 본드는 다이(Die)의 신호를 센서 뒷면에 있는 연결 패드로 전송한다. 이 패키징은 센서 칩과 아이어 본드를 물리적 및 환경적 위험으로부터 보호하고 열 방출을 제공하며 신호전송을 위한 상호 연결 전자장치(Interconnecting Electronics)를 포함한다. 커버 글라스(Cover Glass)라고 불리는 패키징 전면의 투명한 창은 빛이 감광 영역에 도달하는 동안 센서 칩과 와이어를 보호한다.

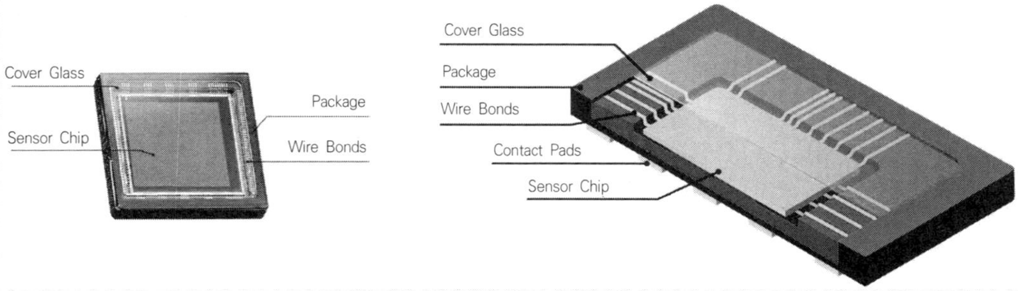

[그림 3-14] 센서의 구성요소

03 CCD와 CMOS의 차이점에 대하여 분석하라.

[그림 3-15]처럼 CCD 센서(Charged Couple Device)는 동시에 모든 픽셀이 노출을 시작 및 중지한다. 이것을 글로벌 셔터(Global Shutter)라고 한다.

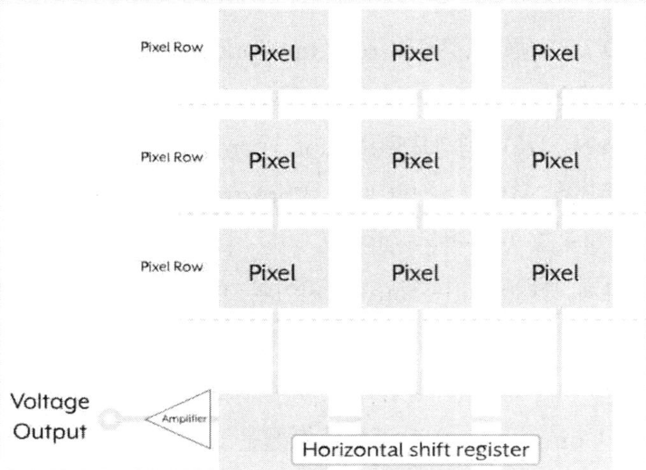

[그림 3-15] CCD 센서의 구조

그런 다음 CCD는 노출 전류를 수평 이동 레지스터(Horizontal Shift Register)로 전달하고, 여기서 플로팅(Floating) 확산 증폭기로 보낸다. 2015년에 소니는 CCD의 생산을 중단하고 2026년까지만 CCD에 대한 지원을 한다. 그래서 최근 카메라 제조사들은 다양한 종류의 CMOS 카메라를 판매하기 위해 새로운 제품을 생산하고 있다. CCD 주요 특징은 글로벌 셔터, 낮은 노이즈, HDR(High Dynamic Range), 중간 범위의 프레임 레이트, 스미어 노이즈 등이다.

과거에는 CMOS 센서(Complementary Metal-Oxide Semiconductor)는 한 번에 하나의 픽셀 행만 노출을 시작하고 중지할 수 있었다. 이를 롤링셔터(Rolling Shutter)라고 한다. 이 센서는 오랜 시간 동안 변경되었고, 이제 시장에서 많은 글로벌 셔터 CMOS 센서를 사용할 수 있게 되었다.

[그림 3-16]처럼 CMOS 센서는 각 픽셀 열에 대해 더 작은 ADC를 사용하여 CCD보다 높은 프레임 레이트를 수행할 수 있다.

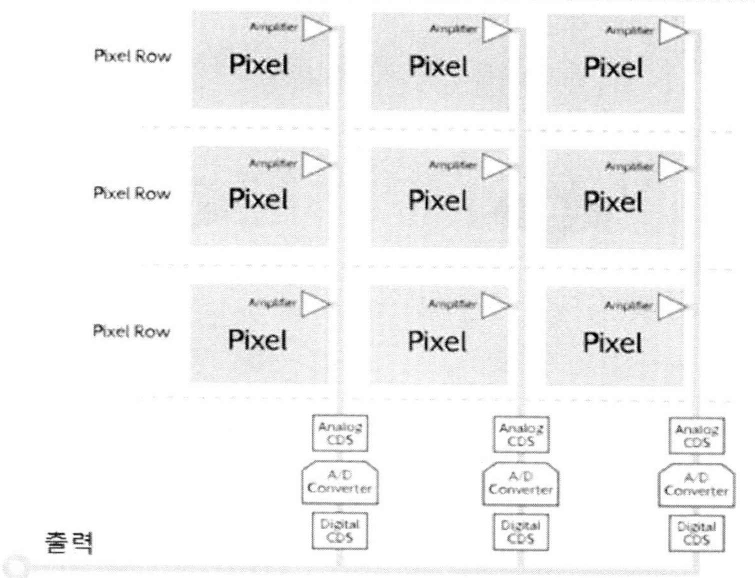

[그림 3-16] CMOS 센서의 구조

CMOS 센서는 이미지 품질, 이미지 속도 그리고 전반적인 가치를 위해 CCD와 동일하거나 더 우수한 최신 CMOS 센서를 수년에 걸쳐 크게 개선했다.

CMOS 주요 특징은 글로벌 셔터 및 롤링 셔터 모델, 낮은 노이즈, 높은 HDR, 높은 Frame Rate, FPN(Fixed Pattern Noise), 스미어 현상 없는 것이다.

04 Mono와 컬러 센서에 대하여 분석하라.

가시광선 센서(IR, UV 또는 X-Ray가 아닌 파장대)는 컬러(Color)와 모노(Mono)의 두 가지 타입이 있다.

컬러 센서는 컬러 필터라고 불리우는 마이크로 렌즈 아래에 있는 별도의 레이어(Layer)를 가지고 있다. 이 필터는 원하지 않은 색상 파장을 흡수하여 각 픽셀이 특정 색 파장에 민감해 지도록 만든다.

모노 센서에는 컬러 필터가 없으며 각 픽셀은 모든 가시광선 파장대에 민감하다.

[그림 3-17]의 오른쪽에 보여주는 컬러 센서는 베이어 필터 패턴(Bayer Filter Pattern)이 컬러 필터 배열로 사용됐다. 이 필터 패턴은 50%는 초록색, 25%는 빨간색, 나머지

25%는 파랑색으로 배열을 사용한다.

대부분의 컬러 카메라는 Bayer Filter Pattern을 사용하지만, 다른 패턴배열을 갖는 필터패턴을 사용하는 것도 있다.

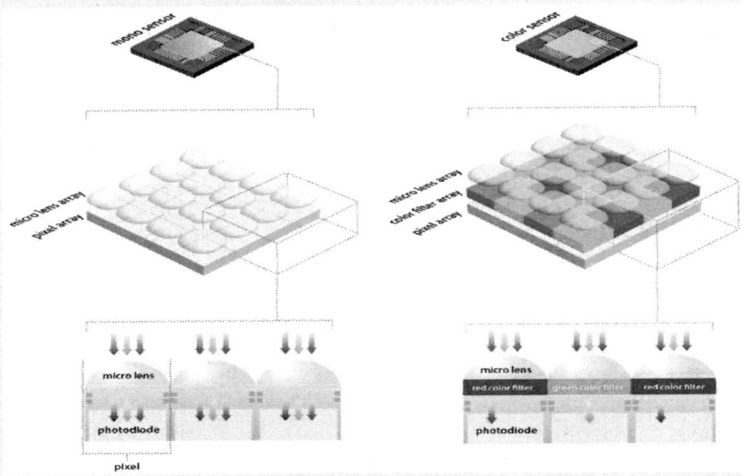

[그림 3-17] 모노 센서(왼쪽)와 베이어 패턴을 갖는 컬러 센서(오른쪽)

[그림 3-18]처럼 일부 센서, 특히 픽셀크기가 더 작은 센서의 경우 광자를 포토다이오드로 유도하기 위해 추가 마이크로 렌즈를 사용한다.

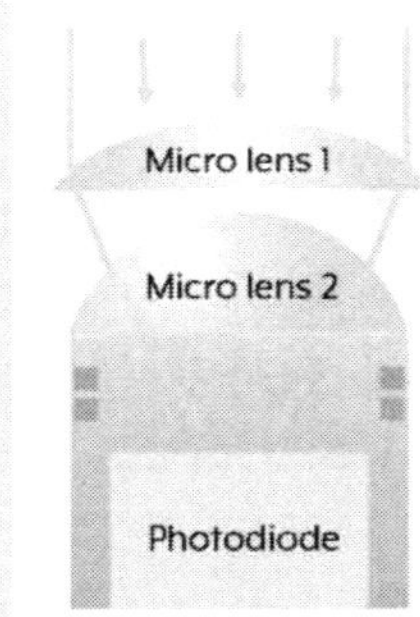

[그림 3-18] 마이크로렌즈의 사용하는 포토다이오드

학습활동.3 교수 · 학습 방법

교수 방법

- 배관영상 분석에 대한 관련 용어, 구성, 방식 이해 정도를 파악한 후 수업을 진행한다.
- 교수자의 주도로 배관영상 분석 등의 내용을 PPT 자료로 제시한 후 설명한다.
- 가능하면 사전에 개인별 학습 자료를 준비하여 모든 학생이 참여할 수 있는 문제 해결식 수업, 협력 수업이 가능하도록 한다.
- 배관영상 분석 전 과정을 작업의 순서에 따라 단계적으로 실습이 이루어질 수 있도록 지도한다.
- 교재를 통해 수업을 준비하는데 있어서 필요한 모든 정보나 팁, 힌트 등 도움이 될 만한 내용들을 확인할 수 있다.
- 학생들이 만들게 될 각 모델들은 수업시간에 중점적으로 다뤄질 부분과 어휘, 질문, 답을 포함하고 있으며 또한 탐구할만한 추가적인 아이디어들도 포함하고 있다.

학습 방법

- 배관영상 분석에 대한 관련 용어를 숙지하고, 배관영상 분석에 대해 이해한다.
- 배관영상 분석의 각 단계별 중점 사항을 체계적으로 학습한다.
- 배관영상 분석의 수행순서의 전 과정을 실습한다.
- 배관영상 분석의 내용을 이해한다.
- 배관영상 분석을 이해하고 숙달이 될 때까지 학습한다.

학습활동.3 평가 및 피드백

평가 준거

- 평가자는 피평가자가 수행 준거 및 평가 내용에 제시되어 있는 내용을 성공적으로 수행할 수 있는 지를 평가해야 한다.

학습내용	평가항목	성취수준		
		상	중	하
배관영상 분석	배관영상 분석를 이해할 수 있다.			

평가 방법

- 작업 포트폴리오

학습내용	평가항목	성취수준		
		상	중	하
배관영상 분석	배관영상 분석를 이해할 수 있다.			

- 필기시험

학습내용	평가항목	성취수준		
		상	중	하
배관영상 분석	배관영상 분석를 이해할 수 있다.			

- 체크리스트를 통한 관찰

학습내용	평가항목	성취수준		
		상	중	하
배관영상 분석	배관영상 분석를 이해할 수 있다.			

- 피드백

1. 작업 포트폴리오
   - 제출한 보고서를 평가한 후 주요 사항에 대하여 표시하여 돌려준다.
2. 필기시험
   - 평가 결과 성적이 저조한 학생은 보고서 제출 기회를 부여한다.
3. 체크리스트를 통한 관찰
   - 실습 과정에서 평가한 후 개선해야 할 사항 등을 정리하여 돌려둔다.

참 | 고 | 문 | 헌

- https://luckygg.tistory.com/27
- ㈜대우건설 · (사)대한건축학회, 『건축기술지침 Rev.1(기계)』. 도서출판 공간예술사, 2012.
- (사)대한건축학회, 『건축설비』, 기문당, 1995.
- 건축설비용어사전 편집위원회, 『건축설비용어사전』, 기문당, 1994.
- 박영순, 『건축기계설비일반시공』, 도서출판 세진사, 2000.
- 박종일 · 서기원 공저, 『건축설비 설계』, 도서출판 세진사, 1999.
- 한국종합건설 기계설비협의회, 『설비시공개선 사례집』, 한국종합건설 기계설비협의회, 2014.
- 00건설 건축기전팀, 『일반배관작업지침』 별첨 품질관리기준, 2011.
- 강동우 · 강민구 · 정해진 · 남상엽, "스마트 시티형 다굴절 오배수관용 Push Rod 및 무선 영상전송 플랫폼," 2019년도 한국인터넷정보학회 추계학술발표대회 논문집 제20권2호, 2019.11.02.
- 정해진, "다굴절 파이프 라인의 내부 검사를 위한 내시경 장치," 대한민국특허출원번호(10-2019-0115051), 2019.09.04.
- 설동현 외. "DDVS 기법을 활용한 일반 구조용 탄소강관 및 강재 파이프 서포트 영상기반 변위계측," 대한건축학회연합논문집 21권1호, 2019.
- 남명우, "EMD를 이용한 초음파 비파괴 평가용 3차원 영상처리 소프트웨어 개발," 한국산학기술학회 9권6호, 2008.
- 강민구 · 남상엽 · 정해진 · 전준철, "배관 네비게이션 시스템 및 이를 이용한 배관 네비게이팅 방법," 대한민국특허출원번호(10-2019-0137843), 2019.10.31.

학습 3

학습 1	배관관리 기술의 개요
학습 2	배관검사와 판독
학습 3	배관영상 분석
학습 4	**배관위치 파악과 영상마카**
학습 5	배관기술 및 시장동향
학습 6	배관의 시공/누설확인 및 시운전
학습 7	상수 및 하수용 배관관리의 분석
학습 8	화학 및 오일용 배관관리의 분석
학습 9	가스용 배관관리의 분석
학습 10	전기 및 통신용 배관관리의 분석
학습 11	스마트 배관관리의 분석
학습 12	스마트 배관관리의 영상활용

학습 목표

1. 배관위치 파악과 영상마커를 이해할 수 있다.

4-1 배관의 위치추적용 표식방법

배관의 위치추적용 표식방법은 배관관리에서 중요한 역할을 한다. 이를 통해 배관의 위치를 정확하게 파악하고 유지보수 및 수리작업시에 필요한 정보를 제공할 수 있다. 다음은 일반적으로 사용되는 배관의 위치추적용 표식방법 몇 가지에 대한 설명이다.

1. 표면마킹

배관의 위치를 표면에 직접 표시하는 방법이다. 이 방법은 주로 지상에 놓인 배관이나 지하에서 표면으로 노출된 배관에 사용된다. 흔히 사용되는 표면마킹 방법은 페인트, 표지판, 표식 등이 있다. 배관의 경로와 특정 위치를 표시하여 시각적으로 인식할 수 있도록 한다.

2. 지하표식

지하에 매설(埋設)된 배관의 위치를 추적하기 위해 사용되는 방법이다. 이 방법은 지하에서 배관의 경로를 나타내기 위해 표식을 사용한다. 일반적으로 표식은 배관을 표시하는 지표판, 벤치마크, 레벨링 등을 포함한다. 지하표식은 배관이 지하에서 교차하거나 연결되는 지점을 나타내고, 배관의 경로를 따라 필요한 위치에서 정보를 제공한다.

3. GIS(지리정보시스템)

GIS는 배관의 위치를 추적하기 위해 사용되는 현대적인 방법 중 하나이다. 지리정보시스템은 지리데이터를 수집, 저장, 관리, 분석하는 시스템으로 배관의 위치 정보와 관련 데이터를 효과적으로 관리할 수 있다. GIS를 통해 배관의 위치, 교차점, 연결점, 특성 등을 지도상에 정확하게 표시할 수 있으며, 필요한 정보를 검색하고 업데이트할 수 있다.

이러한 배관의 위치추적용 표식방법은 배관관리를 효율적으로 수행하고 유지보수 및 수리작업의 정확성을 향상시키는 데 도움을 준다. 그러나 표식방법의 선택은 배관의 특성, 위치, 환경 등에 따라 다를 수 있으며, 관련 법규와 규정을 준수하여 안전성을 고려해야 한다.

스마트 시티에 공동한 건축물의 배관시공시 그 배관 파이프 별로 장착된 무선(NFC, Passive RFID), 또는 영상(Bar/QR코드)마커의 식별 코드값을 할당하고 인식하도록 구성하여 구현한다.

신축된 건축물의 배관시공시 그 배관시공에 채용되는 다수의 배관 파이프에 대해 각 배관 파이프 별로 장착된 마커의 식별 코드값을 획득한 후 해당 건축물의 설계도면에 대해 배관 파이프의 식별 코드값을 정합하도록 한다.

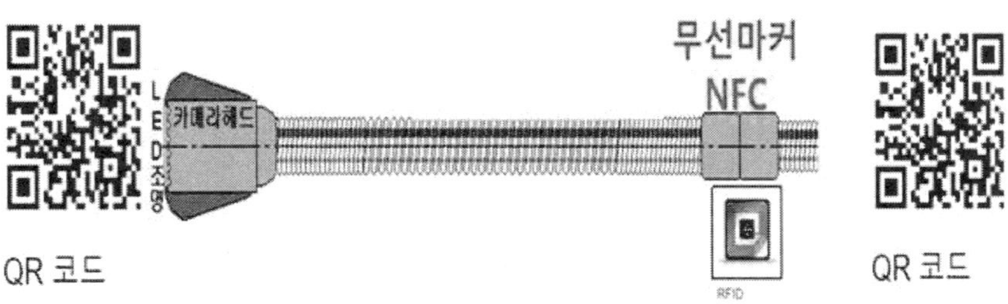

[그림 4-1] QR 코드영상/무선(NFC,RFID) 배관마커 설계

[그림 4-1]의 영상분석에 의한 마커(Marker)정보를 획득한 후, 해당 건축물 설계 도면에 정합한 배관 파이프의 식별 코드값을 연계하는 '배관 네비게이터' 역할을 할 수 있도록 구성하여 구현한다.

[그림 4-2]처럼 배관위치용 영상마커를 입력하여 배관의 내부를 촬영하여 획득된 내부영상을 통해서 배관내부의 전체적인 상태를 정확하게 확인할 수 있음은 물론, 결함이 있는 배관 파이프의 위치도 정확하게 파악할 수 있다.

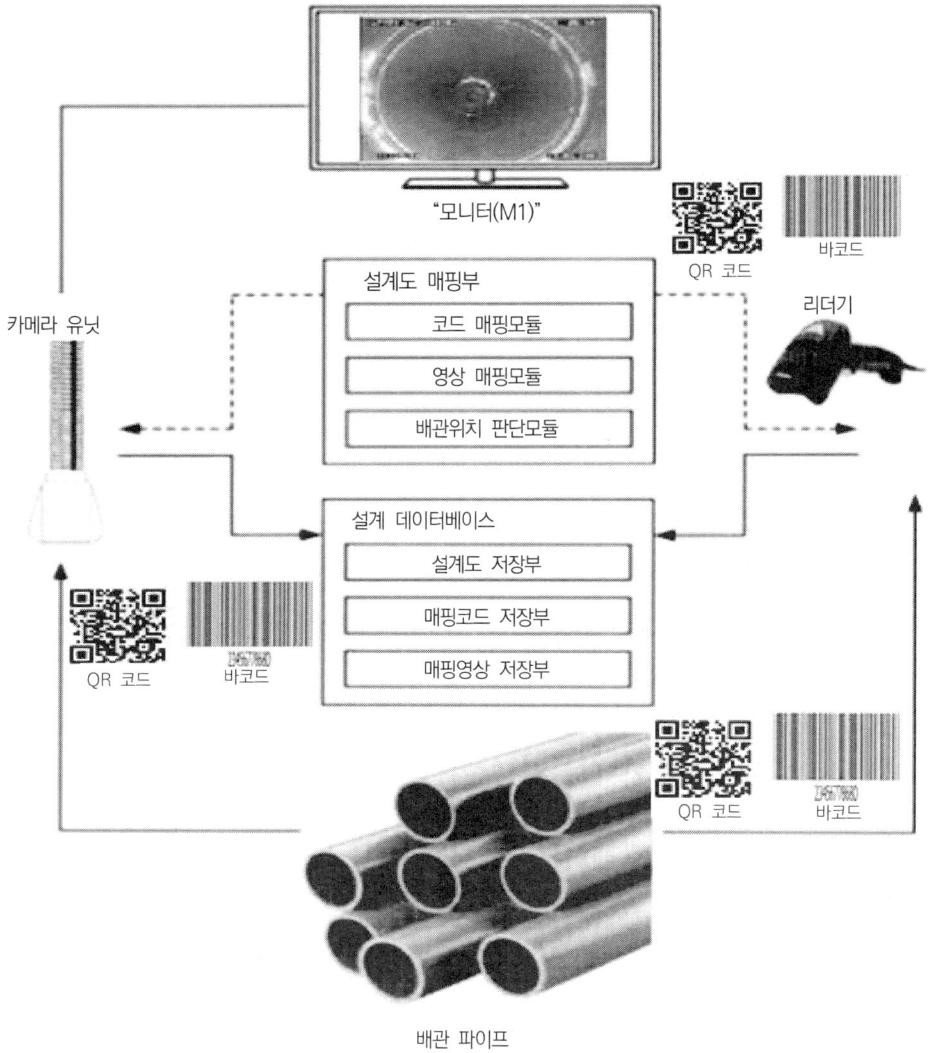

[그림 4-2] 배관위치용 영상마커 입력과 데이터베이스 및 QR 영상정합 블록도

4-2 배관마커 네비게이터 속도와 마커위치 추정

배관관리에서 배관마커 네비게이션은 마커의 위치를 식별하고 이동경로를 안내하기 위해 사용되는 기술이다. 이를 통해 작업자는 배관망 내의 특정 위치를 정확하게 파악하고, 필요한 작업을 효율적으로 수행할 수 있다.

배관마커 네비게이션 시스템은 일반적으로 다음과 같은 원리를 활용한다:

1. 마커설치

배관망의 특정 지점에 마커를 설치한다. 이 마커는 보통 라벨, 바코드 또는 RFID 태그와 같은 식별자를 포함하고 있다.

2. 네비게이션 장비

작업자는 네비게이션 장비를 사용하여 마커를 읽고 위치정보를 받아온다. 이 장비는 GPS, 인자자력계(Inertial Sensor), 초음파, 레이저 등 다양한 센서를 사용하여 마커와의 상대적인 거리 및 방향을 측정한다.

3. 마커인식

네비게이션 장비는 마커에 부착된 식별자를 인식하고, 이를 통해 해당 마커의 위치를 정확하게 파악한다. 이 정보는 작업자에게 제공되어 현재 위치를 알려준다.

4. 위치추정

네비게이션 장비는 현재 위치를 계산하기 위해 여러 가지 센서데이터를 결합한다. 예를 들어 GPS 정보를 사용하여 전역위치를 추정하고, 인자자력계를 사용하여 가속도와 방향을 측정하여 상대적인 위치를 조정할 수 있다.

5. 경로안내

네비게이션 장비는 작업자에게 이동경로를 안내한다. 이동경로는 마커간의 거리와 방향정보를 활용하여 계산된다. 작업자는 장비에 표시된 안내에 따라 마커를 따라 이동하면서 작업을 수행할 수 있다.

마커 네비게이션의 속도와 정확성은 사용되는 센서 및 알고리즘의 품질에 따라 달라진다. 일반적으로 GPS와 같은 외부 위치추정 시스템을 사용하면 글로벌 위치 정확도가 향상될 수 있다. 또한 센서데이터를 실시간으로 처리하고 정확한 위치를 계산하기 위한 고급 알고리즘을 적용하는 것이다.

[그림 4-3]처럼 카메라의 속도 측정은 배관내부를 이동중인 카메라 모듈이 인접한 마커까지 이동하는 시간을 측정함으로써 이동속도를 추정할 수 있다.

리더기가 특정 건축물의 배관시공 과정에서 각각의 배관 파이프에 부착된 마커의 식별 모드값을 획득

↓

설계도 메핑부가 특정 건축물의 설계도면을 구비하는 설계 데이터베이스에 대해 식별 코드값을 매핑함에 따른 도면-코드 매핑정보를 획득

↓

설계도 매핑부가 식별코드값과 도면-코드 매핑정보를 설계 데이터베이스에 저장

↓

카메라 유닛이 배관 파이프의 내부에 투입되어 배관 파이프의 내부영상을 획득

↓

설계도 매핑부가 설계 데이터베이스에 대해 내부영상을 매핑함에 따라 영상-코드 매핑정보를 획득

↓

설계도 매핑부가 영상-코드 매핑정보와 내부영상을 설계 데이터베이스에 저장

↓

카메라 유닛이 배관 파이프의 내부에 투입되어 배관 파이프의 내부영상을 획득

↓

배관영상 표시부는 설계 데이터베이스의 실행으로 배관 파이프가 화면에 표시된 상태에서 사용자의 조직에 따라 배관 파이프의 소정 위치에 대한 배관클릭 이벤트가 발생한 경우 그 배관클릭 이벤트를 식별

↓

배관영상 표시부가 그 식별한 배관클릭 이벤트의 발생 부분에 대응하는 내부영상을 설계 데이터베이스에 조회하여 재생

[그림 4-3] 배관마커 기반의 카메라 이동시간/속도 추정

[그림 4-4]는 배관마커 기반의 카메라 위치를 추정하고, 결합위치를 공유하기 흐름도이다. 저장 카메라의 모듈이 배관내부를 이동 중에 영상결합의 위치를 추정하기 위한 마커위치 및 자이로 센서를 활용하고자 한다.

이로서 배관 네비게이터용 카메라 모듈의 이동속도를 활용한 배관내부의 영상에 대응하는 배관 파이프 위치를 추정한 후, 배관의 결합위치를 공유할 수 있다.

설계도 매핑부가 배관파이프의 스펙과 마커를 기초하여 카메라 유닛의 이동속도를 측정
↓
설계도 매핑부가 그 측정한 이동속도를 기초하여 내부영상에 대응하는 배관 파이프의 소정위치를 판단
↓
설계도 매핑부가 내부영상에 대응하여 판단한 배관 파이프의 소정위치와 내부영상을 상호 매핑함에 따른 도면-영상 매핑정보를 획득
↓
설계도 매핑부가 도면-영상 매핑정보와 내부영상을 설계 데이터베이스에 저장
↓
내부영상의 재생 중 그 내부영상에 대해 사용자 조작으로 클릭하는 영상클릭 이벤트가 발생한 경우 배관영상 표시부가 설계 데이터베이스에 조회하여 영상클릭 이벤트를 식별
↓
배관영상 표시부는 그 식별한 영상클릭 이벤트의 발생부분에 대응하는 배관 파이프의 해당 위치를 설계 데이터베이스에 조회하여 화면상의 설계도면에 표시

[그림 4-4] 배관마커와 네비게이션의 위치추적 설계

[그림 4-5]처럼 배관의 내부를 촬영하는 카메라 유닛의 이동속도를 측정함에 따라 마커 간의 위치도 정확하게 특정한다. 그러므로 배관의 소정위치에 대한 사용자 조작의 배관클릭이 발생한 경우 해당 위치를 내부영상을 표시할 수 있다.

배관의 내부를 촬영과 내부영상을 통해서 배관내부의 상태파악 및 결합위치를 파악하는 배관 네비게이팅 역할을 한다.

아울러 소정의 내부영상 재생 중에도 사용자 조작으로 해당 내부영상에 대한 영상클릭이 발생한 경우 해당 내부영상에 대응하는 배관의 위치를 정확히 표시할 수 있다.

[그림 4-5] 배관마커 기반의 카메라 위치추정/DB 저장

이로서 신축된 건축물의 배관시공시 그 배관시공에 채용되는 다수의 배관 파이프에 대해 각 배관 파이프 별로 장착된 마커의 식별 코드값을 획득한 후 해당 건축물의 설계도면에 대해 배관 파이프의 식별 코드값을 정합한다.

따라서 이후 배관의 내부를 촬영하여 획득된 내부영상을 통해서 배관내부의 전체적인 상태를 정확하게 확인할 수 있음은 물론, 결함이 있는 배관 파이프의 위치도 정확하게 파악할 수 있다. 이로서 대형 공동주택용 오배수관의 시공점검이 건설업체 필수로 점검장비로 옥상입상관 점검용, 세대별 오배수관 점검용, 기존 공동주택의 오배수관의 하자 이행 점검에 관한 수요가 급증할 것이다.

4-3 오배수 처리의 오배수관 계통

1. 오배수의 처리를 위한 오배수 계통

오배수관의 시공흐름은 관로설정 → 시공도 검토 → 자재 및 인력수급 → 측량 → 터파기 → 기초 → 관부설 및 접합 → 검측(경사, 수밀, 표식설치) → 맨홀 설치

→ 되메우기 → 내부검사 순으로 되어 있다.

오배수관은 폐쇄, 역류 및 누수를 방지할 수 있는 구조이어야 한다.

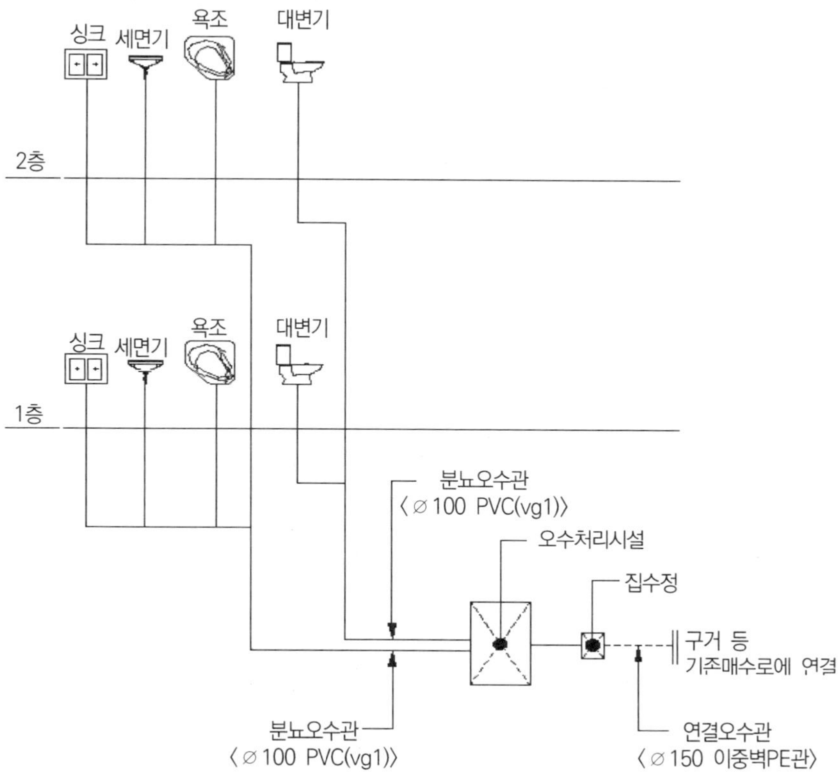

[그림 4-6] 오수처리 시설 배수계통도(하수처리 구역외)

[그림 4-6]처럼 오수처리 시설은 하수처리 구역 외 지역중 수변구역, 상수도 보호구역 등에는 모든 시설물이 의무적으로 적용된다. 하수처리 구역외 지역에서 1일 오수발생량이 2제곱미터를 초과하는 건물시설 등을 설치하고자 하는 경우는 오수처리 시설을 설치하여야 하고, 2세제곱미터 이하인 건물 등은 설치하고자 하는 경우는 수세식 변기에서 발생하는 오수처리를 위한 정화조를 설치하여야 한다.

배수설비 설치는 공공하수관 설치된 하수처리 구역인 도시지역 등에 적용된다.

2. 오배수관 매핑위치 파악

오배수 및 환기설비와 옥상/지하 각종 배관 등 설비부분 도면중 오배수배관 계통도와 단위세대와 지붕층 위생배관이다. 세대에는 각종 배수배관들이 있다. 욕실에는 변기가 연결된 오수관과 세면대와 욕조, 바닥 배수구가 연결된 배수관 앞 발코니에

세척용 수전의 배수관과 옥상층의 루프드레인(빗물)과 연결된 우수관 뒤 발코니에는 세탁기 및 손세탁, 보조 씽크대의 배수관 주방에는 씽크대가 연결된 배수관이다.

[그림 4-7]의 도면에서 약어로는 오수는 S, 배수는 D, 우수(빗물)는 R로 표기한다.

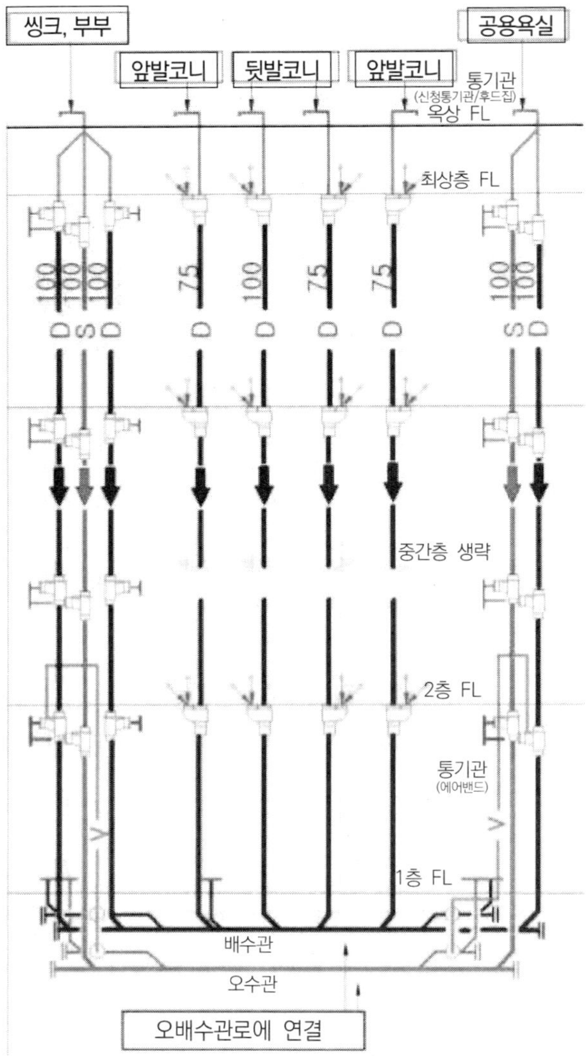

[그림 4-7] 아파트 45평형 오배수배관

수행 내용

재료 · 자료

- 배경 위치파악과 영상 관련 자료

기기(장비 · 공구)

- 컴퓨터, 프린터, 주변기기

안전 · 유의사항

- 컴퓨터 및 주변기기의 전원을 관리한다.

수행 순서

01 위생설비의 배관계통도에 대하여 분석하라.

위생배관은 인간생활에 필요한 음용수와 연관된 모든 배관설비를 통한다. 생활용수를 공급하는 상수도관, 강우 또는 강설을 모아 배수하는 우수배관, 생활하수와 분뇨를 모아 배수하는 오수배관 등으로 구분하며 용도에 알맞은 적절한 재료의 배수관을 선택하여 사용한다. 그리고 지방자치단체에서 설치한 공용배관에 연결시키기 전에 대지 안에 맨홀을 설치하여 침전물을 관리하여야 한다.

[그림 4-8]처럼 상수와 중수 2계통급수에 의한 위생설비이다. 이 위생배관의 유형은 다음과 같다.

① 급수배관 : 식수(냉온수)/냉난방수/조경수 등을 위한 배관

② 배수배관 : 생활배수/일반배수/간접 배수 등을 위한 배관

③ 오수배관 : 변기/세면기/세탁배관/싱크대 등을 위한 배관

④ 우수배관 : 지붕 우수/지표수/조경배수 등을 위한 배관

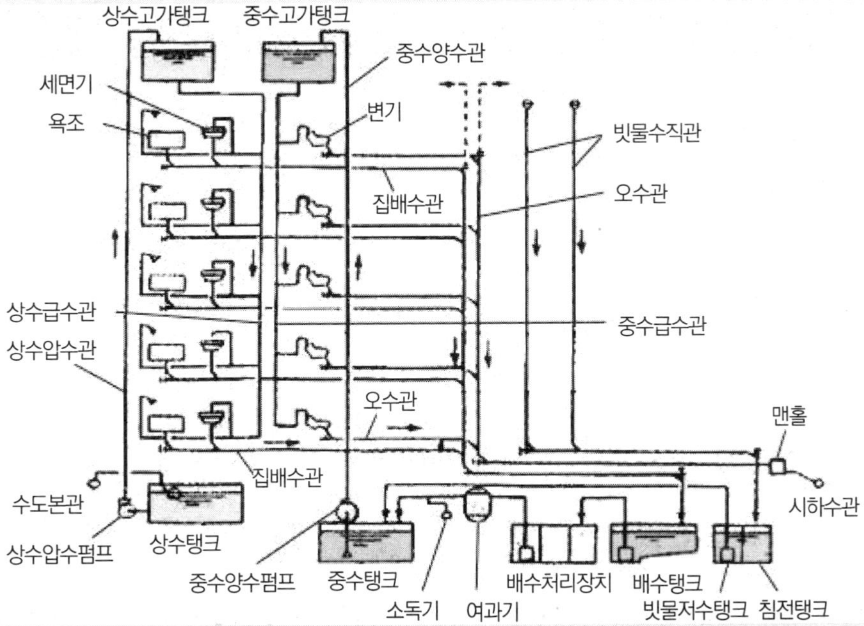

[그림 4-8] 위생배관의 계통도

02 QR코드에 대하여 분석하라.

1. QR코드의 개요

QR코드(QR Code, Quick Response Code)는 흑백 격자무늬 패턴으로 정보를 나타내는 매트릭스 형식의 이차원 바코드이다. QR코드는 주로 한국, 일본, 중국, 영국, 미국 등에서 많이 사용되며, 명칭은 덴소 웨이브의 등록 상표 'Quick Response'에서 유래하였다. 종래에 많이 쓰이던 바코드의 용량제한을 극복하고 그 형식과 내용을 확장한 2차원의 바코드로 종횡의 정보를 가져서 숫자 외에 문자의 데이터를 저장할 수 있다. 보통 디지털 카메라나 전용 스캐너로 읽어들여 활용한다.

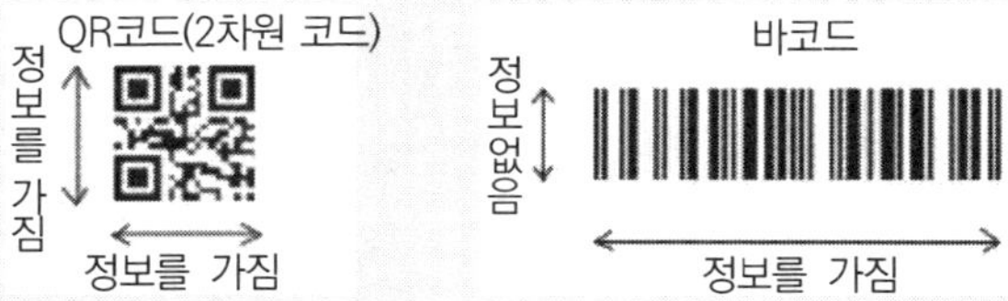

[그림 4-9] QR코드와 바코드 비교

2. QR코드의 특징

QR코드의 구조 일반 바코드는 단방향 즉, 1차원으로 숫자나 문자정보가 저장가능한데 QR코드는 종횡으로 2차원 형태를 가져서 더 많은 정보를 가질 수 있으며 사진, 동영상, 지도, 명함 등 다양한 정보를 더 편리하게 담아낼 수 있다.

버전1부터 버전40까지 다양한 버전을 지원하고, 버전마다 최대로 포함할 수 있는 정보와 크기가 다르다. QR코드에는 데이터의 표현과 읽기를 수월하게 하고자 콰이어트 존, 위치검출 패턴(분리자 포함), 타이밍 패턴, 정렬 패턴, 포맷정보, 버전정보, 데이터 영역(에러 정정 코드 영역 포함) 등의 영역이 나뉘어 있다.

QR코드는 숫자 최대 7089자, 영문자와 숫자(코드표가 따로 존재) 최대 4296자, 8비트 바이트 최대 2953바이트, 한자 1817자를 담을 수 있다.

학습 4

3. QR코드의 활용

건물 위 광고판에 있는 QR코드를 사용자가 휴대전화 단말기로 찍어 인터넷 검색이 가능하다. 초기에는 자동차 부품 생산관리 등 상품관리에 널리 이용되어 기존 바코드를 대체하는 개념으로 많이 보급되었다. 이후 일본에서는 카메라폰을 이용하여 QR코드를 다양한 인쇄매체에 인쇄하여 연결된 인터넷 정보를 검색하기 쉽게 하려는 수단으로 발전하였다. 예컨대 잡지광고에 삽입하여 카메라 폰으로 찍으면 코드를 인식하고 웹사이트로 연결하여 더 자세한 정보를 보여준다든지, QR코드를 명함에 인쇄하여 개인정보 입력을 쉽게 한다든지 다양한 활용방법이 발달하였다. 현재 일본에서 판매되는 카메라폰 대부분이 이것을 지원하고 스마트폰에서도 이것을 지원하는 애플리케이션이 있다.

03 무선 NFC와 RFID에 대하여 분석하라.

1. NFC(Near Filed Communication)

10cm 이내의 가까운 거리에서 다양하게 무선데이터를 주고받는 무선태그 기술로써 근거리 무선통신 기술이다. 주파수 대역은 13.56MHz를 사용하고 전재태그(RFID : Radio Frequency Identification)에 담겨진 정보를 단말기 간에 전송하는 등 각종 오배수 영상 데이터를 전송하는데 사용하는 비접촉식 통신기술이다.

ISO에서 지정한 여러 통신표준 중에서 RFID를 기반에 둔 여러 표준들이 존재하며, 그 중 ISO 14443이 일상에서 쉽게 볼 수 있는 NFC 카드에서 사용하는 표준이다. 2004년에는 ISO 14443 타입 A와 14443 타입 C에 추가되지 못했던 Felica 라는 기술을 포함해서 ISO 18092 표준을 제정했는데, 이것이 NFC 라는 기술의 공식적인 첫 표준이다. (NFC IP-1이라 부른다, 추가로 기존에 ISO 14443에는 없던 기기간 통신기술 내용이 추가되었다.) 2005년에는 ISO 14443 타입 B와 ISO 15693 그리고 ISO 18092(NFC IP-1)를 포괄하는 ISO 21481 표준을 제정했으며, 이는 NFC IP-2라고 부른다. 이를 통해 13.56MHz를 쓰는 비접촉식 통신기술을 모두 NFC 범주에 포함시키게 되었다.

2. RFID

RFID는 사용 주파수와 통신방식에 따라 장거리에서도 사용 가능하지만, NFC는 13.56MHz 주파수로 고정되어 있기 때문에 최대 10cm로 거리가 짧다. RFID는 리더와 태그가 따로 구성되지만, NFC는 한 NFC 장치가 리더와 태그기능을 모두 할 수 있다. RFID 태그는 능동형(Active) 또는 수동형(Passive) 중 하나이다.

능동형 RFID 태그는 최대 100 미터의 판독 거리에서 방송할 수 있는 자체 전원을 포함한다. 판독거리가 길어 능동형 RFID 태그는 위치 및 기타 물류개선이 중요한 많은 산업분야에 이상적이다.

수동형 RFID 태그에는 자체 전원이 없다. 대신 RFID 리더에서 전송된 전자기 에너지에 의해 전원이 공급된다. 전파가 태그에 전력을 공급할 수 있을 정도로 강해야 하므로 수동 RFID 태그는 가까운 접촉 거리에서 최대 25 미터의 판독 거리를 가진다. 수동형 RFID 태그는 주로 3가지 주파수 범위에서 작동한다.

① Low Frequency(LF) 125~134kHz
② High Frequency(HF) 13.56MHz
③ Ultra High Frequency(UHF) 856MHz to 960MHz

〈표 4-1〉 NFC와 RFID 비교

NFC	RFID(일반)
• 고주파 대역 • 13.56MHz • 단거리 인식(약 10cm) • 비접촉식 • 다양한 분야에 활용 가능 • 스마트 카드와 연동형태로 활용	• 극초단파대역(Ultra High Frequency) • 900MHz • 원거리 인식(수미터 가능) • 비접촉식 • 유통물류 분야에서 주로 활용 • 특수 목적을 위해서 제한적 활용

〈표 4-1〉는 NFC와 RFID를 비교하여 설명한다.

근거리 무선통신(NFC) 장치는 고주파(High Frequency) RFID 리더 및 태그와 동일한 주파수(13.56MHz)에서 작동한다. NFC 형식의 표준 및 프로토콜은 ISO/IEC 14443, FeliCa에 요약된 RFID 표준 및 ISO/IEC 18092의 일부 규격을 기반으로 한다. 이러한 표준은 근접식 카드에서 RFID 사용에 대한 표준을 처리한다.

NFC 장치는 HF RFID의 하위의 버전으로서 무선 주파수의 짧은 판독범위 한계를 이용했다. NFC 장치는 일반적으로 수 센티미터 이하의 서로 근접해야 하므로 스마트폰과 같은 소비자 장치 간의 보안통신에 널리 사용된다.

학습활동.4 교수 · 학습 방법

교수 방법

- 배관위치 파악과 영상마카에 대한 관련 용어, 구성, 방식 이해 정도를 파악한 후 수업을 진행한다.
- 교수자의 주도로 배관위치 파악과 영상마카 등의 내용을 PPT 자료로 제시한 후 설명한다.
- 가능하면 사전에 개인별 학습 자료를 준비하여 모든 학생이 참여할 수 있는 문제 해결식 수업, 협력 수업이 가능하도록 한다.
- 배관위치 파악과 영상마카 전 과정을 작업의 순서에 따라 단계적으로 실습이 이루어질 수 있도록 지도한다.
- 교재를 통해 수업을 준비하는데 있어서 필요한 모든 정보나 팁, 힌트 등 도움이 될 만한 내용들을 확인할 수 있다.
- 학생들이 만들게 될 각 모델들은 수업시간에 중점적으로 다뤄질 부분과 어휘, 질문, 답을 포함하고 있으며 또한 탐구할만한 추가적인 아이디어들도 포함하고 있다.

학습 방법

- 배관위치 파악과 영상마카에 대한 관련 용어를 숙지하고, 배관위치 파악과 영상마카에 대해 이해한다.
- 배관위치 파악과 영상마카의 각 단계별 중점사항을 체계적으로 학습한다.
- 배관위치 파악과 영상마카의 수행순서의 전 과정을 실습한다.
- 배관위치 파악과 영상마카의 내용을 이해한다.
- 배관위치 파악과 영상마카를 이해하고 숙달이 될 때까지 학습한다.

학습활동.4 평가 및 피드백

평가 준거

- 평가자는 피평가자가 수행 준거 및 평가 내용에 제시되어 있는 내용을 성공적으로 수행할 수 있는 지를 평가해야 한다.

학습내용	평가항목	성취수준		
		상	중	하
배관위치 파악과 영상마카	배관위치 파악과 영상마카를 이해할 수 있다.			

평가 방법

• 작업 포트폴리오

학습내용	평가항목	성취수준		
		상	중	하
배관위치 파악과 영상마카	배관위치 파악과 영상마카를 이해할 수 있다.			

• 필기시험

학습내용	평가항목	성취수준		
		상	중	하
배관위치 파악과 영상마카	배관위치 파악과 영상마카를 이해할 수 있다.			

• 체크리스트를 통한 관찰

학습내용	평가항목	성취수준		
		상	중	하
배관위치 파악과 영상마카	배관위치 파악과 영상마카를 이해할 수 있다.			

• 피드백

1. 작업 포트폴리오
   - 제출한 보고서를 평가한 후 주요 사항에 대하여 표시하여 돌려준다.
2. 필기시험
   - 평가 결과 성적이 저조한 학생은 보고서 제출 기회를 부여한다.
3. 체크리스트를 통한 관찰
   - 실습 과정에서 평가한 후 개선해야 할 사항 등을 정리하여 돌려둔다.

참 | 고 | 문 | 헌

- https://luckygg.tistory.com/27
- ㈜대우건설 · (사)대한건축학회, 『건축기술지침 Rev.1(기계)』. 도서출판 공간예술사, 2012.
- (사)대한건축학회, 『건축설비』, 기문당, 1995.
- 건축설비용어사전 편집위원회, 『건축설비용어사전』, 기문당, 1994.
- 박영순, 『건축기계설비일반시공』, 도서출판 세진사, 2000.
- 박종일 · 서기원 공저, 『건축설비 설계』, 도서출판 세진사, 1999.
- 한국종합건설 기계설비협의회, 『설비시공개선 사례집』, 한국종합건설 기계설비협의회, 2014.
- 00건설 건축기전팀, 『일반배관작업지침』 별첨 품질관리기준, 2011.
- 강동우 · 강민구 · 정해진 · 남상엽, "스마트 시티형 다굴절 오배수관용 Push Rod 및 무선 영상전송 플랫폼," 2019년도 한국인터넷정보학회 추계학술발표대회 논문집 제20권2호, 2019.11.02.
- 정해진, "다굴절 파이프 라인의 내부 검사를 위한 내시경 장치," 대한민국특허등록번호(102157165), 2020.09.11.
- 설동현 외, "DDVS 기법을 활용한 일반 구조용 탄소강관 및 강재 파이프 서포트 영상기반 변위계측," 대한건축학회연합논문집 21권1호, 2019.
- 남명우, "EMD를 이용한 초음파 비파괴 평가용 3차원 영상처리 소프트웨어 개발," 한국산학기술학회 9권6호, 2008.
- 강민구 · 남상엽 · 정해진 · 전준철, "배관 네비게이션 시스템 및 이를 이용한 배관 네비게이팅 방법," 대한민국특허등록번호(102369573), 2022.02.25.
- https://smartits.tistory.com/108 [Smart ITs]
- 위키백과

학습 1	배관관리 기술의 개요
학습 2	배관검사와 판독
학습 3	배관영상 분석
학습 4	배관위치 파악과 영상마카
학습 5	**배관기술 및 시장동향**
학습 6	배관의 시공/누설확인 및 시운전
학습 7	상수 및 하수용 배관관리의 분석
학습 8	화학 및 오일용 배관관리의 분석
학습 9	가스용 배관관리의 분석
학습 10	전기 및 통신용 배관관리의 분석
학습 11	스마트 배관관리의 분석
학습 12	스마트 배관관리의 영상활용

학습 목표	1. 배관기술 및 시장동향을 이해할 수 있다.

5-1 배관기술의 개요

1. 배관기술의 개념

배관기술은 배관시스템의 설계, 설치, 유지보수 및 관리에 관련된 기술이다. 주로 건축물이나 산업시설에서 물, 가스, 습기, 화학물질 등을 운반하고 분배하기 위해 사용되는 배관시스템에 적용된다.

배관기술은 다양한 측면에서 다루어진다. 먼저 배관시스템의 설계단계에서 배관의 구조, 크기, 레이아웃 등을 고려하여 최적의 설계를 수행한다. 이때 유체의 흐름, 압력손실, 내부마찰 등의 요소를 고려하여 효율적인 운전을 위한 설계를 수행한다. 또한 설계단계에서는 환경 요건, 안전규정, 건축규제 등과 같은 다양한 요소를 고려하여 적합한 배관시스템을 설계한다.

다음으로 배관시스템의 설치단계에서는 배관의 재료선택, 연결방법, 절연 및 보강 등을 고려하여 신뢰성과 내구성을 갖춘 설치를 수행한다. 배관기술은 다양한 재료를 사용하며, 각 재료의 특성과 용도에 따라 적절한 선택이 이루어진다. 또한 배관의 연결방법은 누출방지와 강도를 고려하여 신속하고 안전한 연결이 이루어져야 한다.

유지보수 단계에서는 배관시스템의 정기적인 검사, 청소, 수리 등을 수행하여 안정적인 운전을 유지한다. 배관시스템은 오랜시간 동안 사용되므로 부식, 누수, 막힘 등의 문제가 발생할 수 있다. 이를 방지하기 위해 예방적인 유지보수 및 적시에 문제를 해결하는 것이 중요하다. 배관기술은 이러한 유지보수 활동에 필요한 절차와 기법을 제공한다.

1) 배관검사 기술

배관기술의 검사기술은 배관시스템의 상태와 성능을 평가하고 문제를 식별하는 데 사용되는 기술이다. 이는 배관시스템의 안전성과 효율성을 유지하기 위해 매우 중요하다.

다양한 검사기술이 배관시스템의 다른 측면을 평가한다. 이 중 일부 기술에는 다음과 같은 것들이 있다.

(1) 시각검사

시각검사는 배관시스템의 외부상태를 평가하기 위해 사용된다. 이는 눈으로 시스템을 검사하고 부식, 파손, 누출 또는 다른 이상을 확인하는 것을 의미한다. 시각검사는 상대적으로 간단하며 비용 효율적인 검사방법이다.

(2) 초음파 검사

초음파 검사는 음파파동을 사용하여 배관시스템 내부의 결함이나 이상을 검출하는 데 사용된다. 초음파 검사는 파이프의 두께 측정, 누출위치 식별, 미세한 결함 탐지 등에 유용하다. 이 기술은 비파괴 검사방법으로서 정밀하고 신뢰성이 높은 결과를 제공한다.

(3) 자기적외선(IR) 검사

자기적외선 검사는 열패턴을 분석하여 배관시스템에서 온도이상을 감지하는 데 사용된다. 배관시스템에서는 이상한 온도상승이 부식, 누출 또는 절연손실과 관련될 수 있다. 자기적외선 검사는 문제를 조기에 발견하고 예방조치를 취하는 데 도움이 된다.

(4) 압력검사

압력검사는 배관시스템 내의 압력변화를 모니터링하고 누출이나 기타 문제를 확인하는 데 사용된다. 일반적으로 압력을 증가시켜 시스템의 강도와 누출여부를 확인한다. 이는 안전한 운영을 보장하기 위해 필수적인 검사방법 중 하나이다.

이 외에도 X선검사, 자기검사, 라디오그래피 등 다른 검사기술도 배관시스템의 검사에 사용될 수 있다. 이러한 검사기술은 배관시스템의 상태를 평가하고 유지관리가 지속적으로 가능하다.

또한 발전설비의 사용연수가 경과함에 따라 노후화로 인한 부식, 피로, 경년열화 등이 발생함은 물론, 배관 모재 내에 미세크랙이 존재할 수도 있다. 또한 배관이 파손되어 문제가 발생할 경우 커다란 인적경제적 손실이 발생되므로 정기적 또는 부정기적으로 비파괴 검사를 통해 배관의 안전성을 검사하여야 한다.

이을 위한 검사기술의 지속적인 기술개발로 인하여 보일러, 배관 등을 분해, 절단하지 않고 관의 내부의 결함유무를 직접 육안으로 관찰이 가능하게 되었다.

이러한 배관의 비파괴 검사법으로 초음파검사, 와전류검사, 표면복제법, 경도시험법 등 많은 검사방법이 있으며, 최근에는 레이저와 카메라 영상을 이용한 배관내부 표면의 결함 검사방법이 사용되고 있다.

장기사용 고온 고압파이프 내부를 정밀 진단하는 시스템은 본격적으로 기계공학, 전자공학 등의 기술을 종합하여 취약설비를 정밀진단하고 진단시스템의 자동화 접근장치를 위해서는 전산역학, 제어공학, 통신공학, 컴퓨터 공학 등의 다양한 기술이 요구되며 첨단 검사기술을 효율적으로 적용하기 위해서는 소형배관 내에서 이동하면서 결함을 검사할 수 있는 관내 이동로봇의 개발이 요구된다.

또한 최근의 전력산업 구조 개편으로 발전 회사간 경쟁이 가속되어 기술인력의 감축과 정비비용 감축이 예상되므로 이에 대한 관련 기술을 집중적으로 개발하여야 할 필요성이 대두고 있다. 화력발전소의 고온고압 파이프 상태를 최적으로 관리하여 현재의 경제수명 35년을 50으로 15년 연장하는 경우 500MW급 화력발전소 1기당 연간 200억원 투자비 절감 효과가 있으며, 또한 1건당 30억에 달하는 해외 진단시스템 및 기술도입비 절감효과가 있다.

관로의 내부를 육안으로 검사하기에 검사결과가 정확하고, 작업시간의 절약 및 인건비 절감의 효과가 크며, 제품의 외형적인 손상없이 파이프 내부의 손상상태 진단 측정이 가능하다. 또한 조작의 간단화로 초보자도 이용이 용이하며, 운반설치를 간단하게 개발하여 예방정비에 활용하면 발전설비의 노화를 방지 및 고장사고를 예

방할 수 있다

2) 적외선 열화상기술

적외선 열화상(IRT, Infrared Thermography)기술을 적용하여 결함을 검출하는 방법은 크게 2가지로 구분한다. 검사대상체가 자체 발열하는 경우에는 직접 열화상을 측정하여 결함에서 나타나는 열적 특성 차이로부터 결함을 검출할 수 있다. 반면 검사대상체가 자체 발열하지 않는 경우에는 외부에서 열적으로 자극하여 결함에서 나타나는 열적 거동의 차이를 열화상 이미지로 측정하는 방법이다.

이러한 IRT 검사기법은 검사대상체에 원격으로 열적 자극을 가하거나 열화상이미지를 측정할 수 있으므로 비접촉이고 면 단위로 이미지를 얻을 수 있기 때문에 빠른 시간에 2차원의 결함 형상을 얻을 수 있고 취급이 용이한 장점이 있다. 이러한 장점으로 인해 복합재료의 층간결함이나 건축물의 결함검사에 이미 사용되고 있다. 따라서 IRT 기법을 원전 소구경 배관의 감육결함 검사에 적용할 수 있다면 원거리에서 빠른 시간에 배관의 결함유무와 결함의 형상을 확인할 수 있을 것으로 판단된다.

또한 적절한 열적 자극방법을 개발한다면 고온에서 운전 중인 배관의 결함검출에도 IRT 검사기법을 적용할 수 있을 것으로 판단된다. 기존의 연구개발을 통해 시험대상체로부터 결함을 검사하기 위한 IRT 기법과 장비의 구성 등은 어느 정도 확립되어 있다. 그러나 원전 소구경 배관의 결함검출에 IRT검사 기법을 적용하기 위해서는 검사기법, 장비구성, 결과분석 등에서 원전 소구경 배관의 재료적인 특성과 구조적인 특성이 충분히 고려되어야 한다. 또한 배관에서 발생되는 결함의 형상적 특징도 충분히 고려되어야 할 것이다. 뿐만 아니라 검사방법과 장비의 현장 적용성도 고려되어야 한다. 따라서 이러한 특성들이 고려된 원전 소구경 배관의 감육결함 검사에 적합한 IRT 검사장치와 기법의 개발이 필요하다.

2. 재료에 따른 기술

1) 복합재 배관기술

복합재 배관기술은 전기절연성과 내열성 및 내구성이 우수하며, 무게의 경량화를 도모할 수 있는 기술이다. 주요 기술 활용분야는 항공우주, 자동차, 선박, 석유화학, 발전, 건설, 플랜트 산업 등에 활용이 가능하다.

항공우주 응용분야에서 일반적으로 발사체에는 스테인리스 계열 또는 알루미늄 계열의 배관을 사용하는데 무게의 경량화를 위해 배관의 두께를 얇게 제작할 때에 강성(Rigidity)이 약화되는 기존기술의 한계가 있다. 그러므로 기존의 스테인리스 계열 배관에서 폴리이미드(Polyimide)를 포함하는 복합재 배관을 사용하게 된다. 이 복합재 배관은 기존 배관무게 대비 약 80%의 경량화가 가능하다.

① 배관 길이 : 1.062m 기준
② 스테인리스 배관 무게 : 9.71kg
③ 복합재 배관 무게 : 1.86kg

그리고 복합재 배관은 높은 열안정성, 우수한 기계적 강도, 내화학성, 내후성, 내열성 등의 특징을 가지므로 열악한 환경(예 항공기 유체나 윤활유 및 용제)에 대해 안정적인 성능유지가 가능할 것으로 판단된다.

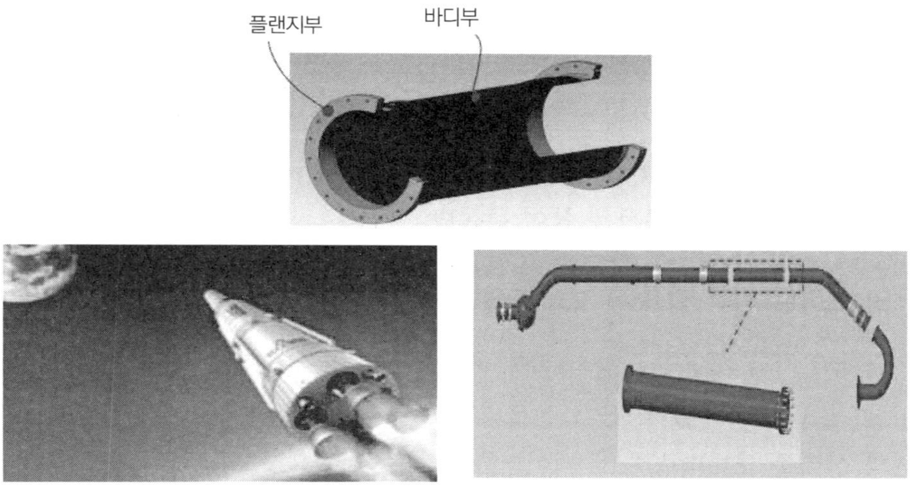

[그림 5-1] 발사체 대형 배관 조립체(복합재 배관 적용성 확보)

[그림 5-1]처럼 복합재 배관은 중공구조를 가지며, 바디부와 플랜지부로 구성되어 있다. 폴리이미드로 복합재 배관의 바디부 형성하고 복합재 배관의 내부에 흐르는 유체의 유동 및 외부 간섭으로 인해 배관에 가해지는 열과 압력을 충분히 견딜 수 있다(강성 확보).

5-2 배관의 시장동향

1. 배관 시장동향의 개요

배관시장은 건설 및 인프라 산업에서 중요한 역할을 담당하고 있으며, 배관관리는 시스템의 안정성과 효율성을 유지하는 데 핵심적인 역할을 수행한다. 최근 배관 시장동향을 살펴보면 다음과 같은 주요 요소들이 관련되어 있다:

1) 인프라 투자증가

세계적으로 인구증가와 도시화가 계속되면서 공공 및 민간부문에서 인프라에 대한 투자가 증가하고 있다. 이에 따라 배관시스템의 구축과 유지보수에 대한 수요가 증가하고 있다.

2) 지속가능성 및 효율성 요구증가

지속가능한 발전과 자원 효율성이 중요한 이슈로 부각되면서 배관시장에서는 환경친화적이고 효율적인 솔루션에 대한 수요가 높아지고 있다. 에너지 효율적인 배관시스템, 재활용 재료사용 등이 주목받고 있다.

3) 스마트 시티 및 IoT 기술 도입

스마트 시티 개념의 확산과 함께 배관시스템에도 IoT(Internet of Things) 기술이 점차 도입되고 있다. 센서와 모니터링 시스템을 활용하여 실시간으로 배관시스템의 상태를 모니터링하고, 데이터를 분석하여 효율성을 향상시키는 등의 기술적 혁신이 이루어지고 있다.

4) 유지보수 및 대체시장 확대

기존 배관시스템의 노후화와 결함문제가 더욱 뚜렷해지면서 유지보수 및 대체시장이 확대되고 있다. 배관시스템의 교체 및 개선작업에 대한 수요가 증가하고 있으며, 이에 따라 관련 장비 및 서비스 제공 업체들의 시장기회가 커지고 있다.

5) 산업부문의 수요변화

석유 및 가스, 화학, 식품 및 생명 공학 등 산업부문에서는 고온, 고압 및 화학적으로 부식성이 있는 환경에 사용할 수 있는 특수 수요가 지속적으로 향상되고 있다.

2. 배관종류별 시장동향

배관관리는 다양한 산업분야에서 중요한 역할을 하는데, 이 중에서도 배관종류별의 시장동향은 해당 산업분야의 발전과 경제활동에 큰 영향을 미친다. 다음은 일반적으로 주요한 배관 종류들에 대한 시장동향을 설명한 것이다.

1) 금속배관

금속배관은 강철, 구리, 알루미늄 등의 금속재료로 만들어진 배관으로서 내구성과 내화학성이 우수하다. 특히 건설, 석유 및 가스, 화학 및 석유화학 산업에서 널리 사용된다. 금속배관 시장은 건설산업의 성장과 석유 및 가스분야의 수요 증가로 인해 성장하는 경향을 보인다.

학습 5

2) 플라스틱 배관

플라스틱 배관은 경량이면서도 내식성과 내부마모성이 낮은 장점을 가지고 있다. 특히 금속배관 대비 비용면에서 경쟁력이 있어 건축, 농업, 화학, 음식 및 음료 등 다양한 산업분야에서 사용되고 있다. 플라스틱 배관시장은 지속적인 인구증가와 함께 주택건설 및 농업분야의 활성화로 인해 성장하고 있다. 또한 환경친화적인 솔루션으로 인한 수요증가도 이 시장을 떠받치고 있다.

3) 콘크리트 배관

콘크리트 배관은 강철 강화 콘크리트로 만들어져 내구성이 높으며, 높은 압력과 강한 충격에도 견딜 수 있다. 이러한 특성으로 인해 상하수도 시설, 도로 및 다리 건설 등에서 널리 사용된다. 콘크리트 배관시장은 도로 및 다리 건설, 도시화 및 기반 시설 개선 프로젝트 등에 대한 정부 및 민간투자의 증가로 인해 성장하는 추세이다.

4) 유리섬유 배관

유리섬유 배관은 유리섬유로 만들어진 강력하고 내식성이 우수한 배관이다. 이러한 특성으로 인해 유리섬유 배관은 다양한 산업분야에서 사용되며, 특히 통신 및 네트워크 인프라에서 널리 사용된다. 다음은 유리섬유 배관의 시장동향에 대한 설명이다.

성장하는 통신시장 부문에서 급속한 디지털화 및 데이터 통신의 증가로 인해 통신시장이 지속적으로 성장하고 있다. 통신업체들은 높은 대역폭과 안정성을 제공하는 네트워크 인프라를 구축하기 위해 유리섬유배관을 선택하고 있다. 이에 따라 유리섬유배관 시장은 증가하는 수요에 대응하여 성장하고 있다.

데이터 센터 확장 부분에서 클라우드 컴퓨팅 및 인터넷 사용량의 증가로 인해 데이터 센터의 확장이 필요해지고 있다. 데이터 센터는 대량의 데이터를 처리하고 저장하기 위한 중요한 인프라이며, 유리섬유배관은 고속데이터 전송을 지원하는 탁월한 솔루션이다. 따라서 데이터 센터 확장에 따른 유리섬유 배관의 수요도 증가하고 있다.

통신기술 발전에 따라 5G 통신, 인터넷의 사물인터넷(IoT) 및 인공지능(AI) 등의 기술발전은 대량의 데이터 전송과 신속한 응답시간을 요구한다. 이러한 요구사항을 충족시키기 위해 유리섬유 배관은 광통신 기술의 핵심요소로 활용되고 있다. 따라서 통신기술의 발전은 유리섬유 배관시장을 더욱 성장시키고 있다.

산업용 응용분야의 증가에 따라 유리섬유 배관은 통신 외에도 다른 산업분야에서도 사용되고 있다. 예를 들어 석유 및 가스, 발전소, 해양 및 항공 등에서 유리섬유 배관은 내식성, 내열성 및 전기 절연 등의 우수한 특성으로 인해 널리 사용되고 있다.

3. 복합재 배관의 시장동향

세계 배관설비 및 부속품 시장은 2022년 기준 약 2,830억 달러 규모이며, 연평균 5.0%의 성장률을 보이고 있다.

국내 선도 피팅업체는 성광밴드, 태광, 하이록코리아 등이 있으며, 2018년 기준 수주금액 성광밴드 : 1,457억원, 태광 : 1,842억원으로 조사되었다.

다양한 전방산업으로 안정적 성장이 가능하다. 즉 이동유체의 설비가 작은 플랜트에서부터 산업용 기계, 비행기, 자동차 등 사용처가 매우 다양하고, 신규제품 판매 외에도 유지보수용 물량이 꾸준히 발생하기 때문에 안정적 시장성을 보유하고 있다.

고부가 제품 매출 증가에 따른 수익성 개선되고 있다. 즉 해양 플랜트의 지속적인 수요에 따라 해양, 셰일가스, 발전, 담수 등 고부가가치 산업으로의 고부가가치 제품 수요가 증가할 것으로 전망된다.

수행 내용

재료 · 자료

• 배관기술 및 시장동향 관련 자료

기기(장비 · 공구)

• 컴퓨터, 프린터, 주변기기

안전 · 유의사항

• 컴퓨터 및 주변기기의 전원을 관리한다.

학습 5

수행 순서

01 산업용 배관내시경에 대하여 분석하라.

1. 산업용 오배수관 내시경의 특징

산업용 내시경(Endoscope)은 '파이버스코프(Fiberscope)'라 불리는 내시경의 형태는 직경 10~20미크론의 유리섬유를 10만 개 이상 묶은 것으로 이 섬유의 끝에 연결된 카메라를 통해 인체내부의 상태를 화상으로 전달할 수 있게 되어 있다.

산업용으로는 사람이 출입할 수 없는 기계 및 장치후면의 육안검사를 하기 위하여 플랙시블관 끝에 유리를 부착, 조명을 비추어 관찰범위 내에서 사용한다.

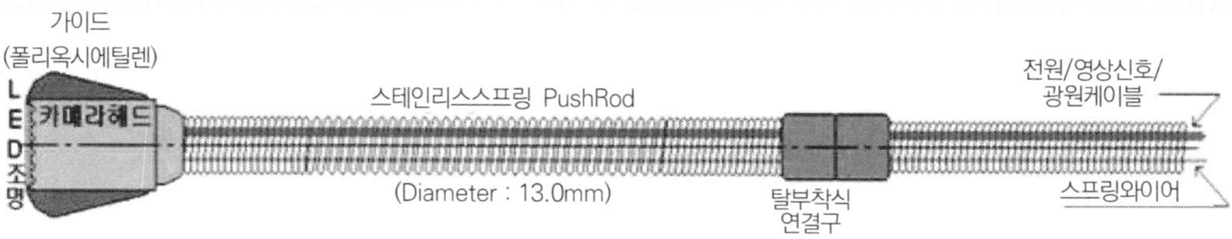

[그림 5-2] 다굴절 배관내시경 케이블의 연결과 LED/카메라 활용 및 구조도

최근의 산업용은 반사경 관찰범위의 한계극복 및 편리성을 위하여 고해상도의 초소형 카메라를 약 20~50m길이의 PVC코팅된 Fiberglass 케이블 끝단에 연결시켜 모니터에 영상을 전달 및 저장하는 형태의 산업용 내시경으로 대중화 되어 있다.

배관내시경의 주요시장은 산업체 기계점검용 그리고 차량엔진 사용으로 사용되어 왔으며 생활오폐수 및 우수배관 막힘 공사에서 내부 관찰용으로 사용된다.

[그림 5-3] 국내외 배관내시경용 장비와 케이블

〈표 5-1〉은 배관내시경용 제품의 규격과 특징비교로써 산업용 배관내시경의 끝단에 LED조명이 내장된 소형카메라를 PVC코팅 파이버 글래스(Fiberglass) 케이블에 연결하여 조명 조절장치와 영상 저장장치가 내장된 콘트롤러를 통과하여 소형 액정모니터와 연결된 구조이다.

〈표 5-1〉 배관내시경용 제품의 규격과 특징비교

제조사(국가)	제품명	제품별 영상규격과 케이블 특징
RIGID (USA)	SeeSnake Mini Video Inspection System	Pipe Size : Φ40~150mm 카메라 : 648×488(NTSC), 648×576(PAL) Illumination : 6pcs LED Push 케이블 : Φ6.0mm×30m Push Core : Φ3.0mm Fiber Glass
FiberScope (USA)	FDR-X3000	Ø 23mm (1.0") Standard 카메라 해드 High-resolution Color CCD 카메라 with a Scratch-proof Sapphire Glass Lens Illumination : 12pcs Super White LED Lights 9" TFT LCD Display in a Waterproof Case Image (JPEG) / Video (AVI) File Recording Video Output to a TV 모니터 SD Memory Card for File Capture Push 케이블 : Φ6.0mm-20meter

제조사(국가)	제품명	제품별 영상규격과 케이블 특징
지앤지테크 (한국)	G700S	7" TFT Color 모니터(720×480(NTSC), 720×576(PAL) 동영상, 사진 저장기능 Push 케이블 : Φ7.0mm-30meter
China	PS-IEC7040	7" TFT Color 모니터, 800×480/30(fps) Illumination : 12pcs LED 화각 : 100° 이미지/동영상포맷 : JPS/ASF Push 케이블 : Φ3.6mm~20/30/40/50m(선택)

2. 산업용 오배수관 내시경의 구성

〈표 5-2〉 산업용 배관내시경 사양

항 목	내 용
Charger	AC 100~240V DC12.6V 1000MA
Battery	리티움 배터리 12V 4500MA
배터리 연속 사용시간	약 6시간
투입 깊이	20m(라인 길이 선택 가능)
재료	높은 강도의 광튜브
카메라 광 소스	고휘도백색 6LED
카메리 동작전압	3.3 V
광원 동작전압	12V
방수	IP68
카메라 재질	스테레스 강
카메라 보호 커버 재질	강철
카메라 가시거리	약 2~200Cm
카메라 사진	컬러
동작온도	-20°~60℃
저장온도	-50°~60℃
알루미늄 박스 크기	390×320×150mm
패키지 크기	410×369×160mm
스위치보드 네트 중량	4.5Kg
패키징 기계 중량	5Kg

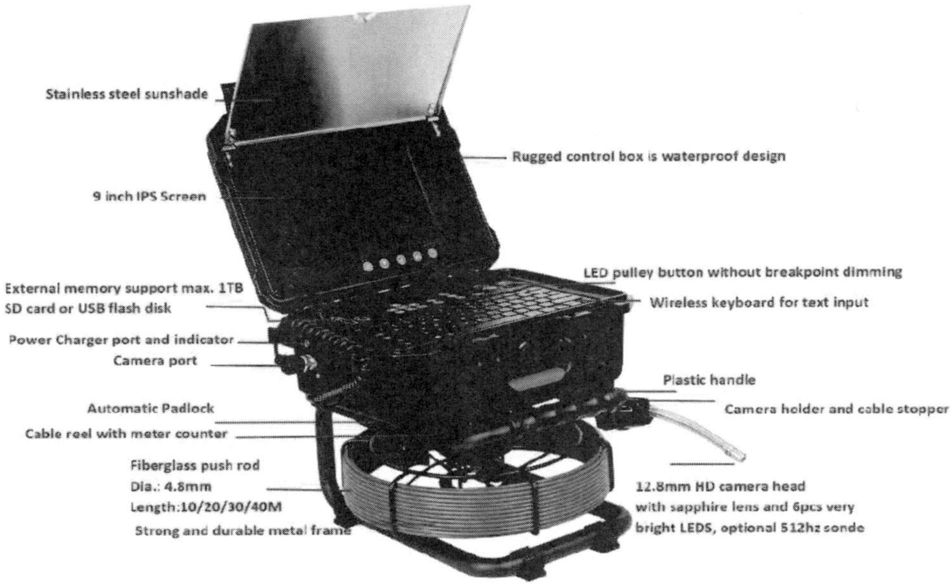

1) 카메라

카메라는 스텐리스강의 외관과 금속외관으로 되어 있다.

[그림 5-4]는 ① Metal Contact Chip, ② 스프링(Spring), ③ 고휘도 백색 LED, ④ 카메라 렌즈로 구성되어 있다.

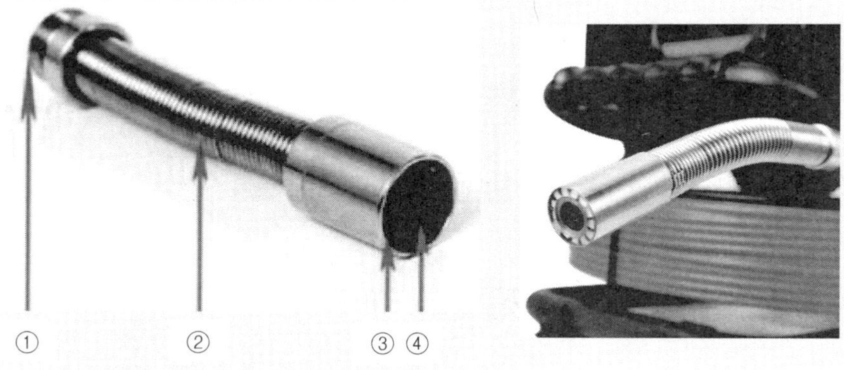

[그림 5-4] 카메라의 구성

2) 푸시로드 케이블(Cable)

[그림 5-5]처럼 코일은 ① 카메라 선 인터페이스, ② 푸시로드 케이블에 연결할 수 있는 4pin 항공잭, ③ 손잡이(Hand Shank), ④ Reel Frame, ⑤ 광섬유 푸시로드 케이블(Fiberglass Push Rod Cable)로 구성되어 있다.

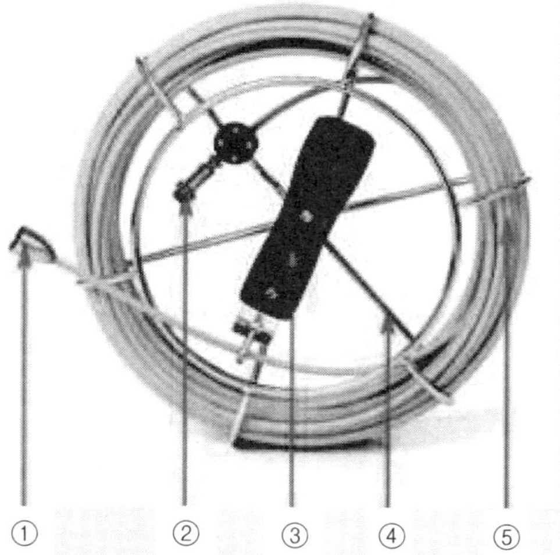

[그림 5-5] 코 일

3) 모니터 & 콘트롤 박스(Monitor & Control Box)

[그림 5-6]처럼 콘트롤 박스는 ① Sunsade : 햇빛가리개, ② Monitor Control Switch : 모니터조정 스위치, ③ Main Board Control Switch : 주 조정 스위치, ④ AV out port : 영상 출력구, ⑤ SD Card Slot : SD저장 카드, ⑥ Battery Capacity Indicator : 배터리 잔량표시기, ⑦ Loud Speaker : 스피커, ⑧ USB Slot : USB연결장치, ⑨ LED Pully Button : LED 조명 조절 다이얼로 구성되어 있다.

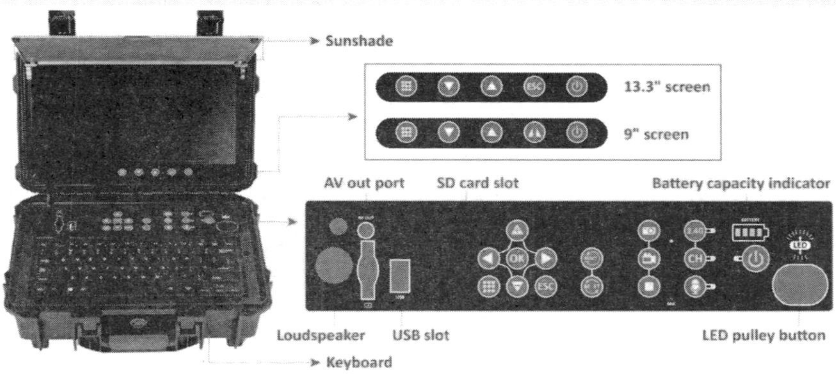

[그림 5-6] 모니터 & 콘트롤 박스

4) 시스템 설치과정

02 산업용 배관내시경의 기술에 대하여 분석하라.

1. 신업용 오배수관 내시경의 주요기술

1) 컨트롤러(모니터링, DVR, 컨트롤러)

① 산업현장의 거친 환경에 적합한 HPX소재 채택, 휴대, 이동에 편리한 가방형태

② 9″ 산업용 모니터로 모니터링과 동시에 동영상녹화 및 사진 촬영, 동작감지 녹화 가능

③ 영상저장 품질 720×480 D1급 이상, SD카드 4GB 연속녹화 4시간 내외

④ PC에서 보고서로 편집시 압축화상의 손실률 최소화

⑤ 카메라 : 직경 21mm 본사 카메라인 IRC-500, 400, 230, 120, 800, 550을 장착하여 사용이 가능하며 타사의 내시경 카메라도 호완이 가능하다(단 LED 조명은 항상 Maximum 유지).

⑥ 용도에 맞는 변경, 기구물 추가 등 특수제품 주문제작 가능, OEM 제작

⑦ Li-Ion 배터리 내장으로 3시간 내외 전원 공급없이 촬영 가능

2) 모니터 영상 디스플레이

항 목	사양내용
화면(Screen)	IPS 16:9 super bright high-definition color LCD Screen
해상도(Resolution)	9˝DVR:1024×600, 13.3˝:1920×1024
비디오 인코딩(Video Encoding)	H.264
비디오 해상도(Video Resolution)	1920×1024(21㎜카메라), 1280×720(12.8㎜카메라)
사진(Photograpic)	1920×1024(21㎜카메라), 1280×720(12.8㎜카메라)
외부 메모리(External Memory)	Support Max. 1T SD card or USB Storage
크기(Dimension)	362mm × 262mm × 157mm(W×D×H)
중량(Weight)	3.9KG

2. 산업용 내시경의 애로 및 개선

〈표 5-2〉처럼 종래의 산업용 배관내시경에 의한 관찰의 불편함과 구조적 모순을 볼 수 있다. 그러므로 이러한 고장으로 인한 비효율과 구조적 모순을 개선을 통하여 다굴절 오배수관 내부검사용 푸시로드(Push Rod) 및 영상 모니터링 시스템을 통하여 이러한 부분을 개선할 수 있을 것이다.

〈표 5-3〉 종래의 산업용 내시경의 비효율 및 모순

항 목	비효율 및 모순
배관종류에 따른 관찰작업	관찰작업의 비효율성
카메라 및 케이블의 배관내부 삽입/배출	관찰영상의 오판 및 해석
번거로운 사용 및 작동	작업자의 노동력 소모
내구성의 한계	잦은 고장으로 관찰작업 중단에 의한 비용손실 및 수리비용 부담

〈표 5-3〉처럼 공동주택 오배수관의 특성에 맞는 관찰목적과 관찰작업을 효율적인 능력을 발휘할 수 있는 Camera와 Cable을 최적의 조합으로 구조설계가 필요하다. 즉 관찰작업중 발생하는 기구적 내구성을 최대화가 필요하다.

〈표 5-4〉 오배수관 관찰작업 현장의 애로점 및 개선

	관찰작업자의 애로사항	개선사항
옥상 입상관	• Camera - Illumination : 어두운 조명 - Working Distance : 짧은 초점 • Cable - 인장강도 : 늘어짐에 의한 단선 및 합선 - 삽입/배출 : 삽입부의 높은 마찰력	• Camera - Illumination : LED추가 장착 - Working Distance : 적절한 초점 • Cable - 높은 인장력과 내구성을 갖춘(Canare/일본산)한국산 Cable 개발
오배수용 배관	• Camera와 Cable의 삽입/배출 작업중 배관내부 저항으로 연결부의 늘어짐에 의한 영상전원선의 단선 • 직진성이 강한 Fiberglass Cable의 다굴절 배관내부에서의 물리적인 한계	Stainless Spring Cable의 시제품 제작으로 상용화
지하횡관	지하실 상부에 위치한 횡관의 관찰 작업 환경에 의한 상부 배관위치(높이 : 약 3m) 까지 오르내림을 위한 필수 장비사용과 추락의 위험성 호소	3층의 입상관을 통하여 지하횡관까지 Camera와 Cable을 삽입할 수 제품개발

공동주택의 배관종류에 따른 관찰환경에 부합할 수 있는 조명장치와 Lens의 초점을 Camera설계에 반영하여 최적의 영상품질과 내구성을 갖춘 제품제작 및 기술개발이 절대적으로 필요하다.

03 산업용 배관내시경의 응용 및 미래에 대하여 분석하라.

1. 산업용 오배수관 내시경의 현황

배관공사의 특성상 각 층을 통과하는 각종 입상 수직관의 연결부를 포함 바닥내부에 묻혀는 있는 오배수배관의 연결부 불량이나 미세한 균열이나 파손이 발생하는 경우, 누수의 대부분이 즉시 표면에 나타나지 않고 공동주택의 누수로 인한 목재마루 바닥이나 가구손상 및 천정과 벽지의 얼룩에 의한 피해를 주는 원인이 된다.

대형건설사들은 배관공사 시공 후 모든 배관내부 상태를 촬영 녹화하여 저장데이터 제출하는 하도록 하여 관련 설비업체와 시공업체가 고가 외산 산업용내시경으로 배관검사를 한다.

최근에는 대형건설사 'P'건설사는 오배수 배관의 많은 하자로 인하여 막대한 경제적

손실은 물론 브랜드 이미지에 부정적 영향을 받아 배관검사 필수를 내규로 정하여 신축 공동주택 모두에 적용하고 있다. 또한 모든 대형건설사 대부분이 배관공사 후 관로내부 검사를 행하고 있어 여기에 관련된 설비업체와 시공업체에서도 배관검사용 장비구입이 필수가 되어 수요가 빠르게 증가하고 있다.

〈표 5-5〉 주요 건설업체 내시경 검사 시행현황

건설업체	내시경 검사 범위		적용 시기
	입상관	횡주관	
삼성건설	O	O	'13년부터 시행 중
현대건설	X	O	'10년부터 시행 중
대림건설	O	X	'14년부터 시행 중
현대산업개발	O	O	'18년부터 시행 중
포스코건설	O	O	'17년부터 시행 중
GS건설	O	X	'08년부터 시행 중
대우건설	O	O	'18년부터 시행 중

2. 산업용 오배수관 내시경의 성능확보 방안

오 · 배수 및 우수의 세대 내 역류사고 예방을 위해 배관내 이물질 유입 여부 확인과 원활한 배수성능 확보 방안을 마련한다. 즉 배관내부 내시경 검사, 배수성능 확인검사, 선제적 하자 예방조치 등이다.

1) 배관내부 내시경 검사

① 검사계획 : 수급인은 내시경 검사시행 계획서를 검사 10일전 전까지 감독자에게 제출

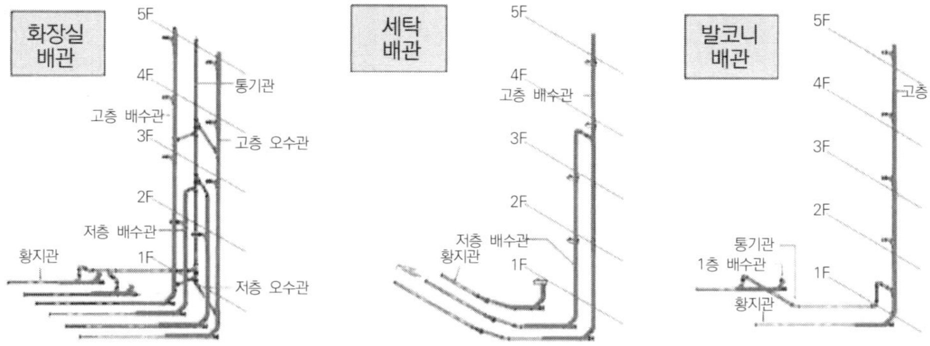

[그림 5-7] 검사범위 예시

② 검사시기 : 세대 내 욕실, 발코니 및 현관 등 타일공사 완료후 준공 10일 전까지 완료

③ 검사범위 : 全동 오수, 배수, 우수 입상 배관(전체구간) 및 지하연결 횡지관 접속부로부터 1m구간

유 형	계단식	복도식
평 면		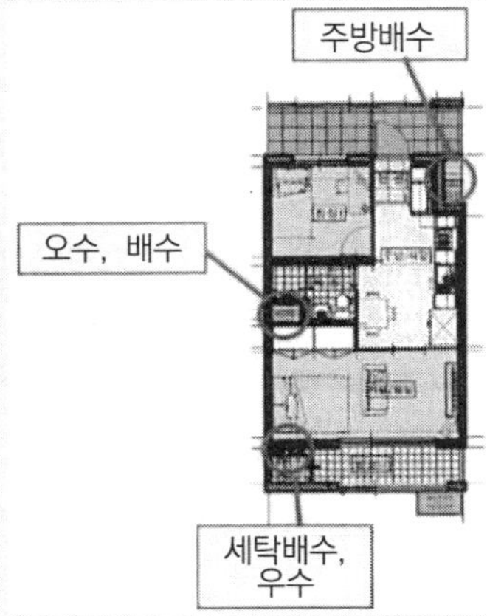
배관수	9가닥(기준층)	5가닥(기준층)

[그림 5-8] 입상배관 수 예시

④ 검사방법

㉠ 검사주관 : 건 · 기 · 토 수급인(기계주계약자 해당지구는 기계수급인)

㉡ 검사방법 : 내시경 카메라를 이용하여 배관내부 이상여부 조사

- 이물질 유무 및 막힘 여부 확인
- 배관손상, 부속체결 불량 등 이상여부 확인

㉢ 배관 내 이상발견시 조치후 재검사 실시

- 재검사 비용은 수급인이 자체부담

⑤ 적용방법 : 기계공사 발주내역에 반영, 기 발주지구는 현장설계변경

2) 배수성능 확인검사

① 검사계획 : 수급인은 배수성능 검사계획서를 검사 10일 전 까지 감독자에게 제출

② 검사시기 : 조경준공 후 즉시 시행

③ 검사범위 : 동호 라인별 오수, 배수관(세대-옥외맨홀까지) 및 우수관 全세대

④ 검사방법; 건기토 수급인 주관

㉠ 오 · 배수관 : 검사단위(6-10개층)별 분할하여 검사 시행

㉡ 우수관 : 옥상 드레인마다 물 50L 이상 일시, 배수 후 확인

⑤ 적용방법 : 공가관리원 포함 추가 인건비 및 수도료 공가관리비 책정

⑥ 검사절차

위치별 검사인력 및 장비 배치	(배치인력) 총괄 1인, 검사세대당 1인, 옥외맨홀 1인, 동피트 1인(현장 여건에 따라 조정 가능) (검사장비) 무전기(인원수), 카메라(휴대폰 가능)

⇩

검사시행	해당 오배수관 유입 옥외맨홀 뚜껑 개방 해당세대 내 욕실, 주방, 발코니 등 수전 전체 개방 검사단위 별 세대 내 욕실 양변기 일시 배수 * 총괄자는 무전신호를 통해 각 세대 배치 인력에게 작업 지시

⇩

이상유무 확인 및 재검사	세대 배치인력은 각 배수구의 배수상태 및 양변기 역류 등 이상여부 확인 (이상 발생시 조치 후 재검사 및 조치전 · 후 사진 및 동영상 촬영)

⇩

결과기록	옥외 맨홀 배치인력은 맨홀 배수 이상여부 확인 후 사진 및 동영상 촬영

학습 5

3) 선제적 하자예방 조치

(1) 설계단계 조치(설계기준 개선 등)

① 배관설계 : 오 · 배수 및 우수 횡주관 관로설계시 굴곡 개소를 최소화 하고, 배관길이, 굴곡 개소 및 구배 등 고려한 관경 선정

② 기준개선 검토 : 배관막힘에 의한 역류하자 사전 확인 · 조치 가능한 부속 사용 등 기준 개선관로 굴곡개소 최소화 및 배관길이 등 고려한 관경선정 등

(2) 시공단계 수급인 조치

① 입상관과 지하 수평배관 연결부속(엘보) 체결을 세대 타일, 도기 등 습식공사 완료 후 시행(기존 지하배관 작업시 체결)

② 지하층 배관 전 구간에 대하여 구배 적정여부(1/100 이상) 확인 후 결과를 감독자에게 제출

③ 공사 중 몰탈, 쓰레기 등 이물질을 배수구 및 오수배관(양변기 포함)에 투입하지 않도록 기능공 교육 및 관리 철저

④ 준공 및 입주청소 시 배수구(트랩) 내 · 외부 이물질 제거 확인 철저 : 지하배관 연결시기 조정, 구배 적정여부 확인, 배수관 이물질 투입방지 교육, 관리 및 준공청소

시 이물질 제거

(3) 입주이후 조치

① 수급인 원인으로 역류하자 발생에 따른 집단민원, 언론보도 등의 경우 해당 수급인 제재조치(품질미흡통지서, 벌점부과 등)

※ 건설기술진흥법 시행령

가. 건설업자, 주택건설등록업자 및 건설기술자에 대한 벌점 측정기준

번호	주요부실내용	벌점
1.5	배수상태의 불량 - 배수구의 관리가 불량한 경우	1

4) 적용시기 및 예산

① 문서시행일 이후 全 지구, 단 내시경 검사는 토목준공일 이전지구, 배수성능 확인 검사는 입주개시일 15일 이전지구 적용

② 소요예산 : 연간 12억원(내시경 : 9.6억원, 배수성능 확인 : 2.5억원)

3. 산업용 배관내시경의 미래

1) 산업용 로봇 배관내시경

엘보 마스터(Elbow Master)는 배관 내 검사시스템으로 배관 내의 부식, 마모 등의 배관 내면상태를 검사하는 로봇이다. 배관의 재질이나 형상에 관계없이 배관내부를 자유로이 주행할 수 있어 소형, 경량이면서 카메라의 영상으로 배관 내를 관찰할 수가 있다. 이 엘보 마스터는 내경 φ350~φ600mm의 연속적인 변화에 대응할 수 있고, 엘보 부에서 주행 및 회전도 가능하다.

자율형 배관검사 로봇은 배관 상의 장애물 검출 센서, 온도 센서, 카메라, 머니퓰레이터(Manipulator) 등을 탑재하고 있다. 이 배관검사 로봇을 대상으로 하여 인간 조작자에 의해 배관 상의 검사지점이 지정되면 그 검사지점까지의 최적 이동경로 및 로봇이 배관 위를 이동하기 위한 기본 제어명령의 생성과 온도 센서, 카메라 등에 의한 메타 지시값 등의 시각정보에 따라 검사결과를 이상으로 판단했을 경우에 그 원인 추정을 하기 위한 센싱 플래닝(Sensing Planning) 전문가 시스템을 구축한다.

미국 MIT에서는 연구원들이 지하배관을 돌아다니면서 균열과 부식을 탐색하는 작은

달걀 모양의 로봇을 개발하였는데, 이 로봇은 카메라를 갖추고 있어 실시간으로 이미지를 전송할 수 있다. MIT의 Asita 교수와 그의 연구 팀은 로봇에 무선 수중 통신장치를 탑재하여 레이저로 100m 거리까지 실시간으로 이미지를 전송하고 있다. 또한 연구팀은 로봇이 정지된 상태에서 카메라가 좌우상하로 움직일 수 있는 팬 앤드 틸트(Pan and Tilt) 안구 메커니즘을 개발하였다.

종래의 배관검사는 수동으로 내시경을 배관내부에 진입시켜 육안검사를 하거나 결함이 예상되는 부분의 외부에서 X-선, 초음파를 이용하는 방식이었다. 하지만 이러한 방식은 정확성이 떨어지고 검사거리가 짧아 검사범위가 한정되는 단점이 있었다. 그런데 우리나라의 원자력연구원은 원자력 융합기술 개발부 김승호 박사 팀이 화력발전소 배관내부에 존재하는 1mm 이하의 이물질, 파임, 돌출 등 미세결함을 탐지할 수 있는 비파괴 검사로봇을 개발하였다.

04 오배수관 등 배수성능 확보방안에 따른 공사비 분석에 대하여 분석하라.

1. 검사비용 산출

1) 내시경 검사비용 : [계단식] 14,400천원, [복도식] 10천원/단지

* 산출기준 : (계단식) 800호, 20층, 4호조합,10개동,
(복도식) 800호, 20층, 8호조합, 5개동 기준으로 산출

(1) 입상 배관내시경 촬영비용(호당 단가)

구 분		적용 단가(호당)	비 고
계단식	16층 이상	14,570	'신규일위대가', '비용산출근거'시트 참조
	15층 미만	14,010	
복도식	16층 이상	8,250	
	15층 미만	7,910	

* 세대당(계단식)18천원, (복도식)10천원 예상(간접비 30% 포함)

2) 배수성능확인 검사비용 : [계단식] 3.7백만원/단지, [복도식] 2.3백만원/단지

* 산출기준 : (계단식) 800호, 20층, 4호조합, 10개동

(복도식) 800호, 20층, 8호조합, 5개동 기준으로 산출

(1) 검사비용

① 인건비 : (계단식) 3,308천원/단지, (복도식) 2,067천원/단지

② 수도료 : (계단식) 397천원/단지, (복도식) 264천원/단지

(2) 인건비 산출근거

<table>
<tr><th rowspan="2">구 분</th><th rowspan="2">필요인력</th><th colspan="2">투입인력(비용)</th></tr>
<tr><th>공가관리원
(직영인부)</th><th>추가인력</th></tr>
<tr><td>계단식(800호)
20층, 4호조합,
10개동</td><td>(1일투입인력)10명
(총괄1인은 수급사)
(총작업량)4라인×10개동
=40개라인
(소요일수)4일(1일 10개라인)</td><td rowspan="2">800호/300
=3명/일
(기준 : 300세대당
1인)</td><td rowspan="2">7명/일 추가필요(공가관리원
3인 제외)
⇒ (계단식)보통인부 기준 4일
투입시
7×4×118,130
=3,307,640원 소요
⇒ (복도식)보통인부 기준 2일
투입시
7×2.5×118,130
=2,067,275원 소요
(보통인부 노임 : 118,130원)</td></tr>
<tr><td>복도식(800호)
20층, 8호조합,
5개동</td><td>(1일투입인력)10명(총괄1인은
수급사)
(총작업량)4라인×10개동
=40개라인
(소요일수)25일(1일 15개라인)</td></tr>
</table>

(3) 수도료 산출근거

구 분	수도량	수도료
계단식(800호) 20층, 4호조합, 10개동	0.3톤/세대	800호x0.3x1,653원=396,720원/단지
복도식(800호) 20층, 8호조합, 5개동	0.2톤/세대	800호x0.2x1,653원=264,480원/단지

2. 연간 추정 공사비

2018년 준공 83개단지(계단식 41개, 복도식42개) 기준

① 공분, 공임 : 41개단지, 34,769호(계단식)

② 장기 임대 : 42개단지, 29.626호(복도식)

⇒ 총금액 : 9.6억원(내시경)+2.5억(배수성능)=12.1억원

05 오배수관 및 우수관의 배수성능확인에서 검사단위 선정과 검사방법에 대하여 분석하라.

1. 검사단위 선정

현장 실사결과 및 동시사용률을 고려하여 검사시행 동 전체 층수의 40% 내외 층수를 검사단위로 라인별 2~3차 분할 시행한다.

층 수		15층 이하	16~18층	19~21층	22~24층	25~29층
검사단위		6개층	7개층	8개층	9개층	10개층
검사 차수	1차	1~6층	1~7층	1~8층	1~9층	1~10층
	2차	7~12층	8~14층	9~16층	10~18층	11~20층
	3차	13층 이상	15층 이상	17층 이상	19층 이상	21층 이상

☞ 검사단위 층수는 최소 6개층으로 하며, ±1개층 조정하여 검사차수 축소 가능

2. 검사방법

1) 오 · 배수관 검사방법

구 분	검사방법	확인사항
배수관	검사단위별 세대 내 욕실, 주방, 발코니 등 전체 수전 OPEN	• 각 검사세대 배수구,양변기 역류 등 이상여부 확인 • 지하층 배관 누수여부 육안확인 • 옥외맨홀 유입수 육안확인
오수관	검사단위 별 세대 내 양변기 일시 배수	

2) 우수관 검사방법

구 분	검사방법	확인사항
우수관	동 옥상 각 우수 드레인마다 물 50L이상 일시배수	• 각세대 역류 등 이상 유무확인 • 옥외 맨홀 유입수 육안 확인(사진 및 동영상활용)

06 배수성능 확인검사 현장조사결과 사례에 대하여 분석하라.

1. 시흥 00 지구

지구현황	15층에서 29층까지 구성		
검사방법	전체층의 약 1/3개층 단위로 3차 분할 검사시행		
검사결과	29층 동의 10개층 동시 배수 검사시 3층 세대에서 양변기 역류하여 지하오수관 해체후 확인한 결과 배관막힘 발견		
관련사진	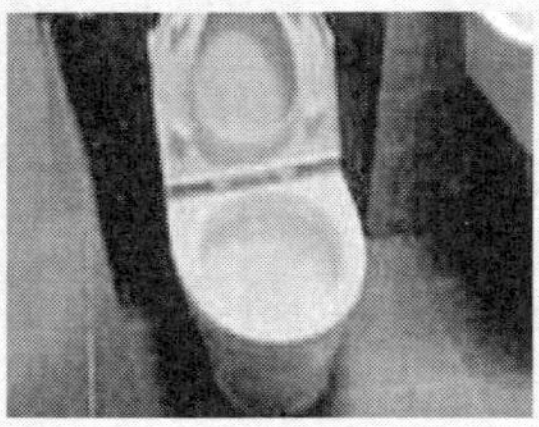		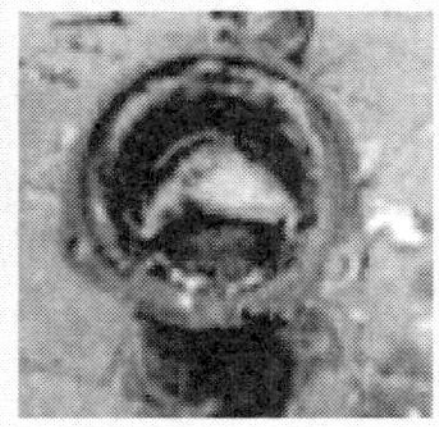
	양변기 역류	배관막힘(몰탈)	엘보부위 막힘

2. 창원 00지구

지구현황	15층 동일층으로 구성		
검사방법	10개층, 6개층 단위로 검사시행		
검사결과	- 10개층 단위 검사 시 1층세대 양변기 역류, 발코니 배수불량 ⇒ 배관내부 확인시 이상없음(배수 과부하로 검사단위 과다판단) - 6개층 단위로 재검사 시 양변기, 발코니 배수 등 이상없음		
관련사진			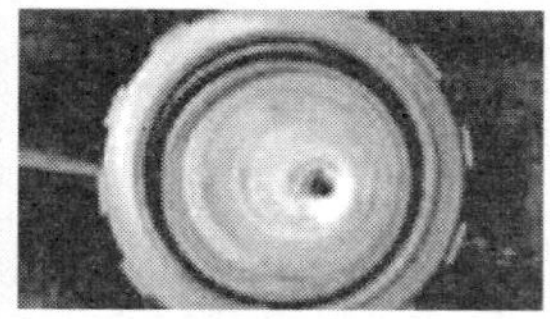
	양변기 역류	발코니 배수불량	배관내부 확인

3. 대구 00지구

지구현황	12층에서 15층으로 구성		
검사방법	6~7개층 단위로 검사시행		
검사결과	6~7개층 단위로 검사시행시 양변기, 발코니 배수 등 이상없음		
관련사진			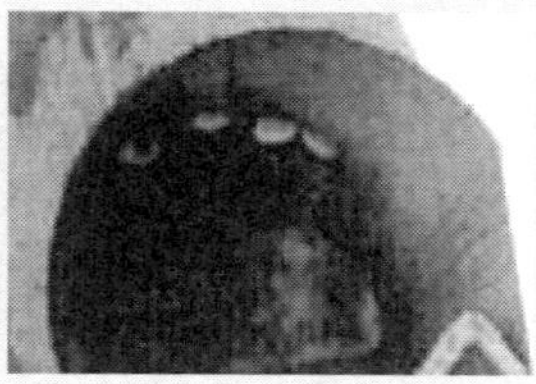
	양변기 이상없음	발코니배수 이상없음	맨홀 배수유입 확인

07 배수부하(동시사용률) 검토에 대하여 분석하라.

① 본 검사가 여러 세대가 동시에 배수하는 극한 테스트인 점을 감안하여 동시사용률을 고려한 검사단위 선정이 필요하다.

② 배수관 관경선정시 기구별 동시사용률을 적용한 가구별 배수부하 단위(FU)값을 누계하여 구간별 유량에 따른 관경을 선정한다.

③ 욕실 등 환기용 AD설계시 약 40%의 동시사용률 적용하고 있음을 감안하여 오·배수관 검사단위 선정시 동시가용율 40% 적용이 적정하다.

학습활동.5 교수 · 학습 방법

교수 방법

- 배관기술 및 시장동향에 대한 관련 용어, 구성, 방식 이해 정도를 파악한 후 수업을 진행한다.
- 교수자의 주도로 배관기술 및 시장동향 등의 내용을 PPT 자료로 제시한 후 설명한다.
- 가능하면 사전에 개인별 학습 자료를 준비하여 모든 학생이 참여할 수 있는 문제 해결식 수업, 협력 수업이 가능하도록 한다.
- 배관기술 및 시장동향 전 과정을 작업의 순서에 따라 단계적으로 실습이 이루어질 수 있도록 지도한다.
- 교재를 통해 수업을 준비하는데 있어서 필요한 모든 정보나 팁, 힌트 등 도움이 될 만한 내용들을 확인할 수 있다.
- 학생들이 만들게 될 각 모델들은 수업시간에 중점적으로 다뤄질 부분과 어휘, 질문, 답을 포함하고 있으며 또한 탐구할만한 추가적인 아이디어들도 포함하고 있다.

학습 방법

- 배관기술 및 시장동향에 대한 관련 용어를 숙지하고, 배관기술 및 시장동향에 대해 이해한다.
- 배관기술 및 시장동향의 각 단계별 중점 사항을 체계적으로 학습한다.
- 배관기술 및 시장동향의 수행순서의 전 과정을 실습한다.
- 배관기술 및 시장동향의 내용을 이해한다.
- 배관기술 및 시장동향을 이해하고 숙달이 될 때까지 학습한다.

학습활동.5 평가 및 피드백

평가 준거

- 평가자는 피평가자가 수행 준거 및 평가 내용에 제시 되어 있는 내용을 성공적으로 수행할 수 있는 지를 평가해야 한다.

학습내용	평가항목	성취수준		
		상	중	하
배관기술 및 시장동향	배관기술 및 시장동향을 이해할 수 있다.			

평가 방법

• 작업 포트폴리오

학습내용	평가항목	성취수준		
		상	중	하
배관기술 및 시장동향	배관기술 및 시장동향을 이해할 수 있다.			

• 필기시험

학습내용	평가항목	성취수준		
		상	중	하
배관기술 및 시장동향	배관기술 및 시장동향을 이해할 수 있다.			

• 체크리스트를 통한 관찰

학습내용	평가항목	성취수준		
		상	중	하
배관기술 및 시장동향	배관기술 및 시장동향을 이해할 수 있다.			

• 피드백

1. 작업 포트폴리오
   - 제출한 보고서를 평가한 후 주요 사항에 대하여 표시하여 돌려준다.
2. 필기시험
   - 평가 결과 성적이 저조한 학생은 보고서 제출 기회를 부여한다.
3. 체크리스트를 통한 관찰
   - 실습 과정에서 평가한 후 개선해야 할 사항 등을 정리하여 돌려둔다.

참 | 고 | 문 | 헌

- https://luckygg.tistory.com/27
- ㈜대우건설 · (사)대한건축학회, 『건축기술지침 Rev.1(기계)』, 도서출판 공간예술사, 2012.
- (사)대한건축학회, 『건축설비』, 기문당, 1995.
- 건축설비용어사전 편집위원회, 『건축설비용어사전』, 기문당, 1994.
- 박영순, 『건축기계설비일반시공』, 도서출판 세진사, 2000.
- 박종일 · 서기원 공저, 『건축설비 설계』, 도서출판 세진사, 1999.
- 한국종합건설 기계설비협의회, 『설비시공개선 사례집』, 한국종합건설 기계설비협의회, 2014.
- 00건설 건축기전팀, 『일반배관작업지침』 별첨 품질관리기준, 2011.
- 강동우 · 강민구 · 정해진 · 남상엽, "스마트 시티형 다굴절 오배수관용 Push Rod 및 무선 영상전송 플랫폼," 2019년도 한국인터넷정보학회 추계학술발표대회 논문집 제20권2호, 2019.11.02.
- 정해진, "다굴절 파이프 라인의 내부 검사를 위한 내시경 장치," 대한민국특허출원번호(10-2019-0115051), 2019.09.04.
- 설동현 외, "DDVS 기법을 활용한 일반 구조용 탄소강관 및 강재 파이프 서포트 영상기반 변위계측," 대한건축학회연합논문집 21권1호, 2019.
- 남명우, "EMD를 이용한 초음파 비파괴 평가용 3차원 영상처리 소프트웨어 개발," 한국산학기술학회 9권6호, 2008.
- 강민구 · 남상엽 · 정해진 · 전준철, "배관 네비게이션 시스템 및 이를 이용한 배관 네비게이팅 방법," 대한민국특허출원번호(10-2019-0137843), 2019.10.31.
- 한국항공우주연구원 기술자료" 복합재 배관". 2017.

학습 1	배관관리 기술의 개요
학습 2	배관검사와 판독
학습 3	배관영상 분석
학습 4	배관위치 파악과 영상마카
학습 5	배관기술 및 시장동향
학습 6	**배관의 시공/누설확인 및 시운전**
학습 7	상수 및 하수용 배관관리의 분석
학습 8	화학 및 오일용 배관관리의 분석
학습 9	가스용 배관관리의 분석
학습 10	전기 및 통신용 배관관리의 분석
학습 11	스마트 배관관리의 분석
학습 12	스마트 배관관리의 영상활용

학습 목표	1. 배관의 시공/누설확인 및 시운전을 이해할 수 있다.

6-1 배관의 시공확인

1. 배관 육안 검사, 비파괴 검사

배관(급수관, 배수관, 오수관 등) 시험 및 검사에 대한 이해가 필요하며 육안 검사, 비파괴 검사를 통하여 배관의 시공상태를 파악한다.

1) 배관 육안 검사

배관 내 · 외부의 청소상태 및 배관설비의 설치상태의 확인을 육안으로 검사하여 검사능력을 배양한다.

(1) 품질관리계획서(ITP, Inspection Test Plan)

① 배관, 펌프 및 장비설치, 송풍기 설치, 소화전 공사, 자동제어 공사 등 각각의 공정 또는 공사 단위별로 어떤 방법으로 검사를 하고 테스트를 할지를 계획한 것을 ITP라 한다. 또한 각각의 검사 및 테스트 시에 무엇을 체크할 것인지 정

리한 것은 체크리스트이다.

② 궁극적으로 품질관리계획서를 작성하여 배관 및 장비설치 시공에 대한 품질을 어떻게 확보할 것인지를 계획하고, 품질관리계획서에 따라 공사 중 Inspection과 테스트를 한다. 품질관리계획서의 내용은 자재의 승인, 검수, 시공검측, 수압 테스트 등 각종 시험에 대해 검수주기, 방법, 기준 등이 포함된다.

(2) 배관 일반 공통사항

사용하는 관, 이음쇠 및 밸브류는 그 재질, 용도, 구조 등의 제원을 잘 이해하여 사용하여야 한다. 규격 외의 관, 이음쇠 및 밸브류를 사용할 때는 형상, 재질, 최고사용압력, 시험압력 등이 각각의 목적에 적합한 것을 선정하고 치수 및 허용차, 규격, 이음방법 등을 충분히 검토하여 결정한다.

① 배관시공시 유의사항

㉠ 배관이 보, 천정, 바닥 등을 관통하는 개소의 슬리브 내경은 관통하는 관의 외경에 피복되는 재료의 두께를 고려하여 마무리된 외경보다 큰 규격을 사용한다.

㉡ 슬리브와 관과의 틈새는 일반적으로 방화, 차음을 위하여 구멍을 메우는데 온수, 증기관 등 열로 신축하는 관은 신축을 방해하지 않도록 몰탈 등으로 메워서는 안 된다.

㉢ 배관의 신축을 고려하여 팽창시 배관 각부에 응력이 걸리지 않고, 각부의 구배가 흐트러지지 않도록 시공한다.

㉣ 위생기구 등에 공급하는 냉·온수관을 서로 접촉하여 시공하면 냉수관에 온수관으로부터의 열이 전달되어 적정 냉수온도가 유지되지 않으므로 이격거리를 유지한다.

㉤ 콘크리트나 지중에 매설하는 배관으로서 부식의 우려가 있는 경우는 방식테이프를 감아 방식하거나 내식성이 있는 강관, 비닐라이닝 강관, 염화비닐관을 용도에 따라 선택해 사용한다.

㉥ 밸브의 설치위치는 유지관리가 용이한 곳에 설치한다. 천정 내에 설치할 경우는 조작이 곤란하지 않도록 하고 밸브 밑에는 반드시 점검구를 설치한다.

② 배관의 구배선정

급수 및 온수공급관의 기울기는 관내의 공기정체 및 배수를 고려한다. 필요한 기울기를 줄 수 없는 곳에도 역구배가 되어서는 안 되며 적어도 수평을 유지하도록 배관한다. 각종 배관의 배관구배는 〈표 6-1〉에 나타냈다.

〈표 6-1〉 각종 배관의 배관구배

종 별		방 식	배관차수	구 배
급수관		-	-	1/200 이상
냉각수, 냉 · 온수관 (60℃ 미만)		-	-	1/250 이상, 장비에서 상향구배
온수관(60℃ 이상)		중력순환식 강제순환식	-	1/150 이상 1/200 이상, 탱크에서 상향구배
증기관	송기관	순구배(하향) 역구배(상향) 환수관(순구배)	-	1/200~1/300 1/50~1/100 1/200~1/300
	드레인관	순구배 진공환수식 순구배 중력환수식	-	1/250 이상 1/200 이상
옥내배수관	-	-	50A 이하 65~100A 125A 이상	1/50 이상 1/100 이상 1/200 이상, 입상관 쪽으로 하향구배

㉠ 건축설비의 배관은 모두 구배가 있어야 하며, 통수시에 공기를 빼기 위한 것, 또한 수리시 물을 빼기 위한 것 등이 필요하므로 배관구배에 주의해야 한다.

㉡ 급탕 온수배관시 자연 순환식인 경우 급수관과 환수관의 온도차에 의한 순환중력을 이용하므로 열원으로부터 급수관은 일정한 상향구배로 하고, 환수관은 열원을 향하여 하향구배로 하며, 강제 순환일 때도 이에 준한다.

㉢ 배수배관은 특별히 하향구배로 하여야 하며, 구배가 좋지 않으면 고형물 등이 남게 되어 통수에 영향을 주게 되며, 배관구배가 완만해도 같은 현상이 일어나게 된다. 따라서 제한유속과 구배를 신중하게 고려하여야 한다.

㉣ 급탕배관의 상향 공급식에서는 급탕수평 주관은 상향구배로 하고 반탕관은 하향구배로 한다. 배관구배는 중력순환식 1/50, 강제순환식 1/200 ~1/300 정도로 하는 것이 좋다.

㉤ 증기관의 구배는 순구배는 1/250, 역구배는 1/80 정도로 하는 것이 좋다.

2) 비파괴 검사

현장 배관공사에서는 용접작업이 50% 이상 차지한다. 용접작업을 잘 관리하는 현장은 성공리에 공사를 잘 마무리하나 잘 못 관리하면 공사지연의 원인으로 작용하는 사례가 많으므로 용접관리에 최선을 다해야한다. 지상 및 지하배관에 대하여 실시하며, 일반건축용 저압설비 배관에 대하여는 적용하지 않는다.

(1) 용접 품질관리 방안

① WPS, PQR 비치 여부

② WPS(Welding Procedure Specification, 용접절차 사양서)
용접절차를 구체화한 시방서이며 용접을 하기 위한 조건, 용접봉의 종류, 시공방법 등을 나타낸 절차서이다. 보통 GTAW(알곤용접), SMAW(일반적인 피복아크용접) 등에 대해 각각 조건별로 WPS를 만들게 된다.

③ PQR(Procedure Qualification Record, 절차인증기록서)
WPS에 대한 절차인증서로 WPS에 준하여 용접을 시행하면 문제가 없다는 것을 인증하는 서류로, WPS에 동일한 방법으로 용접시편을 만들어 여러 가지 시험기준에 맞추어 시험을 실시하고, 인증한 서류로 WPS와는 열쇠와 자물쇠의 관계로 보면 된다.

④ 용접사 인증 : 현장에서 시공중인 용접사에 대해 인증절차가 제대로 이루어졌는지 기록관리 상태와 인증을 받은 용접사만 용접을 실시하는지 확인한다.

⑤ 배관 용접부위 Root Gap 확보, 적정 용접봉 사용, 용접봉은 건조기에 보관, 배관절단면 개선작업 실시 여부 등을 확인한다.

(2) 비파괴 검사 종류

① 방사선 투과 시험법 : 내부결함, 외부결함(두꺼운 소재 측정불가)
　㉠ 감마 Ray : 철 등 중금속에 사용
　㉡ X-ray : 알미늄 등 경금속에 사용

② 초음파 탐상법 : 내부결함(두꺼운 소재측정)

③ 자분탐상법 : 표면결함 및 표면에 인접한 결함(2~3mm)

④ 액체침투탐상법 : 표면에 흠집 및 Crack이 있는 상태(내부측정 불가)

(3) 설계 압력별 촬영 기준

① 10kg/cm^{2}이하(유압, 산소배관 제외) : 전 용접길이의 10% 촬영

② 10kg/cm^{2} 이상 : 100% 촬영(수 배관 5kg/cm^2 미만은 적용하지 않는다)

③ 설비공급사의 설치 및 품질관리 시방에 따라 NDT 종류별, 요구량을 반영한다.

④ 주요 기계장치 주변의 배관에 대한 비파괴 시험을 특별히 요구하면 반영한다.

⑤ 비파괴 시험이 제외되는 배관은 수압, 내압, 기밀 Test를 필히 실시한다.

㉠ 제작되는 Pipe T - Cross : 100% 적용

㉡ 직선부 : 비적용

촬영시 Film과 Film의 Over Lap은 1인치(inch)이상 중복하여 촬영한다.

(4) 촬영 매수 산출

① 기준

㉠ Film 규격 : 12inch L × 10/3

㉡ film과 초점간의 거리 = 60mm일 경우

㉢ 산출 예 : 125A × Π ÷ 254(10인치) = 1.5매(2매 적용)

② 배관 joint 당 촬영 매수는 〈표 6-2〉와 같다.

〈표 6-2〉 배관 Joint당 촬영 매수

배관 Size	촬영 매수	배관 Size	촬영 매수
6A - 175A	2매	850A - 900A	10매
200A - 250A	3매	1000A	11매
300A - 350A	4매	1100A	12매
400A - 450A	5매	1200A	13매
500A - 550A	6매	1350A	15매
600A - 650A	7매	1500A	17매
650A - 700A	8매	3000A	33매
750A - 800A	9매		

(5) 배관 비파괴 검사 및 열처리

비파괴 검사란 장치, 배관 등의 용접부 건전성을 확인하기 위해 실시하는 방사선 투과시험, 초음파 탐상시험, 자분 탐상시험 또는 침투 탐상시험 등을 말한다. 〈표 6-3〉에 나타낸 산업안전 비파괴 검사기준을 참고한다.

① 용접 전 열처리 : 용접시 급열에 의하여 모재에 발생할 수 있는 결함을 방지하기 위해 용접 전에 모재를 일정온도 이상으로 가열하는 것을 말한다.

② 후 열처리 : 장치, 배관 등을 맞대기 용접 등에 의해 연결하고 용접에 의한 잔류응력을 제거하기 위해 용접부위를 일정시간 동안 일정온도로 가열 유지하는 것을 말한다.

〈표 6-3〉 산업 안전 비파괴 검사 기준

100% RT	10% RT	20% RT
독성물질 취급 배관	위험 물질 취급 배관	위험 물질 취급 배관
30~300℃ 이상의 위험물질 취급 배관	두께 10mm 이하 배관	두께 10mm 이상 배관
용접 후 후열처리(독성물질 취급)하는 배관		
독성물질 : • LD50(경구, 쥐) : 200mg/kg 이하 • LD50(경피, 토끼, 쥐) : 400mg/kg 이하 • LC50(쥐, 4시간 흡입) : 2000ppm		
수소취급 배관		
ASME(American Society of Mechanical Engineers)(American Society of Mechanical Engineers) : 32t 이상 응력 해소를 위해 후열 처리함		

③ 후열처리 후에 가능한 한 신속히 냉각해야 한다.

④ 후 열처리 후 650℃까지는 시간당 60℃이하로 냉각해야 하며, 650℃ 이하에서는 취성(부서지기 쉬운 성질)을 방지하기 위해 빠른 속도로 냉각해야 한다.

⑤ 후 열처리 후 320℃까지는 시간당 170℃이상으로 냉각해야 한다.

⑥ 용접 후 14일 이내에 후 열처리해야 한다. 후 열처리 후 430℃까지는 시간당 280℃ 이하로 냉각하고, 430℃부터는 대기 중에서 냉각해야 한다.

⑦ 열처리로에서 후 열처리 한 경우에는 용접부의 10% 에 대해 브린넬 경도(브린넬 경도 시험기에 의하여 볼 입자를 시험면에 가압해서 홈 자국을 만든 때의 하중을 홈의 표면적으로 나눈 값)를 측정하고, 현장에서 국부적으로 열처리한 경우에는 용접부 전체에 대하여 경도 측정해야 한다.

3) 가배관, 압력계, 블라인드

도면과 품질표준서에 준하여 가 배관, 압력계, 블라인드 등을 설치한다. 배관설비의 제어밸브 및 댐퍼, 센서 등 배관 부품의 정상 설치확인 또는 제품의 재질, 형식 및 사양에 대한 이해가 필요하다.

(1) 온도계, 압력계, 유량계의 설치

온도계, 압력계, 유량계는 장치의 열량산정의 필요상 설치하며, 또한 시동시의 조정이나 고장시의 고장개소 발견과 각종 기록을 위해 필요하다.

운전기록이 필요한 개소에 온도계, 압력계를 설치한다. [그림 6-1]은 현장에 설치된 온도계, 압력계의 설치모습이다.

[그림 6-1] 온도계, 압력계 설치모습

① 압력계는 토출측과 흡입측에 설치한다.
② 시동시의 조정이나 고장시의 고장개소 발견을 위하여 온도계 삽입용의 보호용 설치구(Well)나 압력계 부착용의 밸브붙이 단관을 배관에 설치한다.
③ 유지관리(Maintenance)가 불가능한 위치에서는 측정용의 보호용 설치구(Well)를 설치한다.
④ 기기의 능력체크가 필요할 때나 건축주의 요구가 있을 때는 유량계를 설치한다.

(2) 압력계 설치기준

① 압력계 설치위치 : 통상 압력계의 위치에 대하여 도면상에 명기되어 있지 않은 경우가 많아 공사시에 보수관리 · 시운전 계획을 충분히 검토해야 하며, 관리하기 쉬운 장소에 설치해야 한다.
② 동작원리 : 브루돈관(Burdon)에 압력이 가해지면 관의 단면은 고유형상인 원형으로 되돌아가려고 하며, 이때 로드핀이 움직여 탄성변위를 일으키고 이 변위가 확대되어 지침의 회전각도로 바뀌어져 눈금을 가리키게 되며, 이로 인해 압력을 판별할 수 있게 된다.

4) 밸브의 종류 및 사용시 주의사항

(1) 밸브의 종류

밸브는 직선배관 도중에 설치하여 유체의 흐름을 조절해주는 이음쇠이며, 용도에 따라 다음과 같이 나뉜다.

① 글로브 밸브(Globe Valve) : 양정이 작아 개폐시간이 짧고 누설이 적다. 유체저항 손실이 크고 관내 유체배출시 액체가 잔류한다. 흐름 단속 및 유량조정용으로 사용한다.

② 슬루스 밸브(Sluice Valve, Gate Valve) : 밸브 전개(全開) 시는 유체저항이 적으나 반개(半開)시는 크며 흐름 단속용이다.

③ 체크밸브(Check Valve) : 유체의 역류 방지용으로 스윙형과 리프트형, 스모렌스키식이 있다.

④ 콕(Cock) : Plug Valve, Ball Valve, Rotary Valve, 개폐가 빠르며 전개시 유체 저항이 작고 구조가 간단하다. 기밀성이 나빠 고압 및 대유량에 부적당하다.

⑤ 버터플라이 밸브(Butterfly Valve) : 평판이 회전함으로써 개폐되며 저압용에 사용한다.

⑥ 정수위 조절밸브 : 오버플로우(Overflow)를 방지할 수 있는 안전구조로 설치하여야 한다. 정상기동시는 수조내의 레벨센서에 의해 수위가 체크되어 정수위 밸브에 부착된 전자밸브로 전송되어 정수위 밸브가 On-off되고, 비상시는 즉 전자밸브에 이상이 생겨 기능을 상실하면 볼 탭에 의해 출수압력이 정수위 밸브로 전달되어 정수위 밸브가 On-off된다.

⑦ 조정용 밸브 : 감압 밸브, 온도조절 밸브, 안전밸브, 전동 밸브, 전자 밸브 등이 있다.

(2) 밸브 사용시 주의사항

[그림 6-2]는 현장에 설치된 밸브류 설치모습(볼 밸브, 정수위 조절 밸브, 안전변, 차압유량 조절 밸브, 버터플라이 밸브)이다.

[그림 6-2] 밸브류 설치모습(볼밸브, 정수위 조절 밸브, 안전변, 차압유량 조절 밸브, 버터플라이 밸브)

밸브의 종류 및 형식에 따른 사용상의 주의사항은 〈표 6-4〉에 나타냈다.

〈표 6-4〉 밸브 사용상의 주의사항

명 칭		주의사항
스톱 밸브	글로브 밸브	밸브 시트의 아래쪽에 유체가 유입하도록 설치하고, 유체의 유량제어가 목적이다.
	앵글 밸브	기능은 글로브 밸브와 같고, 흐름을 직각으로 바꾸는 형식이다.
	Y형 밸브	수평배관에 대해 밸브대가 45~60°가 되며, 밸브 몸통을 비스듬히 뉘운 형상이다. 특징은 유체저항이 작으며 전폐, 전개가 목적이다.
	니들 밸브	유량특성이 좋아서 미량조정에 적합하며, 밸브 끝을 침상(針狀)으로 설계한 것이다.
슬루스 밸브		증기 및 유류수(遺留水), 온수, 냉각수, 냉수, 유배관에 사용하고 관로의 차단이 목적이다.
체크 밸브	리프트 식	배관의 수평부에만 사용하고 유체의 압력에 의해 밸브가 들어 올려져 가이드 부분을 따라 오르내리는 구조이다.
	스윙식	입상관, 수평관에 모두 사용할 수 있다.
	스모렌스키식	펌프의 토출 측에 설치하며, 스프링과 가이드 베인을 내장하고 있어 밸브가 열릴 때 발생하는 와류를 방지하고 수격(水擊)을 완화시킨다.
버터플라이 밸브		80A 이상의 대구경관(大口經管)에 사용되고, 차단 및 유량제어에 모두 적합하다. 밀폐도가 우려될 때에는 저압의 경우에만 사용한다.

2. 배관검사 체크리스트

배관검사 체크리스트를 이용하여 배관부품 및 지지장치를 확인한다. 수압, 기압, 가스(질소)압 등을 이용하여 누설여부를 확인한다. 관련 법규, 검사기관 규칙 및 관련 규정과 시험기준서 및 품질기준서, 배관도면의 종류, 용도, 관경, 구배, 경로에 대한 이해가 필요하다.

1) 배관작업

(1) Shop Dwg.

① Shop Dwg. 설계검토가 되었는지 확인한다.
② 관련 공종(구조, 전기 등)과 간섭 검토는 되었는지 확인한다.

(2) 자재 입고

① 배관자재 및 밸브의 재질은 적정한지 확인한다.

② 신축이음 및 설치개소를 확인한다.
③ 자재는 도면 및 시방에 맞는 규격품인지 확인한다.

(3) 배관작업

① 배관접합부 및 지지철물은 절연재를 사용했는지 확인한다.
② 슬리브 또는 박스의 설치위치는 적정한지 확인한다.
③ 장비지지 철물 및 횡주관, 입상관, 배관의 지지상태와 방진은 적정한지 확인한다.
④ 배관별 기울기는 공종별 적정한지 확인한다.
⑤ 배관 관통부는 불연재로 밀실하게 처리(Sealing)하였는지 확인한다.
⑥ 배관의 유지보수를 위해 워크웨이(Walkway) 설치여부를 확인한다.
⑦ 배관부식 방지용 도장작업의 실시여부를 확인한다.
⑧ 바닥 물고임으로 인한 악취발생 방지를 위해 트렌치 구배의 적정여부를 확인한다.
⑨ 계단 미끄럼 방지용 논 슬립(Non-slip)의 설치여부를 확인한다.
⑩ 이종 금속배관의 접속시 절연 플렌지, 절연 볼트, 절연 와셔를 사용하였는가를 확인한다.

2) 동파방지 종류

동파위험이 있는 설비에는 아래의 동파방지 방법 중 최적인 방법을 선택해서 실시한다.

(1) 부동액 법

① 급수 계통에는 부동액을 사용하지 않는다.
② 일반적으로 에틸렌글리콜계 브라인을 사용한다. → 염화칼슘계 브라인은 부식성이 크기 때문에 사용을 금지한다.
③ 부동액의 농도는 동결온도로 결정하고, 월 1회 정도 부동액의 농도를 측정한다.

(2) 발열선법

① 일반적인 발열선은 겹쳐지면 그 부분이 국부가열을 일으켜 절연불량, 단선 등의 위험이 있기 때문에 주의하여 시공한다. 겹쳐시공이 가능한 제품도 있으므로 확인한다.
② 외부 단열재의 재질은 발열선의 최고 사용온도를 제조사에 확인한 후 결정한다.

(3) 보온법

① 보온에 의한 동파방지법은 단시간 정지하는 경우에만 유효하기 때문에 주간운전, 야간 정지하는 경우에 적용한다.

② 장기간 정지하는 경우에는 발열선과 병행하여 실시하거나 다른 대책을 세운다.

(4) 순환법

① 물을 순환시켜 동결을 방지하는 방법은 신뢰성이 떨어져 적용시에는 최저 유량의 확보, 펌프 등 순환계통 작동의 신뢰성에 유의해야 한다.

② 펌프는 시스템, 가격(Cost) 등을 고려하여 동파방지용 순환펌프의 설치를 검토한다.

3) 동파방지계획

(1) 배관계획

① 외부 샤프트 등과 같이 주위 온도가 외기와 동일한 장소는 가능하면 배관을 피한다. 부득이 배관을 통과시킬 경우는 동파방지법을 검토한다.

② 주차장 등과 같이 난방을 하지 않는 곳의 배관은 동파방지가 필요한지 검토한다.

③ 외기에 노출된 배관은 물 빼기가 가능한 설비로 한다.

(2) 수 배관

① 냉각수 배관

㉠ 옥외에 노출되어 동절기 사용하지 않는 배관은 배수설비와 함께 물 빼기를 확실하게 한다.

㉡ 배관의 직관부는 1/250 이상의 구배를 주며, 특히 옥외의 스트레이너는 물 빼기에 유의한다. 스트레이너 하부에 배수용 서비스 밸브를 부착한다.

② 냉 · 온수 배관

㉠ 동절기에 사용하지 않는 배관, 비난방실의 배관은 난방실까지의 배관 내의 물을 빼거나 확실한 보온을 한다.

㉡ 동절기에 사용하는 경우라도 야간이나 휴일 등에는 보온, 물의 순환 또는 저온으로 가열하여 순환시킨다.

③ 보급수 배관

㉠ 옥외에 노출되어 동절기에 사용하지 않는 배관은 1/250 이상의 구배를 주어물 빼기를 확실하게 한다. 배수밸브는 옥내에 설치한다.

학습 6

㉡ 옥외에 노출되어 동절기에 사용하는 배관은 발열선과 보온 케이싱(Casing)을 같이한다.

6-2 배관의 누설상태 확인

1. 배관누설 확인방법

배관의 누설 확인은 수압, 기압, 가스(질소)압 등을 이용하여 누설 여부를 확인할 수 있다.

1) 수압시험

각 배관의 일부 또는 전체 배관 완료 후에는 수압시험 및 누수시험을 실시한다.

(1) 준 비

시험구간 및 시험압력 · 유지시간을 확인한다. 배관설비에 대한 확인을 위해 설계도서의 판독과 시방서에 대한 지식, 배관설비의 구성파악, 체크리스트 파악 능력이 필요하다.

(2) 시험요령

시험구간 및 시험압력 · 유지시간을 확인한다.

① 배관 내에 물을 채운다.
② 가압시의 누수, 파괴, 변형 등에 최대한 주의를 기울인다.
③ 시험 중에는 기기류나 밸브 등에 손대지 못하도록 해야 하며, 주위 사람들이 쉽게 알 수 있도록 표시해둔다.

2) 기밀시험

각 배관의 일부 또는 전체 배관완료 후에는 기밀시험을 실시한다.

(1) 준 비

① 누설시험용 가스봄베, 공기압축기(Compressor)를 선정한다.
② 누설시험용 발포액(비눗물, 중성 세제 수용액)을 준비한다.

③ 자동제어 밸브나 팽창 밸브의 외부 균압관 등은 시험압력을 받지 않도록 보호 및 제거한다.

(2) 시험요령

① 봄베의 개폐밸브를 개방하거나 공기압축기를 운전하여 서서히 약 $5kgf/cm^2$ 까지 가압한다.

② 전체 계통을 확인 후 이상이 없으면 서서히 저압 측의 시험압력까지 올리고, 저압 측 시험압력 상태에서의 누설유무를 조사한다.

③ 누설이 예상되는 모든 개소에 발포액을 충분히 칠하여 완벽히 체크한다.

④ 60분간 시험하여 누설이 없으면 그 상태로 24시간 계속 방치하여 압력강하를 확인한다.

(3) 유의사항

① 시험용 압력가스는 일반적으로 질소가스와 같이 불연성가스를 사용한다.

② 압력계의 최고 눈금은 시험압력의 1.5~2.0배의 눈금인 것을 사용한다.

③ 누설시험시 비눗물을 사용한 경우에는 시험 후 잘 씻어낸다.

학습 6

6-3 배관의 시운전 조치계획

1. 배관 설계도면과 시방서

설계도면과 시방서를 기준하여 점검계획을 작성하여 적용할 수 있다.

1) 배관공사 Check List

설계도면과 시방서를 기준하여 배관공사 체크리스트를 작성한다.

(1) 강 관

① 파이프 맞대기 용접

㉠ 홈 내기 가공은 평탄하게 잘 되었나 확인한다.

㉡ 면내에 붙어있는 슬러그는 제거하고 용접하는지 확인한다.

㉢ 용접봉은 반드시 습기를 제거하는지 확인한다. 건조기는 현장에서 휴대용으로 사용하고, 우천시는 옥외용접을 금지한다.

㉣ 용접시 아크열량을 동일하게 사용하는지 여부를 확인한다.

㉤ 용접완료시 슬러그 완전 제거 후 방청 페인트 작업 여부를 확인한다.

㉥ 배관계획시 용접 공간확보 여부를 확인한다.

㉦ 용접작업시 아크 발생시키기 위한 관의 표면 손상행위 금지 여부를 확인한다.

㉧ 용접방향은 비고정관의 경우 관을 회전시키며 하향용접을 하는지 확인한다.

㉨ 고정된 수평관의 경우 하부에서 상부로 용접하며, 상부에 비드종점이 집중되는지 확인한다.

㉩ 고정된 수직관은 한 지점에서 360도 회전하며 용접하는지 여부를 확인한다.

② 기 타

㉠ 변형된 파이프의 사용 여부를 확인한다.

㉡ 파이프 및 부속류의 제 규격 사용 여부를 확인한다.

㉢ 흑백부속을 섞어 사용하지 않았는지 확인한다.

㉣ 파이프의 신축에 대해 고려하였는지 확인한다.

㉤ 방진, 방음에 대하여 고려하였는지 확인한다.

㉥ 매설배관에 대하여 부식방지 조치를 하였는지 확인한다.

㉦ 보온을 요하는 파이프 간격의 적정 여부를 확인한다.

③ 강관 플랜지 접합

㉠ 사용압력에 맞는 용접방식 선택 여부를 확인한다(맞대기, 삽입, 소켓, 나사식접합).

㉡ 양쪽 플랜지 볼트구멍 정확도를 확인한다.

㉢ 플랜지는 관축에 수직으로 접합되었는지 확인한다.

④ 배관구배

㉠ 온수관 구배는 적정한지 확인한다(중력 순환식 : 1/150, 강제 순환식 : 1/200).

㉡ 증기관 구배는 적정한지 확인한다(순 구배 : 1/250, 역 구배 : 1/80).

㉢ 파이프 행거(pipe hanger) 간격은 적정한지 확인한다(20mm까지 : 1.8, 40mm까지 : 2.0m, 80mm까지 : 2.5m, 100mm 이상 : 3.0m).

(2) 동 관

① 용 접

㉠ 용접 전 충분한 가열 여부를 확인한다.

ⓛ 동이 아닌 부속 등과 용접시는 반드시 Flux 투입 후 용접작업 여부를 확인한다.

ⓒ 수직배관시 용접은 반드시 하향으로 용접작업을 하는지 확인한다.

② 기 타

㉠ 변형된 파이프의 사용 여부를 확인한다.

㉡ 파이프 및 부속류의 제 규격 사용 여부를 확인한다.

㉢ 파이프의 신축에 대해 고려하였는지 확인한다.

㉣ 방진, 방음에 대하여 고려하였는지 확인한다.

㉤ 매설배관에 대하여 부식방지 조치를 하였는지 확인한다.

㉥ 신축이음(Expansion Joint) 설치 및 고정상태의 적정 여부를 확인한다.

㉦ 파이프 서포트(Pipe Support)의 지지간격 및 도장상태가 적정한지 확인한다.

㉧ 지지 철물과의 절연상태 여부를 확인한다.

③ 배관구배

㉠ 온수관 구배는 적정한지 확인한다(중력순환식 : 1/150, 강제순환식 : 1/200).

㉡ 파이프 행거의 간격은 적정한지 확인한다(20mm까지 : 1.0, 40mm까지 : 1.5m, 100mm까지 : 2.5m).

학습 6

(3) PVC 파이프

① 파이프 및 부속류의 KS규격 사용 여부를 확인한다.

② 변형된 파이프의 사용 여부를 확인한다.

③ 파이프의 접합시 절단부분 처리와 연결방법의 적정 여부를 확인한다.

④ 매립배관시 파이프 파손에 대한 방지대책 여부를 확인한다.

⑤ 배수관 구배는 적정한지 확인한다(75mm 이하 : 1/50, 100mm 이상 : 1/50~1/100).

⑥ 통기관 구배는 적정한지 확인한다(1/100~1/200).

⑦ 파이프 행거간격은 적정한지 확인한다(40mm까지 : 1.0m, 그 이상 : 1.2m).

⑧ 충수 시험 여부를 확인한다.

(4) 주철관

① 파이프 및 부속류의 KS규격 사용 여부를 확인한다.

② 파이프 연결부분의 작업상태를 확인한다.

③ 배수관 구배는 적정한지 확인한다(75mm 이하 : 1/50, 100mm 이상 : 1/50~

1/100).

④ 적정위치에 소제구 설치여부를 확인한다.

⑤ 통기관 구배는 적정한지 확인한다(1/100~1/200).

⑥ 파이프 행거간격은 적정한지 확인한다(지관 및 이형관 : 1개소/개).

⑦ 파이프 서포트의 지지간격 및 도장상태가 적정한지 확인한다.

(5) 밸브류

① 밸브는 사용압력에 맞는 규격 사용 여부를 확인한다.

② 용도에 맞는 밸브 류 선정 여부를 확인한다.

③ 체크밸브 및 글로브(Globe) 밸브 등의 설치시 방향을 확인한다(밸브 화살표 표기 부위 확인).

④ 밸브조작이 용이하게 설치되었는지 확인한다.

⑤ 밸브보수를 위한 공간의 확보 여부를 확인한다.

⑥ 보온 및 케이싱(Casing)을 요하는 곳의 작업공간 확보 여부를 확인한다.

⑦ 공기벤트(Air Vent), 감압밸브 등 특수한 밸브의 사양이 적정한지 여부를 확인한다.

⑧ 스트레이너를 청소할 수 있는 공간의 확보 여부를 확인한다.

⑨ 밸브의 외부 도장상태를 확인한다.

⑩ 각 층의 조닝(Zoning) 밸브는 볼 밸브로 시공을 유도했는지 확인한다(추후 밸브 누수에 의한 하자가 적고 유지보수도 유리하다).

⑪ 중요한 밸브에 대한 비상 잠금장치 설치 여부를 확인한다.

⑫ 이종금속과 연결될 경우에 절연장치를 설치하였는지 확인한다.

2) 공동구 점검사항

① 배관의 수평, 수직 및 앵커 가이드 슈 설치상태와 구배를 확인한다.

② 배관의 시스템별 루트(Route) 및 배관관경, 도장상태를 확인한다.

③ 배관의 용접상태, 수압시험, 용접부위 광명단 마감유무를 확인한다.

④ 배관설치용 가대크기, 가대두께, 용접이 견고한가, 작업통로 확보, 바닥의 배수로 유무를 확인한다.

⑤ 공기벤트 배관처리(자동, 수동장치), 배관의 배수처리, 동 입구의 배관에 온도계, 압력계, 부착 설치위치 및 상태를 확인한다.

⑥ 동 입구에 차단밸브 설치유무를 확인한다.

⑦ 보온재 사양(두께, 재질, 밀도), 보온 마감 테이프 등 색상 및 배관 구분 표시는 되었는지 확인한다.

⑧ 집수정의 크기, 펌프배관의 연결상태를 확인한다.

⑨ 지하층 오·배수관의 구배, 옹벽 Sleeve의 마감처리, 토목 오·배수 연결 Level을 확인한다.

⑩ 배연 덕트 규격, 덕트 관로와 횡주관의 간섭(Interface) 처리 확인, 배연 급기용 팬설치를 확인한다.

⑪ 벽체, 천장 관통 슬리브 규격, 위치 및 마감상태를 확인한다.

⑫ 지하 횡주관 높이가 적정한지 확인, 주철관의 행거위치 및 소제구 위치를 확인한다.

3) Pipe Duct 내 입상관 점검사항

① 각 층별 Branch 3-elbow 설치유무를 확인한다.

② 파이프앵커 설치견고성을 확인한다(하층부와 상층부).

③ 파이프 덕트 내 파이프 가대 규격, U볼트 & 너트 설치정밀성 등을 점검한다.

④ 신축 조인트(Expansion joint) 규격, 위치, 설치상태, 설치견고성과 수리·보수가 용이한지 확인한다.

⑤ 각 층별 배관슬리브 유무 및 마감 처리상태를 확인한다.

⑥ 공기벤트(Air Vent) 배수관(비닐호스 등) 연결유무를 확인한다.

⑦ 용접부위 광명단 마감유무를 확인한다.

⑧ 보온두께, 밀도, 재질확인, 테이프 색상을 확인한다.

⑨ 가지관(Branch)의 밸브 설치위치가 유지관리(Maintenance) 가능한지 확인한다.

⑩ 수압시험 및 통수시험을 확인한다.

⑪ 관말에 배수밸브 설치 여부 및 상태를 확인한다.

⑫ 흑 강관 광명단 도장상태를 확인한다(2회 이상).

4) 난방배관 점검사항

① 배관재질, 루트, 관경, 방바닥 몰탈 높이와 배관코일 높이를 확인한다.

② 입상에서 온수 분배기까지 배관루트, 배관의 보온재질, 두께를 확인한다.

학습 6

5) 위생배관 점검사항

① 배관 재질, 루트, 관경을 확인하다.

② 계량기 및 계량기함 내 단열재, 기밀성을 확인하고 계량기 검침이 용이한지 확인한다.

③ 오·배수 천정 배관루트, 부속, 행거 위치 및 보온 여부를 확인한다.

④ 배관 보온작업, 재질, 두께, 밀도, 마감상태를 확인한다.

⑤ 통수시험 및 수압시험 실시유무를 확인한다.

6) 소화배관 점검사항

① 배관 재질, 루트, 관경을 확인한다.

② 스프링클러의 말단 시험밸브 설치 및 위치를 확인한다.

③ 스프링클러 헤드가 등기구와의 상호간섭(Interface) 여부를 확인한다.

7) 가스배관 점검사항

① 복도식 아파트에서 입상관 슬리브의 상하, 수직, 수평 설치상태를 확인한다.

[그림 6-3] 공기조화기 주위 배관 및 지하기계실 급탕탱크 설치모습

[그림 6-4] 지열 히트펌프 및 빙축열조 설치모습

② 입상관의 앵커 및 클램프의 견고성을 확인한다.
③ 입상관의 색상이 건물의 색상과 동일한지 확인한다.
④ 배관의 재질, 관로, 관경을 확인한다.
⑤ 입상관의 별도 가스차단 밸브 설치유무를 확인한다.

2. 배관시운전

배관시공 완료 후 시운전이 필요한 부분에 대하여 시운전 계획서를 작성할 수 있다. 각종 배관시스템을 점검하고 원활한 운전이 되도록 사전시험을 실시한다. 배관시운전 전에 종합적으로 체크해야 할 사항은 다음과 같다.

1) 시운전 계획서 유무 확인

① 시운전 계획서 작성시 운전관리 매뉴얼을 작성한다.
② 시운전시 비상운전 계획서를 확인한다. 운전관리 매뉴얼 작성시 비상운전 시나리오 작성 및 비상운전 매뉴얼을 포함하여 작성한다.
③ 시운전시 운전 매뉴얼을 준수하고, 숙련자를 2인 이상 배치하여 운전 중 발생할 수 있는 비상상황에 대처할 수 있어야 한다.
④ 시운전시 배관 및 밸브류의 누수 및 파손 여부를 지속적으로 관찰하여 누수발생으로 인한 2차 피해예방을 철저히 관리한다.
⑤ 준공도면 작성시 현장 시공내용과 설계도서가 일치해야 한다.

2) 배관점검시 확인사항

① 수직, 수평, 구배, 관경을 확인한다.
② 배관루트(Route), 가대간격, 가대 Size, Support Size, 행거간격과 중량지지 가능 여부를 확인한다.
③ 밸브 규격, 위치, 부속류 설치유무 및 밸브 작동은 원활한지 확인한다.
④ 하자보수는 가능한 위치에 있는지, 볼트 조임상태, 플랜지의 개스킷은 규격에 맞게 설치되었는지 확인한다.
⑤ 배관의 용접은 미려한가, 누수는 없는지, 광명단(녹막이 방지 페인트) 마감이 되었는지 확인한다.
⑥ 보온재 사양(두께, 재질, 밀도), 보온 마감 테이프 등의 색상 및 배관구분 표시는 되었는지 확인한다.

6-4 배관의 시운전 수행

각종 설비 관련 장비 및 배관시스템을 점검하고, 원활한 운전이 되도록 사전시험을 실시한다. 시운전을 실시하기 전에 필요한 자료를 파악한다.

1. 시운전 실시 전 필요한 자료 파악

1) 설비 관련 공사 준공에 필요한 사항 검토

시운전 실시 전에 설비 관련 공사의 준공에 필요한 인 · 허가 사항을 검토 확인한다.

(1) 인계 · 인수확인 및 준비사항

시운전 실시 전에 설비 관련 공사의 인계 · 인수 및 준비사항을 확인한다.

① 설계도서를 인계받고 설계자로부터 설계시 관계 관청과의 협의사항에 대해 확인한다.

② 설계도서 협의사항 및 공사내용을 검토하여 제출하여야 할 사항을 선정한다.

③ 인 · 허가 업무의 담당자를 조사 파악한다(건축주, 건설사업 관리자, 시공사,협력사).

④ 인 · 허가 담당자와 협의 관련 서류제출을 적당한 시기에 한다.

⑤ 관련 서류 제출일로부터 그 진행사항을 추적하고, 기일 내에 완료 가능 여부를 항상 확인할 필요가 있다.

⑥ 현장 담당자는 인허가 업무내용을 충분히 숙지하고, 현장 전체 공정의 시기, 절차, 처리방법 등을 수립하여 별도 관리하여야 한다.

⑦ 자체검사를 통하여 각 기기 및 장치를 점검한다.

⑧ 해당 현장 관할 관청의 담당자와 사전협의를 하여 일시, 장소, 검사방법, 검사순서를 확정한다.

⑨ 검사에 필요한 서류를 준비한다(㉰ 설계도면, 사양서, 주요 시공도, 시험성적서, 공사기록 사진(요구시) 등).

⑩ 검사에 필요한 장비 및 도구를 준비한다(㉰ 조명, 비계 발판, 안전모, 장갑, 작업복, 기록용지, 필기구 등).

⑪ 인 · 허가 업무시 현장 담당자가 기본적으로 준비해야 하는 사항을 숙지한다(참

고로 인근 현장에서 인 · 허가 업무를 수행한 현장이 있는지 파악하여 지역별, 관청 담당자별로 특수한 여건 및 요구사항이 있는지 사전에 알아보는 것도 중요하다).

⑫ 건축주에 의해 서류제출 또는 건축주 명의에 의해 제출된 서류에 대해서는 그 회신이 직접 건축주에게 갈 경우가 있으므로 수시로 확인할 필요가 있다.

(2) 인계 · 인수사항

① 시설물 현황

② 주요 장비 현황

③ 관리 요원 운전교육 및 시운전 실시 확인

④ 시공업체 리스트

⑤ 기타 인 · 인수사항

㉠ 장비, 자재 인계 · 인수 : 장치 취급 설명서

㉡ 소방시설물 인계 · 인수(소화기, 호스, 관창 등) : 유지보수 관리 지침서

㉢ 공종별 시설물 인계 · 인수(배관공사, 덕트공사, 자동제어공사, 도시가스공사, 오수 정화조 공사 등)

학습 6

(3) 준공 관련 서류

① 보일러, 압력 용기 검사 필증

② 소방시설 완공 검사 필증

③ 가스 사용시설 완성 검사 증명서

④ 도시가스 공급(예정)확인서

⑤ 가스 공급시설 시공감리 증명서

⑥ 위험물 제조소 등 완공 검사 필증

⑦ 고압가스 제조시설의 완성 검사 증명서

⑧ 검사대상 기기 설치 검사증

⑨ 신재생 에너지 설치 확인서

⑩ 급수 공사완료 통보(상수도 통수 확인증)

⑪ 지역 냉 · 난방 점검 필증

⑫ 저수조 청소 및 소독 필증

⑬ 정화조 폐쇄 신고

⑭ 정화조 준공검사 신청 및 관리카드

⑮ 중수도 설치신고
⑯ 빗물 이용 시설신고
⑰ 유출 지하수 이용계획 신고
⑱ 에너지 절약계획 이행 확인서
⑲ 고효율 에너지 기자재 사용 확인서
⑳ 기계설비 설치 확인서

(4) 인·허가 관련 사전 준비사항

① 가스안전 관리자 수첩
② 열관리 기사 수첩
③ 소방안전 관리자 수첩

2. 배관 내 불순물

배관을 현장 야적 보관시 배관내부에 들어가 있는 여러 가지 먼지나 이물질 또는 배관작업시 발생하는 용접이물질, 기름기 등 불순물이 배관내부에 존재한다. 이물질들은 운전에 문제를 발생시키기 때문에 배관설비 가동 전에 청소를 실시하여 제거해야 한다.

① 배관 내 이물질 등 불순물 청소를 실시한다. 배관설비 가동 전에 용접의 여러 가지 먼지, 이물질, 기름기 등 불순물을 제거하기 위해 청소를 실시한다.
   ㉠ 배관작업시 여러 가지 먼지나 용접 이물질, 스케일, 기름기 등이 배관내부에 들어갈 수 있다. 배관 내 불순물을 제거해야만 시운전시 발생할 수 있는 오류를 사전에 예방할 수 있다.
   ㉡ 배관 Flushing은 배관설비 가동 전에 용기 및 관(管)계통을 유체의 속도와 충격으로 청소하는 것으로 배관내부에 들어가 있는 여러 가지 이물질과 기름기 등을 제거해 주는 작업을 실시한다.

② 장치별로 세척(Water Flushing, Air/Steam Blowing)이나 화학 세정(산 세정 및 알칼리 세정)을 실시한다.
   ㉠ 장비 및 배관설치 후 시운전에 들어가기 전에 장치의 내부 표면은 스케일, 녹, 먼지, 기름, 녹 방지를 위하여 사용된 그리스 및 장치에 존재하는 이물질들은 운전에 문제를 발생시킨다
   ㉡ 이러한 문제를 해결하기 위하여 장치별로 세척(Water Flushing, Air/Steam

Blowing)이나 화학세정(산 세정 및 알칼리세정)을 실시하여야 한다.

〈표 6-21〉은 관의 종류에 따른 배관청소 압력기준이다.

〈표 6-5〉 관의 종류에 따른 배관청소 압력기준

관의 종류	사용 압력	Air Flushing 압력
1호관	400kPa (4kg/cm^2) 미만	500kPa (5kg/cm^2)

3. 배관청소 기기 및 장비

배관의 청소작업에 따른 기기와 장비의 상태를 미리 점검하여 손·망실을 방지할 수 있다.

배관시스템의 시운전 전에 배관내부의 스케일, 녹, 먼지, 오물, 기름, 배관내부 녹방지를 위해 도포된 그리스류 등을 청소하는 것을 배관 플러싱이라 한다.

① 파이프 설치 및 공정상 배관내부 이물질을 플러싱 공정없이 시운전시 고가의 펌프 및 밸브 디스크 등의 파손으로 이어진다.

② 비교적 비싼 장비들의 파손은 공정상의 큰 임펙트를 주기도 한다. 따라서 원활한 작동과 운전을 위해 배관청소 기기를 사용하여 배관내부의 이물질을 제거하는 플러싱 공정을 중요시 한다.

③ 배관에 수압과 충격파로 배관내부를 물리적으로 세척하여 이물질 등 배관내부의 잔류물질을 깨끗하게 제거한다.

수행 내용

재료 · 자료

- 배관시공의 도면과 재료 관련 자료

기기(장비 · 공구)

- 컴퓨터, 프린터, 주변기기, 공학용 계산기, 스케일자

안전 · 유의사항

- 설계계획서, 설계설명서 등이 설비설계 도면 및 시방서와 부합되는지를 확인하여야 한다.
- 배관크기가 보편적인 경험수치와 차이가 클 경우 전체 계산과정을 확인하여야 한다.
- 배관관경 계산서 등의 산출 프로그램 Input Data에 오류가 없는지 유의하여야 한다.
- 배관의 신기술, 신공법이 적용되었을 경우 외국 사례 또는 시험성적서에만 의존하지 말고, 실제 설치되고 시간이 경과하여 검증되었는지 확인한다.
- 배관재질이 공종별 용도와 부합하는지를 검토한다.
- 배관의 내구 년한이 공정별 너무 차이가 있어 추후 배관교체의 어려움이 없는지 확인한다.
- 배관교체시 교체공간 확보 등 현 설계도면에 문제가 없는지 확인한다.

수행 순서

01 배관의 시공상태를 확인하는 방법에 대하여 분석하라.

1. 배관시공 상태를 파악한다

측정 능력, 샘플링 능력, 시험성적서 및 검사성적서 판독능력, 도면해석 및 활용능력을 숙지하여 배관시공의 상태를 파악한다.

1) 배관공사를 확인한다

(1) 공통사항을 확인한다

① 입상피트의 유지관리 공간(Maintenance Space)은 충분히 확보되었는지 확인한다.

② 각종 배관의 배치는 산만하지 않게 정렬되었는지 확인한다.

③ 배관에 대한 방진조치는 고려되었는지 확인한다.

④ 배관계통 도중에 공기의 정체가 우려되는 부분에 공기벤트(Air Vent)가 설치되었는지 확인한다.

⑤ 방진장치가 있는 장비의 연결배관에 후렉시블 컨넥터(Flexible Connector)가 설치되었는지 확인한다.

⑥ 배관공사 중이거나 일시중지하는 경우에는 배관 내에 이물질이 들어가지 않도록 보호 캡 등으로 완전히 밀폐하여 보호하고, 부분 공사완료시에는 필히 관내 이물질을 제거하고 다음 공정에 임한다.

⑦ 관은 그 단면이 변형되지 않도록 관축에 대해 직각으로 절단하고, 절단부분은 리이머 또는 연삭 다듬질을 한다.

⑧ 나사접합시 유니온 접합을 해서는 안 된다.

⑨ 패킹은 관 내경과 일치하도록 플랜지 사이에 밀착시키고 시공한다.

⑩ 이종금속이 접합 또는 접촉되는 부분은 항상 절연을 해야 한다.

(2) 관내의 점검, 청소 및 배관 끝을 보호한다

① 관은 접합하기 전에 관 내부를 점검하여 이물질이 없는지 확인한다.

② 금속의 칩 및 먼지 등을 완전히 제거했는지 확인한다.

③ 작업종료나 일시적으로 중단시 배관 끝을 플러그 및 캡 등으로 완전히 폐쇄하고 이물질이 들어가지 않도록 하는 등의 조치 여부를 확인한다.

2) 배관의 동파방지를 확인한다

(1) 배관의 동파예방 조치를 한다

① 옥외 및 기타 동파가 예상되는 배관에는 배수밸브(Drain Valve)를 설치하여 배관 내의 물이 완전히 배수 가능하도록 충분한 구배를 고려하여 시공한다.

② 외벽에 가까운 입상 피트(Pipe Shaft) 내 입상관 등 동파가 예상되는 개소는 전열선을 감아 동파의 예방조치를 한다.

③ 증기배관의 동파방지를 위해 환수관의 구배를 1/100~1/150로 하여 자연 환수가 잘 되도록 한다.

④ 트랩은 동파 우려가 있으므로 가능하면 옥내에 설치한다.

⑤ 온수배관은 옥외노출 또는 옥외에 가까운 곳에는 배관하지 않도록 한다.

(2) 각종 배관의 동결 방지대책을 확인한다

① 증기 배관 · 환수관의 동결 방지대책을 확인한다.

㉠ 증기배관 · 환수배관은 응축수가 정체되지 않도록 배관의 구배를 주고, 관경이 다른 배관의 접속은 편심 레듀셔(Reducer)를 사용하여 정체에 각별히 주의해야 한다.

㉡ 트랩이나 리프트 피팅(Lift Fitting)은 외기에 노출되어 동파의 위험이 있는 곳에는 가능하면 설치를 피한다. 어쩔 수 없는 경우는 발열선과 보온 케이싱을 같이 한다. 〈표 6-6〉은 각종 배관의 동결 방지대책이다.

〈표 6-6〉 배관의 동결 방지대책

<table>
<tr><th colspan="2">구 분</th><th>24시간 연속 운전</th><th>간헐 운전</th><th>동절기 장기간 운전정지</th></tr>
<tr><td>난
방
실</td><td>냉수
온수
냉온수
냉각수
급수
배수</td><td colspan="3">특별한 대책 불필요</td></tr>
<tr><td rowspan="2">비
난
방
실</td><td>냉수
온수
냉온수
냉각수</td><td>특별한 대책 불필요</td><td rowspan="2">보온 또는 발열선
+보온</td><td rowspan="2">순환펌프 가동에 의한 물의 순환
(냉각수, 급수, 배수는 제외)
물빼기
부동액 주입
발열선+보온</td></tr>
<tr><td>급수
배수</td><td>보온 또는 발열선
+보온</td></tr>
<tr><td rowspan="2">옥
외</td><td>냉수
온수
냉온수
냉각수</td><td>특별한 대책 불필요</td><td rowspan="2">보온 케이싱 또는 발열선+보온 케이싱</td><td rowspan="2">순환펌프 가동에 의한 물의 순환
(냉각수, 급수, 배수는 제외)
물빼기
부동액 주입
발열선+보온케이싱</td></tr>
<tr><td>급수
배수</td><td>보온 또는 발열선
+보온 케이싱</td></tr>
</table>

② 통기관 · 배기관의 동결 방지대책을 확인한다.

㉠ 안전밸브의 배기관, 팽창 탱크, 응축수 탱크 등의 통기관은 1/250 이상의 순구배로 시공하여 배수가 고이지 않고 탱크 또는 외부로 배출되도록 한다.

㉡ 옥외로 배출하는 안전밸브의 배출관 등은 증기가 상부로 배출되도록 한다.

③ 매설배관의 동결 방지대책을 확인한다.

㉠ 급수배관의 매설은 각 지역의 수도 사업소에서 정하고 있는 매설심도를 확인한다. 〈표 6-7〉은 일반적인 표준매설심도이다.

〈표 6-7〉 표준매설심도

도로 등의 종별	표준매설심도[m]
공도내(公道內)의 차도 부분	1.2 이상
공도내(公道內)의 보도 부분	0.9 이상
사도내(私道內)의 차량통행 부분	0.6 이상(대형 차량 통로부는 제외)
택지내(宅地內)	0.3 이상

㉡ 공조배관은 가능하면 지중매설을 피한다. 어쩔 수 없는 경우는 동결심도 이하로 매설한다.

3) 각종 신축이음쇠의 선정 및 설치간격을 파악한다

냉·온수, 증기가 관내 통과시 고온, 저온에 의한 관의 팽창 수축으로 배관의 신축도 크게 되어 관, 기구, 파손, 휩(좌굴)이 발생한다. 이러한 사항을 방지하기 위하여 배관 도중에 신축이음을 설치한다. 배관지지 철물 등의 설치시 자중 및 고정응력을 고려하여 견고하게 설치하고 관의 신축, 진동 및 하중 등에 견딜 수 있도록 일정 간격으로 설치하여 이완 파손변형이 없도록 한다. [그림 6-5]는 현장에 설치된 횡주관의 앵커, 가이드, 신축이음의 설치 모습이다.

[그림 6-5] 횡주관의 앵커, 가이드, 신축이음의 설치모습

① 입상관은 각 층마다 1개소 이상 지지한다.

② 다른 배관 및 기기 등에 가스배관을 지지하여서는 안 된다.

③ 바닥에 설치되는 배관은 지지철물을 사용하여 고정한다.

④ 배관의 팽창수축으로 배관의 파손, 휨(좌굴)을 방지하기 위하여 배관 도중에 신축이음을 설치한다.

㉠ 신축 루프배관(Expansion Loop Bend)을 확인한다. 배관의 도중에 설치하여 곡부의 팽창, 수축에 의하여 관의 신축을 흡수하며, 링(Ring)처럼 굽은 관을 말한다.

㉡ 신축이음쇠를 확인한다. 신축 밴드, 벨로우즈 신축이음, 스위블(Swivel) 조인트 등을 사용하며, 증기나 온수를 운반하는 긴 배관은 온도변화에 따른 팽창과 수축을 흡수하기 위하여 30m 마다 1개소 정도의 비율로 설치 할 필요가 있다.

㉢ 볼 조인트를 확인한다. 볼(Ball) 부와 케이스 부는 KS D 4301에 의한 3종(GC 20)으로 미끄럼 부가 경질 크롬 도금 다듬질의 상당품 이상으로 하고, 호칭 지름 50mm 이하는 나사형으로 하며, 호칭 지름 65mm 이상은 플랜지형으로 한다. 이 조인트는 관의 신축 또는 굴절 등에서 새지 않고 작동이 확실한 것으로 한다.

㉣ 신축이음쇠 허용 배관길이를 확인한다.

- 벨로우즈 형식 및 슬리브 형식의 단식 신축 이음쇠가 부담할 수 있는 배관길이는 신축량 계산 및 설치간격 산정시 참고한다.
- 벨로우즈 형식 및 슬리브 형식의 신축 이음은 수압에 의한 신축이 크기 때문에 그에 대항하는 고정점뿐만 아니라 관 자체에도 압력이 가해져 관의 좌굴을 일으키는 경우가 있으므로 고정점의 간격과 위치를 검토해둔다.
- 선팽창 계수(lIneal Expansion Coefficient)는 배관의 온도 t1℃ 때의 길이를 L1, 온도 t2℃ 때의 길이를 L2라고 하면, t1℃ 때의 길이에 대한 신축의 비율은 온도에 비례한다. 즉 (L2 - L1) / = a(t2 -t1)로 비례정수 a를 선팽창 계수라 부른다.

㉤ 신축이음의 앵커, 가이드 설치기준을 확인한다.

- 주 고정점(Anchor)과 이에 부착되는 모든 구조물은 그에 작용하는 모든 외압에대해 충분히 견딜 수 있게 설치되어야 한다.
- 주 고정점의 설치위치는 흐름방향이 변하는 지점, 직선배관에서 서로 다른 구경의 두 신축 이음 중간부, 신축이음이 설치된 곳에서 주 배관의 T 부분, 배관이 끝나는 관말지점이다.
- 중간 고정점은 내압에 의한 추력을 받지 않는다. 중간 고정점에는 배관의 무게와 유체의 흐름에 의한 마찰력이 작용한다.
- 가이드는 배관의 좌굴현상을 방지하고, 신축이음이 작동할 때 적절히 중심을 맞추기 위해 필요하다. 제 기능유지를 위해 배관에 적합한 가이드와 지지물,

주 고정점을 설치해야 한다.

⑤ 신축이음쇠 설치시 유의사항을 확인한다.

㉠ 검사사항을 확인한다.

- 운송 중 발생할 수 있는 신축이음의 손상 여부를 검사한다.
- 신축이음은 유체흐름 방향에 맞게 설치되었는지 검사한다.
- 앵커 및 가이드가 적절하게 설치되었는지 검사한다.

㉡ 주의사항을 확인한다.

- 신축이음을 떨어뜨리거나 타격하지 말아야 한다.
- 벨로우즈에 용접 스패터(Spatter)가 없도록 한다.
- 염분이 있는 세척제로 세척하는 것을 금지한다.
- 수압시험은 제조사에서 규정한 압력 이상으로 하지 말아야 한다.

㉢ 압력시험 및 가동 전 검사내용을 확인한다.

- 배관설계도에 맞게 앵커, 가이드, 지지물(Support)이 설치되었는지 검사한다.
- 신축이음의 설치위치는 적절한지 검사한다.
- 모든 가이드, 지지물이 신축이음 배관의 신축량을 충분히 허용할 수 있는지 검토한다.

㉣ 압력시험 중, 시험 후 검사내용을 확인한다.

- 압력강하 및 누설 여부를 확인한다.
- 앵커, 신축이음의 압력을 받는 부위 및 다른 요소에서 뒤틀림이나 항복이 발생했는지 검사한다.
- 압력으로 인해 예상하지 못한 운동, 변형이 발생했는지 검사한다.

2. 배관, 압력계, 블라인드를 설치

보통 온도계, 압력계는 보수관리, 시운전 계획에 맞게 계기를 관리하기 쉬운 장소에 부착한다.

1) 온도계 · 압력계 부착기준을 파악한다

보통 온도계, 압력계의 위치에 대하여 도면상에 명기되어 있지 않은 경우가 많아 공사 시에 보수 관리 · 시운전 계획을 충분히 검토해야 하며, 목적에 맞게 계기를 관리하기 쉬운 장소에 부착해야 한다.

〈표 6-8〉은 온도계, 압력계 부착장소를 구분하여 나타낸 것이다.

〈표 6-8〉 온도계, 압력계 부착장소 구분

구 분		냉 수		온 수		냉각수		증 기
		온도계	압력계	온도계	압력계	온도계	압력계	압력계
냉동기	입구	○	△	-	-	○	△	-
	출구	○	△	-	-	○	△	-
냉온수	입구	○	△	○	△	○	△	○
	출구	○	△	○	△	○	△	-
열교환기	입구	○	-	○	-	-	-	○
	출구	○	-	○	-	-	-	-
냉각탑	입구	-	-	-	-	△	△	-
	출구	-	-	-	-	△	-	-
공기 조화기	입구	○	△	○	△	-	-	○
	출구	○	△	○	△	-	-	-
주펌프	입구	○	○	○	○	-	○	-
	출구	○	○	○	○	-	○	-
2차 펌프	입구	○	○	○	○	-	-	-
	출구	○	○	○	○	-	-	-
헤더	supply	○	○	○	○	-	-	-
	return	○	○	○	○	-	-	-
증기 헤더		-	-	-	-	-	-	○

○ : 반드시 부착하는 장소 △ : 필요에 따라 부착하는 장소

(1) 온도계 부착기준을 확인한다

① 온도계 부착위치 : 온도계는 다음 장소에 부착한다.

㉠ 진공 온수 보일러/AHU의 냉 · 온수 입 · 출구관

㉡ 온수 가열기 입 · 출구 및 보급수관

㉢ 냉 · 온수 헤더의 입출구관

㉣ 기타 필요하다고 인정되는 곳

② 온도계의 종류를 확인한다.

㉠ 봉 type 온도계

- 눈금은 최고 사용온도의 1.5배 정도, 눈금판의 길이는 200mm 정도를 표준으로 한다.
- 부착할 때는 반드시 보호관을 사용한다.
- 삽입길이 ℓ = 30mm 동시에 1/2 D 이상으로 한다.

㉡ 금속제 온도계(다이얼형 온도계)

- 눈금은 최고 사용온도의 1.5배 정도, 눈금판의 길이는 100mm 정도를 표준으로 한다.
- 옥외에 부착하는 경우는 방수 · 방식사양으로 한다.
- 부착할 때는 반드시 보호관을 사용한다.

(2) 압력계의 종류를 확인한다

① 압력계 부착위치를 확인하고, 다음 장소에 부착한다.

㉠ 진공 온수 보일러/AHU의 냉 · 온수 입 · 출구관

㉡ 펌프의 입 · 출구관

㉢ 냉 · 온수 헤더의 입 · 출구관

㉣ 기타 필요하다고 인정되는 곳

② 일반적으로 브루돈(Brudon)관식 압력계를 사용한다(KSB 5305).

㉠ 탄성식 브루돈관 압력계의 종류는 압력계, 진공계 및 연성계가 있다.

㉡ 외부의 형상, 용도, 접속부의 형상에 따라 구분된다.

③ 브루돈관 압력계의 크기는 눈금판의 외경(mm)으로 표시한다.

④ 온도계 및 압력계의 설치규격을 확인한다.

㉠ 온도계 및 압력계의 측정범위는 설계조건의 1.5배 이내 이어야 하고, 지시부 눈금판의 크기는 100mm를 표준으로 한다.

㉡ 온도계는 보호용 설치구(Thermo-well 또는 Sensor Pocket) 안에 설치한다.

㉢ 압력계의 도압관에는 차단밸브를 설치한다.

㉣ 압력계는 계측이 쉬운 구조이어야 한다.

㉤ 온도계는 바이메탈식의 계측이 쉬운 구조로 감온부가 배관 내 1/2이상 삽입되어야 한다.

⑤ 압력계 선정시 주의사항을 확인한다.

㉠ 큰 맥동 · 진동이 수시로 발생하는 경우 내진형 압력계를 선정하여 사용한다. 통상 펌프 토출 측에 부착하는 경우는 보통형을 사용하고, 콕을 설치하여 읽고자 할 경우에만 콕을 여는 것으로 한다.

㉡ 옥외에 부착하는 경우는 방수 · 방식사양으로 한다.

㉢ 사용온도 범위 및 사용장소의 주위 온도에 유의한다. 주위 온도가 보통형 및 내진형은 40~-5℃이고, 내열형은 80~5℃의 범위에서 사용한다.

⑥ 압력계 부착시 유의사항을 확인한다.

㉠ 압력계 부착시는 스패너를 사용해야 하며 압력계 자체를 손으로 돌리지 않는다.

㉡ 압력계는 수직으로 올바르게 부착한다. 일반적으로 압력계는 수직형태로 눈금이 조정되어 있고, 그 이외의 자세에서는 브루돈관의 무게 변화로 인해 오차가 발생하는 경우가 있다. 따라서 부착형태가 수직이 아닌 경우는 제조사에 의뢰하여 확인 후 부착한다.

㉢ 증기관에 부착할 경우는 사이펀(Siphon)관을 설치한다.

㉣ 동결위험이 예상되는 경우는 물 빼기 등의 대책을 검토해야 한다.

㉤ 압력계 자체를 부착한 부위의 나사결합 상태를 확인한다.

3. 배관부품 및 지지장치를 확인

배관부품 및 지지장치에 대한 용어의 정의, 사용용도 및 기준에 대한 숙지가 필요하다. 또한 관련 법규, 검사기관 규칙 및 관련 규정, 시험기준서 및 품질기준서를 검토하는 능력이 필요하다.

1) 배관부품 용어의 정의를 파악

① 감압밸브(PRV, Pressure Reducing Valve)의 구조를 확인한다.

㉠ 벨로우즈나 다이어프램에 가해지는 압력과 스프링의 장력 등에 의해 밸브를 개폐하며, 고압유체의 압력을 낮추거나 또는 일정 압력으로 유지한다.

㉡ 기체나 액체의 밸브 입구 압력을 일정 압력까지 감압해서 출구로 보내는 밸브이다.

② 밸런싱 밸브의 구조를 확인한다. 밸런싱 밸브 내부의 개구면적을 조절하여 통과하는 냉·난방 유량을 제어하는 구조로서 물 밸런싱 전용 제품의 주택 건설 기준 등에 관한 규정에 적합한지 파악한다.

㉠ 밸런싱 밸브를 반입하기 전 및 설치하기 전에는 품질시험 대행기관에 성능시험을 의뢰하여야 한다.

㉡ 조정작업은 준공 전 밸런싱 밸브 제조업자의 입회하에 유량조절 작업을 시행하여야 한다.

㉢ 유량, 차압 측정위치는 적정한 곳으로 한다.

㉣ 유량, 차압 측정결과 유량이 ±5%를 초과하는 경우에는 전 밸브를 재조정하여야 한다.

㉤ 가변유량 밸런싱 밸브의 구조를 확인한다. 핸드휠을 회전시켜 내부의 개구 면적을 조절하여 통과유량을 제어 할 수 있는 구조의 제품으로 다음 이상의 기능을

갖추었는지 파악한다.

- 테스트 콕의 기능은 밸브의 차압, 유량 및 온도 측정이 가능하도록 전용의 테스터를 연결할 수 있어야 한다.
- 배수기능과 차단밸브 기능을 갖추어야 한다.
- 배관에 밸브를 설치한 상태에서 디스크 등은 유량조절부의 분해, 조립이 가능한 구조이어야 한다.
- 밸런싱 밸브의 내부에 사용하는 밀봉재는 내열, 내마모성, 내부식성의 재질을 사용해야한다.
- 디스크 등의 유량조절부는 내열, 내마모성, 내 부식성의 재질을 사용해야 한다.

ⓑ 정유량 밸런싱 밸브의 구조를 확인한다. 밸런싱 밸브 설치점의 차압에 따라 개구면적이 자동 조절되어 설정유량 이상 흐르지 않도록 할 수 있는 구조의 제품으로서 규격별 밸런싱 밸브 자체의 허용차압 및 유량이 명시되어야 하며 다음의 기능을 갖추었는지 파악한다.

- 배관에 밸브를 설치한 상태에서 유량조절부의 분해, 조립이 가능한 구조로서 유량조절부의 교체 등으로 유량조절을 할 수 있는 제품으로 한다.
- 밸런싱 밸브내부에 공기 및 이물질이 고이지 않는 구조로 한다.
- 최대 사용압력, 온도, 재질 및 접속방법은 가변 유량 밸런싱 밸브에 따른다.

③ 배수밸브의 구조를 확인한다. 배수밸브는 다음 장소에 적절하게 설치되었는지 검토한다.

㉠ 온수 가열기 및 탱크류

㉡ 냉 · 온수 헤더, 공기조화기(AHU)

㉢ 입상배관의 최저 말단부

㉣ 편흡입 순환펌프의 흡입측 관

㉤ 펌프 흡입측 스트레이너 배수용 밸브

ⓑ 동파 우려가 있는 배관 말단

④ 유량계(Flow Meter)의 구조를 확인한다. 관로나 개수로 등을 흐르는 유체의 단위 시간당 단면을 통과하는 양을 측정하는 계기로 기능 및 작동상태를 확인한다.

⑤ 증기트랩(Steam Trap)의 구조를 확인한다. 방열기 환수구나 증기배관 말단에 설치하여 증기와 응축수를 공학적 원리 및 내부구조에 의해 응축수만을 구별하여 자동적으로 배출하는 일종의 자동밸브로 기능을 확인한다.

㉠ 증기트랩의 특성을 확인한다.

- 증기시스템과 응축수 회수배관을 연결하는 핵심 장비로서 응축수를 포함한 공

학습 6

기나 다른 비응축성 가스도 함께 시스템에서 배출한다.

- 증기가 가능한 한 건조한 상태로 공급위치에 도달하도록 함으로써 공급증기가 효율적 성능을 발휘하도록 한다.

㉡ 증기트랩의 종류를 확인한다. : 열 역학식 트랩, 온도 조절식 트랩, 기계식 트랩이 있다.

- 열 역학식 증기트랩 : 증기와 응축수의 속도 차, 즉 운동에너지 차에 의해 작동하며, 응축수의 재 증발로 인한 부피의 증가로 디스크가 작동한다.
- 온도 조절식 증기트랩 : 증기와 응축수의 온도차에 의해 작동하며, 증기는 증발 엔탈피를 잃고 증기의 온도에서 응축수를 발생시킨다. 여기서 열(현열)을 더 잃게 되면 응축수의 온도가 떨어진다. 온도 조절식 증기트랩은 이 낮은 온도가 감지될 때 응축수를 통과시킨다. 트랩에 증기가 유입되면 온도가 상승하고 트랩이 닫힌다. 온도 조절식 증기트랩은 가동 초기에 증기트랩의 밸브가 열려있기 때문에 다른 종류의 트랩보다 공기제거에 장점을 가지고 있다.
- 기계식 증기트랩 : 증기와 응축수의 밀도차, 즉 부력차이에 의해 작동하며, 이 트랩은 볼 플로트 트랩과 버킷트랩이 있다. 볼 플로트 트랩은 응축수가 있으면 볼이 떠올라 밸브를 열고 통과시키며, 온도 조절식 공기벤트가 내장되어 있어 매우 효과적이다. 버킷트랩은 증기가 트랩에 유입되면 버킷이 떠올라 밸브를 닫는다.

㉢ 증기트랩 선정시 주의사항을 파악한다.

- 공기의 제거 : 시운전 및 공정가동 초기에 배관을 포함한 가열공간은 공기로 가득 차 있으며, 이 공기를 제거하지 않으면 전열효과 저하로 예열시간이 길어져서 설비의 효율도 떨어진다. 따라서 공기는 가열공간에 유입되는 증기와 서로 섞이기 전에 신속하게 배출되어야 한다.
- 응축수의 제거 : 공기를 제거한 후 트랩은 응축수는 배출하고, 증기는 배출되지 않아야 한다. 트랩에서 증기가 누출되면 공정의 비효율과 경제적 낭비를 가져온다.
- 공정성능 : 증기와 응축수 시스템에 연결된 공정의 종류에 따라 특정 조건에서 가장 우수한 성능을 발휘하는 타입을 결정해야 한다.
  - 최대 증기압력과 배압
  - 증기의 운전압력과 배압
  - 온도와 유량
  - 온도조절 유무

㉣ 증기트랩 설치시 주의사항을 파악한다.

- 열동식 트랩은 작동을 확실히 하기 위하여 트랩에 들어가는 응축수를 냉각시킬 필요가 있으므로 냉각관을 설치해야 하며 작동도 간헐 작동으로 해야 한다.
- 열동식 트랩은 구조상 역류를 일으킬 위험성이 있어 과열 증기용으로 적당하지 않다.
- 버킷형은 그 작동 상 적어도 0.01MPa(0.1kg/cm^2) 이상의 유효 압력차가 필요하며, 증기관과 환수관의 압력차 0.1MPa(1kg/cm^2)에 대하여 5m까지 올릴 수 있다.
- 버킷형은 운전정지 중에 동결할 염려가 있다.
- 증기트랩 설치시 반드시 스트레이너를 트랩 앞에 부착한다.
- 보일러에 리턴트랩을 사용할 때에는 트랩의 하한 수위 보일러 수위, 트랩의 상한 수위와 거리에 주의해야 한다.

㉤ 재증발 증기(Flush Steam) 발생원인을 파악한다. 고압시스템의 뜨거운 응축수를 저압의 응축수 배관으로 배출하는 경우 자연적으로 재증발 증기가 발생하며, 이 재증발 증기로 인해 많은 사람들이 증기트랩의 작동상태에 대해 혼란을 겪게 된다.

㉥ 팽창탱크(Expansion Tank)의 기능을 확인한다.

- 개방형과 밀폐형 팽창탱크가 있다. 온수난방에서는 물의 온도변화에 따라서온수의 용적이 증감하게 된다. 팽창량은 4℃의 물을 100℃까지 상승시켰을 경우 팽창하는 체적 비율이 4.3%나 된다.
- 온수난방 배관 내 물의 온도가 상승하면 체적도 팽창하므로 팽창관을 통해서 증가한 양을 흡수하는 탱크를 말하며, 온수 순환회로의 최고부보다 위쪽에 설치한다. [그림 6-6]과 [그림 6-7]은 정유량 밸브, 유량계, 증기트랩의 현장 설치모습이다.

[그림 6-6] 정유량 밸브 설치 모습

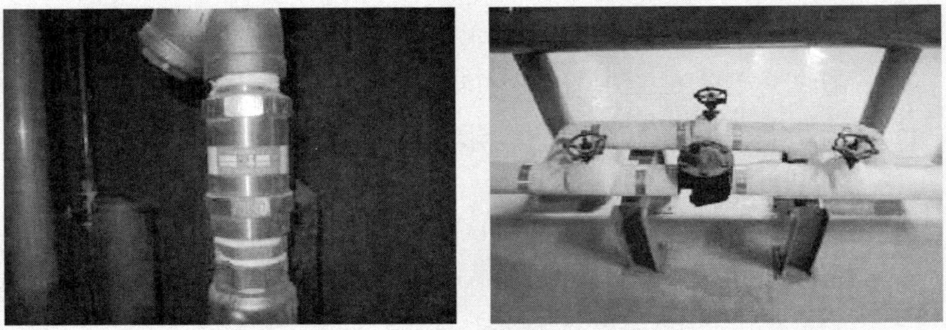

[그림 6-7] 유량계, 증기트랩 설치모습

2) 배관의 지지 및 고정상태를 확인

외부 및 자체 하중에 의하여 과대한 변형이나 응력이 생기지 않도록 신축을 자유롭게 하고, 충분한 강도와 방진의 효과도 고려해야 한다.

(1) 배관의 지지위치를 확인

① 배관에 곡관부가 있거나 중량 밸브, 트랩 등 특수 밸브가 장착되어 있는 경우에는 되도록 가까이에서 지지하며, 분기관은 신축을 고려해야 한다.

② 배관의 지지간격은 층간 변위, 수평방향의 가속도에 대한 응력, 좌굴 응력을 검토해서 지지구간 내에서 배관이 진동하지 않도록 적절한 간격을 설정해야 한다.

③ 강관, 동관 및 염화비닐관의 횡주관에 대한 지지 간격, 행거로드(Hanger Rod) 기준으로 다음 〈표 6-9〉의 기준에 의거 설치한다.

〈표 6-9〉 수평배관의 지지간격 및 Hanger Rod

강 관					
관 지름[mm]	20 이하	25~40	50~80	100~150	200 이상
최대 간격[m]	1.8 이내	2.0 이내	2.5 이내	3.0 이내	5.0 이내
매달기용 봉강[mm]	9	9	9	12	12
동관, STS					
관 지름[mm]	20 이하	25~40	50~80	100~150	200 이상
최대 간격[m]	1.0 이내	1.5 이내	2.0 이내	2.5 이내	3.0 이내
매달기용 봉강[mm]	9	9	9	9	12
경질 염화비닐관					
관 지름[mm]	16 이하	20~40	50	65~125	150 이상
최대 간격[m]	0.75 이내	1.0 이내	1.2 이내	1.5 이내	2.0 이내
매달기용 봉강[mm]	9	9	9	12	12

㉠ 주철관은 직관 1본(1.6m 기준)마다 1개로 설치한다.

㉡ 단관은 1개소 또는 2개소마다 지지한다.

㉢ 연관은 0.5m를 넘을 때 배관변형의 염려가 있는 경우는 두께 0.4mm 이상의 아연도 철판(반원홈통)으로 받쳐 1.5m 마다 지지한다.

㉣ 연관은 1.2m 이내로 Color를 설치하여 지지하고, 바닥 위 1.5m까지 강관으로 보호한다.

④ 수직배관의 지지간격은 다음 〈표 6-10〉의 기준에 의거 설치한다.

〈표 6-10〉 수직 배관의 지지 간격

관의 종류	지지 간격[m]
강관, 주철관	3.5(요동방지 포함)
동관	2.5(요동방지 포함)
경질 염화 비닐관	2.0(요동방지 포함)

(2) 배관의 지지, 고정방법 및 유의사항을 파악

① 입상관의 지지 고정방법을 확인한다.

㉠ 건축구체 면과 배관사이의 간격 및 다수의 배관이 병렬로 배관시 배관간격은 배관의 보수가 가능하고, 또한 단열시공을 할 수 있는 공간을 확보한다.

㉡ 다수 배관이 병렬로 바닥을 관통하는 경우는 바닥의 강도가 떨어지게 되므로 바닥 강도를 고려한 지지 고정방법으로 한다.

㉢ 신축하는 배관의 지지는 축 방향으로 자유로이 이동할 수 있도록 시공한다.

㉣ 입상관의 고정부, 특히 최저부는 배관중량에 충분히 견딜 수 있는 구조로 한다.

② 횡주관의 지지 고정방법을 확인한다.

㉠ 건축 구체면과 배관사이의 간격 및 다수 배관이 병렬로 배관시 설계의 배관간격은 배관의 보수가 가능하고, 또한 단열시공을 할 수 있는 공간을 확보한다.

㉡ 배관구배에 주의해야 할 횡주관은 턴버클(Turnbuckle : 지지용 로프 등을 당기거나 늦출 때 사용하는 연결 부품으로서 양 끝에 오른나사와 왼나사의 이음을 가지고 있다)의 조정에 의해 구배를 가감할 수 있도록 한다.

㉢ 60℃ 이하로서 신축이음쇠를 쓰지 않는 배관에는 지지철물을 사용한다.

㉣ 배관지지는 상부 덕트공사의 관계를 고려하여 설치위치 지지방법을 결정한다.

㉤ 증기 및 온수배관은 관의 신축에 대처하기 위해 롤러밴드를 사용한다.

㉥ 배관은 열팽창에 의한 이동 외에 기계적인 진동과 수격 작용, 바람 및 지진 등에 의해 진동이 발생하게 되는데, 이와 같은 진동에 의해 배관계의 공진에 의한 파

손과 누수현상이 발생한다.

3) 관 지지철물 및 고정철물의 용도 및 기능을 확인

① 관의 신축, 수평 흔들림, 하중에 견딜 수 있는 것으로서 관의 구경과 재질에 대응한 충분한 지지강도를 갖는 구조로 한다. 롤러가 달린 지지철물과 지지대 철물은 관을 안정되게 놓기 쉬운 철제 롤러를 사용하고, 그 회전축은 충분한 강도를 가지며 롤러의 회전에 지장이 없는 구조의 철제걸이 철물 또는 받침 철물로 지지한 것으로 한다.

② 인서트 철물은 관의 지지에 충분한 강도를 갖고, 걸이 철물 등의 연결에 편리한 구조의 것으로 하며 주철제가 아니면 가단주철 또는 강판제의 압출품으로 한다.

㉠ 배관의 중량 및 수량을 고려해서 하중을 견디는 굵기의 인서트를 설치한다.

㉡ 인서트로 지지하지 못할 중량인 경우는 인서트 플레이트를 설치해야한다.

③ 고정철물의 타입과 용도를 확인한다.

㉠ 직접 용접하는 타입과 용접하지 않는 타입이 있으며, 건축설비에서는 흔히 용접하지 않는 타입이 사용된다.

㉡ 구체에 고정된 행거로드나 강재에 배관 또는 덕트를 연결하는 철물을 말한다. [그림 6-8]은 입상배관의 신축이음 설치모습이다.

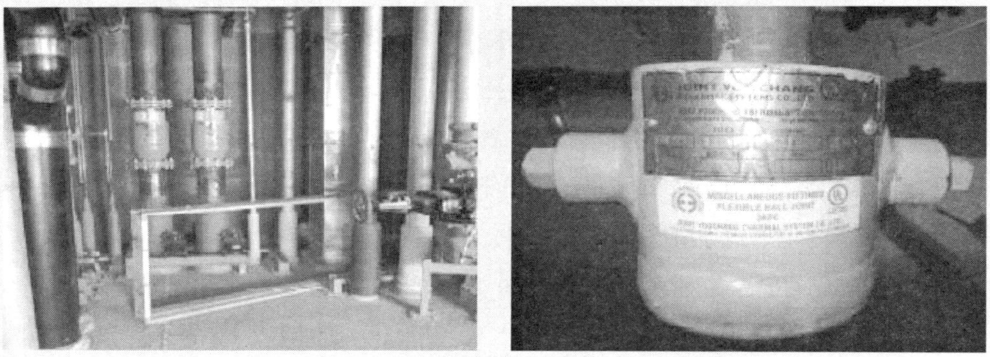

[그림 6-8] 입상배관의 신축이음 설치모습

Tip

- 동결방지를 위한 체크사항은 배관내의 배수, 매설배관의 동결 심도 이상 유무, 부동액 주입 여부를 확인한다.
- 보통 온도계, 압력계의 위치에 대하여 도면상에 명기되어 있지 않은 경우가 많아 목적에 맞게 계기를 관리하기 쉬운 장소에 취부해야 한다.

02 배관의 시운전 관련 유관기관에 대하여 분석하라.

배관 시운전시 시설물 관련 기관에 인허가 내용을 득하고 시운전 관련 연락 협조를 요청하여 시운전을 실시한다.

1. 배관 시운전시 시설물 관련 인 · 허가 유관기관에 협조를 요청

1) 도시가스 설비에 대해 인허가 업무협조를 요청

(1) 가스설비에 해당하는 협조사항을 확인

해당 설비를 시공하고 한국 가스안전공사, 관할 도시가스 공급업체에 관련 규정(도시가스 사업법 제15조)에 의해 인 · 허가 업무협조를 요청한다.

① 가스 사용시설 완성검사 증명서

② 도시가스 공급(예정) 확인서

③ 가스 공급시설 시공감리 증명서

(2) 고압가스 저장소에 해당하는 협조사항을 확인

한국 가스안전공사, 관할 도시가스 공급업체에 관련 규정(고압가스 안전관리법 제4조)에 의해 인허가 업무협조를 요청한다.

① 고압가스 제조시설의 완성검사 증명서

(3) 관할 가스공급 사업자와의 협의사항을 확인

① 공급가스라고도 하며 도시가스 설비공사는 설치 가스기구의 위치, 사양, 관로 등에 대한 계획을 수립하여 관할 가스공급 사업자와 협의한다.

② 도시가스 본관에서 분기되는 인입관에는 건물 밖에서 조작이 용이한 장소에 가스 밸브를 설치한다.

③ 손상이나 부식의 우려가 있는 장소를 피하여 온도변화가 적은 곳에 배관한다.

④ 시공관리가 용이한 곳에 배관하고 원칙적으로 지중매설, 건물의 바닥, 벽, 콘 크리트 슬래브에의 매립배관은 하지 않는다.

학습 6

(4) 부식의 염려가 있는 장소에 배관할 때에는 방식대책을 강구

① 내식성 재료(폴리에틸렌 피복강관)를 사용한다.

② 방식테이프를 감는 등의 조치를 한다.

③ 배관에 절연이음을 사용한다.

2) 소방설비 및 위험물에 대해 인허가 업무협조를 요청

관할 소방서에 관련 규정(소방시설 공사업법 제14조, 위험물 안전관리법 제9조)에 의해 인허가 업무협조를 요청한다.

① 소방시설 준공 검사필증

② 위험물 제조소 등 완공 검사필증

3) 검사대상 기기에 대해 인허가 업무협조를 요청

한국 에너지 공단에 관련 규정(에너지 이용 합리화법 제39조)에 의해 인 · 허가 업무협조를 요청한다.

① 검사대상 기기설치 검사증(보일러, 압력 용기)

4) 상수도 시설 및 저수조에 대해 인허가 업무협조를 요청

관할 지자체/수도 사업소(구청 수도 공사과)에 관련 규정(수도법 제38조와 제21조)에 의해 인허가 업무협조를 요청한다.

① 급수공사 완료통보

② 저수조 청소 및 소독필증

5) 지역 냉 · 난방시설에 대해 인 · 허가 업무협조를 요청

한국 지역 난방공사에 관련 규정(집단 에너지 사업법 제25조/ 열 공급 규정)에 의해 인허가 업무협조를 요청한다.

① 점검필증

6) 신재생 에너지 설비(지열, 태양열)에 대해 인허가 업무협조를 요청

한국 에너지 공단에 관련 규정(신에너지 및 재생에너지 개발 이용 보급 촉진법)에 의한 인허가 업무협조를 요청한다.

① 신재생 에너지 설치확인서

7) 중수도 및 우수시설에 대해 인허가 업무협조를 요청

관할 지자체에 관련 규정(물의 재이용 촉진 및 지원에 관한 법률 제9조의 제1항, 물의 재이용 촉진 및 지원에 관한 법률 제8조)에 의해 인 · 허가 업무협조를 요청한다.

① 중수도 설치 신고

② 빗물 이용시설 신고

8) 기타 시설에 대해 인 · 허가 업무협조를 요청

관할 지자체/한국 에너지 공단에 관련 규정(고효율 에너지 기자재 보급 촉진에 관한 규정, 건축물의 설비 기준 등 에 관한 규칙 제3조)에 의해 인 · 허가 업무협조를 요청한다.

① 에너지 절약계획 이행확인서

② 고효율 에너지 기자재 사용확인서

③ 점검필증

9) 자재판매 확인증(한국 공업 규격 표시품) 발급을 요청

제조업체에 관련 확인서 및 시험성적서 발급을 요청한다.

① 주요 자재 판매확인서

② 주택자재 생산업 면허증

③ 시험성적서

2. 건물입주시 불편사항을 개선조치

준공 후 일정기간 동안 건물입주 지정기간으로 정하여 입주를 한다. 개선사항을 접수하여 즉시 처리하고 입주시 불편이 없도록 조치한다.

1) 시설물 사용요령에 대한 교육을 실시

건물입주시 난방 사용량, 급수 · 급탕 사용량을 건물 입주자와 같이 확인 후 요금정산시 불편이나 민원이 발생하지 않도록 하고, 사전에 시설물 사용요령에 대해서도 교육을 실시한다.

2) 하자접수 및 처리를 실시

건물에 입주하여 사용하기 시작하면 입주자의 사용상 부주의로 하자가 발생되기도 하고, 시공시 불량으로 부분적 하자가 발견되는 경우도 있으므로 하자접수 후 즉시 하자처리를 실시한다. 〈표 6-11〉은 준공 및 인수인계 내용, 〈표 6-12〉는 인·허가업무 시 관련 리스트이다.

〈표 6-11〉 준공 및 인수·인계 내용

번호	점검사항	점검결과	
		적합	부적합
1	준공도면과 시공상태 필히 일치(매우 중요)		
2	도급 정산내역서 작성		
3	실행내역 정산서 및 정산분석표 작성		
4	하도급 정산내역서 작성 및 정산확인서 수령		
5	하도급 및 자재 정산 기성 청구시 하자이행 증권 첨부		
6	발주처로부터 보수 예비품 리스트 수령		
7	하도급 및 자재 정산 기성 청구 전 보수 예비품 확보		
8	각종 필증 및 사용승인서 원본 수령 및 사본 보관		
9	운전 메뉴얼 및 유지관리 지침서 작성		
10	발주처 및 사용자 인수인계 스케줄 제출 및 승인		
11	발주처 및 사용자의 시설물 관리자 교육실시 및 교육확인서 작성		
12	발주처 및 사용자 인수인계서 작성(계량기 지침확인서 포함)		
13	보수 예비품 인수인계서 작성		
14	중요 부위의 사진촬영 및 앨범정리		
15	외주 및 납품, 자재 업체의 업체명, 담당자명, A/S연락처 등 리스트 작성 및 제출		
16	조치사항		

점검자		검사자		승인자	
성명:	date:	성명 :	date:	성명:	date:

출처 : 태영건설(2012), 『기계설비공사 체크리스트 Rev.1』

〈표 6-12〉 인 · 허가업무 관련 리스트

항 목	사용승인 관련 서류	관련 기관	관련 근거
소방설비	소방시설 완공 검사필증	관할 소방서	소방시설공사업법 제14조
가스설비	가스 사용시설 완성검사 증명서	한국가스안전공사	도시가스사업법 제15조
	도시가스 공급(예정) 확인서	관할 도시가스공급업체	
	가스 공급시설 시공감리 증명서	한국가스안전공사	도시가스사업법 제15조
위험물	위험물 제조소 등 완공 검사필증	관할소방서	위험물안전관리법 제9조
고압가스 저장소	고압가스 제조시설의 완성검사증명서	한국가스안전공사	고압가스안전관리법 제4조
검사대상기기	검사대상 기기 설치검사증	에너지공단	에너지이용합리화법 제39조
지열	신재생 에너지 설치확인서	에너지공단	신에너지및재생에너지 개발이용 보급촉진법 제12조
태양열	신재생 에너지 설치확인서	에너지공단	신에너지및재생에너지 개발이용 보급촉진법 제12조
상수도	급수공사 완료통보	관할지자체/ 수도사업소	수도법 제38조
지역 냉 · 난방	점검필증	한국지역난방공사	집단에너지사업법 제25조/ 열공급규정
저수조	저수조 청소 및 소독필증	한국수도협회저수조 관리중앙회	수도법 제21조 外
정화조	정화조 폐쇄신고	관할 지자체	하수도법 제34조 제2항
	정화조 준공검사 신청 및 관리카드	관할 지자체	하수도법 제34조
중수도	중수도 설치신고	관할 지자체	물의재이용촉진 및 지원에 관한 법률 제9조의 제1항
우수시설	빗물 이용시설 신고	관할 지자체	물의 재이용촉진 및 지원에 관할법률 제8조
지하수	유출 지하수 이용계획 신고	관할 지자체	지하수법 제9조의2 제2항
기타	에너지 절약계획 이행확인서	관할 지자체	건축법 제66조
	고효율 에너지 기자재 사용확인서	에너지관리공단	고효율에너지기자재 보급촉진에 관한규정
	기계 설비설치 확인서	해당 분야 기술사	건축물의 설비기준 등에 관한 규칙 제3조

출처 : 태영건설(2012), 시공기준핸드북Rev.0. p56.

03 배관의 시운전시 주의사항에 대하여 분석하라.

1. 시운전 계획 수립
2. 발주처에 시운전 계획서 제출
3. 펌프류 및 송풍기류의 회전방향 확인
4. 밸브 및 담파의 개폐 확인
5. 배관 및 덕트내 플러싱 작업 실시
6. 배관 및 각종 장비류의 누수확인
7. 동절기 시운전시 습식배관 및 장비류의 동파예방
8. 공기계통 내 전기식 코일 설치시 송풍기 On/off와 Interlock 필히 확인(화재 우려)
9. 습식배관 및 각종 장비류의 공기빼기 작업실시
10. 시운전 후 인수·인계 전 스트레이너 청소
11. 소방시설의 연동 테스트 실시
12. T.A.B 체크리스트 작성

학습활동.6 교수 · 학습 방법

교수 방법

- 배관의 시공/누설확인 및 시운전에 대한 관련 용어, 구성, 방식 이해 정도를 파악한 후 수업을 진행한다.
- 교수자의 주도로 배관의 시공/누설확인 및 시운전 등의 내용을 PPT 자료로 제시한 후 설명한다.
- 가능하면 사전에 개인별 학습 자료를 준비하여 모든 학생이 참여할 수 있는 문제 해결식 수업, 협력 수업이 가능하도록 한다.
- 배관의 시공/누설확인 및 시운전 전 과정을 작업의 순서에 따라 단계적으로 실습이 이루어질 수 있도록 지도한다.
- 교재를 통해 수업을 준비하는데 있어서 필요한 모든 정보나 팁, 힌트 등 도움이 될 만한 내용들을 확인할 수 있다.
- 학생들이 만들게 될 각 모델들은 수업시간에 중점적으로 다뤄질 부분과 어휘, 질문, 답을 포함하고 있으며 또한 탐구할만한 추가적인 아이디어들도 포함하고 있다.

학습 6

학습 방법

- 배관의 시공/누설확인 및 시운전에 대한 관련 용어를 숙지하고, 배관의 시공/누설확인 및 시운전에 대해 이해한다.
- 배관의 시공/누설확인 및 시운전의 각 단계별 중점사항을 체계적으로 학습한다.
- 배관의 시공/누설확인 및 시운전의 수행순서의 전 과정을 실습한다.
- 배관의 시공/누설확인 및 시운전의 내용을 이해한다.
- 배관의 시공/누설확인 및 시운전을 이해하고 숙달이 될 때까지 학습한다.

학습활동.6 평가 및 피드백

평가 준거

- 평가자는 피평가자가 수행 준거 및 평가 내용에 제시되어 있는 내용을 성공적으로 수행할 수 있는 지를 평가해야 한다.

학습내용	평가항목	성취수준		
		상	중	하
배관의 시공/누설확인 및 시운전	배관의 시공/누설확인 및 시운전을 이해할 수 있다.			

평가 방법

• 작업 포트폴리오

학습내용	평가항목	성취수준		
		상	중	하
배관의 시공/누설확인 및 시운전	배관의 시공/누설확인 및 시운전을 이해할 수 있다.			

• 필기시험

학습내용	평가항목	성취수준		
		상	중	하
배관의 시공/누설확인 및 시운전	배관의 시공/누설확인 및 시운전을 이해할 수 있다.			

• 체크리스트를 통한 관찰

학습내용	평가항목	성취수준		
		상	중	하
배관의 시공/누설확인 및 시운전	배관의 시공/누설확인 및 시운전을이해할 수 있다.			

• 피드백

1. 작업 포트폴리오
   - 제출한 보고서를 평가한 후 주요 사항에 대하여 표시하여 돌려준다.
2. 필기시험
   - 평가 결과 성적이 저조한 학생은 보고서 제출 기회를 부여한다.
3. 체크리스트를 통한 관찰
   - 실습 과정에서 평가한 후 개선해야 할 사항 등을 정리하여 돌려둔다.

참 | 고 | 문 | 헌

- http://www.q-net.or.kr/ 한국산업인력공단(배관기능사)
- https://pipecare.tistory.com/entry/배관의 종류및특성
- 김남규, 사무소 건물 설비시스템의 통합적 성능 개선방법에 관한 연구, 중앙대학교대학원 논문, 2000.12.
- 주택 재건축사업의 안전 진단 매뉴얼, 한국시설안전공단, 2015.05.29.
- http://www.con114.com
- http://www.myoung119.com
- https://luckygg.tistory.com/27
- ㈜대우건설 · (사)대한건축학회,『건축기술지침 Rev.1(기계)』. 도서출판 공간예술사, 2012.
- (사)대한건축학회,『건축설비』, 기문당, 1995.
- 건축설비용어사전 편집위원회,『건축설비용어사전』, 기문당, 1994.
- 박영순,『건축기계설비일반시공』, 도서출판 세진사, 2000.
- 박종일 · 서기원 공저,『건축설비 설계』, 도서출판 세진사, 1999.
- 한국종합건설 기계설비협의회,『설비시공개선 사례집』, 한국종합건설 기계설비협의회, 2014.
- 00건설 건축기전팀,『일반배관작업지침』별첨 품질관리기준, 2011.
- 강동우 · 강민구 · 정해진 · 남상엽, "스마트 시티형 다굴절 오배수관용 Push Rod 및 무선 영상전송 플랫폼," 2019년도 한국인터넷정보학회 추계학술발표대회 논문집 제20권2호, 2019.11.
- 정해진, "다굴절 파이프 라인의 내부 검사를 위한 내시경 장치," 대한민국특허등록번호(102157165), 2020.09.11.
- 설동현 외, "DDVS 기법을 활용한 일반 구조용 탄소강관 및 강재 파이프 서포트 영상기반 변위계측," 대한건축학회연합논문집 21권1호, 2019.
- 남명우, "EMD를 이용한 초음파 비파괴 평가용 3차원 영상처리 소프트웨어 개발," 한국산학기술학회 9권6호, 2008.
- 강민구 · 남상엽 · 정해진 · 전준철, "배관 네비게이션 시스템 및 이를 이용한 배관 네비게이팅 방법," 대한민국특허등록번호(102369573), 2022.02.25.
- 한국항공우주연구원 기술자료, "복합재 배관", 2017.
- https://www.law.go.kr/ 하수도법 시행규칙
- https://www.me.go.kr/ 건축물의 용도별 오수발생량 및 정화조 처리대상인원 산정방법
- https://www.kwwa.or.kr/ 하수관로공사

학습 6

학습 1	배관관리 기술의 개요
학습 2	배관검사와 판독
학습 3	배관영상 분석
학습 4	배관위치 파악과 영상마카
학습 5	배관기술 및 시장동향
학습 6	배관의 시공/누설확인 및 시운전
학습 7	**상수 및 하수용 배관관리의 분석**
학습 8	화학 및 오일용 배관관리의 분석
학습 9	가스용 배관관리의 분석
학습 10	전기 및 통신용 배관관리의 분석
학습 11	스마트 배관관리의 분석
학습 12	스마트 배관관리의 영상활용

학습 목표

1. 상수 및 하수용 배관관리의 분석을 이해할 수 있다.

7-1 상수용 배관관리의 분석

1. 상수도관의 개념 및 정의

1) 상수도관의 개요

일반적으로 상수도 시설은 [그림 7-1]과 같은 생산 · 공급과정을 거쳐 수용가까지 수돗물을 공급하고 있다.

(1) 저수시설

풍수시에 물을 저류하여 강수량의 변동을 흡수하며, 취수의 안정을 도모하는 상수원 시설로서 댐, 유수지, 하구둑, 저수지, 지하댐 등의 형태가 있다.

(2) 취수시설

상수원으로부터 원수를 취수하기 위한 시설로 수원의 종류에 따라 취수보, 취수탑, 취수문, 취수관거, 취수틀, 집수매거, 얕은 우물, 깊은 우물 등이 있다.

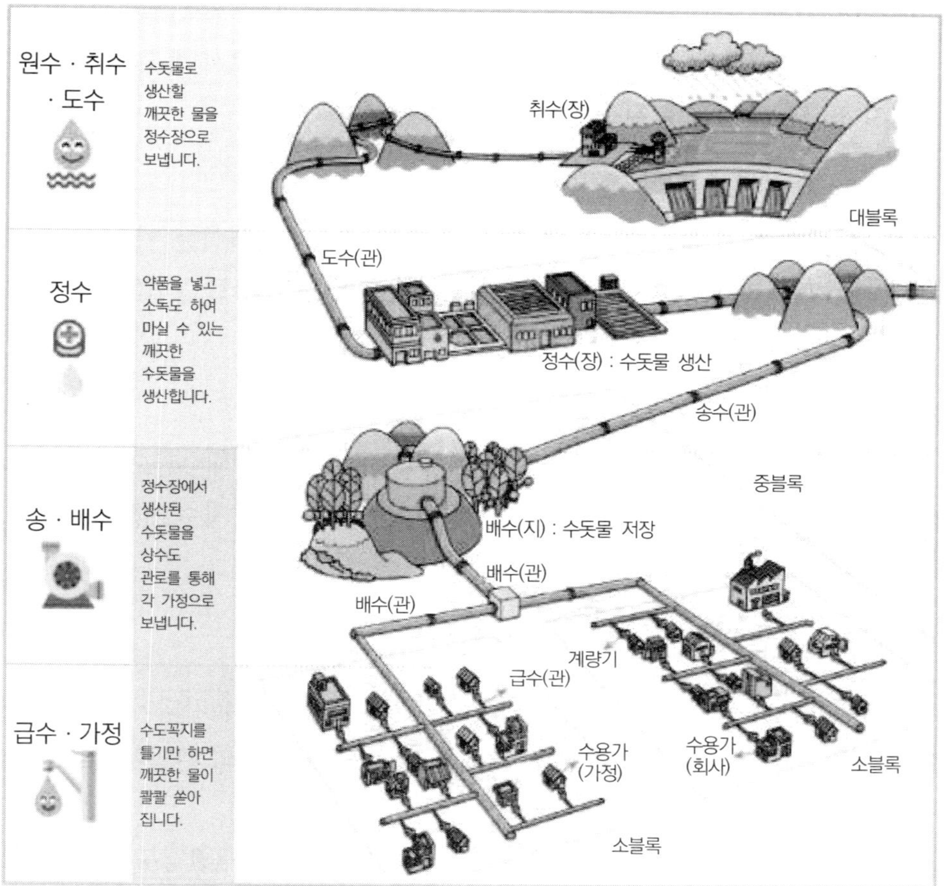

[그림 7-1] 상수도(수돗물) 생산 · 공급과정

(3) 도수시설

취수시설에서 취수된 원수를 정수시설까지 끌어들이는 시설로 도수관 또는 도수거, 펌프설비 등으로 구분한다.

(4) 정수시설

수원으로부터 취수한 물을 수돗물로 생산하기 위한 정수처리 시설로서 일반적으로 착수정, 혼화지, 응집지, 침전지, 여과지, 정수지 등의 처리공정을 거친다. 또한 고도 정수처리 시설을 갖춘 경우 오존접촉조, 입상활성탄 여과지 등의 처리공정이 추가로 있다.

정수장 내에는 정수처리 과정에서 발생하는 역세척수, 침전 슬러지 등의 배출수를 수질기준에 맞게 처리하여 방류하기 위한 배출수 처리시설도 함께 있다.

학습 7

(5) 송수시설

정수장에서 생산한 수돗물을 배수지까지 이송하는 시설로서 송수펌프, 송수관로, 조정지 및 밸브류 등의 부속설비로 구성된다.

(6) 배수시설

송수시설을 통해 이송된 수돗물을 저류, 수송, 분배, 공급하는 기능을 가지며 배수지, 배수탑, 고가탱크(이하 '배수지 등'이라 한다), 배수관로, 가압펌프 및 밸브류와 기타 부속설비로 구성된다.

(7) 급수설비

일반 수요자에게 원수나 정수를 공급하기 위하여 설치한 배수관으로부터 분기(分岐)하여 설치된 급수관(옥내 급수관을 포함한다) · 계량기 · 저수조(貯水槽) · 수도꼭지, 그밖에 급수를 위하여 필요한 기구(器具)를 말한다.

2) 상수도관로 체계

과년에는 송수관 - 배수관 - 급수관체계가 관경별 위주로 유지되어 왔으나 오늘날에는 배수블록 시스템이 구축된 후 부터는 대 · 중 · 소블록의 관망체계로 송수관 - 배수본관 - 배수관 - 급수관의 체계로 관리된다.

상수도 관망의 기술진단 범위 및 시행방법 등에 대한 고시(환경부 2007.01.22)에서는 정수장 이후 송수관 및 배수관, 여기에 배수관에서의 분기점부터 급수관 및 급수전(수도계량기 보호통)을 포함하고 있다.

상수도관로(80mm 이상) 시설에는 제수밸브(게이트밸브), 공기밸브, 이토밸브, 소화전이 주로 설치되어 있으며, 비상급수 시설로 일정구간에 급수탑이 설치되어 있다.

상수도 계통은 취수(혹은 도수) - 정수 - 송수 - 배수 - 급수의 단계 과정이다.

(1) 도 수

도수는 수원에서 취수한 원수를 정수장까지 수송하는 것을 도수라고 하며, 이 수송로를 도수관으로 한다. 도수방식에는 자연유하 방식, 펌프가압 방식 및 이들을 겸용하는 방식 등이 있다. 도수관로는 정수압과 수충격압, 외압 및 매설환경 등을 고려하여야 하며, 수도법 제14조(수도용 자재와 제품의 인증 등)의 규정에 맞는 제품을 사용한다.

(2) 송 수

송수는 정수장에서 정화된 물을 배수지까지 공급하거나 중블록 배수본관 이전까지 공급하는 것을 송수라고 하며, 이 수송수로를 송수관으로 한다.

송수관로는 정기적으로 관의 노후상태를 평가하고, 기술적 검토과정을 거쳐 개량계획(세척, 갱생, 교체 등)을 수립한다.

(3) 배 수

배수지 또는 중블록에서 소블록 이전까지의 공급수로를 배수본관으로 하며, 중·소블록 내 수요가 급수관(인입관) 이전까지의 공급수로를 배수관으로 한다.

3) 상수도관로의 종류와 특징

상수도관로의 종류는 〈표 7-1〉처럼 송수관(Conveying Pipe), 배수본관(Water Main Pipe), 배수관(Distribution Mains), 급수관(Service Pipe), 급수전(Service Tap) 등으로 구분한다.

〈표 7-1〉 상수도관로의 종류

구 분	내 용
송수관 (Conveying Pipe)	• 정수장 송수유량계부터 중블록 유량계 이전까지의 관으로 대블록관을 말한다. • 중블록 정수장 직송 또는 배수지 및 가압장 간접 급수구역으로 구분한다. • 대부분이 간선도로에 500∼1200mm 정도의 크기로 매설되어 있다.
배수본관 (Water Main Pipe)	• 중블록 유량계부터 소블록 유량계 이전까지의 관으로 중블록관을 말한다. • 대부분이 간선도로에 300~400mm 정도의 크기로 매설되어 있다.
배수관 (Distribution Mains)	• 소블록 유량계부터 수요가 급수관(인입관)이전가지의 관으로 소블록관을 말한다. • 소블록내 도로 유형별로 간선도로는 150~350mm, 이면도로는 80∼200mm, 세도로에는 40~100mm 크기로 매설되어 있다. • 블록시스템 구축으로 기존의 송수관이 배수관로로 전환되어 대구경관도 존재하고 있다.
급수관 (Service Pipe)	• 배수관에서 분기하여 수요가 급수전(수도계량기보호통)이전까지의 관을 말한다. • 일반적으로 13~50mm 구경이 90%를 차지하고 있으며, 10% 정도가 아파트 등 대량수요처 급수관으로 80~200mm까지의 크기로 되어 있다.
급수전 (Service Tap)	• 수요가 급수관의 끝에 설치되며 수도계량기 도는 수도계량기 보호통으로 불리운다. • 사용량 측정을 위한 중요한 계측기로서 대부분 수요가 내에 설치되어 있다. • D13~50mm까지 보호통 구조, D80~200mm는 콘크리트실 구조(Box)로 되어 있다.

2. 수도배관의 개념 및 종류

1) 수도배관의 개요

수도배관은 그 배관의 목적이나 소재의 성질에 따라 PVC, 엑셀(XL), 스텐, 강관파이프, 동, 에이콘(PB), PE수도관 등 여러 종류의 수도관을 사용한다. 그러나 수도배관의 경우 인체에 직접 사용하는 물이기 때문에 PVC는 인체의 위험성 때문에 그리고 강관파이프는 물에 부식성 때문에 많이 사용되지 않고 있다.

수도배관에서 가장 중요한 점은 재질의 인체위해성 강도와 수명, 난방효과, 내열성, 내한성, 시공의 편의성, 가격, 구매의 편의성 등의 요소를 들 수 있는데 엑셀(XL), PE수도관, 스탠주름관은 이러한 조건에 가장 적합하여 가장 흔히 사용하는 재질이다.

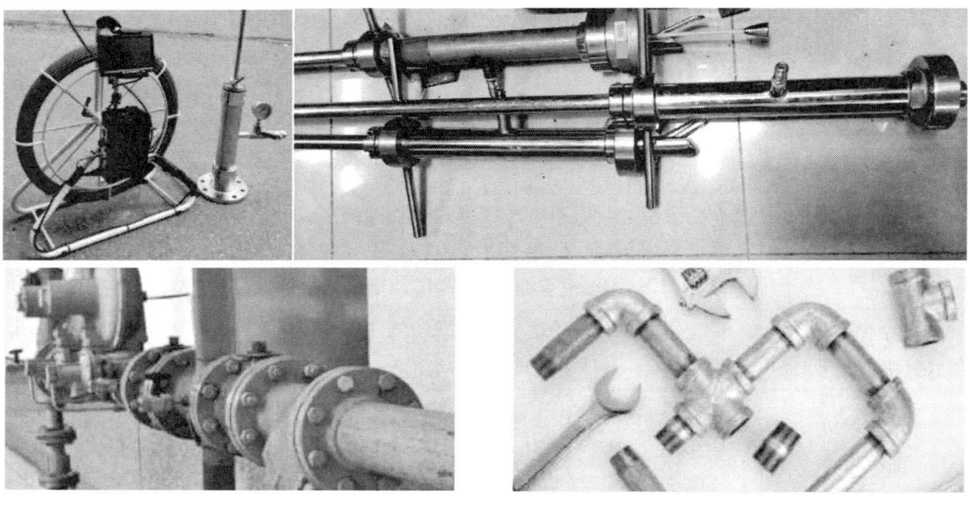

[그림 7-2] 수도배관과 부단수용 배관 모니터링 장치

2) 수도의 종류

수도의 종류는 〈표 7-2〉처럼 직수, 온수, 탱크수, 지하수 등으로 구분한다.

〈표 7-2〉 수도의 종류

구 분	내용 설명
직수	상수도가 계량기를 통해 직접 유입되는 물로, 가장 많이 사용된다.
온수	보일러를 거쳐 데워져서 나오는 물로 일반가정용이므로 목용, 세탁 세척 등에 사용한다.
탱크수	직수를 탱크에 저장했다가 사용하는 물이다.
지하수	자하에서 퍼올리는 지하수 물이다.

(1) 강 관

강관은 80년대 가장 많이 사용하였고 지금도 여러 장소에 많이 사용되는 다목적 관으로 철판(코일)을 그대로 성형해서 만든 파이프이고, 백관은 아현도금된 철판(코일)을 성형해서 만든 배관이다. 백관은 가스관(외벽면 노출관), 수도관(아파트 입상관), 소방관(노출관), 흑관(난방 스팀배관) 등이 있고, 배관방법에 따라 용접식, 나사식, Grooning조인트 등이 있다.

(2) 동 관

동관은 열전도율이 좋아 열교환기 보일러 난방 코일 용도에 많이 사용한다. 배관의 굵기와 강도에 따라 K, L, M, N타입 등으로 나누어진다. 욕실 바닥이나 지하 매립관으로는 부적합하나 노출용 난방관으로 열효율이 최고라고 할 수 있다.

난방 온수관으로는 평창 흡수율이 많으므로 매립관은 하자율이 높다. 냉수관으로 영구적이나 숙련된 기술자에 배관작업이 요구되며 아파트, 빌딩 공동관(입상관)으로 많이 사용된다.

(3) 스텐레스강

스텐레스강관은 부식률이 적고 충격강도가 좋아 수도관으로 많이 사용된다. 용접배관, 물고배관(링 타입)으로 배관을 권장한다.

(4) PB(에어콘)관

PB(에어콘)관은 수도관과 난방관으로 많이 사용된다. 매립관로에 적합하고 시공이 간편하여 아파트, 주택에도 많이 사용하는 추세이다. 관의 재질이 좋고하여 자율이 아주 적으나 다른 관에 비해 다소 가격이 높은 편이다.

(5) 엑셀관

엑셀관은 수도관보다는 주로 난방관으로 많이 사용되고, 난방관 이음쇠가 아주 용이 하다. 수도관 이음부속은 가격이 다소 높으며, 햇빛에 약하고 엑셀 부속은 부식률이 조금있고 쪼임식이라 다소 하자가 발생한다.

(6) PPC관

PPC관은 난방보다는 수도관으로 많이 사용된다. PPC 생산초기 융착기를 사용해 시공이 간편하다고 하여 난방배관에 많이 사용하였으나 현재는 누수가 많이 발생하여 엑셀배관으로 다시 대체되고 있다.

(a) 강 관

(b) 동 관

(c) 스텐레스강

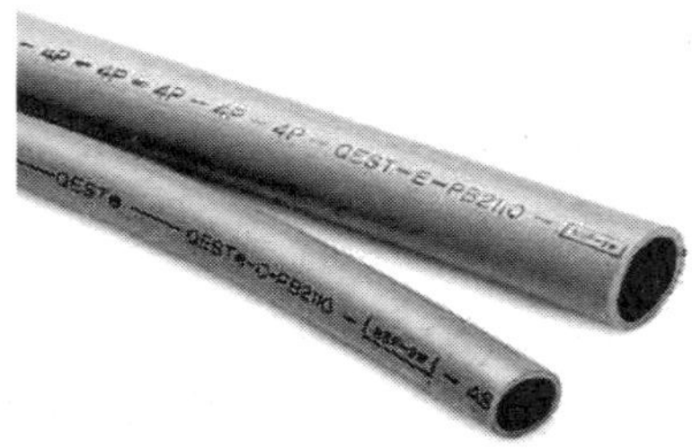

(d) PB(에어콘)관

(e) 엑셀관

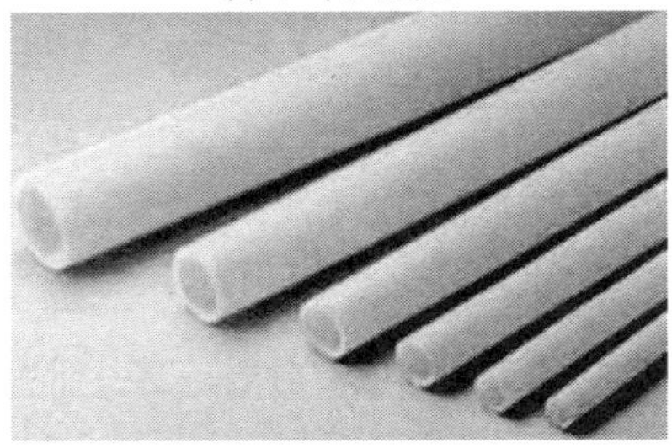

(f) PPC관

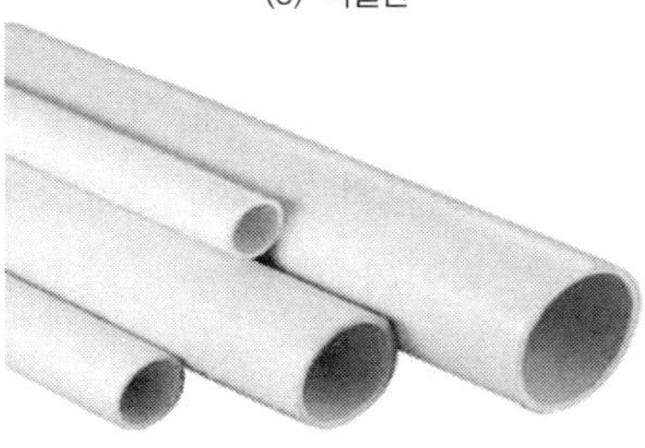

(g) PVC관

(h) 메타폴관

[그림 7-3] 수도배관의 종류

(7) PVC관

PVC관은 부식이 되지 안으나 충격에 약하고 이음부분에는 누수현상이 많아 폴리염화비빌로 프라스틱 배관이다. PVC VG1의 경우 VG2보다 두꺼우며, 한 때는 수도관으로 사용되었다. PVC PV2는 현재 하수(오수)배관으로 널리 사용되고 있다.

(8) 메타폴관

메타폴관은 1차 비금속, 2차 금속재료, 3차 비금속 재료로 3종 겹으로 코팅된 배관이다. 매립하였을 경우 시멘트 방수액 주위의 2차 금속 부위 부식이 잘 된다. 노출관으로는 온, 냉수 색이 구별이 되고 있어 배관구분이 양호하다. 가격은 배관과 부속들이 다소 비싼편이다.

3. 상수용 배관관리(상수도 관망시설 운영) 분석

상수용 배관관리 분석은 배관시스템에서 상수공급에 필요한 배관의 상태와 성능을 평가하고 개선하기 위한 과정이다. 이 분석은 단수를 하지 않은 채(不斷水) 배관 시스템의 안정성, 효율성, 안전성을 유지하기 위해 필수적이다.

상수용 배관관리 분석은 다음과 같은 관망요소들을 평가한다.

1) 흐름분석

배관시스템에서의 물 또는 유체의 흐름을 분석한다. 이를 통해 배관 내의 유속, 압력손실, 유량 등을 파악할 수 있다. 흐름분석을 통해 배관 내의 효율적인 유체 이동을 보장하고, 압력손실을 최소화하여 에너지 효율성을 향상시킬 수 있다.

2) 부식 및 침전물 분석

배관시스템 내부의 부식 또는 침전물의 발생 여부와 정도를 평가한다. 부식이나 침전물은 배관의 내부 지름을 줄이거나 막힘을 일으킬 수 있으므로 이를 조기에 발견하고 예방하기 위해 분석이 필요하다.

3) 누수감지 및 분석

배관시스템에서의 누수를 감지하고 분석한다. 누수는 에너지 낭비와 공급불안정으로 이어질 수 있으며, 시스템의 안전성을 저해할 수 있다. 따라서 누수감지 및 분석을 통해 누수위치를 파악하고 조치를 취할 수 있다.

4) 소음 및 진동분석

배관시스템에서 발생하는 소음 및 진동을 평가한다. 이는 시스템의 안정성과 사용자의 편의성에 영향을 미치므로 문제가 있는 경우 조치를 취하여 해결해야 한다.

상수용 배관관리 분석은 주기적으로 수행되어야 하며, 특히 오랜 사용 또는 부주

의한 관리로 인해 시스템의 성능에 영향을 미칠 수 있는 문제를 조기에 발견하고 해결하는 데 중요하다. 이를 통해 안정적이고 효율적인 상수공급을 유지할 수 있다.

7-2 하수용 배관관리의 분석

1. 하수(오 · 배수)관의 개요

① 건물 내 주로 대변기 및 소변기와 연결된 배관을 오수배관, 세면기, 욕조, 싱크대 등에 연결된 생활배수를 일반적으로 잡배수관이라고 한다.

② 두 가지 배관 연결공사를 오 · 배수 배관공사라 하며, 건물 내부에서 건물 외부 경계면의 공공하수관으로 연결되어 하수처리장으로 흘러간다.

③ 중력으로 흘러가지 못하게 되는 건물 지하층의 오 · 배수는 펌프를 이용하여 공공배수관에 연결시킨다.

2. 오 · 배수관의 특성과 자재

오 · 배수 배관은 세대내 및 입상관은 PVC관이며 주기란을 보면 발코니 등 노출 배관은 컬러 PVC 복층관이나 PVC 삼중배관으로 할 수 있다. 지하 횡주배관은 고층인 경우는 주철배관을, 중층 이하는 PVC배관을 사용한다.

오 · 배수관은 일반건물이나 공동주택의 지하 피트 메인관은 주철관(사진 왼쪽)을 사용하며, 사진 오른쪽의 PVC관은 일반건물이나 공동주택에서 가장 많이 사용한다.

재료 명칭 : 주철관
사용 용도 : 오 · 배수관(건물)

[그림 7-4] 주철관 및 PVC관 설치모습

재료 명칭 : PVC관(VG1, VG2)
사용 용도 : 오 · 배수관(일반용), 급수관(수도용)

[그림 7-5] PVC관 설치모습

〈표 7-3〉 오 · 배수 배관특성 및 자재

배관공종	투입자재 특성 검토	투입자재의 예
오 · 배수 배관공수	• 저소음 배관이 바람직하다. • 내구성이 있어야 한다. • 시공성이 양호하여야 한다.	주철관, PVC관, 아연도금 강관

3. PVC관의 이음재료

오 · 배수관에 주로 많이 사용되고 엘보, Y관, YT관, 캡이 주로 사용되며 관경 및 물량을 파악하여 준비한다.

〈표 7-4〉 PVC관 이음재료 준비

명 칭	준비 방법
엘보(Elbow)	• 내역서를 보고 관경 및 물량을 파악한다. • 배관도면을 보고 90°엘보의 관경 및 층별 물량을 확인한다.
Y관	• 내역서를 보고 관경 및 물량을 파악한다. • 배관도면을 보고 Y 분기 관경까지 층별 물량을 확인한다.
Y-T관	• 내역서를 보고 관경 및 물량을 파악한다. • 배관도면을 보고 Y-T 분기 관경까지 층별 물량을 확인한다.
캡(Cap)	• 내역서를 보고 관경 및 물량을 파악한다. • 배관도면을 보고 말단관경 및 층별 물량을 확인한다.
소켓(Socket)	• 내역서를 보고 관경 및 물량을 파악한다. • 배관도면을 보고 직관 연결 층별 물량을 확인한다.
이경소켓	• 내역서를 보고 관경 및 물량을 파악한다. • 배관도면을 보고 관경 변경크기 및 층별 물량을 확인한다.
P트랩	• 내역서를 보고 관경 및 물량을 파악한다. • 화장실 배관도면을 보고 화장실별 물량을 확인한다.
역류방지 밸브	• 내역서를 보고 관경 및 물량을 파악한다. • 배관도면을 보고 설치장소를 확인하여 물량을 확인한다.

4. 오 · 배수 배관재료

1) 주 재료

주 재료는 배관 직관으로 공사시방서에 따라 선정된 배관이다. 아연도금 강관, 주철관, 스테인리스 강관, PVC 관 등이 있으며 필요용도에 따른 재질별로 구분한다.

2) 강관 이음재료

강관 이음재료는 엘보, 티, 레듀셔, 캡, 소켓 등이 있으며 주철관 및 PVC관은 엘보, Y관, Y-T관, 소켓, 캡 등이 있고 주 배관 재질에 따라 구분한다.

3) 부속장치

부속장치는 후렉시블 조인트가 토출 측 1개가 필요하다. 계기류에는 압력계가 있다.

[그림 7-6] 밸브류 준비

[그림 7-7] 이음쇠 준비

[그림 7-8] 각종지지 가대용 슈(Shoe) 준비-1

[그림 7-9] 각종지지 가대용 슈(Shoe) 준비-2

[그림 7-10] 용접 이음쇠 준비

[그림 7-11] 그루브 조인트 이음쇠 준비

5. 하수용 배관관리 분석

하수용 배관관리 분석은 하수배관 시스템의 상태와 성능을 평가하고 문제를 해결하기 위한 프로세스이다. 이 분석은 하수처리 시설이 원활하게 작동하고 환경적으로 안전한 방식으로 하수를 처리할 수 있도록 지원한다.

하수용 배관관리 분석은 다음과 같은 단계로 이루어진다.

1) 데이터 수집

배관시스템의 상태를 평가하기 위해 필요한 데이터를 수집한다. 이는 배관 네트워크의 구조, 유속, 압력, 유량 등과 같은 다양한 매개변수를 포함할 수 있다. 데이터는 센서, 조사 및 모니터링 장비를 통해 수집될 수 있다.

2) 데이터 분석

수집된 데이터를 분석하여 배관시스템의 성능과 상태를 평가한다. 이는 데이터의 통계적 분석, 비교 및 모델링을 통해 이루어질 수 있다. 데이터 분석은 배관시스템의 유실, 누수, 인클레이저 또는 녹 등의 문제를 식별할 수 있도록 돕는다.

3) 문제식별

데이터 분석을 통해 발견된 문제를 식별한다. 예를 들어 배관시스템에서 유실이 발생하거나 특정 구역에서 압력이 낮아진 경우 이는 문제로 간주될 수 있다. 문제의 심각성과 우선순위를 평가하고 조치해야 할 문제를 결정한다.

4) 문제해결 및 개선

식별된 문제를 해결하고 배관시스템의 성능을 향상시키기 위한 조치를 취한다. 이는 배관의 수리, 교체, 정비, 보강 또는 성능 최적화와 같은 작업을 포함할 수 있다.

5) 모니터링 및 유지보수

배관시스템의 성능을 모니터링하고 주기적인 유지보수를 수행하여 잠재적인 문제를 예방한다. 이는 정기적인 검사, 청소, 녹 방지 및 보호조치 등을 포함할 수 있다.

하수용 배관관리 분석은 시스템의 효율성을 향상시키고 유지보수 비용을 최소화하는 데 도움을 준다. 이는 환경오염을 예방하고 하수용 배관을 효율적으로 관리 운영이 가능하다.

7-3 합성수지관 배관

1. PVC관의 특징

① PVC관은 석회석, 석탄, 소금 등을 원료로 하기 때문에 가격이 싸고, 내산, 내알카리성, 내식성이 우수하다.

② 비중이 1.4로 가볍고 가공이 쉽기 때문에 시공이 용이하고, 마찰저항이 작다.

③ -20℃ 이하에서는 취약하고, 80℃에서는 연화되므로 사용온도는 5~50℃ 정도로 제한적이다.

④ 경질과 연질 2 종류가 있으며 주로 경질관이 급배수, 전선과 약액 송수관에 사용된다.

⑤ PVC관 이음은 열간과 냉간이음으로 구분하며, 냉간이음은 TS식과 나사식이 있다.

2. PVC관 가열 및 삽입방법

① PVC관은 온도가 너무 높으면 탄화되기 쉬우므로 토치램프 불꽃이 가급적 직접 관에 닿지 않게 하고, 관을 회전시키면서 고르게 가열한다.

② 삽입 접합시 삽입길이는 1.5~2D 정도이며, 가열이 균일하게 되지 않으면 굽힘 또는 삽입시 관이 파열될 수 있다.

〈표 7-5〉 PVC관 KS규격

KS번호	규격명	적용 범위
M 3401: 2015	수도용 경질 폴리염화비닐관	사용 압력 1.0 MPa 이하의 수도배관에 사용하는 경질 폴리염화비닐관 및 내충격성 경질 폴리염화비닐관에 대하여 규정한다.
M 3404: 2016	일반용 경질 폴리염화비닐관	일반 유체 수송배관에 사용되는 경질 폴리염화비닐관에 대하여 규정한다.

3. PVC관 이음법

① PVC관 이음은 냉간과 열간 이음법이 있으며, 소구경관에서는 비교적 용이한 열간 삽입이음이 많이 사용되고 있다.

② 냉간이음에는 접착제가 많이 사용되며, 접착제에는 속건성과 악건성이 있다.

보통 속건성을 사용하는데, 온도가 높아서 건조가 빠른 여름이나 시공경험이 적은 경우에는 악건성을 사용한다.

③ 접착제를 사용한 다음에는 반드시 뚜껑을 닫고 냉암소에 보관한다.

④ 접착제는 염화 비닐을 위발성 용제로 용해한 것이므로 얇게 바르도록 하며, 그렇지 않을 경우 접착속도가 느려지고, 유해가스가 관내에서 발생한다.

〈표 7-6〉 PVC관 접착제의 종류 및 용도

구 분	이음법	비 고
냉간 이음	TS관 이음	접착제를 바른 관을 테이퍼 소켓관에 삽입한 이음
	나사 이음	밸브 소켓과 밸브 등 관 이음쇠나 부품끼리의 이음
	고무링 이음	소켓에 고무링을 삽입한 편수 컬러관을 이용한 이음
	가열삽입 이음	이음관을 사용하거나 같은 직경의 관에 소켓을 만들면서 이음하는 방법
열간 이음	플랜지 이음	가열된 금형으로 PVC관 끝을 나팔 모양으로 확관하여 플랜지를 끼워서 이음하는 방법
	용접 이음	열가소성 수지에 사용되며 열풍 용접 등이 대표적인 용접법임

4. PVC 배수용 이음관

① 냉간 삽입식 이음관이다.

② 배수가 원활하게 흐르도록 곡률 반지름이 크게 되어 있다.

③ 분기 및 합류부분에 Y관, 90°Y관을 사용하여 배수가 잘 되도록 되어 있다.

④ 이음하였을 때, 관 안쪽에 턱이 생기지 않게하여 배수의 흐름을 원활히 할 수 있도록 되어 있다.

⑤ 배수용 이음관의 특징을 이해하여 이음관이 유체흐름 방향의 반대 방향으로 접합 되지 않도록 한다.

〈표 7-7〉 PVC 배수용 KS 규격

KS번호	규격명	적용범위
M 3600: 2016	배수 및 하수용 비압력 매설용 구조형 폴리염화비닐(PVC)관 – 이중 벽관 및 리브관	비압력 조건에서 매설용으로 사용하는 배수 및 하수용 구조형 폴리염화비닐(PVC)관 중 이중벽관 및 리브관에 대하여 규정한다.

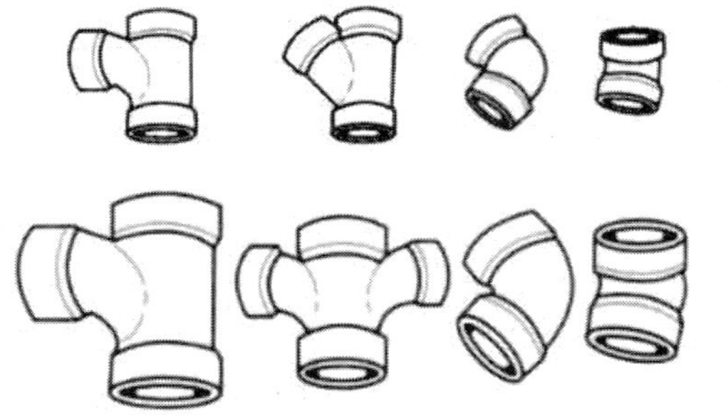

[그림 7-12] PVC 배수용 이음관 종류

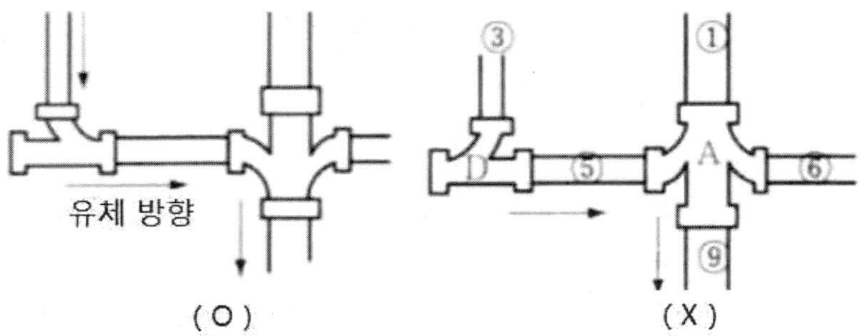

[그림 7-13] PVC 이음관 연결방법

5. PVC관 용접과 열풍용접기

① PVC관은 열가소성 수지로서 용접이 가능하며, 대구경의 경우 주로 용접이음을 한다.

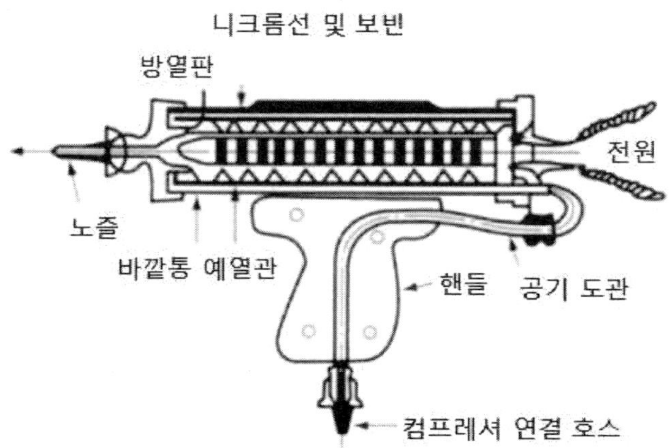

[그림 7-14] PVC 열풍용접기

② 용접이 가능한 열가소성 수지는 염화비닐, 폴리에틸렌, 폴리프로필렌, 불소수지 등이 있다. 용접이 되지 않는 열경화성 수지는 페놀, 요소, 멜라민, 폴리에스테르, 규소 등이다.

③ PVC 용접시 열풍용접기의 가열시 열풍온도는 100~300℃ 범위이고, PVC관이 연화하기 시작하는 온도는 70~80℃, 관의 가공(구부리기, 삽입)온도는 120~130℃가 적당하다.

학습 7

수행 내용

재료 · 자료

- 배관의 장비와 배관작업 관련 자료

기기(장비 · 공구)

- 컴퓨터, 프린터, 주변기기

안전 · 유의사항

- 컴퓨터 및 주변기기의 전원을 관리한다.

수행 순서

01 상수도관로의 도수 및 송수시설의 부속시설에 대하여 분석하라.

도 · 송수시설의 부속시설에는 펌프설비, 유량계, 맨홀과 점검구, 차단 · 제어용 밸브, 공기밸브, 배수설비(이토밸브, 퇴수밸브), 접합정, 신축이음관 및 조정지 등이 있다.

1. 펌프설비

도 · 송수시설의 펌프설비에는 취수펌프와 송수펌프가 있으며, 취수펌프는 정수시설까지 원수를 보내기 위해 취수장에 설치한다. 주로 지형적인 조건으로 취수장의 위치가 정수장보다 낮아서 수리적으로 자연유하로 공급할 수 없는 경우에는 취수펌프장을 설치 · 운영한다.

송수펌프는 정수장이 배수지보다 낮은 곳에 있어서 자연유하 방식으로 배수지까지 공급할 수 없는 경우 정수장 내에 송수펌프장을 설치한다.

관로가 길어 동수두가 부족한 경우 송수관로 중간에 압력수두를 높이기 위해 가압펌프장을 두기도 한다. 가압펌프장은 흡수정 방식 또는 인라인 가압펌프(In-line Booster Pump) 방식으로 운영할 수 있다.

2. 수격현상 완화설비

펌프의 급격한 가동이나 정지, 밸브의 급개폐에 의한 관로 내 압력 상승 또는 저하로 인한 수격작용을 완화하기 위해 수격현상 완화설비를 운영한다. 수격완화설비에는 안전밸브, 에어챔버(Air Chamber), 압력조절용 수조(Surge Tank) 등이 있다.

3. 맨홀과 점검구

관경 800mm 이상의 관로에 대해서는 관로의 시공과 유지관리 시의 내부 누수의 확인이나 검사와 보수를 위하여 필요한 장소에 맨홀을 설치한다. 또한 800mm 미만의 관에는 점검구를 둘 수 있다.

4. 차단 · 제어용 밸브

차단용 밸브는 통상 밸브 본체의 전개(全開)나 전폐(全閉)에 의해 관로 내 수류를 통수하거나 차단하는 것이며, 제어용 밸브는 상황에 따라서 밸브의 개도조정으로 적절하게 수량과 수압을 제어하는 기능을 수행한다.

5. 공기밸브

관로 내부의 물속에 용해되어 있는 공기가 유리되어 축적되면 에어포켓(Air Pocket)을 형성하며, 이 에어포켓을 제거하지 않으면 통수 단면적을 감소시켜서 원활한 통수를 방해하고 때로는 관로의 사고를 유발하는 경우도 있으므로 관내에 공기를 배제하거나 흡인하기 위해 공기밸브를 설치한다.

6. 도수관 접합정

관로의 도중에 설치하는 접합정은 주로 관로의 수압을 조절할 목적으로 원형 또는 각형의 콘크리트 또는 철근콘크리트로 축조한다.

7. 신축이음관

관로 중간에 자유단이 발생하는 경우에는 밸브실 내에 신축이음관을 설치하고 밸브실 통과부에는 관이 축방향으로 변위될 수 있게 하되 외부 지하수 등이 침입할 수 없는 구조로 한다.

8. 조정지

정수를 저장하고 송수를 조정하기 위하여 또는 비상시를 대비하여 송수시설의 도중 또는 말단에 설치하는 일종의 배수지를 말한다.

02 서울지역의 상수도 생산 및 공급과정에 대하여 분석하라.

상수도(수돗물)의 생산 · 공급과정을 이해한다. 수도법에 의한 '수도시설'이란 원수나 정수를 공급하기 위한 저수(貯水) · 취수(取水) · 도수(導水) · 정수(淨水) · 송수(送水) · 배수시설(配水施設), 급수설비, 그 밖에 수도에 관련된 시설을 말한다.

1. 정수과정

정수장에서는 한강물을 취수하여 단계적인 정수처리공정을 거쳐 안전하고 깨끗한 물을 만들어 각 가정으로 공급하고 있다.

아리수 정수센터에서는 한강물(원수)을 취수하여 정수처리를 한다. 11단계로 분류되는 각 공정을 통해 안전하고 깨끗한 물, 아리수로 만들어진다. 2021년도에 서울시 6개 아리수 정수센터에서 1일 평균 307만 톤의 아리수를 생산하여 시민에게 공급하였다.

1) 취수원

서울시 아리수의 원료는 팔당댐부터 잠실 수중보 상류의 한강물이다.

2) 취수장

한강 변에 있는 취수장에서 강물을 끌어들여 아리수 정수센터로 보낸다. 생물 경보시스템과 수질자동감시장치를 이용하여 24시간 실시간 수질을 감시한다.

3) 착수정

취수장으로부터 도착한 원수를 안정시키고 수량을 조절하는 곳으로 수질에 따라 이산화탄소 등을 투입하여 혼화지로 보낸다.

4) 혼화지

착수정에서 보내온 물에 적정량의 정수처리 약품을 넣고 섞는 곳이다. 정수약품은 미세한 입자들(콜로이드성 물질)을 큰 덩어리로 뭉치게 해준다.

5) 응집지

약품과 탁질이 잘 섞이도록 물을 서서히 저어주면 탁질이 엉겨붙어 크고 무거운 덩어리(플록)가 만들어진다.

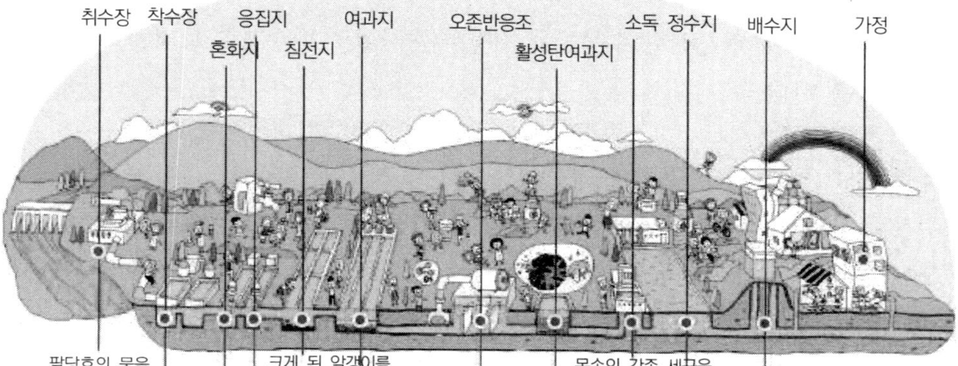

[그림 7-15] 정수과정

6) 침전지

응집지에서 크게 형성된 덩어리를 가라앉혀 맑은 윗물을 여과지로 보내는 곳이다. 가라앉은 덩어리는 수분을 제거한 다음 시멘트 원료, 성토재 등으로 재활용하거나 매립한다.

7) 여과지

침전지를 통과한 물을 모래와 자갈층을 통과시키면 물속에 남아 있던 작은 입자들마저 깨끗하게 걸러진다.

학습 7

8) 고도 정수처리

오존과 입상활성탄 공정으로 오존의 특성인 강력한 산화력(살균, 소독, 분해 등)과 활성탄의 흡착력을 이용한 처리공정을 거쳐 깨끗하고 안전한 물을 만든다.

9) 염소투입

여과된 깨끗한 물에 소량의 염소를 넣어 소독한다. 이 공정은 미생물에 대해 위생적이고 안전한 아리수를 만드는 최종 공정이다

10) 정수지

아리수 정수센터에서 생산한 수돗물을 저장하는 시설로 배수지로 보내는 수돗물을 조정하는 역할을 한다.

11) 배수지

배수지는 아리수 정수센터에서 보낸 물을 각 가정으로 보내기 전까지 저장하는 중간 물탱크이다. 주변에서 가장 높은 지대에 있으며, 사고로 인해 일시적으로 아리수를 생산하지 못하는 때를 대비하여 물을 저장하는 역할도 한다.

(1) 수질 자동관리 시스템

한강 원수에서 수도꼭지까지 수질을 감시하고 공개하는 시스템을 수질 자동감시 시스템이라고 하며, 다른 이름으로 Seoul Water Now(SWN)라고도 한다.

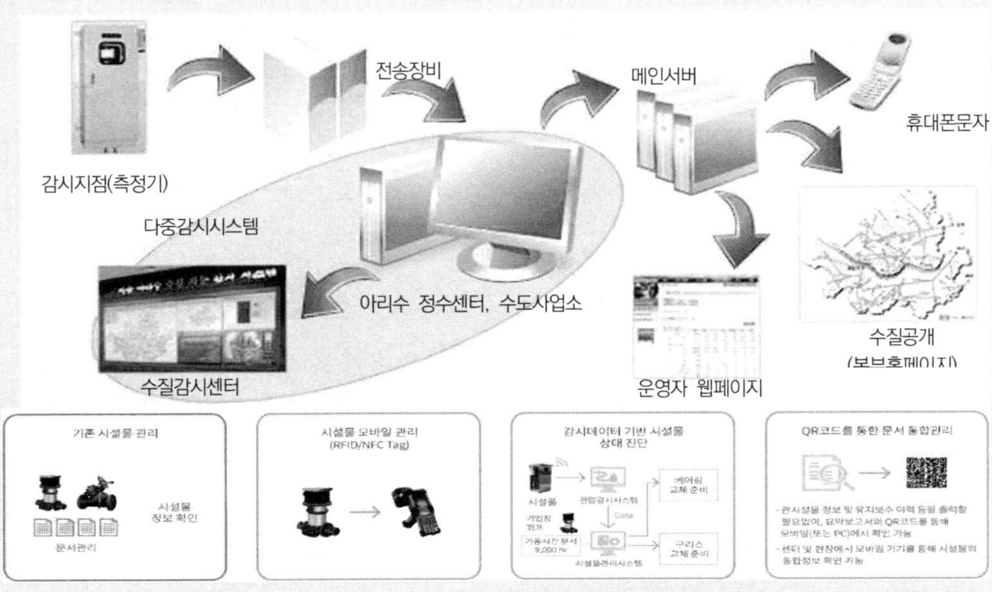

[그림 7-16] 수질 자동감시 시스템(관망관리)의 구성 사례분석

수질 자동감시 시스템은 한강의 원수, 아리수의 생산 및 배·급수과정에 다수의 감시 지점을 두고 다양한 수질 자동측정기를 설치하여 운영하고 있다.

수질 감시항목은 원수의 페놀, 시안, TOC, 암모니아성질소 등 8개의 항목을 비롯하여 공급과정에서 pH, 탁도, 잔류염소, 전기전도도, 수온의 5개 항목이며, 이중 시민의 건강과 밀접한 pH, 탁도, 잔류염소 3개 항목의 측정값을 공개하고 있다.

수질 감시는 상수도사업본부의 아리수 통합정보센터와 수도사업소, 아리수 정수센터에서 동시에 수질을 감시하는 다중 감시시스템을 구축하여 운영하고 있다.

이때 수질이 적정 기준을 벗어나면 감시장치에서 경보음이 발생하고, 운영자에게 휴대폰 문자메시지를 발송하여 즉각적인 조치가 가능하도록 하고 있다.

03 공종별 배관작업에 대하여 분석하라.

1. 공종별 순서를 결정

1순위 : 오·배수 배관공사(중력 배수) ⇨	• 중력기울기로 배수되기 때문에 우선고려
↓ 2순위 : 소화 배관공사 ⇨	• 화재안전 성능확보 때문에 우선 고려
↓ 3순위 : 냉각수 배관공사 ⇨	• 배관관경이 크기 때문에 우선 고려
↓ 4순위 : 관경 큰 배관 우선 ⇨	• 감리단에서 공종별 우선순위 경정
↓ 5순위 : 관경이 적은 배관 나중 ⇨	• 감리단에서 공종별 우선순위 경정

[그림 7-17] 공종별 배관순서

배관의 공종별 순서는 반드시 기울기를 필요로 하는 중력 오·배수관이 제일 먼저 공사 하여야 한다. 배관설치 위치(Lay Out)는 다른 공정의 시설물을 예로 들면 공조 및 배기 덕트, 배관관경이 큰 배관 등의 위치를 고려하여 지장을 주지 않도록 하는 고려할 필요가 있다.

2. 배관재료 시공순서를 결정

1) 지지가대 및 헹거를 투입

① 콘크리트 타설시 천정에 부착 될 배관 지지용 인서트 및 가대 설치용 인서트 플레이트(Insert Plate)를 설치한다.

② 배관도에 따라 지지가대 설치를 위해 ㄱ형강, ㄷ형강을 설치한다.

③ 행거용 환봉을 설치한다.

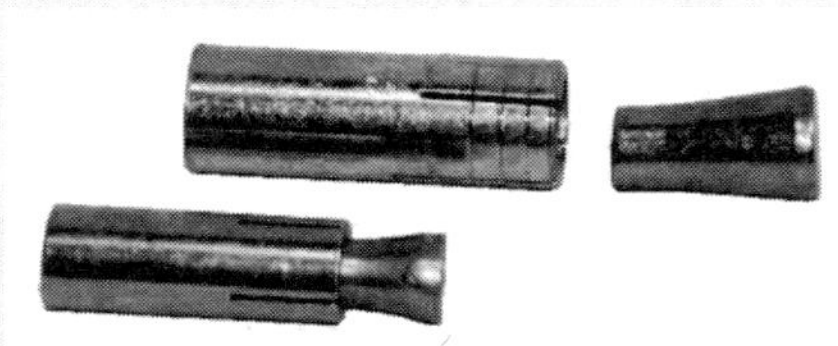

(a) 스트롱 앙카

(b) 스트롱 앙카 펀치

(c) 인서트 플레이트

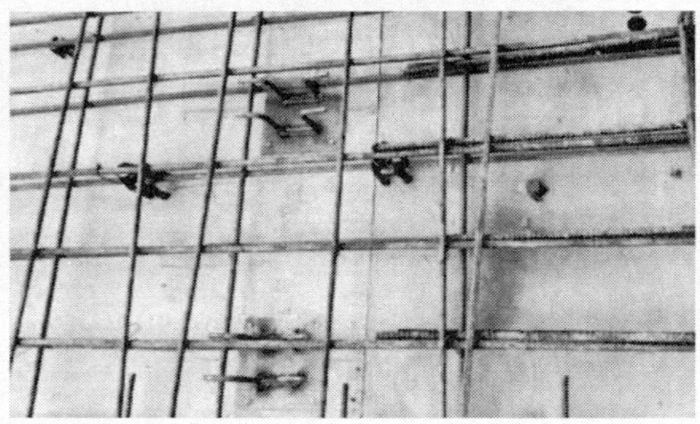

(d) 인서트 및 플레이트 시공

[그림 7-18] 배관지지 인서트 및 인서트 플레이트(헹거 및 지지가대)

헹거

지지가대

[그림 7-19] 배관헹거 및 지지가대 시공현장

2) 배관설치

〈표 7-8〉 배관투입

<table>
<tr><th>공정별</th><th>용도별</th><th>재질별(예)</th><th>배관투입</th></tr>
<tr><td rowspan="2">급수 · 급탕
배관공사</td><td>급수배관</td><td>스테인리스 강관</td><td rowspan="2">헹거 및 지지가대 설치 후 배관을 설치한다.</td></tr>
<tr><td>급탕 · 환탕배관</td><td>동관</td></tr>
<tr><td rowspan="4">오 · 배수
배관공사</td><td rowspan="2">오 · 배수배관</td><td>주철관</td><td rowspan="4">타 공정에 지장이 없도록 Lay-out을 정하고 설치한다. 기울기 때문에 가장 우선하여 설치한다.</td></tr>
<tr><td>PVC관</td></tr>
<tr><td rowspan="2">통기배관</td><td>아연 도금 강관</td></tr>
<tr><td>PVC관</td></tr>
<tr><td rowspan="9">공조
배관공사</td><td rowspan="2">냉각수배관</td><td>아연 도금 강관</td><td rowspan="2">타 공정에 지장이 없도록 Lay-out을 정하고 설치한다. 큰 배관 먼저 설치한다.</td></tr>
<tr><td>스테인리스 강관</td></tr>
<tr><td rowspan="2">냉수배관</td><td>아연 도금 강관</td><td rowspan="2">타 공정에 지장이 없도록 Lay-out을 정하고 설치한다.</td></tr>
<tr><td>스테인리스 강관</td></tr>
<tr><td rowspan="3">온수배관</td><td>아연 도금 강관</td><td rowspan="3">타 공정에 지장이 없도록 Lay-out을 정하고 설치한다.</td></tr>
<tr><td>스테인리스 강관</td></tr>
<tr><td>동관</td></tr>
<tr><td rowspan="2">배수배관</td><td>아연 도금 강관</td><td rowspan="2">타 공정에 지장이 없도록 Lay-out을 정하고 설치한다. 구배 때문에 가장 우선하여 설치한다.</td></tr>
<tr><td>PVC관</td></tr>
<tr><td rowspan="3">소화
배관공사</td><td rowspan="2">소화수배관</td><td>아연 도금 강관</td><td rowspan="3">- 화재안전 성능을 위해 우선하여 설치한다.
- 타 공정에 지장이 없도록 Lay-out을 정하고 설치한다.</td></tr>
<tr><td>동관</td></tr>
<tr><td>가스계배관</td><td>아연 도금 강관</td></tr>
<tr><td>가스배관
설치공사</td><td>가스배관</td><td>가스용 강관</td><td>타 공정에 지장이 없도록 Lay-out을 정하고 설치한다.</td></tr>
</table>

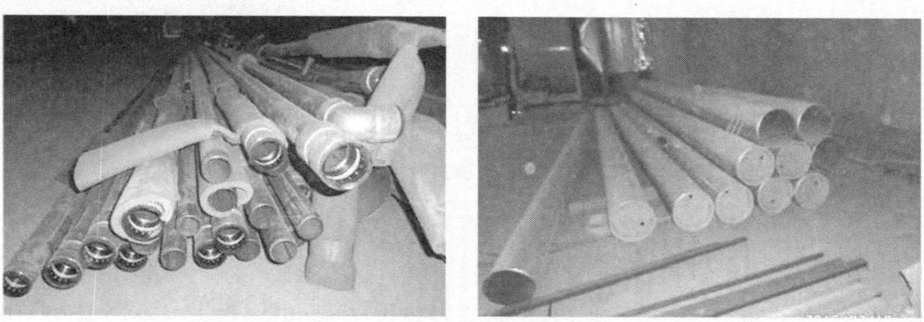

[그림 7-20] 배관투입

3) 이음쇠 및 부속장치를 설치

배관설치와 동시에 이음쇠 및 부속장치, 밸브류를 설치한다.

[그림 7-21] 배관이음쇠 설치

[그림 7-22] 배관 부속장치 설치

[그림 7-23] 배관 밸브류 설치

4) 보온재 및 마감재를 투입

배관공사 완료 후 관련 규정에 따라 배관 종류별로 층 또는 부분적으로 수압시험을 실시한다. 수압시험에 합격한 부위부터 순차적으로 보온작업을 시작한다.

04 오·배수관의 배관작업에 대하여 분석하라.

1. PVC관을 삽입·접합하고 90° 구부린다

1) 작업준비

① 공구 및 재료를 준비한다.

② 토치램프를 준비한다.

③ 냉각용 물걸레를 준비한다.

2) 삽입접합

① 관을 필요한 길이만큼 관 축에 대하여 직각으로 절단하고, 줄로 가공한다.

② 안 관의 바깥쪽과 바깥 관의 안쪽을 줄로 모따기하고, 이음부분의 표면을 깨끗이 닦는다.

③ 바깥 관의 이음부를 토치램프로 고르게 가열한다.

④ 가열길이는 삽입길이의 1.5배로 하고, 가열온도는 120~130℃ 정도로 하여 완전히 연화될 때까지 가열한다.

⑤ 삽입길이는 관 지름의 1.5배 정도이므로 안관의 삽입부에 PVC용 접착제를 바른다.

⑥ 연화된 바깥 관에 안 관을 약간 회전시키듯 밀면서 삽입한다.

⑦ 관의 중심선을 일직선으로 맞추고, 냉각시키며 경화시킨다.

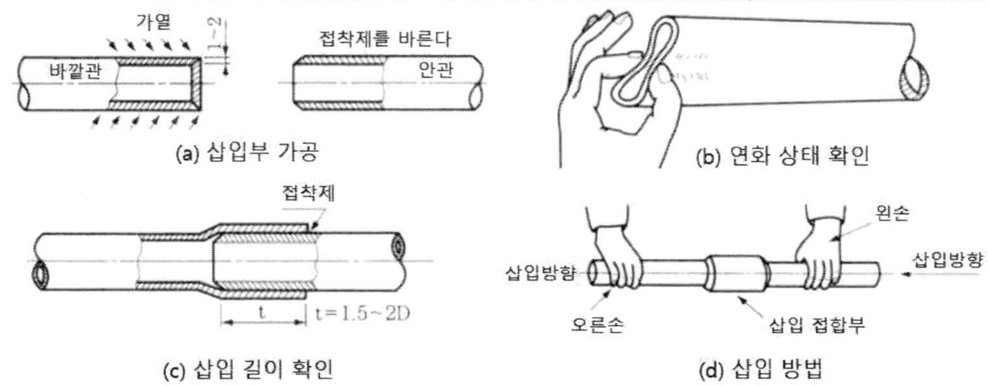

[그림 7-24] 삽입접합 방법

학습 7

3) PVC관을 90°구부림

① PCVC관 굽힙용 직각 판을 준비한다.

② PVC관의 한쪽을 나무 마개로 막고 모래를 채운다. 이때 타봉으로 밑에서부터 위로 골고루 두드려 주되, 충격을 세게 주면 관이 깨질 수 있으므로 주의한다.

③ 구부림 길이를 계산한다. 실제 가열길이는 양쪽을 10~20mm 더 가열해주므로 1 =1.6R+(20~40)이 된다.

④ 계산된 가열길이를 관에 표시한다.

⑤ 토치램프 불꽃을 약하게 하여 PVC관을 회전시키면서 대각선 방향 또는 길이 방향으로 토치램프를 흔들며 고르게 가열한다.

⑥ 관을 가열하면서 충분히 연화되었는지를 구부려 보아서 확인한 후 굽힘을 시작한다.

⑦ 연화된 PVC관을 직각판 위에 올려놓고 오른발로 오른쪽을 살며시 밟고, 오른손으로 R게이지를 관 내측에 직각으로 갖다 대고 왼손으로 R을 조절한다.

⑧ R게이지로 R을 맞추어 가며 물걸레로 충분히 냉각한다.

⑨ 완전히 냉각될 때까지 움직이지 말아야 하며, 완전히 냉각되면 파이프 속의 모래를 빼낸다.

4) 치수에 맞게 절단

5) 치수 및 가공상태를 검사

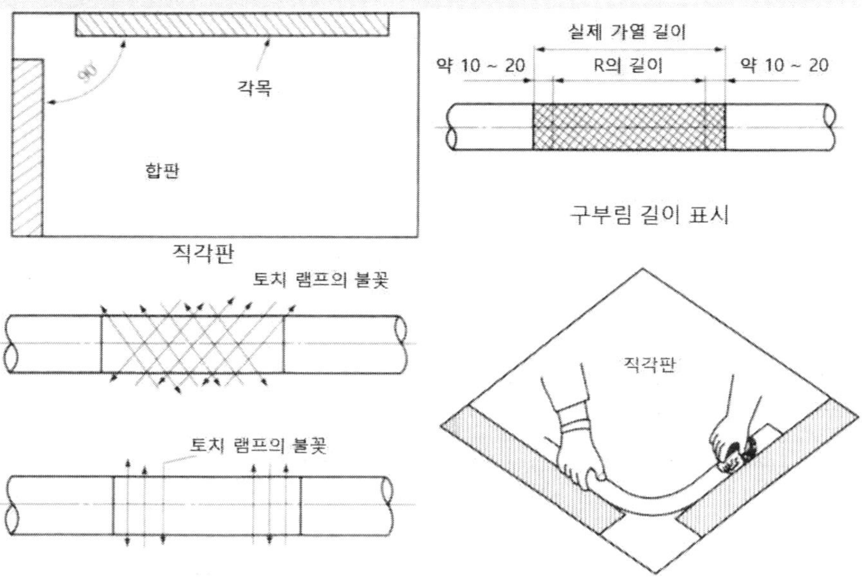

[그림 7-25] PVC 구부림 가공

① 치수와 R이 맞는지 검사한다.

② 변색 및 탄화된 부분 또는 찌그러진 부분이 있는지 검사한다.

2. PVC 배수관을 연결

1) 작업준비를 한다

① PVC관과 공구를 준비한다.

② 도면에 표기된 배수용 이음관을 준비한다.

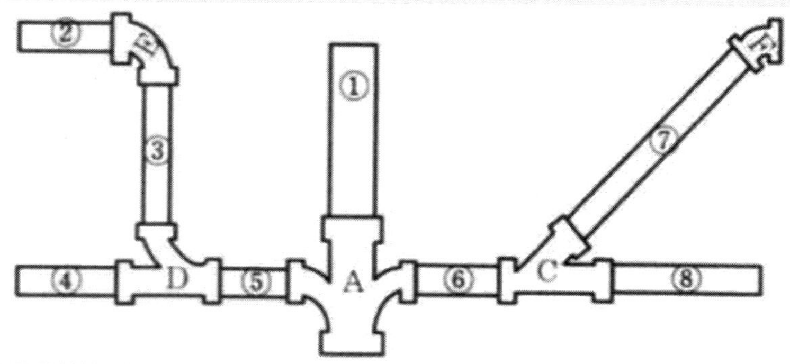

[그림 7-26] PVC 배수관 도면

2) 관과 이음관을 연결한다

① 이음관의 여유치수를 고려하여 PVC관의 길이를 산출한다.

② 관 끝을 축에 직각이 되도록 절단한 후, 이음관 속으로 삽입될 PVC관 끝 단면을 60° 정도로 모따기 한다.

③ 절단면과 내부를 깨끗이 닦은 후, 이음관의 내면과 PVC관의 외면에 접착제를 바른다.

④ 1/2 정도 비틀어 삽입한 후 이음관과 PVC관의 중심이 일치되도록 20~30초 정도 눌러준다.

⑤ 상기 ①~④의 방법으로 [그림 7-26]의 A이음관에 ⑤번 관을 접합하고 이 ⑤번 관에 D의 YT 이음관을 접합한다. 이때 YT 이음관의 방향에 주의한다.

⑥ 동일한 방법으로 D의 YT 이음관에 ④번 관과 ③번 관을 연결하고, ③번 관에는 E 엘보를 접합한 후 ②번 관을 연결한다. 계속해서 ⑥번 관 → C의 Y관 → ⑦, ⑧번관 → ⑦번 관에 E 45°엘보까지 연결을 계속한다.

3) 검사한다

PVC 배수관의 연결이 유체의 흐름방향에 맞게 연결이 되었는지 확인한다.

3. PVC관을 용접한다

1) 작업준비를 한다

① 재료 및 공구를 준비한다.

② PVC관을 도면치수에 맞게 절단한다.

③ 용접부의 양 끝을 60°정도의 V형이 되도록 홈 가공을 하고, 루트면 간격을 1mm 정도로 한다.

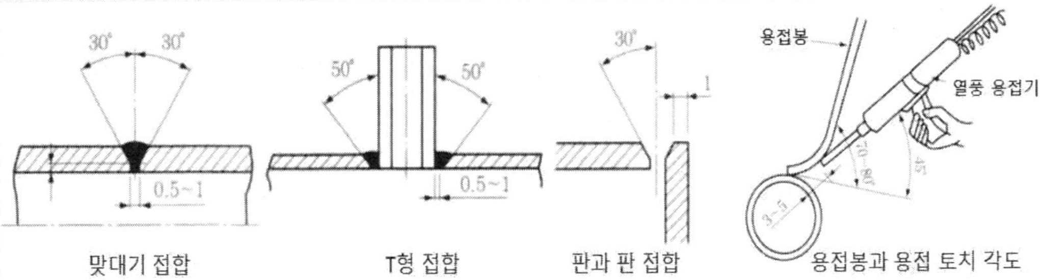

[그림 7-27] 용접각도

2) PVC 용접조건을 선정한다

① 용접기의 분출압력을 0.25~0.40kg/cm²로 조절한다.

② 열풍의 온도와 공기의 분출압력을 손바닥으로 감지한다.

③ 열풍으로 인해 PVC 용접봉 끝에 기포형태가 생기면 4~5초 동안에 보라색으로 변화되므로 주의한다.

3) PVC 용접이음을 한다

① PVC 용접부를 가열한다.

② 용접봉의 각도는 용접면에 대해 70~80°정도, 노즐부는 용접면에 대해 45° 정도의 각도을 유지시킨다.

③ 용접봉은 ∅3.2mm의 염화비닐 수지봉을 사용한다.

④ 모재와 용접봉 사이에 뜨거운 바람을 넣어 모재 이음부의 표면과 용접봉을 녹이고, 균일한 가압력으로 용접봉을 이음부 표면에 압접한다.

⑤ 용접을 진행시, 용접봉을 늘리면 균열이 발생하므로 주의한다.

⑥ 1차 용접이 끝나면 2차, 3차에 걸쳐 용접봉을 차례로 용접한다.

⑦ 1개소 용접이 끝나면 작업을 반복하여 용접한다.

4) 용접부위를 검사한다

05 배관 단열마감의 보온재 두께에 대하여 분석하라.

1. 급수관, 배수관의 보온재 및 보온 두께

① 일반적인 경우(조건 : 관내 수온 15℃, 주위 온도 : 30℃, 상대 습도 : 75% 미만)

〈표 7-9〉 일반적인 경우 급수관, 배수관의 보온재 및 보온 두께

종 별	관지름(A)	15~80A	100A 이상
1	미네랄울 보온통, 보온대 1호	25	40
2	유리면 보온통, 보온판 24k	25	40
3	발포 폴리스틸렌 보온통 3호	25	40
4	고무발포 보온통, 보온판 1종	13	19

② 다습한 장소(조건 : 관내 수온 15℃, 주위 온도 : 30℃, 상대 습도 : 75% 이상)

〈표 7-10〉 다습한 장소의 경우 급수관, 배수관의 보온재 및 보온 두께

종 별	관지름(A)	15~25A	32~300A	300A 이상
1	미네랄울 보온통, 보온대 1호	25	40	50
2	유리면 보온통, 보온판 24k	25	40	50
3	발포 폴리스틸렌 보온통 3호	25	40	50
4	고무발포 보온통, 보온판 1종	19	25	32

2. 급탕관, 온수관, 증기관의 보온재 및 보온 두께

1) 일반적인 경우

① 조건 : 관내 수온 61~90℃, 주위 온도 : 20℃, 표면 온도 : 40℃ 이하

〈표 7-11〉 일반적인 경우 급탕관, 온수관, 증기관의 보온재 및 보온 두께

종 별	관지름(A)	15~40A	50~125A	150A 이상
1	미네랄울 보온통, 보온대 1호	25	40	50
2	유리면 보온통, 보온판 24k	25	40	50
3	발포 폴리스틸렌 보온통 3호	25	40	50
4	고무발포 보온통, 보온판 1종	25	32	40

② 조건 : 관내 수온 91~120℃, 주위 온도 : 20℃, 표면 온도 : 40℃ 이하

〈표 7-12〉 일반적인 경우 급탕관, 온수관, 증기관의 보온재 및 보온 두께

종 별	관지름(A)	15~40A	50~125A	150A 이상
1	미네랄울 보온통, 보온대 1호	25	50	75
2	유리면 보온통, 보온판 24k	25	50	75
3	발포 폴리스틸렌 보온통 3호	25	50	75

2) 고온의 경우

① 조건 : 관내 수온 121~175℃, 주위 온도 : 20℃, 표면 온도 : 40℃ 이하

〈표 7-13〉 고온의 경우 급탕관, 온수관, 증기관의 보온재 및 보온 두께

종 별	관지름(A)	25A 이하	32~65A	80~300A	350A 이상
	보온 두께(mm)	40	50	75	100
1	보온재	미네랄울 보온통			
2		유리면 보온통			
3		발수성 펄라이트 보온통, 규산칼슘 보온통			

② 조건 : 관내 수온 220℃, 주위 온도 : 20℃, 표면 온도 : 40℃ 이하

〈표 7-14〉 고온의 경우 급탕관, 온수관, 증기관의 보온재 및 보온 두께

종 별	관지름(A)	32~65A	80~300A	350A 이상
	보온 두께(mm)	50	75	100
1	보온재	미네랄울 보온통		
2		유리면 보온통		
3		발수성 펄라이트 보온통, 규산칼슘 보온통		

3. 냉수관, 냉온수 관의 보온재 및 보온 두께

1) 일반적인 경우

① 조건 : 관내 수온 5℃, 주위 온도 : 30℃, 표면 온도 : 75℃ 미만

〈표 7-15〉 일반적인 경우 냉수관, 냉온수관의 보온재 및 보온 두께

(단, 종별3은 냉수관에만 적용)

종 별	관지름(A)	15~25A	32A 이상
1	미네랄울 보온통, 보온대 1호	25	40
2	유리면 보온통, 보온판 24k	25	40
3	발포 폴리스틸렌 보온통 3호	25	40
4	고무발포 보온통, 보온판 1종	19	25

② 조건 : 관내 수온 10℃, 주위 온도 : 30℃, 표면 온도 : 75℃미만

〈표 7-16〉 일반적인 경우 냉수관, 냉온수관의 보온재 및 보온 두께

(단, 종별3은 냉수관에만 적용)

종 별	관지름(A)	15~50A	65A 이상
1	미네랄울 보온통, 보온대 1호	25	40
2	유리면 보온통, 보온판 24k	25	40
3	발포 폴리스틸렌 보온통 3호	25	40
4	고무발포 보온통, 보온판 1종	13	19

2) 다습한 장소의 경우

① 조건 : 관내 수온 5℃, 주위 온도 : 30℃, 표면 온도 : 75℃ 이상

〈표 7-17〉 다습한 장소의 냉수관, 냉온수관의 보온재 및 보온 두께

(단, 종별3은 냉수관에만 적용)

종 별	관지름(A)	15~32A	40~100A	125A 이상
1	미네랄울 보온통, 보온대 1호	40	50	75
2	유리면 보온통, 보온판 24k	40	50	75
3	발포 폴리스틸렌 보온통 3호	40	50	75
4	고무발포 보온통, 보온판 1종	32	40	50

② 조건 : 관내 수온 10℃, 주위 온도 : 30℃, 표면 온도 : 75℃ 이상

〈표 7-18〉 다습한 장소의 냉수관, 냉온수관의 보온재 및 보온 두께

(단, 종별3은 냉수관에만 적용)

종 별	관지름(A)	15~32A	40~100A	125A 이상
1	미네랄울 보온통, 보온대 1호	40	50	75
2	유리면 보온통, 보온판 24k	40	50	75
3	발포 폴리스틸렌 보온통 3호	40	50	75
4	고무발포 보온통, 보온판 1종	25	40	40

4. 공조용 냉매관의 보온재 및 보온 두께

〈표 7-19〉 일반적인 경우 냉수관, 냉온수관의 보온재 및 보온 두께

종 별		보은 두께(mm)										
		관지름(mm)										
		6.35	9.52	12.7	15.88	19.05	22.22	25.4	28.58	31.8	34.92	38.1
압축기 옥외 히트펌프	가스관	20	20	20	20	20	20	20	20	20	20	20
	액관	7.5	7.5	10	10	10	10	10	10	10	10	10
압축기 옥외 냉방전용	가스관	20	20	20	20	20	20	20	20	20	20	20
	액관	7.5	7.5	10	10	10	10	10	10	10	10	10
압축기 옥내 히트펌프	가스관	20	20	20	20	20	20	20	20	20	20	20
	액관	7.5	7.5	10	10	10	10	10	10	10	10	10
압축기 옥내 냉방전용	가스관	7.5	7.5	10	10	10	10	10	10	10	10	10
	액관	7.5	7.5	10	10	10	10	10	10	10	10	10
보온재		발포 폴리에틸렌, 고무 발포 보온재 1, 2종										

학습활동.7 교수 · 학습 방법

교수 방법

- 상수 및 하수용 배관관리의 분석에 대한 관련 용어, 구성, 방식 이해 정도를 파악한 후 수업을 진행한다.
- 교수자의 주도로 상수 및 하수용 배관관리의 분석 등의 내용을 PPT 자료로 제시한 후 설명한다.
- 가능하면 사전에 개인별 학습 자료를 준비하여 모든 학생이 참여할 수 있는 문제 해결식 수업, 협력 수업이 가능하도록 한다.
- 상수 및 하수용 배관관리의 분석 전 과정을 작업의 순서에 따라 단계적으로 실습이 이루어질 수 있도록 지도한다.
- 교재를 통해 수업을 준비하는데 있어서 필요한 모든 정보나 팁, 힌트 등 도움이 될 만한 내용들을 확인할 수 있다.
- 학생들이 만들게 될 각 모델들은 수업시간에 중점적으로 다뤄질 부분과 어휘, 질문, 답을 포함하고 있으며 또한 탐구할만한 추가적인 아이디어들도 포함하고 있다.

학습 방법

- 상수 및 하수용 배관관리의 분석에 대한 관련 용어를 숙지하고, 상수 및 하수용 배관관리의 분석에 대해 이해한다.
- 상수 및 하수용 배관관리의 분석의 각 단계별 중점 사항을 체계적으로 학습한다.
- 상수 및 하수용 배관관리의 분석의 수행순서의 전 과정을 실습한다.
- 상수 및 하수용 배관관리의 분석의 내용을 이해한다.
- 상수 및 하수용 배관관리의 분석 을 이해하고 숙달이 될 때까지 학습한다.

학습활동.7 평가 및 피드백

평가 준거

- 평가자는 피평가자가 수행 준거 및 평가 내용에 제시되어 있는 내용을 성공적으로 수행할 수 있는 지를 평가해야 한다.

학습내용	평가항목	성취수준		
		상	중	하
상수 및 하수용 배관관리의 분석	상수 및 하수용 배관관리의 분석을 이해할 수 있다.			

학습 7

평가 방법

- 작업 포트폴리오

학습내용	평가항목	성취수준		
		상	중	하
상수 및 하수용 배관관리의 분석	상수 및 하수용 배관관리의 분석을 이해할 수 있다.			

- 필기시험

학습내용	평가항목	성취수준		
		상	중	하
상수 및 하수용 배관관리의 분석	상수 및 하수용 배관관리의 분석을 이해할 수 있다.			

- 체크리스트를 통한 관찰

학습내용	평가항목	성취수준		
		상	중	하
상수 및 하수용 배관관리의 분석	상수 및 하수용 배관관리의 분석을 이해할 수 있다.			

- 피드백

1. 작업 포트폴리오
   - 제출한 보고서를 평가한 후 주요 사항에 대하여 표시하여 돌려준다.
2. 필기시험
   - 평가 결과 성적이 저조한 학생은 보고서 제출 기회를 부여한다.
3. 체크리스트를 통한 관찰
   - 실습 과정에서 평가한 후 개선해야 할 사항 등을 정리하여 돌려둔다.

참 | 고 | 문 | 헌

- 김남규, 사무소 건물 설비시스템의 통합적 성능 개선방법에 관한 연구, 중앙대학교대학원 논문, 2000.12.
- 주택 재건축사업의 안전 진단 매뉴얼, 한국시설안전공단, 2015.05.29.
- 김동우 · 황교선, 『최신 배관공학』, 세진사, 2015.
- 한국산업인력공단, 『배관공작실기』, 한국산업인력공단(www.훈련교재.한국), 2013.
- 한국산업인력공단, 『건축배관』, 한국산업인력공단(www.hrdkorea.kr), 2010.
- https://luckygg.tistory.com/27
- ㈜대우건설 · (사)대한건축학회, 『건축기술지침 Rev.1(기계)』, 도서출판 공간예술사, 2012.
- (사)대한건축학회, 『건축설비』, 기문당, 1995.
- 건축설비용어사전 편집위원회, 『건축설비용어사전』, 기문당, 1994.
- 박영순, 『건축기계설비일반시공』, 도서출판 세진사, 2000.
- 박종일 · 서기원 공저, 『건축설비 설계』, 도서출판 세진사, 1999.
- 한국종합건설 기계설비협의회, 『설비 시공 개선 사례집』, 한국종합건설 기계설비협의회, 2014.
- 00건설 건축기전팀, 『일반배관작업지침』 별첨 품질관리기준, 2011.
- 강동우 · 강민구 · 정해진 · 남상엽, "스마트 시티형 다굴절 오배수관용 Push Rod 및 무선 영상전송 플랫폼," 2019년도 한국인터넷정보학회 추계학술발표대회 논문집 제20권2호, 2019.11.02.
- 정해진, "다굴절 파이프 라인의 내부 검사를 위한 내시경 장치," 대한민국특허등록번호(102157165), 2020.09.11.
- 설동현 외, "DDVS 기법을 활용한 일반 구조용 탄소강관 및 강재 파이프 서포트 영상기반 변위계측," 대한건축학회연합논문집 21권1호, 2019.
- 남명우, "EMD를 이용한 초음파 비파괴 평가용 3차원 영상처리 소프트웨어 개발," 한국산학기술학회 9권6호, 2008.
- 강민구 · 남상엽 · 정해진 · 전준철, "배관 네비게이션 시스템 및 이를 이용한 배관 네비게이팅 방법," 대한민국특허등록번호(102369573), 2022.02.25.
- http://blog.naver.com/ltedrain
- http://www.tktech.kr/
- http://hiendt.co.kr/
- https://m.blog.naver.com/qorhksdml 정의 및 분류
- https://m.blog.naver.com/jesusgod1000/221841001133 상수도 관로와 노후배수관
- https://www.law.go.kr/ 상수도관망시설운영관리사 양성과정에 관한 규정
- https://kwwa.step.or.kr/ 한국상하수도협회
- https://me.go.kr/ 환경부 상수도관망시설 유지관리 가이드라인 및 매뉴얼
- https://www.kwater.or.kr/
- http://www.greentechinc.co.kr

학습 7

학습 1	배관관리 기술의 개요
학습 2	배관검사와 판독
학습 3	배관영상 분석
학습 4	배관위치 파악과 영상마카
학습 5	배관기술 및 시장동향
학습 6	배관의 시공/누설확인 및 시운전
학습 7	상수 및 하수용 배관관리의 분석
학습 8	**화학 및 오일용 배관관리의 분석**
학습 9	가스용 배관관리의 분석
학습 10	전기 및 통신용 배관관리의 분석
학습 11	스마트 배관관리의 분석
학습 12	스마트 배관관리의 영상활용

학습 목표

1. 화학 및 오일용 배관관리의 분석을 이해할 수 있다.

8-1 화학 및 오일용 배관관리

1. 화학 및 오일용 배관의 개요

화학 및 오일용 배관은 이중 배관시스템을 사용하면 발생가능한 위험한 매체 및 화학의 안전한 수송을 위해 특별히 설계된 배관시스템이다.

이 배관시스템은 유체이동을 위한 내부 파이프와 유출방지를 위한 외부 파이프로 구성된다. 내부 파이프에서 예기치 않게 누출이 발생한 경우 외부 파이프가 배관밖으로 유출되는 되는 것을 방지하여 주변 환경이나 작업자를 최대한 보호한다.

예기치 않은 누출로 환경, 건강, 안전 또는 품질에 부정적인 영향을 미칠 수 있는 배관시스템을 갖춘 모든 설비시설에 필요하다. 환경이 오염되거나 심각한 사고로 인해 누구에게도 해를 끼치지 않도록 이중 배관시스템을 고려해야 한다. 이중 배관시스템은 유체 및 가스의 통제되지 않은 누출로 인해 환경, 직원, 장비 또는 품질 영향 (EHSQ)에 손상을 줄 수 있는 모든 응용분야에 필요하다.

[그림 8-1] 화학 및 오일용 배관

주요 응용분야는 수처리, 폐수처리, 화학공정 산업, 반도체 산업, 제약 산업 및 식음료 산업이다.

단일 파이프 라인의 예상하지 못한 누출에 대한 이유는 다양하다. 누출위험은 계획단계부터 신중한 설계, 부식없는 재료선택(열가소성) 및 전문적인 설치 등을 통해 현저하게 줄일 수 있다. 이중 배관시스템은 장기적인 시스템을 보장하기 위해 계획부터 시운전까지 광범위한 글로벌 지원 및 서비스를 준비해야만 한다.

그러나 예상치 못한 누출로 인해 큰 결과를 초래할 수 있는 응용분야, 특히 고위험군의 화학물 액체 및 오일를 취급하는 경우 유체누출로 인한 기업 이미지 손상, 생산시설 손상 등 막대한 손실이 발생할 수 있으며, 이런 손실을 줄이기 위한 이상적인 솔루션으로 이중 배관을 이용할 수 있다.

위험 화학물질 사용시 내부적으로 비용이 많이 드는 위험이 있으며, 특히 기계 및 플랜트 구성요소와 같은 생산 관련 장비의 경우 더욱 그렇다.

위험 화학물질 외에도 물과 같이 언뜻 보기에 무해하게 보이는 유체도 최종 제품의 안전이나 공장운영자의 IT 인프라에 위험을 초래할 수 있다.

주로 위험 화학물질은 이중 배관시스템으로 운송된다. 이를 위해서는 프로젝트별 운영조건을 고려하여 내부 파이프 재질을 신중하게 선택해야 한다.

학습 8

2. 배관재질 설정시 고려사항

1) 유체의 특성

취급하는 화학 및 오일유체의 물리 및 화학적인 특성에 따라 부식, 침식, 마모 등에 많은 영향을 받으므로 그 유체의 특성에 적합한 재질을 선정해야한다.

2) 재질의 특성

(1) 특성에 따른 선정

화학 및 오일용 배관의 재질 설정시에는 재질의 종류에 따라 특성이 달라지므로 이 특성을 고려해야한다. 즉 이 특성은 강도(Stength), 내식성(Corrosion Resistance), 인성(Toughness), 열충격성(Thermal Shock), 내마모성(Abrasion Resistance), 내산화성(Oxidation Resistance) 등이 있다.

(2) 용도에 따른 선정

화학 및 오일용 배관의 용도에 따른 가장 적합한 배관재료를 선정해야 한다. 즉 관련 법규, 코드 및 사양(Specification), 자치의 수명(부식, 피로, Creep), 가격, 구입의 용이성, 가공의 용이성, 가공비용, 보수 및 유지 용이성 등이다.

3) 설치의 편의성과 내구연한 및 경제성

화학 및 오일용 배관의 재질에 따라 용접 등 작업의 용이성, 비파괴성 방법, 용접 후 열처리 방법 등이 달라지므로 재질선정시 이를 고려해야한다. 이때 내구연한과 경제성도 배관의 설치비용과 보수유지비용에 커다란 영향을 주므로 배관재질 선정 시에는 이에 대한 사항도 반드시 검토하여야 한다.

3. 오일 배관청소와 폐유의 플러싱(Oil Flushing)

화학 및 오일용 등 배관은 주기적인 배관청소가 필요하다, 또한 폐유의 플러싱은 오일내의 자유/용해수분을 제거해야 한다. 이때 플러싱 장치의 사용온도 범위(40~45℃)에서 기화시켜 제거해야 안정적이고 지속적인 오일상태를 유지하면 사용한 폐유는 플러싱 후 재사용이 가능할 수 있다.

8-2 화학용 배관관리의 분석

1. 화학용 배관관리 분석의 개요

화학, 정유, 석유화학 등과 같은 다양한 산업분야에서 배관은 유체의 이동을 위해 필수적인 장치로 배관흐름으로 인한 압력강하, 유속 및 지름과 같은 주요 인자에 대한 계산은 운송시스템과 같은 공학적 설계 및 안전설계에 있어 중요한 문제이다

다양한 산업공정에서 배관은 각 단위공정 사이의 연결 매개체의 역할을 하며, 내부의 유동에 있어 필수적인 장치이다. 따라서 배관의 최적설계는 안전과 비용의 측면에서 매우 중요한 문제이며, 설계시 필수적인 사항은 배관 내 압력강하 및 유속, 배관지름 등을 결정하는 일이다.

화학용 배관관리 분석은 화학물질이 사용되거나 운반되는 배관시스템의 건강 상태를 평가하고 유지보수 계획을 개발하기 위해 수행되는 과정을 의미한다. 이 분석은 시스템 내의 화학적 반응, 부식, 스케일링, 오염 등과 같은 문제를 식별하고, 이를 해결하기 위한 전략을 수립하는 데 도움이 된다.

화학용 배관관리 분석은 다양한 방법과 기술을 활용하여 수행될 수 있다. 다음은 일반적으로 사용되는 몇 가지 분석방법의 예시이다.

1) 화학조성 분석

배관시스템 내의 액체 또는 가스의 화학조성을 분석한다. 이를 통해 시스템 내에서 화학반응이 발생하거나 부식 및 스케일링이 발생하는 원인을 파악할 수 있다.

2) 부식 및 스케일링 평가

배관시스템 내에서 부식 및 스케일링이 얼마나 심각한지를 평가한다. 이를 위해 적절한 테스트 및 검사방법을 사용하여 배관의 상태를 확인한다.

3) 오염 분석

배관시스템 내에 존재하는 오염물질을 식별하고 분석한다. 이를 통해 오염물질이 시스템 내에서 어떻게 발생하고 퍼지는지를 이해하고, 오염제어를 위한 대응방안을 도출할 수 있다.

4) 모니터링 시스템

배관시스템 내의 화학적 변화나 문제를 실시간으로 모니터링하는 시스템을 구축한다. 이를 통해 시스템의 상태변화를 신속하게 감지하고 조치할 수 있다.

5) 유지보수계획 개발

화학용 배관관리 분석결과를 바탕으로 유지보수계획을 한다. 예를 들어 배관시스템 내에서 발견된 문제를 해결하기 위해 부식방지 코팅, 청소, 정기적인 검사 등을 포함할 수 있다.

화학용 배관관리 분석은 배관시스템의 안전성과 신뢰성을 향상시키고 배관을 효율적으로 관리 · 분석할 수 있다.

2. 화학용 배관용접

1) 가스텅스텐 아크용접(GTAW, 일명 TIG)

가스텅스텐 아크용접(GTAW, 일명 TIG)을 사용하여 배관을 용접할 경우에는 배관의 한쪽을 막고 배관으로부터의 공기를 제거하는 적절한 방법을 사용함으로써 완전 용입된 모든 용접부의 루트면을 보호해야 한다. 또한 보호가스의 흐름을 부드럽고 안정되게 해주며 우수한 보호가스 외피(Envelope)를 만들어 줄 수 있도록 노즐 내에 가스렌즈를 항상 부착해야 한다.

2) 고합금재 배관의 용접

고합금재 배관의 용접에서 용접속도가 매우 빠르면 불완전 용융(Lack of Fusion)과 같은 용접결함이 발생하기 쉬우므로 용접속도를 느리게 유지해야 한다. 특히 이상계 스테인리스강에서는 용접속도를 더 낮추고, Ni 합금에서는 용접속도를 더욱 더 낮추어 가스텅스텐 아크용접을 실행해야 한다.

3) 스테인리스강의 종류와 용접시공 조건

스테인리스강의 종류와 용접시공 조건에 따라 배관용접부의 용접열 영향부의 내식성, 강도, 인성이 저하되므로 용접열 영향부에서 발생하는 미세조직 변화에 대한 발생기구(Degradation Mechanism)를 이해하고, 그와 같은 미세조직 변화에 대해 감수성이 높은 스테인리스강의 종류를 파악하는 것이 필요하다.

4) 배관의 다층 용접

배관을 다층 용접할 때는 루트패스와 1층 비드가 완성되면 그 후의 모든 패스는 직선비드(Stringer Bead) 기법으로 용접을 실시한다. 한편 고합금재를 용접할 때는 평상시보다 5~10초 정도 길게 용접한 후 가스공급(Gas Postflow)을 실시하여 용접부를 냉각시키는 것이 중요하다.

5) 용접 후 열처리

배관용접부에 발생한 잔류응력 제거를 위해 용접후 열처리를 실시할 때는 서랭이 필요하다. 이 경우 탄화물이 석출되어 입계부식 감수성이 높아질 수 있으며, Cr 탄화물의 입계석출과 시그마상의 생성 등으로 내식성을 열화시키는 조직변화가 일어나게 된다. 따라서 스테인리스강 배관용접부에 응력제거 열처리를 하는 경우에는 스테인리스강의 종류와 사용환경을 면밀히 검토하여 열처리조건을 선정하는 것이 중요하다.

8-3 오일용 배관관리의 분석

1. 오일용 배관관리 분석의 개요

오일용 배관은 일반 탄소강으로 가능한 사용하지 않는 것이 좋다.

오일배관 선정방법에는 배관 운전조건에 따라 운전조건에 부합하는 유속 및 압력강하를 가지는 최적 크기의 오일배관을 선정한다.

중유(Heavy oil) 및 경유(Light Oil) 배관의 크기를 결정하기 위하여 임의의 크기를 가지는 배관에 대해 일정한 배관 운전조건에서 수계산에 의하여 해당 배관의 유속 및 압력강하를 계산함으로써 배관선정에 많은 시간이 소요되고 부정확한 문제점이 있다. 그러므로 배관 운전조건에 따라 배관의 유속 및 압력강하를 자동 산출하여 최적 크기의 배관을 선정하도록 한다.

오일용 배관관리 분석은 기계나 시설의 윤활유체인 오일이 사용되는 배관시스템의 상태를 평가하고 유지보수하는 프로세스이다. 배관시스템의 안전성과 성능을 유지하기 위한 오일용 배관관리 분석은 다음과 같이 수행된다.

1) 윤활유체의 품질평가

오일은 기계의 정상작동에 중요한 역할을 한다. 분석을 통해 오일의 품질을 평가하여 오염, 산화, 물 또는 다른 이상 물질의 혼입 여부를 확인할 수 있다. 오일의 품질을 유지하고 필요에 따라 교체하여 기계의 수명과 성능을 개선할 수 있다.

2) 오일분석을 통한 기계상태 평가

오일은 기계 내부에서 발생하는 마모, 부식 및 기타 문제의 조기 징후를 감지하는 데 사용될 수 있다. 오일 샘플링 및 분석은 마모 입자, 금속 조각, 적정한 오일 점도, pH 값, 용융 점도 등을 확인하여 기계의 상태를 평가할 수 있다. 이를 통해 예방적인 유지보수 및 수리를 수행하고 잠재적인 고장을 예방할 수 있다.

3) 오일용 배관시스템 내부의 적절한 유동성 확인

오일용 배관시스템은 정확한 유동성을 유지해야 한다. 오일분석은 오일용 배관시스템 내부의 유체흐름, 압력손실, 적정한 유속 등을 확인하여 시스템의 유동성을 평가할 수 있다. 이를 통해 배관시스템의 효율성을 향상시키고 문제가 있는 영역을 식별할 수 있다.

4) 유지보수 주기 및 예측가능성 결정

오일용 배관시스템 분석은 유지보수 작업의 주기를 결정하는 데 도움을 줄 수 있다. 정기적인 오일분석을 통해 오일교체, 필터교체 또는 청소 등의 작업을 예측할 수 있다. 이를 통해 예방적인 유지보수계획을 수립하고 장기적인 관리를 효율적으로 운영하고 유지할 수 있다.

2. 오일배관의 설치기준

① 오일배관의 최소 호칭지름은 25A로 하고, 등유의 경우는 20A로 한다.

② 오일펌프 입구 측에는 스트레이너를 설치하고, 오일 스트레이너는 복식 버켓형으로 한다.

③ 오일펌프의 주변 배관에는 연성계, 압력계를 설치한다. 다만 토출 측의 압력이 작은 경우에는 압력계를 설치하지 않는다.

④ 오일탱크와 서비스 탱크 사이에는 환유관을 설치한다. 또한 오버플로우가 중력으로 오일탱크로 돌아갈 수 없는 경우는 오일환수펌프를 설치한다.

⑤ 건물외부에서 인입하는 부분과 탱크주변의 급유관, 송유관, 환유관은 플렉시블 조인트를 설치한다.
⑥ 오일버너의 앞쪽에는 차단밸브를 설치한다.
⑦ 오일 서비스 탱크가 오일탱크보다 낮은 위치에 있는 경우는 사이폰 방지밸브, 환유펌프 및 긴급 차단밸브를 설치한다.
⑧ 오일배관은 전기배선배관에서 150mm 이상 이격시킨다.
⑨ 배관은 땅 속 매설을 피하고, 피트 또는 샤프트 내 배관으로 한다. 또한 불가피하게 땅 속 매설이 되는 경우는 필요한 환경조사(지표면 전위기울기 및 관지지 전위측정)을 행하고 부식방지를 위한 도복장 방식 또는 전기방식을 한다.
⑩ 환유관의 관경은 중력으로 환유하는 경우는 급유관(주관)의 1.5배 구경으로 한다.
⑪ 지하 오일탱크의 주유구의 설치위치는 적설을 고려하여 탱크로리 등에서 용이하게 급유할 수 있는 위치로 하고, 부착높이는 적설깊이를 검토하여 결정한다.
⑫ 오일탱크와 떨어진 곳에서 주유하는 경우의 유량지시계는 주유구에서 볼 수 있는 위치에 부착하고, 실내에도 상시 감시용으로서 설치한다.

3. 오일배관의 관경 결정

오일배관의 관경 결정은 아래와 같이 한다.

① 최대유량과 추정 유속에서 관경을 구한다. 이때 배관 내 압력을 이미 알고 있는 경우의 관경은 다음과 같이 산출한다. 오일펌프에 의해 강제 급유하는 경우에는 펌프의 유효양정(기기에 필요한 압력을 공제한 잔압)에 대하여, 또한 높은 위치에 있는 탱크류에서 자연 급유하는 경우는 탱크류의 유효높이(기기에 필요한 압력을 공제한 잔압)에 대해 배관길이에서 허용 마찰저항을 산출하여 마찰저항선도에서 관경을 결정한다. 관내유속은 권장유속 이내로 한다.
② 계산식 : 배관 허용마찰저항 R(Pa/m)

$R = 1000 \times (9.81 \times H - P_t)/(L + L')$

여기서, H : 펌프양정, 또는 탱크유효높이(m)

P_t : 기기의 필요압력(kPa)

L : 직관길이(m)

L' : 국부저항의 상당길이(m)

학습 8

4. 산업용 배관과 다양한 폐유의 오일 플러싱 활용사례 분석

① (사)한국윤활유공업협회에서는 그림처럼 폐윤활유 회수·재활용 의무비용으로 매월 회수·재활용 비용으로 지급하고 있다. 또한 이러한 폐유의 불순물 제거를 위한 입자와 수분을 제거하는 플러싱(Oil Flushing) 장비를 활용한다.

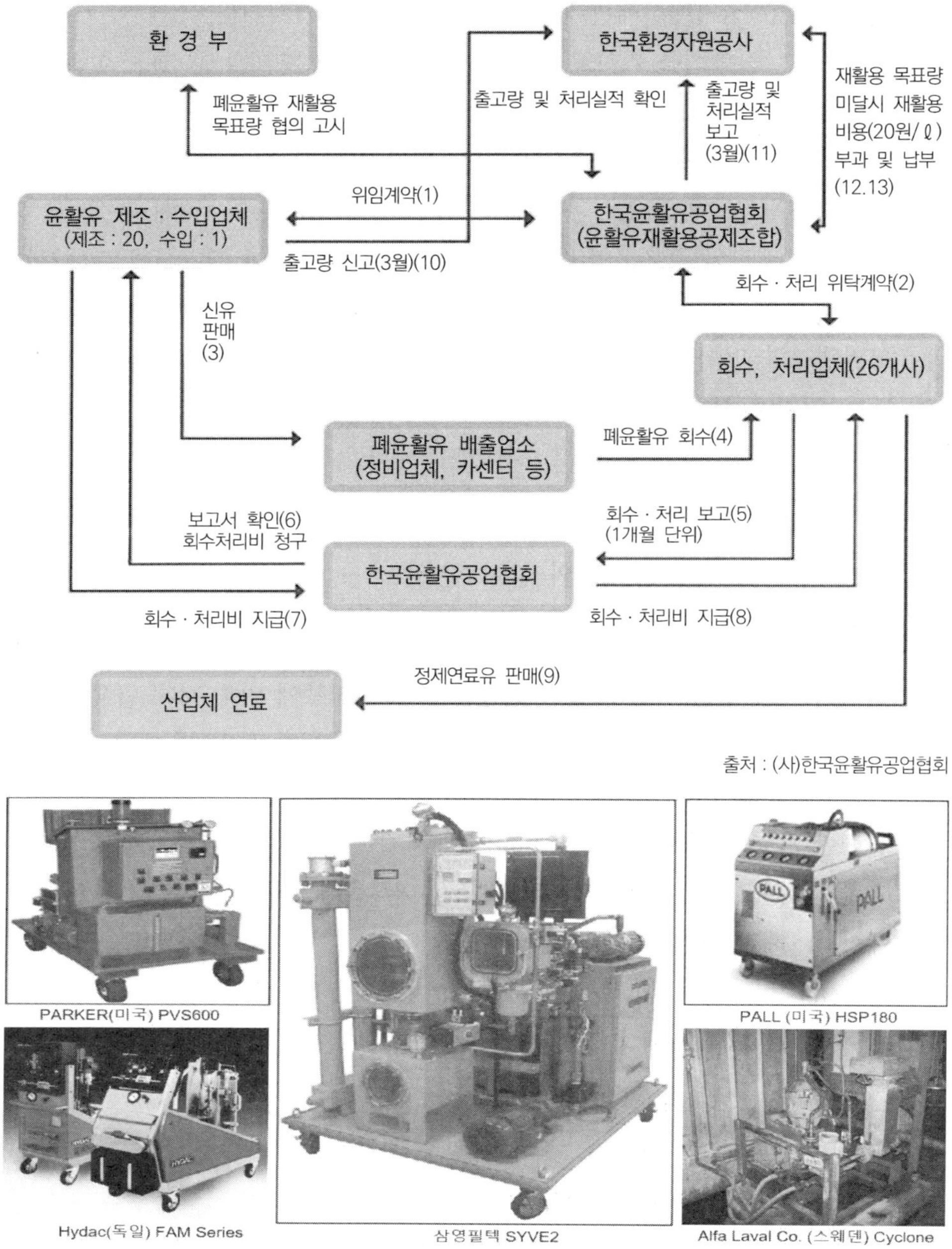

출처 : (사)한국윤활유공업협회

[그림 8-2] 산업용 폐유(윤활유) 회수절차와 재활용 장비활용의 사례분석

② 산업용과 차량용 윤활유의 오일 플러싱을 다양한 분야에서 배관관리와 과폐유를 처리하기 위한 입자제거 및 수분제거 과정은 다음과 같다.

[그림 8-3] 석유화학(유압유, 콤프레서유)/발전소(터어빈유) 배관, 오일 플러싱

[그림 8-4] 고속철(유압유, 절연유)/변전소(절연유) 배관, 오일 플러싱

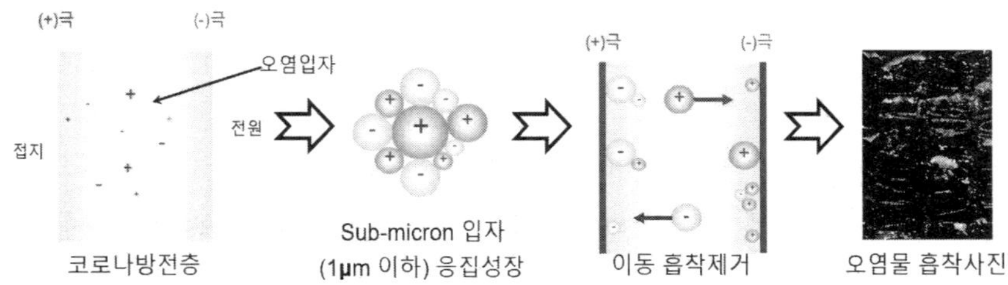

[그림 8-5] 오일 플러싱을 위한 전기 코로나 방전층의 오염입자 제거활용

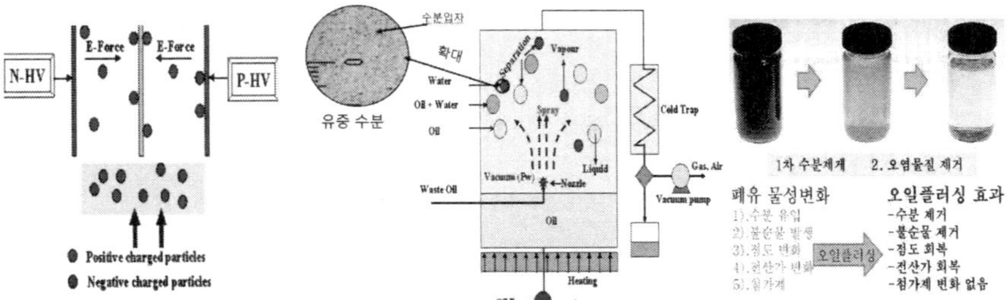

[그림 8-6] 오일 플러싱 효과를 위한 입자/수분제거 방식의 사례와 활용

학습 8

수행 내용

재료 · 자료

- 오일용 배관관리의 분석 관련 자료

기기(장비 · 공구)

- 컴퓨터, 프린터, 주변기기

안전 · 유의사항

- 컴퓨터 및 주변기기의 전원을 관리한다.

수행 순서

01 화학물질 관리법에 대하여 분석하라.

1. 허가구분

○ 허가물질의 제조 · 수입 · 사용 허가 등(법 제19조) : 허가물질을 제조 · 수입 · 사용하려는 자는 다음 각 호의 자료를 제출하여 미리 환경부장관의 허가를 받아야 한다.

① 제조 · 수입 · 사용을 하려는 자의 명칭, 소재지 및 대표자
② 화학물질의 명칭, 분자식 · 구조식 등 화학물질의 식별정보
③ 화학물질의 용도
④ 화학물질의 위해성
⑤ 허가물질의 대안 분석 및 실행가능성
⑥ 허가물질의 대체계획

2. 설치시 검사

◦ 유해화학물질 취급시설 설치 후 검사(법 제24조 제2항, 규칙 제23조 제1항) : 유해화학물질 취급시설의 설치를 마친 자는 환경부령으로 정하는 검사기관에서 검사를 받고, 그 결과를 환경부장관에게 제출하여야 한다.

3. 정기검사 및 수시검사

① 정기검사(법 제24조제3항, 규칙 제23조제2항, 제3항) : 유해화학물질 취급시설을 설치·운영하는 자는 취급시설별로 검사기관에서 정기검사 또는 수시검사를 받고 그 결과를 환경부장관에게 제출하여야 한다.

② 영업허가대상 1년, 허가대상 제외 2년이다.

4. 점 검

◦ 취급시설 등의 자체 점검(법 제26조, 규칙 제26조) : 유해화학물질 취급시설을 설치·운영하는 자는 주 1회 이상 해당 유해화학물질의 취급시설 및 장비 등에 대하여 정기적으로 점검을 실시하여야 한다.

5. 영향평가서

◦ 장외영향평가서(법 제23조제1항) : 유해화학물질 취급시설을 설치·운영하려는 자는 사전에 화학사고 발생으로 사업장 주변 지역의 사람이나 환경 등에 미치는 영향을 평가한 유해화학물질 화학사고 장외영향평가서를 작성하여 환경부장관에게 제출하여야 한다.

6. 안전관리규정

◦ 위해관리계획서의 작성제출(법 제41조) : 사고대비물질을 일정수량 이상으로 취급하는 자는 다음 각 호의 사항이 포함된 위해관리계획서를 5년마다 작성하여 환경부장관에게 제출하여야 한다.

① 취급하는 사고대비물질의 목록 및 유해성정보

② 사고대비물질 취급시설의 목록, 방제시설 및 장비의 보유 현황

③ 사고대비물질 취급시설의 공정안전정보, 공정위험성 분석자료, 공정운전절차 및 유

의사항에 관한 사항

④ 사고대비물질 취급시설의 운전책임자, 작업자 현황
⑤ 화학사고 대비 교육 · 훈련 및 자체점검 계획
⑥ 화학사고 발생시 비상연락체계 및 가동중지에 대한 권한자 등 안전관리 담당조직
⑦ 화학사고 발생시 유출 · 누출 시나리오 및 응급조치 계획
⑧ 화학사고 발생시 영향 범위에 있는 주민, 공작물 · 농작물 및 환경매체 등의 확인
⑨ 화학사고 발생시 주민(인근 사업장에 종사하는 사람을 포함한다)의 소산계획
⑩ 화학사고 피해의 최소화 · 제거 및 복구 등을 위한 조치계획
⑪ 그 밖에 사고대비물질의 안전관리에 관한 사항

7. 적용대상

- 유해화학물질(법 제2조제7호) : 유독물질, 허가물질, 제한물질 또는 금지물질, 사고대비물질, 그 밖에 유해성 또는 위해성이 있거나 그러할 우려가 있는 화학물질을 말한다.

02 송유관 안전관리법에 대하여 분석하라.

1. 허가구분

- 인가, 신고(법 제3조, 규칙 제2조) : 송유관의 공사를 하려는 자는 그 공사계획에 관하여 산업통상자원부장관의 인가를 받아야 한다.
- 송유용 배관 설치공사는 규정에 의하여 공사계획의 인가를 받아야 한다.

2. 설치시 검사

- 완성검사(법 제5조, 규칙 제5조) : 송유관설치자가 해당 송유관의 공사를 완성하였을 때에는 산업통상자원부장관의 완성검사를 받아야 한다.
- 기술검토(규칙 제6조) : 한국가스안전공사는 공사계획의 검토요청을 받은 때에는 30일 이내에 검토의견서를 작성하여 산업통상자원부장관에게 제출하여야 한다.

3. 정기검사 및 수시검사

- 안전검사(법 제8조, 규칙 제14조) : 안전검사는 완성검사 받은 해의 다음 해부터 2년에 1회 받아야 한다.
- 수시검사(법 제8조, 규칙 제14조) : 송유관시설에 사고가 발생한 때에는 수시로 안전검사를 실시할 수 있다.

4. 점검

- 송유관의 보존(법 제10조) : 송유관설치자는 타인의 식물이나 그 밖의 장애물이 송유관의 보존에 지장을 주거나 줄 우려가 있다고 인정하면 그 식물이나 그 밖의 장애물을 변경하거나 제거할 수 있다.

5. 안전관리규정

- 안전관리규정(법 제6조, 규칙 제9조) : 송유관의 석유 누출사고 발생 시의 긴급대처 방안 및 안전관리체계 등 안전관리규정을 정하여 송유관을 운영하기 전에 산업통상자원부장관의 인가를 받아야 한다.

6. 적용대상

- 송유관(법 제2조, 령 제2조)
  - 송유관이란 석유를 수송하는 배관 및 공작물
  - 사업장에서 그 외부지역으로 연결되어 있는 경우로서 그 길이가 15킬로미터 이상인 것은 송유관으로 본다.

03 배관시공 상태 파악에 대하여 분석하라.

배관시공 상태는 측정 능력, 샘플링 능력, 시험성적서 및 검사성적서 판독능력, 도면해석 및 활용능력을 숙지하여 배관시공 상태를 파악하는 것이다.

1. 배관공사를 확인

1) 공통사항을 확인

① 입상피트의 유지관리 공간(Maintenance Space)은 충분히 확보되었는지 확인한다.
② 각종 배관의 배치는 산만하지 않게 정렬되었는지 확인한다.
③ 배관에 대한 방진조치는 고려되었는지 확인한다.
④ 배관계통 도중에 공기의 정체가 우려되는 부분에 공기벤트(Air Vent)가 설치되었는지 확인한다.
⑤ 방진장치가 있는 장비의 연결배관에 후렉시블 컨넥터(Flexible Connector)가 설치되었는지 확인한다.
⑥ 배관공사 중이거나 일시중지하는 경우에는 배관 내에 이물질이 들어가지 않도록 보호 캡 등으로 완전히 밀폐하여 보호하고, 부분 공사완료시에는 필히 관내 이물질을 제거하고 다음 공정에 임한다.
⑦ 관은 그 단면이 변형되지 않도록 관축에 대해 직각으로 절단하고, 절단 부분은 리이머 또는 연삭 다듬질을 한다.
⑧ 나사 접합시 유니온 접합을 해서는 안된다.
⑨ 패킹은 관 내경과 일치하도록 플랜지 사이에 밀착시키고 시공한다.
⑩ 이종금속이 접합 또는 접촉되는 부분은 항상 절연을 해야 한다.

2) 관내의 점검, 청소 및 배관 끝을 보호

① 관은 접합하기 전에 관 내부를 점검하여 이물질이 없는지 확인한다.
② 금속의 칩 및 먼지 등을 완전히 제거했는지 확인한다.
③ 작업종료나 일시적으로 중단시 배관 끝을 플러그 및 캡 등으로 완전히 폐쇄하고 이물질이 들어가지 않도록 하는 등의 조치 여부를 확인한다.

2. 배관의 동파방지를 확인

1) 배관의 동파예방 조치

① 옥외 및 기타 동파가 예상되는 배관에는 배수밸브(Drain Valve)를 설치하여 배관 내의 물이 완전히 배수 가능하도록 충분한 구배를 고려하여 시공한다.
② 외벽에 가까운 입상피트(Pipe Shaft) 내 입상관 등 동파가 예상되는 개소는 전열선을 감아 동파의 예방조치를 한다.

③ 증기배관의 동파방지를 위해 환수관의 구배를 1/100~1/150로 하여 자연 환수가 잘 되도록 한다.

④ 트랩은 동파우려가 있으므로 가능하면 옥내에 설치한다.

⑤ 온수배관은 옥외 노출 또는 옥외에 가까운 곳에는 배관하지 않도록 한다.

2) 각종 배관의 동결방지 대책을 확인

(1) 증기배관·환수관의 동결방지 대책을 확인

① 증기배관·환수배관은 응축수가 정체되지 않도록 배관의 구배를 주고, 관경이 다른 배관의 접속은 편심 레듀셔(Reducer)를 사용하여 정체에 각별히 주의해야 한다.

② 트랩이나 리프트 피팅(Lift Fitting)은 외기에 노출되어 동파의 위험이 있는 곳에는 가능하면 설치를 피한다. 어쩔 수 없는 경우는 발열선과 보온 케이싱을 같이한다. 〈표 8-1〉은 각종 배관의 동결방지 대책이다.

〈표 8-1〉 배관의 동결방지 대책

<table>
<tr><th colspan="2">구 분</th><th>24시간 연속 운전</th><th>간헐 운전</th><th>동절기 장기간 운전정지</th></tr>
<tr><td>난방실</td><td>냉수
온수
냉온수
냉각수
급수
배수</td><td></td><td>특별한 대책 불필요</td><td></td></tr>
<tr><td rowspan="2">비난방실</td><td>냉수
온수
냉온수
냉각수</td><td>특별한 대책 불필요</td><td rowspan="2">보온 또는 발열선 +보온</td><td rowspan="2">순환펌프 가동에 의한 물의순환
(냉각수, 급수, 배수는 제외)
물빼기
부동액 주입
발열선+보온</td></tr>
<tr><td>급수
배수</td><td>보온 또는 발열선 + 보온</td></tr>
<tr><td rowspan="2">옥외</td><td>냉수
온수
냉온수
냉각수</td><td>특별한 대책 불필요</td><td rowspan="2">보온 케이싱 또는 발열선+보온 케이싱</td><td rowspan="2">순환펌프 가동에 의한 물의 순환
(냉각수, 급수, 배수는 제외)
물빼기
부동액 주입
발열선+보온케이싱</td></tr>
<tr><td>급수
배수</td><td>보온 또는 발열선 + 보온 케이싱</td></tr>
</table>

(2) 통기관 · 배기관의 동결방지 대책을 확인한다.

① 안전밸브의 배기관, 팽창탱크, 응축수 탱크 등의 통기관은 1/250 이상의 순구배로 시공하여 배수가 고이지 않고 탱크 또는 외부로 배출되도록 한다.

② 옥외로 배출하는 안전밸브의 배출관 등은 증기가 상부로 배출되도록 한다.

(3) 매설배관의 동결방지 대책을 확인한다.

① 급수배관의 매설은 각 지역의 수도사업소에서 정하고 있는 매설심도를 확인한다. 〈표 8-2〉는 일반적인 표준매설심도이다.

〈표 8-8〉 표준매설심도

도로 등의 종별	표준매설심도[m]
공도내(公道內)의 차도 부분	1.2 이상
공도내(公道內)의 보도 부분	0.9 이상
사도내(私道內)의 차량통행 부분	0.6 이상(대형 차량 통로부는 제외)
택지내(宅地內)	0.3 이상

② 공조배관은 가능하면 지중매설을 피한다. 어쩔 수 없는 경우는 동결심도 이하로 매설한다.

3. 각종 신축이음쇠의 선정 및 설치간격을 파악

냉 · 온수, 증기가 관내 통과시 고온, 저온에 의한 관의 팽창수축으로 배관의 신축도가 크게 되어 관, 기구, 파손, 휨(좌굴)이 발생한다. 이러한 사항을 방지하기 위하여 배관도중에 신축이음을 설치한다. 배관지지 철물 등의 설치시 자중 및 고정응력을 고려하여 견고하게 설치하고 관의 신축, 진동 및 하중 등에 견딜 수 있도록 일정 간격으로 설치하여 이완 파손변형이 없도록 한다. [그림 8-7]은 현장에 설치된 횡주관의 앵커, 가이드, 신축이음의 설치 모습이다.

① 입상관은 각 층마다 1개소 이상 지지한다.

② 다른 배관 및 기기 등에 가스배관을 지지하여서는 안된다.

③ 바닥에 설치되는 배관은 지지철물을 사용하여 고정한다.

④ 배관의 팽창수축으로 배관의 파손, 휨(좌굴)을 방지하기 위하여 배관도중에 신축이음을 설치한다.

1) 신축루프배관(Expansion Loop Bend)을 확인

배관의 도중에 설치하여 곡부의 팽창, 수축에 의하여 관의 신축을 흡수하며, 링(Ring)처럼 굽은 관을 말한다.

2) 신축이음쇠를 확인

신축밴드, 벨로우즈 신축이음, 스위블(Swivel) 조인트 등을 사용하며, 증기나 온수를 운반하는 긴 배관은 온도변화에 따른 팽창과 수축을 흡수하기 위하여 30m 마다 1개소 정도의 비율로 설치 할 필요가 있다.

3) 볼 조인트를 확인

볼(Ball) 부와 케이스 부는 KS D 4301에 의한 3종(GC 20)으로 미끄럼 부가 경질 크롬 도금 다듬질의 상당품 이상으로 하고, 호칭지름 50mm 이하는 나사형으로 하며, 호칭지름 65mm 이상은 플랜지형으로 한다. 이 조인트는 관의 신축 또는 굴절 등에서 새지 않고 작동이 확실한 것으로 한다.

4) 신축이음쇠 허용 배관길이를 확인

① 벨로우즈 형식 및 슬리브 형식의 단식 신축이음쇠가 부담할 수 있는 배관길이는 신축량 계산 및 설치간격 산정시 참고한다.

② 벨로우즈 형식 및 슬리브 형식의 신축이음은 수압에 의한 신축이 크기 때문에 그에 대항하는 고정점뿐만 아니라 관 자체에도 압력이 가해져 관의 좌굴을 일으키는 경우가 있으므로 고정점의 간격과 위치를 검토해둔다.

③ 선팽창 계수(Lineal Expansion Coefficient)는 배관의 온도 t1℃ 때의 길이를 L1, 온도 t2℃ 때의 길이를 L2 라고 하면, t1℃ 때의 길이에 대한 신축의 비율은 온도에 비례한다. 즉 (L2 - L1) / = a(t2 -t1)로 비례정수 a를 선팽창 계수라 부른다.

5) 신축이음의 앵커, 가이드 설치기준을 확인

① 주 고정점(Anchor)과 이에 부착되는 모든 구조물은 그에 작용하는 모든 외압에 대해 충분히 견딜 수 있게 설치되어야 한다.

② 주 고정점의 설치위치는 흐름방향이 변하는 지점, 직선배관에서 서로 다른 구경의 두 신축이음 중간부, 신축이음이 설치된 곳에서 주 배관의 T 부분, 배관이 끝나는 관말지점이다.

③ 중간 고정점은 내압에 의한 추력을 받지 않는다. 중간 고정점에는 배관의 무게와

학습 8

유체의 흐름에 의한 마찰력이 작용한다.

④ 가이드는 배관의 좌굴현상을 방지하고, 신축이음이 작동할 때 적절히 중심을 맞추기 위해 필요하다. 제기능 유지를 위해 배관에 적합한 가이드와 지지물, 주 고정점을 설치해야 한다.

6) 신축이음쇠 설치시 유의사항을 확인

(1) 검사사항을 확인한다

① 운송중 발생할 수 있는 신축이음의 손상 여부를 검사한다.

② 신축이음은 유체흐름 방향에 맞게 설치되었는지 검사한다.

③ 앵커 및 가이드가 적절하게 설치되었는지 검사한다.

(2) 주의사항을 확인한다

① 신축이음을 떨어뜨리거나 타격하지 말아야 한다.

② 벨로우즈에 용접 스패터(Spatter)가 없도록 한다.

③ 염분이 있는 세척제로 세척하는 것을 금지한다.

④ 수압시험은 제조사에서 규정한 압력 이상으로 하지 말아야 한다.

(3) 압력시험 및 가동 전 검사내용을 확인한다

① 배관설계도에 맞게 앵커, 가이드, 지지물(Support)이 설치되었는지 검사한다.

② 신축이음의 설치위치는 적절한지 검사한다.

③ 모든 가이드, 지지물이 신축이음 배관의 신축량을 충분히 허용할 수 있는지 검토한다.

(4) 압력시험 중, 시험 후 검사내용을 확인한다

① 압력강하 및 누설 여부를 확인한다.

② 앵커, 신축이음의 압력부위 및 다른 요소에서 뒤틀림, 항복을 검사한다.

[그림 8-7] 횡주관의 앵커, 가이드, 신축이음의 설치 모습

③ 압력으로 인해 예상하지 못한 운동, 변형이 발생했는지 검사한다.

04 배관누설 여부의 확인에 대하여 분석하라.

1. 내압 및 기밀시험을 실시

배관공사가 완료되었을 때에는 자기압력 기록계로 2회 이상에 걸쳐 주지관, 입상관, 가정관, 동별로 반드시 기밀시험을 하여야 하며, 입상관 및 가정관의 기밀시험은 경사 마노메타 등 계량법에 의한 검사품인 수주계 및 수은주계로 실시한다.

① 내압시험은 최고 사용압력의 1.5배 이상, 기밀시험은 최고 사용압력의 1.1배 이상 또는 840mmAq 중 높은 압력 이상으로 한다.

② 기밀시험의 봉입가스는 불활성 가스, 질소 등의 사용을 원칙으로 하되, 공기압에 의한 기밀시험을 행할시 온도계를 병설하여 온도에 따른 압력을 보정해야 하며, 시험 후 생기는 응축수는 충분히 제거한다.

③ 기밀시험 및 압력 유지시간은 다음과 같다.

〈표 8-3〉 기밀시험 및 압력 유지시간

종 류	최고 사용압력	용 적	기밀 유지시간
자기압력계	저압	$1m^3$	30분
		$1 \sim 10m^3$ 이하	240분
		$10m^3$ 초과~$300m^3$ 이하	24시간

2. 수압 테스트를 준비

1) 수압 테스트 전에 사전 준비사항을 파악

① 시험 구간 및 시험 압력, 유지시간을 확인한다. 입상관의 하부에서는 정수두압이 걸리므로 접속기구의 내압을 체크한다.

② 급수 가압방법, 배수방법 검토 및 작업자의 배치, 연락체계를 사전에 확인한다.

③ 밸브류, 배관, 기구류의 폐쇄상태, 플러그 · 압력계 부착상태를 확인한다.

④ 누수에 의한 피해 우려가 있는 곳은 보양을 철저히 한다.

⑤ 배관접속의 착오가 없는지 확인한다.

⑥ 시험에 사용하는 밸브(수압 펌프와의 접속 밸브, 공기빼기 밸브, 배수밸브 등)는 시

학습 8

험압력에 견디는 것으로 한다.

⑦ 내압시험에 사용하는 압력계는 시험압력에 대해서 눈금에 여유가 있는 것을 사용하며, 설치위치는 눈금을 확인하기 쉽고 사진촬영이 쉬운 곳에 설치한다.

2) 배관수압 시험요령을 확인

① 배관 내에 물을 채운다. 물을 채울 때는 시험압력의 적정 유지를 위해 배관 내 공기를 완전히 뺀다.

② 시험압력, 가압시간은 체크리스트의 기준을 따른다.

③ 시험중에는 기기류나 밸브 등에 손대지 못하도록 해야 하며 주위 사람들이 쉽게 알 수 있도록 표시해 둔다. 또 압력이 떨어져도 함부로 올리지 않도록 작업자들에게 사전에 시험시간을 알려준다.

④ 시험시에는 일시, 배관계통, 시험압력, 유지시간, 책임자, 감독자를 기재하여 압력계 위치에서 사진촬영하여 관리한다.

⑤ 시험 실시 구간, 시험 실시 전의 압력, 유지시간 경과 후의 압력, 기타 시험기록은 상세하게 기록하여 보관한다.

3) 수압시험 판정기준을 확인

① 수압은 60분간 방치 후 압력강하는 0.05 MPa(0.5kgf/cm^2) 미만, 누수가 없어야 한다.

② 기압은 60분간 방치 후 압력강하는 0.035MPa(0.35kgf/cm^2) 미만, 누기가 없어야 한다.

③ 만수는 30분간 방치 후 누수가 없어야 한다.

④ 통수는 10분간 방치 후 누수가 없어야 한다.

4) 시험종료 후 조치사항을 숙지

① 시험이 종료되면 원칙적으로 신속히 배수하나 필요시 사용압력 기준으로 압력을 유지한다. 배수할 때에는 배수용 밸브는 배수관 등으로부터 넘치지 않도록 주의하면서 서서히 연다.

② 시험종료 후는 시운전 조정전의 준비단계로서 관 내부청소를 한다. 관 내부청소는 물로 하며 만수 배수(Blow)법으로 하여 물의 탁도를 보고 판단한다.

③ 시험종료한 계통은 시험 미실시 계통과 확실히 구별 가능하도록 시험 진행상황을 관리한다.

5) 수압시험시 유의사항을 확인

① 체크밸브가 있는 계통에 대하여 밸브의 상류측부터 가압한다.

② 배관계통의 최상단부에는 공기빼기 검수용 밸브를 설치하고, 물 채울 때 밸브를 개방하여 물이 흘러나올 때까지 물을 관내에 보급한다.

③ 배관계통 도중에 공기의 정체가 우려되는 곳에는 반드시 공기빼기 밸브를 설치한다.

④ 가압은 배관계통에 이상이 없음을 확인하면서 서서히 시험압력까지 도달시킨다.

⑤ 가능한 한 공사도중에 구간별로 나누어서 시험을 한다.

⑥ 시험종료 후에는 부분 시험시 사용한 맹 플랜지 등의 제거상태를 확인한다.

⑦ 시험종료 후 배수시에는 건물 내로 배수된 물이 건축의 마감부위를 오염시키지 않도록 주의한다.

3. 수압 테스트를 실시

각 배관 계통의 전부 또는 일부가 완료된 경우에는 수압시험을 실시한다.

1) 냉 · 난방배관의 수압시험을 실시

① 보온 또는 도장시공 전에 부분적 또는 전반적으로 수압시험을 한다.

② 시험결과 누수개소가 생긴 경우에는 수리 후 재시험을 한다.

③ 수리는 해당 부분을 다시 조이거나 패킹(Packing), 개스킷(Gasket) 등의 재료교환에 의하는 것으로 하고, 코킹(Caulking) 등에 의한 수리를 해서는 안 된다.

④ 상기시험의 누수검사는 내압 1시간 후에 한다.

⑤ 시험 후에는 관내의 물을 각 부분에서 완전히 배수(Blow)하여 관내의 이물을 배제한다.

⑥ 시험압력이 기기류의 최고 압력을 넘을 때는 기기의 출 · 입구밸브를 전폐해둔다.

⑦ 입상관의 경우 배관 윗부분과 밑 부분에서는 관의 접수 등에 상당하는 것만큼 압력차가 생기므로, 입상관이 긴 경우에는 이 점을 고려하여 시험압력의 위치를 정한다.

2) 급수 · 급탕 및 배수관의 수압시험을 실시

배수계통의 전부 또는 일부가 완료된 경우에는 수압시험을 실시한다.

(1) 만수시험을 실시한다

① 기구를 접속하기 전에 실시하고, 시험대상 부분의 최고 개구부를 제외한 접속구는 모두 밀폐하고 관내를 만수로 하여 누수의 유무를 확인한다.

② 부분 시험을 할 때는 그 계통 중의 부분 시험의 최고위부터 밑으로 3m까지의 배관을 제외하고, 어느 부분도 3mAq 이상의 수두로 시험한다. 수압시험 시험방법 및 기준값은 〈표 8-4〉에 따른다.

〈표 8-4〉 수압시험 시험방법 및 기준값

구 분	시험방법	수압(만수시험)				
계통	최소 압력	1.7Mpa	1Mpa	실제로 받는 최고 사용 압력의 2배	3mAq(0.03Mpa)	통수
	최소 유지시간(min)	60	60	60	30	30
급수	직결	○				
	고가 수조 이하		○			
	양수관			○		
배수	건물내 배수관				○	
	부지 배수관					○
	건물내 우수 배수관					○

(2) 아래 주의사항을 확인한다

① 급수계통의 시험용수는 상수를 사용한다.

② 시공공정을 잘 검토하여 단열, 도장작업 전에 시험한다.

③ 배관계통의 공기빼기를 충분히 하며, 요소에 공기방출 밸브를 설치한다.

④ 시험 후의 물은 배수가 가능하도록 고려한다.

⑤ 계기류용 접속소켓은 플러그(Plug)로 막아둔다.

⑥ 각 기기의 최대 사용압력을 넘는 압력을 가하지 않는다.

⑦ 신축이음쇠 등은 내압을 조사하여 견딜 수 없는 것은 일시에 떼어내 두고 시험한다.

3) 지역난방 배관에 대해 수압시험을 실시

(1) 시험압력 및 절차에 대해 확인한다

① 1차 측 배관 수압시험은 설계 압[1.6MPa(16kgf/cm^2)]의 1.5배로 30분간 유지하여 이상이 없어야 한다.

② 1차 측 배관의 비파괴 검사는 관계 법령에 의한 기술용역 전문업체에서 지상노출 구간은 20%, 지하매설 및 벽체 매입구간은 100% 실시하여야 하며, 비파괴 검사가 곤란한 소켓 용접부위는 용접개소에서 제외한다.

(2) 오일(Oil) 배관은 최고 사용압력의 1.5배×60분 이상으로 하며, 최저 압력은 0.7MPa(7kg/cm^{2}G)× 60분 이상으로 한다.

4. 기밀시험을 준비

1) 기밀시험 준비내용을 확인

① 누설시험용 가스봄베, 공기압축기(Compressor)를 선정한다.

② 압축기의 흡입 · 토출 측의 밸브를 닫고 압축기를 시험용 배관으로부터 차단한다.

③ 누설시험용 비눗물 또는 중성세제 수용액을 준비한다.

④ 압력계를 배관계통의 고압, 저압 측에 각각 1개씩 설치한다.

⑤ 자동제어 밸브나 팽창 밸브의 외부 균압관 등은 시험 압력을 받지 않도록 보호하거나 제거한다.

⑥ 가스봄베 사용시 봄베는 수직으로 설치하며, 압력계와 조절밸브를 부착한다.

2) 기밀시험 요령을 확인

① 봄베의 개폐밸브를 개방하거나 공기압축기를 운전하여 서서히 가압하고, 약0.5MPa (5kgf/cm^2)까지 압력을 올린다.

② 전체 계통에 이상이 없음을 확인한 후 서서히 저압 측의 시험압력까지 상승시킨다.

③ 저압 측 시험압력 상태에서 누설유무를 조사한다.

④ 누설확인은 발포액을 나사부의 접속부, 용접부, 기타 누설이 예상되는 모든 개소에 충분히 칠하여 완벽히 확인한다.

⑤ 전체 계통이 저압 측 시험압력 상태에서 누설이 없는 경우는 저압측 공급배관 밸브를 닫고 고압부만 고압시험 압력까지 높여 저압부와 같은 방법으로 시행한다.

⑥ 60분간 시험하여 누설이 없으면 그 상태로 24시간 방치하여 압력강하가 없는지 확인한다.

⑦ 계통에 누설이 없으면 계통 중의 낮은 위치에 있는 배수밸브나 배수 플러그를 개방하여 압력가스를 외부로 방출시킨다.

3) 기밀시험 시 유의사항을 확인

① 시험에 사용하는 압력가스는 일반적으로 질소 가스와 같이 불연성 가스를 사용하며 산소 또는 독성 가스를 사용해서는 안된다.

② 암모니아 냉동장치에서는 탄산가스를 사용하지 않는다.

③ 공기압축기를 사용할 경우 시험압력까지 충분히 가압할 수 있는 것을 사용하며, 흡입 측에 드라이어(Drier)를 접속하여 수분이 포함된 공기가 냉매 계통 내에 들어가지 않도록 한다.

④ 냉동장치의 압축기를 사용하여 가압해서는 안된다.

⑤ 압력계의 최고 눈금은 시험압력의 1.5~2배인 것을 사용한다.

⑥ 아주 미세한 누설부분도 간과해서는 안되며 발견시는 반드시 표시해 둔다.

⑦ 누설개소가 발견되면 가스를 퍼지(Purge) 시킨 후 용접이나 너트를 확실히 조인다.

⑧ 누설시험에 비눗물을 사용한 경우에는 시험 후 잘 씻어낸다.

⑨ 동관배관의 불량개소는 그 상태에서 보수하지 않고 일단 철거하여 그 부분을 깨끗이 청소한 후 다시 용접한다.

4) 진공 건조작업의 요령을 확인

냉매배관의 기밀시험에서 누설이 없으면 다음 요령으로 진공 건조시킨다.

① 진공펌프 및 냉매가스 봄베를 각각의 서비스포트에 접속한다.

② 냉매로 0.2MPa(2kgf/cm^2) 이상의 압력을 걸어 냉매계통의 누설시험을 한다.

③ 냉매를 방출하고 진공펌프를 운전한다.

④ 저압이 진공상태임이 확인되면 진공펌프를 정지시킨다.

⑤ 봄베의 밸브를 열어 냉매를 주입시키고, 0.2MPa(2kgf/cm^2)까지 가압시켜 다시 누설 검지기로 누설시험을 한다.

Tip

- 난방, 급탕 배관수압 시험시 신축이음쇠 등은 내압을 조사하여 견딜 수 없는 것은 일시에 떼어내 두고 시험한다.
- 시험 후의 물은 배수가 가능하도록 고려해 둔다.

학습활동.8 교수 · 학습 방법

교수 방법

- 화학 및 오일용 배관관리의 분석에 대한 관련 용어, 구성, 방식 이해 정도를 파악한 후 수업을 진행한다.
- 교수자의 주도로 화학 및 오일용 배관관리의 분석 등의 내용을 PPT 자료로 제시한 후 설명한다.
- 가능하면 사전에 개인별 학습 자료를 준비하여 모든 학생이 참여할 수 있는 문제 해결식 수업, 협력 수업이 가능하도록 한다.
- 화학 및 오일용 배관관리의 분석 전 과정을 작업의 순서에 따라 단계적으로 실습이 이루어질 수 있도록 지도한다.
- 교재를 통해 수업을 준비하는데 있어서 필요한 모든 정보나 팁, 힌트 등 도움이 될 만한 내용들을 확인할 수 있다.
- 학생들이 만들게 될 각 모델들은 수업시간에 중점적으로 다뤄질 부분과 어휘, 질문, 답을 포함하고 있으며 또한 탐구할만한 추가적인 아이디어들도 포함하고 있다.

학습 방법

- 화학 및 오일용 배관관리의 분석에 대한 관련 용어를 숙지하고, 화학 및 오일용 배관관리의 분석에 대해 이해한다.
- 화학 및 오일용 배관관리의 분석의 각 단계별 중점 사항을 체계적으로 학습한다.
- 화학 및 오일용 배관관리의 분석의 수행순서의 전 과정을 실습한다.
- 화학 및 오일용 배관관리의 분석의 내용을 이해한다.
- 화학 및 오일용 배관관리의 분석 을 이해하고 숙달이 될 때까지 학습한다.

학습활동.8 평가 및 피드백

평가 준거

- 평가자는 피평가자가 수행 준거 및 평가 내용에 제시되어 있는 내용을 성공적으로 수행할 수 있는 지를 평가해야 한다.

학습내용	평가항목	성취수준		
		상	중	하
화학 및 오일용 배관관리의 분석	화학 및 오일용 배관관리의 분석을 이해할 수 있다.			

학습 8

평가 방법

- 작업 포트폴리오

학습내용	평가항목	성취수준		
		상	중	하
화학 및 오일용 배관관리의 분석	화학 및 오일용 배관관리의 분석을 이해할 수 있다.			

- 필기시험

학습내용	평가항목	성취수준		
		상	중	하
화학 및 오일용 배관관리의 분석	화학 및 오일용 배관관리의 분석을 이해할 수 있다.			

- 체크리스트를 통한 관찰

학습내용	평가항목	성취수준		
		상	중	하
화학 및 오일용 배관관리의 분석	화학 및 오일용 배관관리의 분석을 이해할 수 있다.			

- 피드백

1. 작업 포트폴리오
   - 제출한 보고서를 평가한 후 주요 사항에 대하여 표시하여 돌려준다.
2. 필기시험
   - 평가 결과 성적이 저조한 학생은 보고서 제출 기회를 부여한다.
3. 체크리스트를 통한 관찰
   - 실습 과정에서 평가한 후 개선해야 할 사항 등을 정리하여 돌려둔다.

참 | 고 | 문 | 헌

- 국토해양부, 『건축기계설비공사 표준시방서』, 대한설비공학회, p25, 2011.
- 국토해양부, 『설비공학편람(제1권 기초)』, 대한설비공학회, 2011.
- 국토해양부, 『설비공학편람(제2권 공기조화)』, 대한설비공학회, 2011.
- 김규생 · 김덕주 공저, 『건축 · 기계 · 설비 시공 실무』, 기문당, 2001.
- 김동우, 『표준배관 공학』, 세진사, 2003.
- 대한주택공사, 『기계설비공사 표준상세도』, 대한주택공사, 2003.
- 보냉가설기술연구회, 『건축기계설비에 대한 이해와 운전 관리』, 예문사, 2013.
- 설비 기술 연구회, 『공조위생기술 데이터 북』, 도서출판 한미, 2000.
- 이민우, 『자동 제어 실무』, 사단법인 한국설비기술협희, 2010.
- 한국토지주택공사, 『공사 감독 핸드북(기계)』, 도서출판 건설 도서, 2013.
- 함이호, 『시설관리 실무 기술』, 도서출판 건기원, 2010.
- 국토해양부, 『건축 기계 설비공사 표준시방서』, 대한설비공학회, 2011.
- https://luckygg.tistory.com/27
- ㈜대우건설 · (사)대한건축학회, 『건축기술지침 Rev.1(기계)』. 도서출판 공간예술사, 2012.
- (사)대한건축학회, 『건축설비』, 기문당, 1995.
- 건축설비용어사전 편집위원회, 『건축설비용어사전』, 기문당, 1994.
- 박영순, 『건축기계설비일반시공』, 도서출판 세진사, 2000.
- 박종일 · 서기원 공저, 『건축설비 설계』, 도서출판 세진사, 1999.
- 한국종합건설 기계설비협의회, 『설비시공개선 사례집』, 한국종합건설 기계설비협의회, 2014.
- 00건설 건축기전팀, 『일반배관작업지침』 별첨 품질관리기준, 2011.
- 강동우 · 강민구 · 정해진 · 남상엽, "스마트 시티형 다굴절 오배수관용 Push Rod 및 무선 영상전송 플랫폼," 2019년도 한국인터넷정보학회 추계학술발표대회 논문집 제20권2호, 2019.11.02.
- 정해진, "다굴절 파이프 라인의 내부 검사를 위한 내시경 장치," 대한민국특허등록번호(102157165), 2020.09.11.
- 설동현 외, "DDVS 기법을 활용한 일반 구조용 탄소강관 및 강재 파이프 서포트 영상기반 변위계측," 대한건축학회연합논문집 21권1호, 2019.
- 남명우, "EMD를 이용한 초음파 비파괴 평가용 3차원 영상처리 소프트웨어 개발," 한국산학기술학회 9권6호, 2008.
- 강민구 · 남상엽 · 정해진 · 전준철, "배관 네비게이션 시스템 및 이를 이용한 배관 네비게이팅 방법," 대한민국특허등록번호(102369573), 2022.02.25.
- http://blog.naver.com/ltedrain
- http://www.tktech.kr/
- http://hiendt.co.kr/
- https://m.blog.naver.com/qorhksdml 정의 및 분류
- http://www.me.go.kr/
- http://www.oils.or.kr/ 폐유 재활용
- https://www.reseat.or.kr 폐윤활유의 재활용 동향

학습 8

학습 1	배관관리 기술의 개요
학습 2	배관검사와 판독
학습 3	배관영상 분석
학습 4	배관위치 파악과 영상마카
학습 5	배관기술 및 시장동향
학습 6	배관의 시공/누설확인 및 시운전
학습 7	상수 및 하수용 배관관리의 분석
학습 8	화학 및 오일용 배관관리의 분석
학습 9	**가스용 배관관리의 분석**
학습 10	전기 및 통신용 배관관리의 분석
학습 11	스마트 배관관리의 분석
학습 12	스마트 배관관리의 영상활용

학습 목표	1. 가스용 배관관리의 분석을 이해할 수 있다.

9-1 가스용 배관의 분석

1. 가스배관의 개요

1) 주배관

주배관이라 함은 천연가스의 수송을 위해 지상에 노출 또는 하저, 해저 및 지중에 매설된 고압관을 말한다.

2) 공급관리소

공급관리소라 함은 GSD-2201에서 분류된 한국가스공사의 천연가스 공급을 위한 관리소 중 기능별 분류에 의한 정압관리소(Governor Station), 계량관리소(Metering Station), 차단관리소(Valve Station), 블록밸브(Block Valve) 등을 말한다.

3) 엘보 및 3D벤드(Elbow 및 3D Bend)

엘보 및 3D벤드(Elbow 및 3D Bend)는 규격에서의 3D 벤드라 함은 고주파 벤딩에 의해 950±30℃(X70 : 1050 ±30℃)에서 제조된 곡률반경이 배관외경의 3배(3D)인 벤드를 말하는 것으로 90°, 45°, 22.5°의 각도를 가지며 공급관리소와 공급관리소 사이의 주배관에는 피그의 원활한 통과를 위하여 벤드가 필요할 시에는 반드시 3D 벤드를 사용하여야 한다.

엘보라 함은 ASME B16.9 또는 MSS-SP-75규격에 의거 공장에서 제작한 관이음쇠를 지칭한다.

Long Radius는 1.5D, Short Radius는 1D를 의미하며, 피그가 통과하지 않는 공급관리소 내에서 사용할 수 있다. 배관시공시 현장에서 콜드 벤딩하여 시행되는 38-60D의 곡관은 엘보의 범위에서 제외한다.

2. 가스배관 및 시설설치 제한

1) 폴리에틸렌관

폴리에틸렌관은 노출배관으로 사용을 금지한다. 다만, 지상배관과 연결을 위하여 금속관을 사용하여 보호조치를 한 경우로써 지면에서 30cm 이하로 노출하여 시공하는 경우 노출배관으로 사용이 가능하다. 폴리에틸렌 융착원 양성교육을 이수한 자로 하여금 시공한다.

2) 가스계량기

건축물시행령에 따라 공동주택의 대피공간, 방 · 거실 및 주방 등으로써 사람이 거처하는 곳에 설치를 금지하다.

진동의 영향을 받는 장소, 석유류 등 위험물을 저장하는 장소 수전실, 변전실 등 고압전기설비가 있는 장소에는 설치를 금지한다.

3) 건축물 기초 밑

사용자 배관은 건축물의 기초 밑에 설치를 금지한다.

3. 가스시설 화기와의 거리

가스계량기와 화기사이에 유지하여야 하는 거리는 우회거리 2m 이상를 유지해야 한다. 입상관과 화기사이에 유지해야 하는 거리는 우회거리 2m 이상으로 배치해야 하는 기준이 있다.

도시가스사업을 합리적으로 조정 · 육성하여 사용자의 이익을 보호하고, 도시가스 사업의 건전한 발전을 도모하며, 가스공급시설과 가스사용시설의 설치 · 유지 및 안전관리에 관한 사항을 규정함으로써 공공의 안전을 확보함을 목적으로 하는 법률이다.

1) 시설기준과 기술기준

「도시가스사업법」의 시행규칙 내에는 가스도매사업의 가스공급시설의 시설기준과 기술기준, 일반 도시가스사업의 가스공급시설의 시설기준과 기술기준, 도시가스 충전사업의 가스충전기설의 시설기준과 기술기준, 나프타부생가스 제조사업의 가스공급시설의 시설기준과 기술기준, 바이오가스제조사업의 가스공급시설의 시설기준과 기술기준, 합성천연가스 제조사업의 가스공급시설의 시설기준과 기술기준, 가스사용시설의 시설기준과 기술기준에 대한 사항을 별표로 기술하고 있으며, 이 내용을 토대로 하여 현장시공에 적용한다.

(1) 가스사용시설의 시설 · 기술 · 검사기준

배관 및 배관설비 시설기준 중 배치기준은 다음과 같다.

① 가스계량기는 다음 기준에 적합하게 설치할 것
- ㉠ 가스계량기와 화기 사이에 유지하여야 하는 거리 : 2m 이상
- ㉡ 설치장소 : 다음의 요건을 모두 충족하는 곳
  - 가스계량기의 교체 및 유지관리가 용이할 것
  - 환기가 양호할 것
  - 직사광선이나 빗물을 받을 우려가 없을 것
  - 가스사용자가 구분하여 소유하거나 점유하는 건축물의 외벽
- ㉢ 설치금지 장소 : 「건축법 시행령」 제46조제4항에 따른 공동주택의 대공간, 방 · 거실 및 주방 등으로서 사람이 거처하는 곳 및 가스계량기에 나쁜 영향을 미칠 우려가 있는 장소

② 가스계량기($30m^3/hr$ 미만인 경우만을 말한다)의 설치높이는 바닥으로부터 1.6m 이상 2m 이내에 수직 · 수평으로 설치하고, 밴드 · 보호가대 등 고정장치로 고정시킬 것

③ 가스계량기와 전기계량기 및 전기개폐기와의 거리는 60cm 이상, 굴뚝 · 전기

점멸기 및 전기접속기와의 거리는 30cm 이상, 절연조치를 하지 아니한 전선과의 거리는 1cm 이상의 거리를 유지할 것

④ 입상관과 화기 사이에 유지해야 하는 거리는 우회거리 2m 이상으로 하고, 환기가 양호한 장소에 설치해야 하며, 입상관의 밸브는 바닥으로부터 1.6m이상 2m 이내에 설치할 것

(2) 가스설비 기준

① 가스사용시설에는 그 가스사용시설의 안전확보와 정상작동을 위하여 지하공급차단밸브, 압력조정기, 가스계량기, 중간밸브, 호스 등 필요한 설비와 장치를 적절하게 설치할 것

② 가스사용시설은 안전을 확보하기 위하여 기밀성능을 가지도록 할 것

(3) 배관설비 기준

① 배관 등(배관, 관이음매 및 밸브를 말한다)의 재료와 두께는 그 배관 등의 안전성을 확보하기 위하여 사용하는 도시가스의 종류 및 압력, 사용하는 온도 및 환경에 적절한 것일 것

② 배관은 그 배관의 강도유지와 수송하는 도시가스의 누출방지를 위하여 적절한 방법으로 접합하여야 하고, 이를 확인하기 위하여 용접부에 대하여 비파괴시험을 하여야 하며, 접합부의 안전을 유지하기 위하여 필요한 경우에는 응력제거를 할 것

③ 배관은 그 배관의 유지 · 관리에 지장이 없고, 그 배관에 대한 위해의 우려가 없도록 설치하며, 배관의 말단에는 막음조치를 하는 등 설치환경에 따라 적절한 안전조치를 마련할 것

④ 배관을 지하에 매설하는 경우에는 지면으로부터 0.6m 이상의 거리를 유지할 것

⑤ 배관을 실내에 노출하여 설치하는 경우에는 다음 기준에 적합하게 할 것

㉠ 배관은 누출된 도시가스가 체류(滯留)되지 않고 부식의 우려가 없도록 안전하게 설치할 것

㉡ 배관의 이음부(용접이음매는 제외한다)와 전기계량기 및 전기개폐기, 전기점멸기 및 전기접속기, 절연전선(가스누출 자동차단장치를 작동시키기 위한 전선은 제외한다), 절연조치를 하지 않은 전선 및 단열조치를 하지 않은 굴뚝(배기통을 포함한다.) 등과는 적절한 거리를 유지할 것

⑥ 배관을 실내의 벽 · 바닥 · 천정 등에 매립 또는 은폐하여 설치하는 경우에는

학습 9

다음 기준에 적합하게 할 것

㉠ 배관은 못 박음 등 외부충격 등에 의한 위해의 우려가 없는 안전한 장소에 설치할 것

㉡ 배관 및 배관이음매의 재료는 그 배관의 안전성을 확보하기 위하여 도시가스의 압력, 사용하는 온도 및 환경에 적절한 기계적 성질과 화학적 성분을 갖는 것일 것

㉢ 배관은 수송하는 도시가스의 특성 및 설치 환경조건을 고려하여 위해의 우려가 없도록 설치하고, 배관의 안전한 유지 · 관리를 위하여 필요한 조치를 할 것

㉣ 매립 설치된 배관에서 가스가 누출될 경우 매립배관 내부의 가스누출을 감지하여 자동으로 가스공급을 차단하는 안전장치나 다기능 가스안전 계량기(「액화석유가스의 안전관리 및 사업법 시행규칙에 따른 것을 말한다)를 설치할 것

⑥ 배관은 움직이지 않도록 고정 부착하는 조치를 하되 그 호칭지름이 13mm 미만의 것에는 1m마다, 13mm 이상 33mm 미만의 것에는 2m마다, 33mm 이상의 것에는 3m마다 고정 장치를 설치할 것

⑦ 배관은 도시가스를 안전하게 사용할 수 있도록 하기 위하여 내압성능과 기밀성능을 가지도록 할 것

⑧ 배관의 안전을 확보하기 위하여 배관임을 명확하게 알아볼 수 있도록 다음 기준에 따라 도색 및 표시를 할 것

㉠ 배관은 그 외부에 사용가스명, 최고 사용압력 및 도시가스 흐름방향을 표시할 것

㉡ 지상배관은 부식방지도장 후 표면색상을 황색으로 도색하고, 지하매설배관은 최고 사용압력이 저압인 배관은 황색으로, 중압 이상인 배관은 붉은색으로 할 것

⑨ 가스용 폴리에틸렌관은 그 배관의 유지관리에 지장이 없고 그 배관에 대한 위해의 우려가 없도록 설치하되, 폴리에틸렌관을 노출배관용으로 사용하지 아니할 것

⑩ 고압배관은 별도의 기준을 참고하여 설치하며, 매설배관은 보호판으로 안전조치를 할 것

⑪ 배관은 건축물의 기초 밑에 설치하지 않을 것

(4) 배관의 보온재 작업시 안전계획을 수립한다

① 고온배관에 사용되는 규산칼슘과 같은 다공성 물질의 보온재는 인화성 액체나 윤활유가 쉽게 스며들기 때문에 그대로 방치하면 착화할 위험이 있다.

② 인화성 액체가 보온재에 스며들면 착화온도는 대기 중에서 측정한 경우에 비하여 낮아지므로 위험성이 증가한다. 이는 인화성 액체가 보온재에 스며들면 보온재에 함유되어 있는 공기와 산화반응이 일어나고 반응열이 축적되면서 반응이 촉진되어 발화로 이어질 수 있다.

③ 고온배관의 보온재에 윤활유나 인화성 액체를 흘리지 않도록 하고, 만일 윤활유 등이 침투한 경우에는 보온재를 교환한다.

④ 고온배관 내 유체를 고려하여 보온재는 내부로 유체가 스며들어도 위험성이 없는 것을 사용한다. 또한 보온재는 외부 표면에서 침투한 액체와 반응하지 않아야 한다.

⑤ 알칼리성 물질의 보온재는 알루미늄 용기의 보온재로 사용하지 않는다.

⑥ 경질 우레탄폼의 보온재는 화재시에 유독가스가 발생하므로 건물 내부에서는 사용하지 않는다. 또한 옥외에서 사용하는 경우라도 불연재나 내화성을 가지는 재료로 외장을 피복하는 등의 화재예방 조치를 한다.

⑦ 보온재의 재질은 그 표면으로부터 침투하는 액체와 반응하지 않는 것을 사용한다. 스팀터빈 운전 중에 스팀배관의 보온재에서 발화가 일어나는 경우가 있는데 대부분의 원인은 보온재에 윤활유가 침투하여 발생하는 것이다.

⑧ 산화에틸렌의 정류탑의 경우, 정류탑 내의 산화에틸렌이 누설되어 보온재에 스며들면 보온재 내부에 있는 수분, 녹슨 철 및 보온재 자체의 촉매효과에 의해 발열반응이 일어날 수 있는데 발생열이 정류탑 본체에 전달되어 산화에틸렌이 착화하여 분해폭발을 일으킬 위험이 있다.

(5) 유기과산화물의 배관작업시 안전계획을 수립한다

① 반응기의 배관을 통하여 이송 중인 유기과산화물이 고착되거나 얼어서 막히는 경우에는 유기과산화물이 열적으로 매우 불안정하여 충격과 열에 민감하게 분해하며 폭발하기 때문에 융해시키고자 고온 열풍이나 스팀 등으로 가열해서는 안된다.

② 유기과산화물의 위험성을 취급자 또는 작업자에게 교육을 통하여 충분히 인지시킨다.

③ 저온환경의 배관 속에 있는 유기과산화물이 응고된 경우에는 필요 이상으로 유기과산화물을 가열하지 않도록 하며 보온재를 사용하거나 온수와 같이 완만하게 가온하여 융해시킨다.

④ 가능하다면 저농도의 유기과산화물을 사용한다.

⑤ 건조상태의 유기과산화물이 가장 위험하므로 안전을 위해 페이스트 상태로 하거나 용제로 희석하여 보관하거나 사용한다.

⑥ 유기과산화물은 매우 작은 에너지로도 분해폭발을 일으키기 때문에 보관하는 용기는 전도방지조치를 해야 하며, 취급에 사용하는 도구는 목재 및 대나무 등의 안전한 재질이어야 한다.

⑦ 영하의 기온에서 유기과산화물이 들어 있는 배관 내가 동결된 경우에는 급격히 고온스팀 등으로 가열해서는 안 되며, 보온재를 설치하거나 온수를 사용하여 완만한 조건으로 가온한다.

4. 가스용 배관관리의 분석

가스용 배관관리의 분석은 가스시스템의 안전성과 효율성을 유지하기 위해 수행되는 프로세스이다. 이 분석은 가스배관 시스템의 상태를 모니터링하고 평가하여 잠재적인 문제를 예방하고 식별하는 데 도움을 준다.

가스용 배관관리의 분석의 주요 목적은 다음과 같다.

1) 상태 모니터링

가스배관 시스템의 상태를 실시간으로 모니터링하여 이상 징후나 고장 가능성을 감지한다. 센서, 모니터링 장치, 데이터 수집시스템 등을 사용하여 가스의 흐름, 압력, 온도 등을 모니터링하고 이를 분석한다.

2) 문제예방

가스배관 시스템에서 발생할 수 있는 잠재적인 문제를 사전에 예방한다. 시스템의 이상징후를 식별하고 이에 대한 경고를 발생시켜 조치를 취할 수 있도록 한다. 이는 가스누출, 배관파열, 압력변동 등의 잠재적인 문제를 사전에 감지하여 사고 발생을 최소화한다.

3) 성능최적화

가스배관 시스템의 성능을 최적화하여 효율성을 향상시킨다. 배관의 흐름, 압력, 온도 등의 데이터를 분석하여 시스템의 성능문제나 에너지 손실을 식별하고 개선방안을 제시한다.

4) 유지보수 계획

가스용 배관관리의 분석은 유지보수 계획을 수립하는 데 도움을 준다. 가스배관 시스템의 상태와 문제점을 파악하여 유지보수 일정을 수립하고 예산을 계획할 수 있다.

가스용 배관관리의 분석은 현대적인 센서, IoT 기술, 데이터 분석 및 예측모델 등을 활용하여 수행된다. 이를 통해 가스배관 시스템의 안전성, 효율성, 신뢰성을 향상시키고 시스템 장애와 사고의 위험을 최소화할 수 있다.

9-2 가스용 배관의 시험 및 검사

1. 파이프의 시험 및 검사

제작된 모든 파이프는 다음의 시험검사를 API 5L 9에 따라 실시하여 본 규격에 규격에 언급된 조건을 만족하여야 한다.

1) 화학조성 분석시험

화학분석 시험은 Heat분석에 의한 것으로 하며, 그 방법은 API 5L 9.2에 의하여 실시한다. 본 시험은 강관재 제조자가 하며, 강관 수주자는 제조자에 의해 발행된 분석결과를 한국가스공사 발주부서에 제출한다.

2) 기계적 성질

(1) 원주방향 인장시험

시험편의 채취는 동일규격의 파이프 100본 및 Heat당 또는 우수리 수의 매 Lot 부분에 대하여 1본의 완성 파이프을 선택하여 그 파이프에서 API 5L 10.2.3.2 및 Figure 4에 일치하는 원주방향의 시험편을 채취하여 시험을 실시한다. 시험편은 편

학습 9

평하게 하여 사용하며, 이때 Hot Flattening, Artificial Aging 혹은 열처리 등을 사용하여서는 안된다. 채취된 시험편이 불합격일 경우에는 다시 동일 Lot로 부터 2개의 시험편을 채취하여 시험한다.

상기 항의 재시험이 동시에 합격되지 않은 경우에는 동일 Lot의 모든 파이프의 끝에서 시험편을 채취하여 재시험을 실시한다.

(2) 용접인장 시험

시험은 동일규격의 파이프 100본 또는 우수리 수의 매 Lot에 대하여 1본의 완성 파이프를 선택하여 용접부를 포함한 원주방향의 시험편을 채취하여 실시한다. 시험에 대한 처리는 원주방향 인장시험의 시험편 채취의 방법과 같다.

(3) Flattening 시험

Flattening 시험은 ERW 파이프에서 시행한다. 시험편의 채취는 매 Coil마다 시점 1본, 중간 2본, 종점1본을 채취하여 이 파이프에서 1개의 길이 50mm의 Full Section 시편을 채취한다 합격기준은 원래 관 외경의 2/3까지 압축하였을 때 용접부의 벌어짐이 없어야 하며, 원래 관 외경의 1/3까지 압축하였을 때 열영향부 등 모재부분에 어떤 크랙이나 Break가 발생하여서는 안되며, 파이프의 양단이 서로 부딪힐 때 까지 연속 압축하였을 때 Burnt Metal의 Lamination 흔적이 진행되지 않아야 한다. 시험편의 용접부는 시점 · 종점에서 채취된 경우 압축방향에서 90°에 위치하고 중간에서 채취된 시험편은 압축방향에서 0°에 위치한다. 시험에서 불합격 판정의 경우, 동일 Coil에서 2개의 시험편을 채취 하여 시험하며, 동시에 모두 합격한 경우에만 Coil 합격으로 간주한다. 불합격한 경우 그 Lot의 모든 관에 대하여 동일시험을 실시한다.

(4) 굽힘시험(Guided-bend Test)

SAW 강관에 한하여 시험한다. APL 5L 9.7에 따라 동일규격 제품검사 단위별 매 50본마다 발주자가 입회하고 제작자 책임하에 시편을 채취하여 Face 및 Root 벤드 시험을 한다. 시편의 용접부는 모재부와 같이 편평하게 연마하여 가공하고, 용접부가 중앙부에 위치하도록 Face 및 Root Bend 시험편을 놓고 시험한다. 완전파괴, 용접부내에 깊이에 관계없이 길이 3.2mm를 초과하는 균열이나 파열, 모재부, 열영향부, 융합부에 길이 3.2mm를 초과하고 깊이가 규정 두께의 12.5%를 초과하는 균열이나 파열이 없어야 한다.

(5) 파괴인성(Fracture Toughness) 시험

시험편은 매 Lot로 부터 임의로 추출한 1본의 관에서 3개의 횡방향 시험편을 용접부로 부터 90° 이상 떨어진 곳에서 ASTM A370 Fig.11 크기의 Full Size나 2/3 크기의 시험편을 채취한다. 시험방법은 ASTM A370 Charpy 충격시험에 의하여 실시한다. Charpy 충격시험에 의한 시험편 3개의 흡수에너지 평균치는 이상이어야 하며, 시험편 1개의 흡수에너지 최소치는 27J 이상이어야 한다. 이때 시험편의 크기가 2/3인 경우 재질별 충격흡수 에너지는 Full Size 시험편의 2/3로 한다. 시험온도는 0℃로 한다. 시험결과가 규정치를 만족하지 않을 때에는 동일 Heat에서 2개의 관을 채취하고 각각으로 부터 3개의 시험편을 채취하여 시험을 실시하며, 여기서 그 결과치가 모두 규정치를 만족하여야 한다. 만약 1개라도 규정치를 만족하지 않으면 동일 Heat의 모든 관에 대하여 1개의 시험편을 채취하여 시험을 실시한다.

3) 수압시험

수압시험은 모든 파이프에 대하여 실시하고, 수압시험 압력은 API 5L 10.2.6을 따르고, 수압 유지기간은 10초 이상으로 한다. 기타 수압시험 방법은 API 5L 10.2.6에 따른다.

4) 용접부 비파괴 검사

모든 파이프에 대하여 비파괴 검사를 실시한다. 파이프의 Longitudinal 용접은 30″(762.0mm) 및 26″(660.0mm)일 경우 SAW(Submerged Arc Weld)로 하고, 24″(610.0 mm) 이하인 경우 SAW 또는 ERW(Electric Resistance Weld)로 하여야 하며, 비파괴 검사는 API 5L Annex E에 따른다.

파이프 용접 비드의 표면은 매끄럽게 다듬질되어야 하며, 비드의 높이는 API 5L 9.13규정에 일치하여야 한다.

API 5L Annex E의 규정에 따라 SAW 파이프의 용접부는 방사선 검사를 실시하고 ERW 파이프의 용접부는 초음파 탐상검사를 실시해야 한다. 단, 벤드용과 직관용 파이프 끝단 600mm 이내와 중간이음 부분의 용접부위는 KS B 0845 1급 수준을 유지하여야 하며, 파이프 끝단의 베벨(Bevel) 가공부 끝단 25mm 폭에 대해서는 KS D 0233에 따라 초음파 탐상검사를 실시하여 층상결함이 없어야 한다.

용접부분의 판끝(Plate Edges)은 서로 일치하여야 하며, 어긋나 있을 때 그 허용치는 API 5L 9.13규정에 따른다.

학습 9

① 두께 15mm 이하, SAW 강관 : 1.5mm 이하
② 두께 15mm 초과, 25mm 이하, SAW 강관 : 0.1t 이하
③ 두께 25mm 초과, SAW 강관 : 2.5mm 이하
④ 두께 15mm 이상, ERW 강관 : 1.5mm 이하
⑤ 두께 15mm 미만, 5mm 초과, ERW 강관 : 0.1t 이하

용접부 결함에 대한 보수용접은 API 5L Appendix D에 따르며 SAW 파이프의 보수용접한 부분은 방사선 검사를, ERW 파이프의 보수용접한 부분 은 초음파 검사를 위와 동일하게 수행한 후 수압시험을 한다.

5) 치수 및 육안검사

치수검사에서 전 파이프는 본규격의 8.1 파이프의 제작공차에 일치하여야 한다. 육안검사는 피복공정이 이루어지기 전에 API 5L 10.2.7에 일치하여야 한다.

6) 잔류자장 시험

API 5L의 관련항목(ANNEX E.7. "Residual Magnetism")에 따르며, 잔류자장 값을 검사증명서(Mill Inspection Certificate)에 표기한다.

2. 3D 벤드의 시험 및 검사

최초 납기분 제작시에 완성품 중 동일규격 임의의 3D 벤드 1개에서 벤드부 및 직선부에 대하여 각 1개의 시험편을 채취하여 항복강도, 인장강도, 연신율을 측정하고 용접부에 대해서는 인장강도를 측정하여 규정치 이상을 만족해야 한다. 벤드부 및 직선부에 대하여 각 3개의 시편을 채취하여 충격인성시험을 한다.

수압시험에서 시험압력은 설계압력의 1.5배 이상의 압력에서 3분 이상 실시한다. 수압시험 후 Blind Patch 제거시 용접부위에서 50mm 이상의 거리에서 절단하여야 한다. 수압시험의 기타 세부적인 방법은 API 5L 10.2.6에 따른다.

비파괴 시험은 벤드의 양 끝단부를 베벨링한 후 끝단으로 부터 25mm 부위에 대하여 KS D 0233에 따라 초음파 탐상검사를 실하여 층상결함이 없어야 하고, 용접부위에 대하여 API 5L Annex E에 따라 초음파 탐상검사를 실시한다.

치수검사는 모든 완성품에 대하여 형상 및 치수의 밴드제원에 의거하여 검사한다.

3. 3D 벤드를 제외한 관이음쇠의 기계적 성질시험

화학분석시험은 API 5L 및 관련사양에 의한다. 기계시험은 API 5L 및 ASTM A370에 의한다. 비파괴 검사는 모든 완성품에 대하여 베벨가공부 끝단 25mm 폭에 대해서는 KS D 0233에 따라 초음파 탐상검사를 실시하여 층상결함이 없어야 하며, 베벨가공 후 KS D 0213에 따라 자분탐상시험 또는 KS B 0816에 따라 액체침투탐상시험 실시하여 결함이 없어야 한다. 판끝의 어긋남은 1.5mm 이하가 되어야 하고 Undercut이 없어야 한다. 용접선은 방사선 투과검사를 실시하여 KS B 0845의 판정기준 2급에 합격하여야 한다.

치수검사는 모든 완성품에 대하여 MSS-SP-75 또는 ASME B16.9의 규정에 따라 관이음쇠의 전체치수, 관이음쇠의 끝(End)부분 내경 및 두께, 베벨형상 등을 검사한다.

4. 플랜지의 시험 및 검사

화학분석시험은 매 Lot마다 Ladle분석을 실시하여 본 규격의 규정을 만족해야 한다.

기계적 성질시험은 같은 Charge, 형상 및 열처리된 제품 또는 같은 조건에서 제조한 시험용재에서 시험편을 채취하여 ASTM A105 및 ASTM A694의 규격에 따라 아래의 시험을 실시한다. 표면에서 가까운 부분에서 시편을 채취하여 인장강도, 항복강도, 연신율, 단면감쇄율, 경도시험을 하여 본 규격의 8.4.3항을 만족해야한다. 불합격된 경우에는 동일 Lot에서 2개의 제품에 대하여 각각 시험편을 채취하여 동시에 합격되지 않으면 해당 Lot는 불합격으로 간주한다.

초음파 탐상시험은 외경(호칭경) 및 Rating별로 1개를 채취하여 초음파 탐상시험을 실시한다. 시험결과 불합격시에는 불량처리된 외경(호칭경) 및 Rating의 플랜지는 전수검사를 실시한다. 탐상시기는 선반가공 완료 후 Bolt Hole 가공전에 실시한다. 탐상방법은 수직탐상법으로 전면에 대한 탐상을 원칙으로 한다. 탐상기는 펄스반사식이고, 접촉매질은 기계유이고, 탐상면 상태는 35 S이고, 판정은 ASME Section Ⅷ의 단강품의 규정에 따른다.

치수와 외관검사는 제품전부에 대하여 ASME B16.5, MSS-SP-44에 따른 치수검사를 실시하고, 허용 Tolerance는 ASME B16.5의 7항 및 MSS-SP-44의 10항 규정에 따른다. 제품 전부에 대하여 외관검사를 실시하고 유해한 결함이 없어야 한다.

베벨(Bevel)부의 검사는 ASTM E165 또는 KS B 0816에 따라 액체 침투탐상시험(Liquid-Penetrant Examination)을 전량 실시하여 Lamination이 없어야 한다.

5. 개스킷의 시험 및 검사

기계적 성질시험에서 Ring Joint Type Gasket는 ASME B16.20의 Soft Iron에 준하는 8.5.3의 기계적 성질을 만족하여야 한다. 치수 및 외관검사에서 Size별 3개를 채취하여 ASME B16.20 혹은 API 601에 준하는 검사를 실시하고, 불합격시에는 불량처리된 전 Size에 대하여 전수검사를 실시한다.

6. 볼트 및 너트의 시험 및 검사

화학분석시험은 Ladle 분석에 의하며, 본 규격의 규정을 만족해야 한다.

기계적 성질시험은 ASTM A370에 의하여 Tension Test, Hardness(Brinell) Test, Proof Load Test, Impact Test를 실시한다.

치수 및 외관검사에서 치수검사는 ANSI B18.2.1, ANSI B18.2.2의 해당 규정에 따른다. 완성품 모두에 대하여 외관검사를 실시하고 유해한 결함이 없어야 한다.

9-3 가스용 배관의 시설관리

가스용 배관의 시설관리는 법정관리인 정기검사, 자율점검, 정밀 안전진단과 정기 안전점검으로 구분하고 가스관리회사 차원의 일상점검 및 가스누출 점검 및 특별점검 등으로 구분한다.

1. 법정관리

1) 정기검사

규제항목	규제내용
검사대상 (도시가스 사업법 제17조)	1. 도시가스사업자와 특정가스사용시설의 사용자는 그 가스공급시설이나 특정 가스사용시설에 대하여 산업통상자원부령으로 정하는 바에 따라 정기 또는 수시로 산업통상자원부장관 또는 시장 · 군수 · 구청장의 검사를 받아야 한다. 다만, 대통령령으로 정하는 자는 정기검사의 전부 또는 일부를 면제할 수 있다. 2. 제1항에 따른 정기검사 및 수시검사의 대상과 기준, 그 밖에 검사에 필요한 사항은 산업통상자원부령으로 정한다.

규제항목	규제내용
검사기간 (도시가스 사업법 시행규칙 제25조 3항)	정기검사는 다음 각 호의 날을 기준으로 매 1년(제20조의2제1항제2호가목 및 나목에 따른 가스사용시설 중 「노인복지법」 제36조제1항제2호에 따른 경로당과 「영유아보육법」 제10조제5호에 따른 가정어린이집은 10년)이 되는 날의 전후 30일 이내에 받아야 한다. 다만, 가스공급시설(가스충전시설은 제외한다. 이하 이 항에서 같다) 및 특정가스사용시설의 정기검사일은 한국가스안전공사가 도시가스사업자 또는 특정가스사용시설의 사용자와 협의하여 따로 정할 수 있다.
검사기관(도시가스사업법 제45조 2항)	한국가스안전공사
검사기준(도시가스 사업법 시행규칙 제25조)	정기검사의 신청은 별지 제20호 서식에 따름 검사 기준은 도칙 별표6의 시설기준과 기술기준에 적합하여야 함
벌칙(도시가스 사업법 제51조 4항)	정기검사를 받지 아니한 자에 대해서는 1년 이하의 징역 또는 1천만원 이하의 벌금에 처할 수 있음

2) 자율점검

규제항목	규제내용
검사대상, 기간 및 기준 (안전관리규정 제6장 제25조 3항)	가스공급시설이 도시가스사업법 시행규칙 별표6의 기준에 적합하도록 유지하기 위해 시설을 설치한 후 매년 1회 이상 자율검사를 실시하고 그 기록을 작성 · 보존한다.
검사자 (안전관리규정 제6장 제25조 4항)	자율검사원의 자격은 국가기술자격소지자, 도시가스시설 안전관리자 양성교육이수자 또는 안전점검원양성교육이수자 이상의 자격을 가진 자로 한다.

3) 정밀 안전진단

규제항목	규제내용
진단대상 (도시가스 사업법 시행규칙 제26조의 2 제1항)	① 도시지역에 설치된 최고사용압력 1Mpa이상인 본관 및 공급관으로서 최초로 시공감리증명서를 받은 날로 부터 15년이 지난 배관 ② 도시지역에 설치된 최고사용압력 0.1Mpa 이상부터 1Mpa 미만까지인 본관 및 공급관(사용자 공급관 제외)으로서 최초로 시공감리증명서를 받은 날부터 20년이 지난 배관
진단시기 (도시가스 사업법 시행규칙 제27조의 3 제1항)	① 진단대상 : ①항은 최초로 시공감리증명서를 받은 날로부터 15년이 지난 날이 속하는 해 및 그 이후 매 5년이 되는 해 ② 진단대상 : ②항은 최초로 시공감리증명서를 받은 날로부터 20년이 지난 날이 속하는 해 및 그 이후 매 5년이 되는 해
진단기관(도시가스사업법 제17조의 2)	한국가스안전공사

규제항목	규제내용
검사기준(도시가스 사업법 시행규칙 제27조의 3)	• 정밀안전진단 기준은 도시가스 사업법 시행규칙 별표6 제3호라목에 따름 • 정밀안전진단 실시결과 개선 등이 필요한 경우 가스공급시설에 대한 보수 · 보강 등 필요한 조치를 실시하여야 함(도시가스사업법 제17조의2 4항)
벌칙(도시가스 사업법 제51조, 제54조)	• 정밀 안전진단을 받지 아니한 자에 대해서는 1년 이하의 징역 또는 1천만원 이하의 벌금에 처할 수 있음 • 정밀안전진단 결과 가스공급시설 개선 등의 명령을 이행하지 아니한 자에 대해서는 3천만원 이하의 과태료를 부과할 수 있음

4) 정기 안전점검

규제항목	규제내용
검사대상 (안전관리규정 제10장 제36조 1항 2호)	회사가 실시해야 할 가스사용시설의 안전점검은 설치한 후 1년에 2회 이상 실시한 후 그 결과를 기록 · 유지해야 한다. 다만, 가스사용시설이 다음과 같은 경우에는 조정된 안전점검 횟수와 시기를 적용한다. 가. 가스보일러가 설치되지 아니하고 퓨즈콕을 설치한 경우 : 1년 1회 이상 나. 가스보일러가 설치되지 아니하고 가스누출자동차단장치(가스누출경보기를 포함한다. 이하 이 호에서 같다)와 퓨즈콕을 설치한 경우 : 2년 1회 이상 다. 가스보일러가 설치되지 아니하고 다기능가스안전계량기를 설치한 경우 : 3년 1회 이상 라. 가스보일러가 설치되어 있고 일산화탄소검지장치 또는 가스누출자동차단장치를 설치한 경우 : 1년 1회 이상 마. 가스를 처음 공급하는 경우, 도시가스의 사용을 폐지하는 경우(이사로 인한 시설 철거 포함) 또는 퓨즈콕 등 가스안전기기의 고장 등을 원인으로 사용자가 요청하는 경우 : 즉시 바. 특정가스사용시설의 경우 : 1년 1회 이상

2. 일반관리

1) 일상점검

시 설	점검내용
정압기	• 점검주기 : 1회 이상/주 • 점검사항 : 1, 2차 압력확인, 자기압력 기록지 교체, 필터차압 유무확인, 가스누출 유무, 정압기 작동상태, 긴급차단장치 작동상태, 과압안전장치 누출여부, 가스누출 경보기 작동상태 등

시 설	점검내용
가스차단밸브	• 점검주기 : 밸브형태 및 압력에 다른 점검주기 차등 • 점검사항 : 가스누출 여부, 부식 및 도색상태, 밸브작동 상태, 밸브주변침하 상태, 퍼지밸브작동 상태, 밸브실 방수상태, 밸브철괘 상태 등
전기방식	• 점검주기 : 1회/반기(희생양극법) 1회/분기(희생양극법 중 15년 경과배관), 1회/반기(외부전원법) • 점검사항 : 방식전위, 방식전류, 자연전위, 개로전위, 철괘 및 주위 포장 상태, 리드선 상태 등
배관	• 점검주기 : 2회/1일 • 점검사항 : 라인마크 설치상태, 배관주변 도로상태 등

2) 가스누출점검

시 설	점검내용
차량용 가스누출점검 (OMD)	• 점검주기 : 2회 이상/년 • 점검사항 : 매설배관 가스누출점검
가스누출 점검 (RMLD, LMD)	• 점검주기 : 2회 이상/년 • 점검사항 : 차량진입불가 지역 매설배관 가스누출점검, 노출배관 가스누출점검 등

3) 특별점검

시 설	점검내용
설연휴 대비	• 점검주기 : 1회/년 • 점검사항 1. 다중이용시설 - 쇼핑유통시설, 문화시설, 의료시설, 숙박시설, 교통시설 등 2. 중점관리 굴착공사 - 대규모, 건물 신/증축공사
해빙기 대비	• 점검주기 : 1회/년 • 점검사항 1. 교량설치 배관 2. 축대/옹벽 설치 공급시설 3. 전년도 준공배관(20m 이상) 4. 건물 신/증축 공사현장(지하터파기 50m 이상) 5. 전년도 준공 전용정압기/조정기 6. 신축흡수장치 미설치 공동주택
우기 대비	• 점검주기 : 1회/년 • 점검사항 1. 축대 · 옹벽 등 지반붕괴가 우려되는 지역의 공급시설(정압기, 밸브, 배관) 2. 교량 및 하천법면에 설치된 공급시설(하천하월, 교량첨가 배관)

학습 9

시 설	점검내용
	3. 침수 가능지역에 위치한 공급시설(정압기, MOV, 전용정압기, 충전소) 4. 배관공사 현장 5. 굴착공사 현장(대규모, 지하터파기 5m이상 신축현장)
추석연휴 대비	• 점검주기 : 1회/년 • 점검사항 1. 다중이용시설 - 쇼핑유통시설, 문화시설, 의료시설, 숙박시설, 교통시설 등 2. 중점관리 굴착공사 - 대규모, 건물 신/증축공사
동절기 대비	• 점검주기 : 1회/년 • 점검사항 1. 지구/지역 정압기 2. 구역형 압력조정기 3. 굴착공사 현장 4. 고지대 위치 시설물(정압기, 밸브)

수행 내용

재료 · 자료

- 배관의 점검 및 시운전 관련 자료

기기(장비 · 공구)

- 컴퓨터, 프린터, 주변기기

안전 · 유의사항

- 컴퓨터 및 주변기기의 전원을 관리한다.

수행 순서

01 가스용 탄소강 강관(SGP)에 대하여 분석하라.

1. SGP의 개요

SGP는 '배관용 탄소강 강관(Carbon Steel Pipes for Ordinary Piping)'이라고 불리는 강관이다. SGP의 이름은 'Steel Gas Pipe'의 약어이다.

SGP는 배관용 탄소강강관으로 물이나 가스 등의 배관에 사용되고 있다.

SGP는 제관방법이 전기저항 용접인 경우 「E」, 단접의 경우는 「B」의 기호가 붙는다.

마무리 방법에 의해서도 열간 마무리의 경우는 「H」, 냉간 마무리의 경우는 「C」, 전기저항 용접의 경우는 「G」의 기호가 붙는다(예 열간 마무리 전기저항 용접강관의 경우, SPG-EH).

배관용 탄소강강관의 주된 용도는 JIS G 3452에서 '사용압력의 비교적 낮은 증기, 물(상수도용 제외), 기름, 가스, 공기 등의 배관에 사용'으로 기재가 되어있다.

SGP에 적용되는 치수는 외경 10.5~508.0mm이다.

2. SGP관의 종류

[그림 9-1]처럼 SGP는 흑관과 백관의 2종류가 있다.

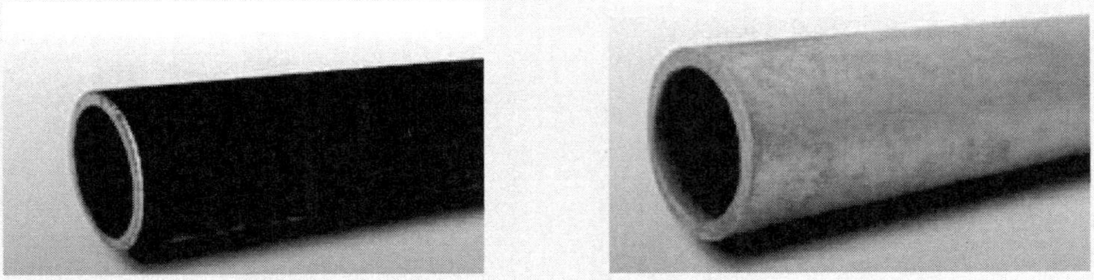

(a) 흑 관 (b) 백 관

[그림 9-1] SGP의 흑관과 백관

1) 흑 관

흑관의 SGP는 표면처리가 없고 외관이 검게 보이는 타입이다. 주요 용도는 증기배관, 오일배관, 공기배관 등이다.

2) 백 관

백관의 SGP는 내식성을 높이기 위해 아연도금이 되어 있으며, 파이프의 외측과 내측 모두 백색으로 되어 있다.

주된 용도는 공업용 수배관 · 공조설비 배관 · 위생설비 배관 · 소화용 배관 등이다.

백관을 닮은 것으로서 수배관용의 파이프인 「SGPW(수배관용 아연도금 강관)」도 있다. SGPW는 외형이야말로 SGP의 백관과 같은 파이프가 되고, 아연도금의 부착량이 평균 600g/m^2 이상으로 JIS G 3442로 규정되고 있다. 한편 SGP의 백관은 아연 도금의 부착량에 규정이 없다.

3. SGP 연결방법

여기에서는 SGP의 대표적인 접속방법인 나사접합과 용접접합의 방법이 있다.

1) 나사접합

나사조인트는 나사조인트를 사용하는 SGP의 일반적인 연결방법이다.

나사절단기에 의해 파이프 양단을 나사가공하고, 나사조인트를 사용하여 연결한다. 단, 나사접속은 가공과 시공상의 사정에 따라 소구경관(65A 정도까지)의 배관으로 이용되고 있다.

2) 용접접합

SGP는 용접으로 접합하는 경우도 있다. 용접접합은 구경이 큰 관(65A~350A 정도)이나, 강도가 필요한 경우 수밀성·기밀성 등을 필요로 하는 경우에 채용된다.

용접접합의 방법에도 종류가 있어 건축설비의 시공에서는 가스용접과 피복아크 용접이 일반적으로 이용되고 있다.

02 안전관리 중 굴착공사관리에 대하여 분석하라.

1. 굴착공사 안전관리

① 권역내 모든 굴착공사에 대해 입회 및 순회점검 실시해야한다.

② 전직원의 출·퇴근시 공사회사의 권역내에 있는 굴착공사를 파악해야 한다.

③ 공사회사의 권역 내 굴착업체에 홍보를 실시해야 한다.

④ 모니터 제도로 취약지역에 대한 이중감시체계를 구축하여 사고예방에 힘쓰고 있어야 한다.

2. 굴착공사 관리절차

1) 단계1 : 굴착공사계획 신고

굴착공사를 하려면 먼저 굴착공사 정보지원센터(EOCS)에 신고해야 한다.

2) 단계2 : 굴착공사계획 접수 및 접수번호 발급

EOCS에서는 굴착대상지역 및 굴착예정 위치 등에 대한 정보를 접수하고, 접수번호를 발급한다.

3) 단계3 : 굴착공사계획 통보

EOCS에서는 접수된 굴착공사계획 정보를 해당 도시가스사에 실시간 제공한다.

(1) 가스배관 및 굴착현장 표시(회합할 경우)

굴착공사자는 도시가스사업자의 입회하에 굴착공사 예정지역에 흰색페인트, 매설된 가스배관 직상부에는 황색페인트로 각각 표시해야 한다.

(2) 가스배관 및 굴착현장 표시(표시만할 경우)

굴착공사자는 굴착공사 예정지역을 흰색페인트로 표시하고 그 결과를 EOCS에 전화 또는 인터넷으로 알려야 한다. 도시가스사업자는 EOCS로부터 공사위치표시가 완료되었음을 통보받은 후 48시간 이내에 배관직상부에 황색표시를 하고 EOCS에 재통보하여야 한다.

4) 단계4 : 가스배관 매설상황 확인서 회신

EOCS는 굴착공사 현장 및 매설배관에 대한 표시가 완료되었음을 통보받으면 1시간 이내(회합할 경우) 또는 48시간 이내(표시만 할 경우)에 굴착공사자에게 굴착가능 여부를 알려드린다(도시가스배관 매설상황확인 및 협의 등에 관한 특례기준 고시 제11조 1항).

굴착공사자는 EOCS로부터의 굴착개시통보 이후 굴착공사를 시작해야 한다.

Tip

모든 통보와 신고 등은 굴착공사정보지원센터의 인터넷과 전화로 이루어진다.
인터넷 : www.eocs.or.kr / 전화 : 1644-0001

3. 벌칙규정

구 분	위반내용	벌칙내용
굴착공사 관련 법규 벌칙규정 (도시가스사업법)	48조 : 도시가스 사업자의 가스공급 시설을 손상시키거나 그 기능에 장애를 입혀 가스의 공급을 방해한 자	1년 이상 10년 이하 징역 또는 1억 5천만원 이하 벌금
	50조 • 가스배관 매설 상황의 확인요청을 아니하고 굴착공사를 한 자 • 협의를 아니하고 굴착공사를 한 자 • 협의 내용을 준수하지 아니한 굴착공사 시행자 • 굴착공사 작업기준에 따르지 않고 굴착작업을 한 자	2년 이하 징역 또는 2천만원 이하 벌금

4. 모니터 제도

1) 모니터 제도란

도시가스 안전사고 사전예방의 일환으로 당사 공급권역 내 굴착공사 및 기타 도시가스

시설의 위해요인 등을 발견시 공사회사에 신고하면 정해진 기준에 의해 포상하는 제도이다.

2) 모니터 요원의 구성

① 일반 모니터(집배원, 굴착조종사, 공동주택 부녀회장 및 경비원, 야쿠르트 배달원 등 일반인 모니터)

② 직원가족 모니터(당사 직원가족)

③ 특별 모니터(협력회사 직원)

03 안전관리를 위한 시스템관리에 대하여 분석하라.

1. GIS 통합정보 관리시스템

일찍이 구축해 온 지리정보 DB기반으로 회사 내 통합시스템의 연계뿐 아니라 효율적·과학적 통합 안전관리를 실현함으로써 고객의 안전을 위한 동종업계 최고의 지리정보시스템을 구축하여 현재 운영하고 있다.

구 분	주요기능
GIS통합시스템	시설물 조회, 도면인쇄, 시설물 편집, 데이터 포맷변환
설비관리시스템	시설물 이력관리, 시설물현황 통계, 점검관리
모바일 현장지원시스템	• 모바일 기기를 통한 GIS 도면 및 수요처 정보조회 • 비상상황 차단분석 기능, 시설물 점검결과 및 공사관리 등
배관망 해석 지원시스템	• 요금정보, 도면정보, 시설정보를 토대로 수요처의 수요량을 산정하여 배관망의 유량, 압력을 예측하는 시스템 • 비상상황 관리 지원 : 상황발생시 지역별 수요처의 안정적인 가스공급 방안 도출 • 중 · 장기 배관 Network 구축 : 장기적 수요분석을 통한 안정적 배관망 유지방안 수립

2. SCADA(Supervisory Control & Data Acquisition)

원격제어는 현장의 가스공급시설의 각종 이벤트(가스누출, SSV, 압력, 문열림, 통신상태, 전원이상 등)를 무선 이중화를 통하여 실시간으로 종합상황실에 전달, 365일 24시간 집중감시 및 제어를 할 수 있도록 최신 정보기술을 활용한 지능형 원격감시제어 시스템이다.

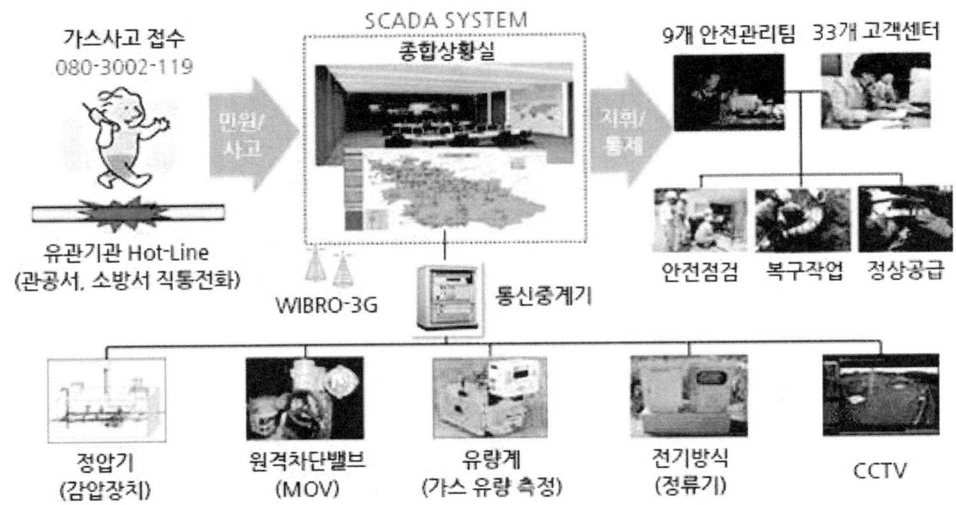

[그림 9-2] 원격제어시스템

1) 정압기

도시가스의 공급압력을 수요처에 필요한 압력으로 낮추어 공급하기 위한 감압장치이다.

2) 원격차단밸브(Motor Operated Value)

지진 등 긴급사태 발생시 피해를 최소화하기 위해 상황실에서 원격으로 차단할 수 있는 밸브이다.

3) 유량계

도시가스 배관 내에 흐르는 도시가스의 유량을 측정하는 설비이다.

4) 전기방식(정류기)

지하에 매설된 도시가스 강관의 부식을 방지하는 설비이다.

5) CCTV

정압기 등에 설치하여 외부침입 및 침수 등을 365일 24시간 실시간 모니터링 하는 설비이다.

3. 통합지휘 통제시스템

비상상황 발생시 신속 · 정확한 지휘 및 통제를 위한 통신체계를 구축하여 비상상황 대응 및 현장상황을 지원하는 시스템이다.

[그림 9-3] 통합지휘 통제시스템

1) 비상상황 대응시스템

(1) 비상연락망

비상상황 발생시 유관기간(관공서, 소방서) 또는 당사 직원 등과 신속히 연락하기 위한 시스템이다.

(2) 비상출동

비상상황 발생시 지원인력 및 차량의 현장출동을 지원한다.

(3) 상황중계(Field Cam) 시스템

사고현장의 촬영된 실시간 영상을 종합상황실로 전송, 정확한 상황파악 및 지휘/통제를 지원하는 시스템이다.

(4) 화상회의

다자간 화상회의 통한 신속한 의사결정을 지원하는 시스템이다.

학습 9

2) 상황관리 지원시스템

(1) 가스사고 모니터링

매스컴을 통한 가스사고, 화재, 폭발 등의 사고를 실시간 자동검색 및 모니터링 하는 시스템이다.

(2) 실시간 지진 검색

기상청 '국가지진종합정보시스템(NECIS)'으로부터 지진정보를 수집, 실시간 검색을 지원하는 시스템이다.

(3) 차량 GPS 기능

GPS 통해 실시간 순찰차량의 위치를 파악하여 비상시 인접 순찰차량의 신속한 현장지원이 가능하게 하는 시스템이다.

(4) 모바일(Mobile) 지원

사고발생시 차단해야 할 밸브 및 공급중단이 되는 수요처를 현장에서 분석하는 시스템이다.

학습활동.9 교수 · 학습 방법

교수 방법

- 가스용 배관관리의 분석에 대한 관련 용어, 구성, 방식 이해 정도를 파악한 후 수업을 진행한다.
- 교수자의 주도로 가스용 배관관리의 분석 등의 내용을 PPT 자료로 제시한 후 설명한다.
- 가능하면 사전에 개인별 학습 자료를 준비하여 모든 학생이 참여할 수 있는 문제 해결식 수업, 협력 수업이 가능하도록 한다.
- 가스용 배관관리의 분석 전 과정을 작업의 순서에 따라 단계적으로 실습이 이루어질 수 있도록 지도한다.
- 교재를 통해 수업을 준비하는데 있어서 필요한 모든 정보나 팁, 힌트 등 도움이 될 만한 내용들을 확인할 수 있다.
- 학생들이 만들게 될 각 모델들은 수업시간에 중점적으로 다뤄질 부분과 어휘, 질문, 답을 포함하고 있으며 또한 탐구할만한 추가적인 아이디어들도 포함하고 있다.

학습 방법

- 가스용 배관관리의 분석에 대한 관련 용어를 숙지하고, 가스용 배관관리의 분석에 대해 이해한다.
- 가스용 배관관리의 분석의 각 단계별 중점 사항을 체계적으로 학습한다.
- 가스용 배관관리의 분석의 수행순서의 전 과정을 실습한다.
- 가스용 배관관리의 분석의 내용을 이해한다.
- 가스용 배관관리의 분석을 이해하고 숙달이 될 때까지 학습한다.

학습
9

학습활동.9 평가 및 피드백

평가 준거

- 평가자는 피평가자가 수행 준거 및 평가 내용에 제시되어 있는 내용을 성공적으로 수행할 수 있는 지를 평가해야 한다.

학습내용	평가항목	성취수준		
		상	중	하
가스용 배관관리의 분석	가스용 배관관리의 분석을 이해할 수 있다.			

평가 방법

• 작업 포트폴리오

학습내용	평가항목	성취수준		
		상	중	하
가스용 배관관리의 분석	가스용 배관관리의 분석을 이해할 수 있다.			

• 필기시험

학습내용	평가항목	성취수준		
		상	중	하
가스용 배관관리의 분석	가스용 배관관리의 분석을 이해할 수 있다.			

• 체크리스트를 통한 관찰

학습내용	평가항목	성취수준		
		상	중	하
가스용 배관관리의 분석	가스용 배관관리의 분석을 이해할 수 있다.			

• 피드백

1. 작업 포트폴리오
   - 제출한 보고서를 평가한 후 주요 사항에 대하여 표시하여 돌려준다.
2. 필기시험
   - 평가 결과 성적이 저조한 학생은 보고서 제출 기회를 부여한다.
3. 체크리스트를 통한 관찰
   - 실습 과정에서 평가한 후 개선해야 할 사항 등을 정리하여 돌려둔다.

참 | 고 | 문 | 헌

- 대한설비공학회, 『설비공학 편람 제2권 공기조화』, 대한 설비공학회.
- 대한설비공학회, 『설비공학 편람 제4권 위생, 소방, 환경』, 대한설비공학회.
- 김수영 · 이종석 · 박호준 · 조영호 · 오호영 · 백신원, 『건축설비관계법규』, 한솔아카데미, 2016.
- 윤재호 · 최영석 · 권오경, 『홴 압축기 유지 관리』, 태훈 출판사.
- 윤재호 · 최영석 · 권오경, 『배관의 유지 관리』. 태훈 출판사.
- 허요 · 이인훈, 『공업 배관』, 도서출판 세진사, 2011.
- 설비보전시험연구회, 『설비 보전 기사』, 도서출판 일진사.
- 국가법령정보센터(홈페이지)
- 산업안전공단(홈페이지)
- 국토해양부, 건축기계설비공사 표준시방, 2011.
- 마스후라 후시지로 · 타나카 타게히로, 역자 : 곽노열, 『건축설비 유지 관리』, 문운당, 2013.
- https://luckygg.tistory.com/27
- ㈜대우건설 · (사)대한건축학회, 『건축기술지침 Rev.1(기계)』, 도서출판 공간예술사, 2012.
- (사)대한건축학회, 『건축설비』, 기문당, 1995.
- 건축설비용어사전 편집위원회, 『건축설비용어사전』, 기문당, 1994.
- 박영순, 『건축기계설비일반시공』, 도서출판 세진사, 2000.
- 박종일 · 서기원 공저, 『건축설비설계』, 도서출판 세진사, 1999.
- 한국종합건설 기계설비협의회, 『설비 시공 개선 사례집』, 한국종합건설 기계설비협의회, 2014.
- 00건설 건축기전팀, 『일반배관작업지침』 별첨 품질관리기준, 2011.
- 강동우 · 강민구 · 정해진 · 남상엽, "스마트 시티형 다굴절 오배수관용 Push Rod 및 무선 영상전송 플랫폼," 2019년도 한국인터넷정보학회 추계학술발표대회 논문집 제20권2호, 2019.11.02
- 정해진, "다굴절 파이프 라인의 내부 검사를 위한 내시경 장치," 대한민국특허등록번호(102157165), 2020.09.11
- 설동현 외, "DDVS 기법을 활용한 일반 구조용 탄소강관 및 강재 파이프 서포트 영상기반 변위계측," 대한건축학회연합논문집 21권1호, 2019.
- 남명우, "EMD를 이용한 초음파 비파괴 평가용 3차원 영상처리 소프트웨어 개발," 한국산학기술학회 9권6호, 2008.
- 강민구 · 남상엽 · 정해진 · 전준철, "배관 네비게이션 시스템 및 이를 이용한 배관 네비게이팅 방법," 대한민국특허등록번호(102369573), 2022.02.25.
- http://blog.naver.com/ltedrain
- http://www.tktech.kr/
- http://hiendt.co.kr/
- https://m.blog.naver.com/qorhksdml 정의 및 분류

학습 1	배관관리 기술의 개요
학습 2	배관검사와 판독
학습 3	배관영상 분석
학습 4	배관위치 파악과 영상마카
학습 5	배관기술 및 시장동향
학습 6	배관의 시공/누설확인 및 시운전
학습 7	상수 및 하수용 배관관리의 분석
학습 8	화학 및 오일용 배관관리의 분석
학습 9	가스용 배관관리의 분석
학습 10	**전기 및 통신용 배관관리의 분석**
학습 11	스마트 배관관리의 분석
학습 12	스마트 배관관리의 영상활용

학습 목표	1. 전기 및 통신용 배관관리의 분석을 이해할 수 있다.

10-1 전기통신용 배관시공

1. 전기통신용 배관시공의 개요

배관공사에 사용하는 전선관, 박스 및 부속품은 관련 기준과 표준에 적합한 것을 선정하고, 배관공사의 종류 및 규격, 배관방식 등을 고려하여 설계되었는지 확인할 수 있다.

전선의 피복이 손상되지 않도록 전선관의 끝부분 및 내면을 매끈하게 할 수 있고 전선과 케이블의 종류, 배선 시공방법에 맞는 배관공사를 하기 위하여 도면과 현장 상황을 고려하여 분석할 수 있다.

설치된 배관이 확실하게 고정될 수 있도록 배관 상호 또는 박스, 기타 부속품의 연결을 견고하게 지지되도록 시공해야 하고, 배관에 손상이 생기지 않도록 배관의 굴곡 개소와 단면이 심하게 변형되지 않도록 시공해야 한다.

배관이 잘 지지될 수 있도록 배관의 길이, 관 상호 간의 간격을 적정하게 유지하여 시공해야 하고, 배관 또는 박스에 물기나 먼지 등이 스며들지 않도록 적절한 조치를 취해야만 한다.

2. 구내통신 선로설비의 설치대상

구내통신 선로설비 등을 갖추어야 하는 건축물은 관련법을 기준으로 허가를 받아 건축하는 건축물로 한다.

야외음악당 · 축사 · 차고 · 창고 등 통신수요가 예상되지 아니하는 비주거용 건축물의 경우에는 그러하지 아니하다.

건축물에 해당하는 건축물에는 이동통신 구내선로설비를 설치하여야 한다. 공중이 이용하는 지하도 · 터널 · 지하상가 및 지하에 설치하는 주차장 등 지하건축물의 각 층 중 바닥면적이 1천 제곱미터 이상인 층이나 건축물(군사시설 및 제1호에 따른 지하건축물은 제외한다)의 지하층이다. 다만, 단독주택의 지하주차장 등 통신수요가 거의 없다고 미래창조과학부 장관이 인정하는 건축물의 지하층에는 이동통신 구내 선로설비를 설치하지 아니할 수 있다. 그 밖에 미래창조과학부 장관이 정하여 고시하는 건축물이다.

3. 설치 및 철거방법

구내통신 선로설비 및 이동통신 구내선로설비는 그 구성과 운영 및 사업용 방송통신설비와의 접속이 쉽도록 설치하여야 한다.

구내통신 선로설비의 국선 등 옥외회선은 지하로 인입하여야 한다. 다만, 같은 구내에 5회선 미만의 국선을 인입하는 경우에는 그러하지 아니하다.

건축주가 분계점과 사업자가 이용하는 인입맨홀 · 핸드홀 또는 인입주까지 지하인입배관을 설치한 경우에는 지하로 인입하여야 한다.

구내통신 선로설비 및 이동통신 구내선로설비를 구성하는 배관시설은 설치된 후 배선의 교체 및 증설시공이 쉽게 이루어질 수 있는 구조로 설치하여야 한다.

사업자는 이용약관에 따라 체결된 서비스 이용계약이 해지된 경우에는 국립전파연구원장이 정하여 고시하는 기간 이내에 설치된 옥외회선을 철거하여야 한다. 다만, 서비스의 일부만 해지된 경우에는 그러하지 아니하다.

구내통신 선로설비 및 이동통신 구내선로설비의 구체적인 설치 및 철거방법은 기술기준을 준용한다.

4. 인입 통신선로설비

구내(건축물)정보통신설비의 설계기준으로서 구내(건축물)로 인입되는 정보통신 선로설비에 대하여 적용한다.

1) 분계점 설계기준

분계점은 전화, 방송, 초고속망설비 등 사업자가 제공하는 방송통신설비와 이용자 방송통신설비의 상호 접속에 따른 시공과 유지보수의 책임한계를 구분하기 위한 경계지점으로 구내통신 선로설비의 설치자는 분계점에서 국선 접속설비와 접속될 이용자의 망 접속설비를 접속과 분리가 용이하도록 설치하여야 한다.

분계점의 분류는 관로 분계점과 케이블 분계점으로 나눌 수 있다. 관로 분계점은 도로와 택지 또는 건축물의 대지 경계점에 설치되는 맨홀 · 핸드홀 또는 인입전주 등이고, 케이블 분계점은 사업자 방송통신설비인 국선설비와 이용자 방송통신설비가 최초로 접속되는 지점에 설치되는 주단자함 또는 주배선반 등이다. 분계점의 예시는 다음과 같다.

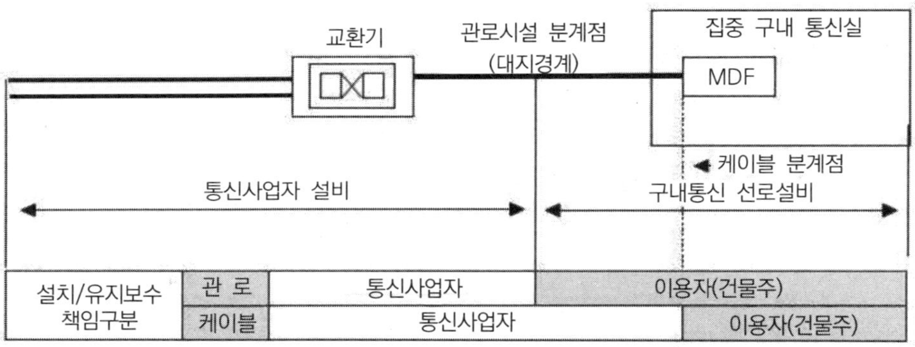

[그림 10-1] 분계점(예시)

5. 전기통신용 배관관리 분석

전기통신용 배관관리 분석은 전기 및 통신시스템을 구성하는 배관시설물의 관리와 유지보수를 효과적으로 수행하기 위해 수행되는 과정을 말한다. 이 분석은 배관시스템의 성능을 평가하고, 잠재적인 문제를 식별하여 예방하며, 시스템의 운영을 최적화하기 위한 정보를 도출하는 것을 목표로 한다.

전기통신용 배관관리 분석은 다음과 같은 단계로 이루어진다.

1) 배관시설물 데이터 수집

배관시스템의 현재 상태에 대한 데이터를 수집한다. 이는 배관의 위치, 크기, 재질, 연령 등과 같은 정보를 포함할 수 있다. 데이터는 필드조사, 기록검토, 설계도면 및 기타 출처로부터 수집된다.

2) 데이터 분석

수집한 데이터를 분석하여 배관시스템의 성능과 상태를 평가한다. 데이터 분석은 배관의 노후화 정도, 파손 및 누수위험, 용량 및 성능제한 등을 평가하는 데에 도움을 준다.

3) 문제식별

데이터 분석을 통해 잠재적인 문제를 식별한다. 이는 배관시스템의 결함, 누수, 파손, 용량초과 등을 포함할 수 있다. 문제를 식별하는 것은 예방조치를 취하거나 시스템의 복구를 위한 계획을 수립하는 데 도움을 준다.

4) 예방 및 유지보수계획 수립

식별된 문제에 대한 예방 및 유지보수계획을 수립한다. 이는 문제를 해결하기 위한 작업범위, 우선순위, 예산 및 일정 등을 포함할 수 있다. 예방 및 유지보수 계획은 시스템의 안정성을 향상시키고 잠재적인 장애를 방지하기 위해 중요한 역할을 한다.

5) 성능평가 및 최적화

배관시스템의 성능을 주기적으로 평가하고 최적화한다. 성능평가는 배관시스템의 용량, 신호강도, 품질 등을 평가하여 문제를 조기에 감지하고 시스템의 문제해결을 위한 지름길이 된다.

10-2 전기통신용 배관의 종류 및 규격

1. 합성수지제 전선관

1) 합성수지제 전선관의 종류와 규격

(1) 합성수지제 전선관

합성수지제 전선관에는 [그림 10-2]와 같이 경질비닐(PVC) 전선관, 합성수지제 가요(PF, PE, CD) 전선관, 파상형 경질폴리에틸렌 전선관(지중 전선로용) 등과 같은 것들이 있다.

(a) 경질비닐(PVC) 전선관

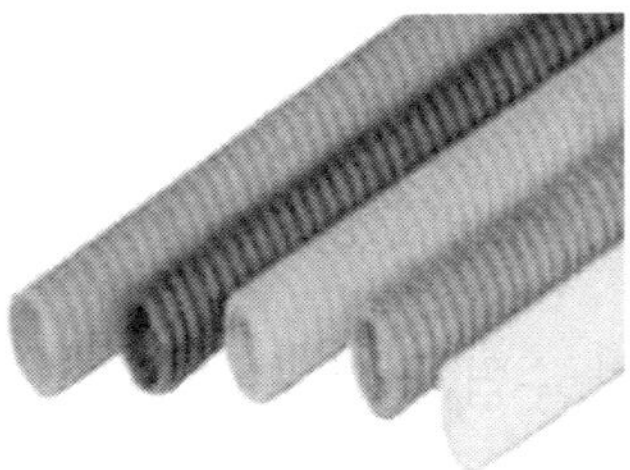

(b) 가요 전선관(CD 전선관)

(c) 가요 전선관(PF 전선관)

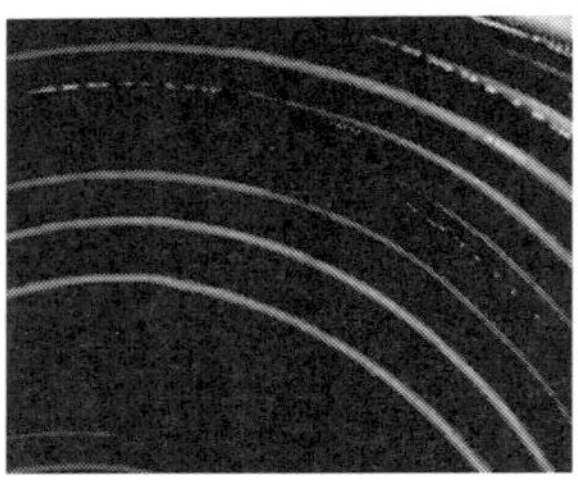

(d) 가요 전선관(PE 전선관)

(e) 파상형 경질폴리에틸렌 전선관

[그림 10-2] 합성수지제 전선관의 종류

(2) 경질비닐(PVC) 전선관

경질비닐(PVC) 전선관은 경질염화비닐 전선관(VE PVC관)과 내충격성 경질염화비닐 전선관(HI-VE PVC관)으로 나누어진다.

전선관으로 사용하는 경질비닐(PVC) 전선관의 두께는 2mm 이상이어야 한다. 단, 옥내배선의 사용전압이 400V 미만이면서 전개된 장소나 점검할 수 있는 건조한 은폐장소인 경우에는 관의 두께를 1mm 이상으로 할 수 있다.

경질비닐(PVC) 전선관은 1본의 표준길이가 4m이며, 굵기는 관의 안지름 크기에 가까운 짝수 밀리미터(mm)로 나타낸다.

경질비닐(PVC) 전선관의 규격은 〈표 10-1〉과 같고, 합성수지제 가요 전선관의 규격은 〈표 10-2〉와 같다.

〈표 10-1〉 경질비닐(PVC) 전선관의 규격

(단위 : mm)

관의 호칭	바깥지름	두 께	안지름
14	18	2.0	14
16	22	2.0	18
22	26	2.0	22
28	34	3.0	28
36	42	3.5	35
42	48	4.0	40
54	60	4.5	51
70	76	4.5	67
82	89	5.9	77.2

〈표 10-2〉 합성수지제 가요 전선관의 규격

(단위 : mm)

관의 호칭	바깥지름		안지름	
	PF 관	CD 관	PF 관	CD 관
14	21.5	19.0	14.0	14.0
16	23.0	21.0	16.0	16.0
22	30.5	27.5	22.0	22.0
28	36.5	34.0	28.0	28.0
36	45.5	42.0	36.0	36.0
42	52.0	48.0	42.0	42.0

(3) 합성수지제(PF, PE, CD) 전선관

PE(Plastic Pipe) 전선관과 CD(Combine Duct) 전선관의 호칭은 안지름에 가까운 짝수 밀리미터(mm)로 나타내며, 규격은 〈표 10-3〉과 같다.

<표 10-3> PE 전선관과 CD 전선관의 규격

관의 굵기[mm] (관의 호칭)	안지름[mm]	바깥지름[mm]		비 고
		PE 전선관	CD 전선관	
16	16	21	21	
22	22	28	27.5	
28	28	34	34	
36	36	42	42	
42	42	48	48	

전기공사 현장에서 사용하는 CD 전선관은 대부분 콘크리트 매입용이 사용된다. 내연성, 불연성, 난연성 등이 요구되는 노출공사에서는 PF 전선관(Plastic Flexible Conduits)을 사용할 수도 있으나, 가격이 비싸서 경제성이 떨어지므로 CD 전선관이나 PE 전선관을 많이 사용한다.

PE 전선관은 가요성이 풍부하여 열 가공을 하지 않고 스프링 벤더를 관 속에 집어넣어 굽힘작업을 할 수 있다.

CD 전선관은 5가지 색상(흑색, 청색, 황색, 적색, 녹색)의 파형(波形) 폴리에틸렌관을 많이 사용하는데 흑색은 전등용, 청색은 전열용, 황색은 약전선용, 적색은 소방용, 녹색은 접지용으로 사용된다. 가요성이 풍부하여 열 가공이나 스프링 벤더 등을 사용하지 않아도 쉽게 구부릴 수 있어서 작업현장에서 많이 사용되고 있다.

CD 전선관은 콘크리트에 직접 매설하는 경우 외에는 전용의 불연성이나 난연성의 관(덕트) 등에 넣어 시설해야 한다.

CD 전선관을 아웃렛 박스나 풀 박스 내부로 인입할 경우에는 물기나 먼지 등이 박스나 풀 박스 내부로 스며들지 않도록 시설해야 한다.

2) 합성수지제 전선관의 굵기를 선정하는 방법

굵기가 같은 절연전선을 동일한 관 안에 집어넣을 경우에 경질 전선관과 합성수지제 가요 전선관의 굵기는 <표 10-4>, <표 10-5>, <표 10-6>과 같다. 관 안에 집어넣는 절연전선의 본수가 10본을 초과하는 경우에는 <표 10-6>의 기준을 따라야 한다.

〈표 10-4〉 경질비닐(PVC) 전선관의 굵기 선정

도체 단면적 [mm²]	전선 본수(本數)									
	1	2	3	4	5	6	7	8	9	10
	전선관의 최소 굵기(호칭)									
2.5	14	14	16	16	16	22	22	28	28	36
4	14	16	16	22	22	28	28	28	36	36
6	14	16	22	28	28	36	28	36	36	42
10	14	22	28	28	36	36	36	42	54	54
16	16	22	28	36	42	42	42	54	54	54
25	16	28	42	42	54	54	54	54	54	70
35	16	36	42	54	54	54	70	70	70	70
50	22	42	54	70	70	70	70	82	82	
70	28	54	54	70	70	70	82	82		
95	28	54	70	82	82	82				
120	36	54	70	82	82					
150	36	70	70							
185	42	70	82							
240	54	82	82							

〈표 10-5〉 합성수지제 가요관(PF 전선관 및 CD 전선관)의 굵기 선정

도체 단면적 [mm²]	전선 본수(本數)									
	1	2	3	4	5	6	7	8	9	10
	전선관의 최소 굵기(호칭)									
2.5	14	14	14	14	16	16	22	22	22	22
4	14	14	14	16	22	22	22	22	22	28
6	14	16	16	22	22	22	28	28	28	36
10	14	22	22	28	28	28	28	36	36	36
16	16	22	28	28	36	36	42	42		
25	16	28	36	36	42	42				
35	22	36	42							
50	22	42								
70	28	42								
95	28									

〈표 10-6〉 최대 전선 본수(10본을 초과하는 전선을 전선관에 집어넣는 경우)

도체 단면적 [mm^2]	전선 본수(本數)				
	경질비닐(PVC) 전선관			합성수지제 가요관 (PF 전선관, CD 전선관)	
	36호	42호	54호	22호	28호
2.5	19	25	40	11	18
4	15	20	32		18
6		16	27		
10			19		

관의 굴곡이 작아서 쉽게 전선을 인입하거나 교체할 수 있는 경우, 제1항에 관계없이 단면적 $10mm^2$ 이하의 동일한 굵기의 전선은 〈표 10-7〉에 따라 시설할 수 있다.

〈표 10-7〉 관의 굴곡이 작아 쉽게 전선의 교체가 가능한 경우의 최대 전선 본수

도체 단면적 [mm^2]	전선 본수(本數)				
	경질비닐(PVC) 전선관			합성수지제 가요관 (PF 전선관, CD 전선관)	
	14호	16호	22호	16호	22호
2.5	4	7	11	9	17
4	3	6	9	7	14
6	3	5	7	4	9
10	2	3	5	3	6

서로 다른 굵기의 절연전선을 동일관 안에 집어넣는 경우나 도체 단면적이 $10mm^2$를 초과하는 경우에는 전선의 피복 절연물을 포함한 단면적의 총 합계가 관의 내부 단면적의 48% 이하가 되도록 시설할 수 있다.

〈표 10-8〉 절연전선을 합성수지제 관 안에 집어넣을 경우의 보정계수

도체 단면적 [mm^2]	전선 본수(本數)	
	경질비닐(PVC) 전선관	합성수지제 가요관(PF 전선관, CD 전선관)
2.4	2.0	1.3
4		
6, 10	1.2	1.0
16 이상	1.0	1.0

〈표 10-9〉 경질비닐(PVC) 전선관의 내(內) 단면적의 32%일 때와 48%일 때의 값

관의 호칭[mm]	내(內) 단면적의 32% [mm^2]	내(內) 단면적의 48% [mm^2]
14	49	74
16	81	122
22	121	182
28	197	295
36	308	462
42	402	603
54	653	980
70	1,128	1,692
82	1,497	2,245

〈표 10-10〉 합성수지제 가요관(PE 전선관, CD 전선관)의 내(內) 단면적의 32%일 때와 48%일 때의 값

관의 호칭[mm]	내(內) 단면적의 32% [mm^2]	내(內) 단면적의 48% [mm^2]
14	49	74
16	64	96
22	121	182
28	197	295
36	325	488
42	443	665

3) 경질비닐(PVC) 전선관의 상호 접속

경질비닐(PVC) 전선관의 상호 접속에는 커플링을 사용한다. 경질비닐(PVC) 전선관에 사용하는 커플링의 종류는 [그림 10-3]과 같다.

(1) 1호 커플링

토치로 커플링을 가열하여 같은 길이로 양쪽 관이 맞닿게 한다.

(2) 2호 커플링

커플링의 중앙부에 관 막이가 있는 구조이다.

(3) 3호 커플링

커플링 중앙부의 관 막이를 2호보다 좁게 만들어 관이 깊이 들어가도록 되어 있는 구조이다.

(4) 4호 커플링

TS 커플링이라고도 하며, 커플링 입구의 지름이 중앙부보다 길다.

(5) 콤비네이션 커플링

한쪽은 TS 커플링으로 되어 있고, 다른 한쪽은 고무링을 끼워서 접속할 수 있는 구조로 되어 있다.

(6) 슬리브

동일한 두 개의 관에서 한 개 관의 끝을 가열하여 접속한다.

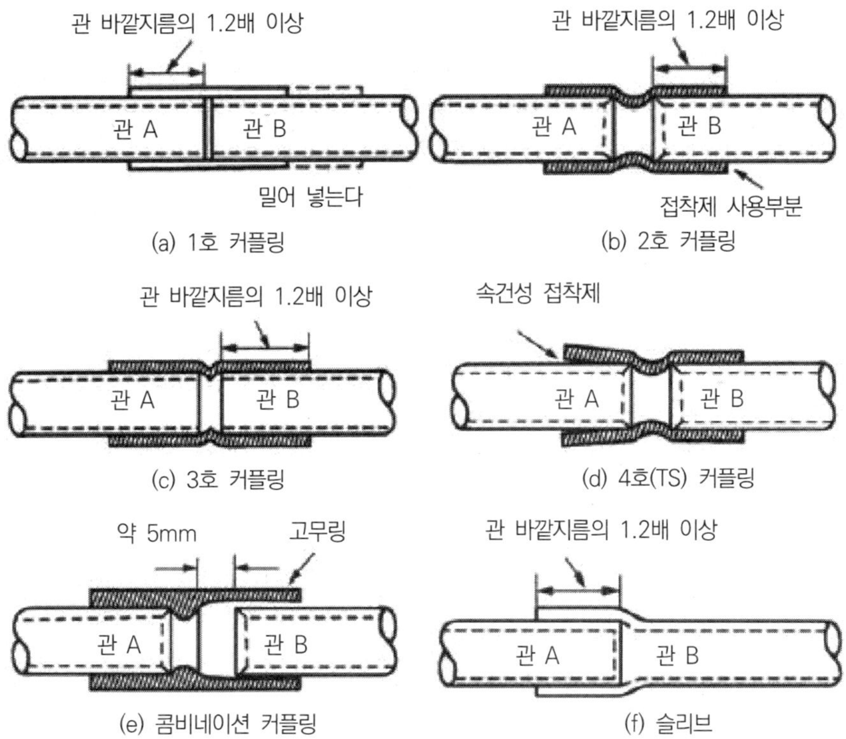

[그림 10-3] 경질비닐(PVC) 전선관 커플링의 종류

4) 경질비닐(PVC) 전선관과 박스의 접속

1호 커넥터를 사용한 접속에서는 [그림 10-4]와 같이 박스 안쪽 구멍에서 커넥터를 꽂아 넣어 바깥쪽으로 돌출시킨 후 전선관을 접속한다.

2호 커넥터를 사용한 접속에서는 박스 안쪽 구멍에서 수나사를 꽂아 넣어 바깥쪽으로 돌출시킨 후 암나사를 조여서 전선관을 접속한다.

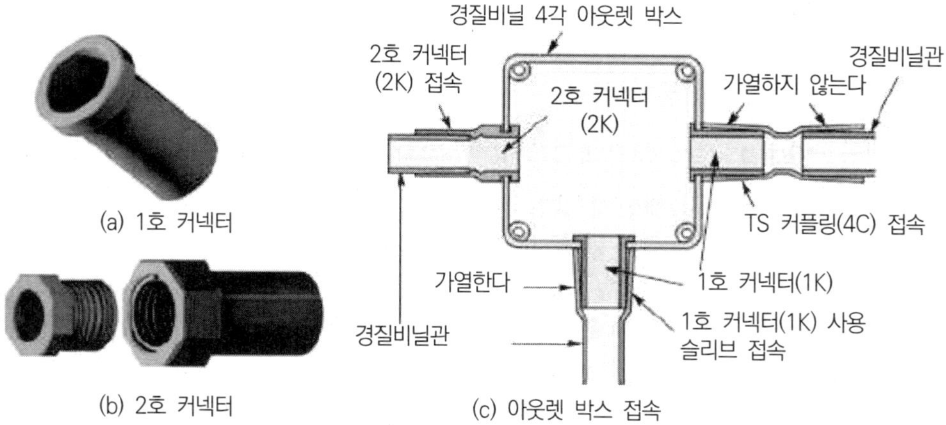

[그림 10-4] 경질비닐(PVC) 전선관과 박스의 접속

경질비닐(PVC) 전선관을 박스나 풀 박스에 접속할 때는 물기나 먼지 등이 내부로 들어가지 않도록 시설해야 한다.

5) 경질비닐(PVC) 전선관을 지지하는 방법

전선관의 규격에 맞는 새들을 사용하여 지지한다. 경질비닐(PVC) 전선관을 지지하는 방법은 지지점과 지지점 간의 이격거리를 [그림 10-5]와 같이 1.5m 이하로 하고 관과 관, 박스와 관, 관 끝에서는 각각 0.3m 이내인 지점을 지지해야 한다.

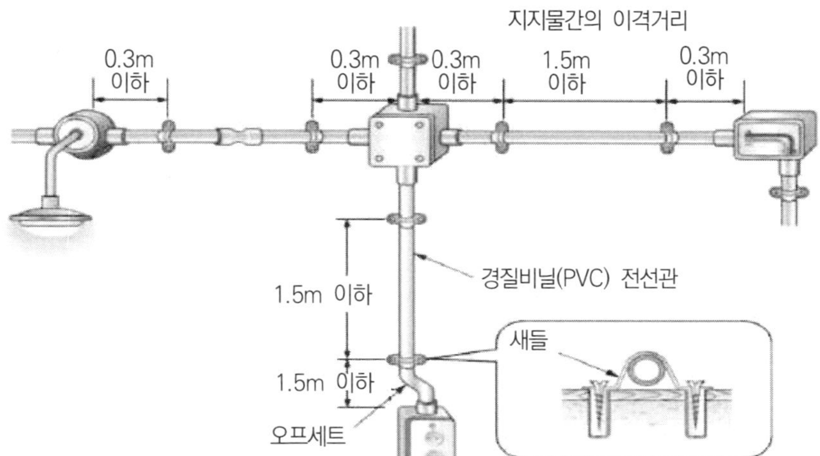

[그림 10-5] 합성수지제 전선관의 지지

학습 10

2. 금속 전선관

1) 금속 전선관의 종류

금속 전선관은 기계적 충격에 강하고 전선을 관 안에 넣거나 빼기가 쉬운 특징이 있어서 공장, 빌딩 등의 배선에 많이 사용된다. 금속 전선관의 종류는 〈표 10-11〉과 같다.

〈표 10-11〉 금속 전선관의 종류

관의 굵기[mm] (관의 호칭)		바깥지름[mm]		두께[mm]	
후강	박강	후강	박강	후강	박강
16	15	21.0	15.9	2.3	1.2
22	19	26.5	19.1	2.3	1.6
28	25	33.3	25.4	2.5	1.6
36	31	41.9	31.8	2.5	1.6
42	39	47.8	38.1	2.5	1.6
54	51	59.6	50.8	2.8	1.6
70	63	75.2	63.5	2.8	2.0
82	75	87.9	76.2	2.8	2.0
92		100.7		3.5	
104		113.4		3.5	

2) 금속 전선관의 굵기를 선정하는 방법

굵기가 같은 절연전선을 금속 전선관 안에 집어넣기 위해 필요한 금속 전선관의 굵기는 〈표 10-12〉부터 〈표 10-14〉까지를 참고하여 선정해야 한다.

〈표 10-12〉 후강 금속 전선관의 굵기 선정

도체 단면적 [mm^2]	전선 본수(本數)									
	1	2	3	4	5	6	7	8	9	10
	전선관의 최소 굵기 [mm]									
2.5	16	16	16	16	22	22	22	28	28	28
4	16	16	16	22	22	22	28	28	28	28
6	16	16	22	22	22	28	28	28	36	36
10	16	22	22	28	28	36	36	36	36	36

도체 단면적 [mm^2]	전선 본수(本數)									
	1	2	3	4	5	6	7	8	9	10
	전선관의 최소 굵기 [mm]									
16	16	22	28	28	36	36	36	42	42	42
25	22	28	28	36	36	42	54	54	54	54
35	22	28	36	42	54	54	54	70	70	70
50	22	36	54	54	70	70	70	82	82	82
70	28	42	54	54	70	70	70	82	82	82
95	28	54	54	70	70	82	82	92	92	104
120	36	54	54	70	70	82	82	92		
150	36	70	70	82	92	92	104	104		
185	36	70	70	82	92	104				
240	42	82	82	92	104					

주 : 1) 전선 1본에 대한 전선관의 굵기는 접지선과 직류 회로의 전선에도 적용한다.
2) 제시한 수치는 실험결과와 경험을 기초로 하여 결정한 것이다.
3) KS C IEC 60227-3의 450/750V 일반용 단심 비닐 절연전선을 기준으로 한 것이

〈표 10-13〉 박강 금속 전선관의 굵기 선정

도체 단면적 [mm^2]	전선 본수(本數)									
	1	2	3	4	5	6	7	8	9	10
	전선관의 최소 굵기 [mm]									
2.5	19	19	19	25	25	25	25	31	31	31
4	19	19	19	25	25	25	31	31	31	31
6	19	19	25	25	31	31	31	31	39	39
10	19	25	25	31	31	31	39	39	39	51
16	19	25	31	31	39	39	51	51	51	51
25	25	31	31	39	51	51	51	51	63	63
35	25	31	39	51	51	63	63	63	75	75
50	25	39	51	51	51	63	63	75	75	
70	31	51	51	63	63	75	75	75		
95	31	51	63	75	75	75				
120	39	63	75	75	75					
150	39	63	75	75						
185	51	75	75							
240	51	75	75							

주 : 1) 전선 1본에 대한 전선관의 굵기는 접지선과 직류회로의 전선에도 적용한다.
2) 제시한 수치는 실험결과와 경험을 기초로 하여 결정한 것이다.
3) KS C IEC 60227-3의 450/750V 일반용 단심 비닐 절연전선을 기준으로 한 것이다.

〈표 10-14〉 최대 전선 본수(금속관 안에 10본을 초과하는 전선을 집어넣는 경우)

도체 단면적 $[mm^2]$	전선 본수(本數)							
	후강 금속 전선관(본)				박강 금속 전선관(본)			
	28호	36호	42호	54호	31호	39호	51호	63호
2.5	12	21	28	45	12	19	35	55
4		17	23	36		15	28	44
6		14	19	30		12	23	3
10			13	21			16	2.5

금속 전선관의 굴곡이 적어 쉽게 전선을 인출할 수 있다. 전선의 단면적 $10mm^2$ 이하인 경우에는 〈표 10-15〉를 참고하여 관의 굵기를 선정하고, 기타의 경우에는 〈표 10-16〉부터 〈표 10-19〉까지의 내용을 참고로 하여 전선의 피복 절연물을 포함한 단면적의총 합계가 전선관 내부 단면적의 48% 이하가 되도록 선정한다.

〈표 10-15〉 관의 굴곡이 적어 쉽게 전선을 인출할 수 있는 경우의 최대 전선 본수
(450/750V 일반용 단심 비닐 절연전선을 기준으로 제시한 것)

도체 단면적 $[mm^2]$	전선 본수(本數)			
	후강 금속 전선관(본)		박강 금속 전선관(본)	
	16호	22호	19호	25호
2.5	6	11	5	11
4	5	9	4	9
6	4	7	3	7
10	3	5	2	5

〈표 10-16〉 전선의 단면적(피복 절연물 포함)

도체 단면적 $[mm^2]$	절연체 두께 [mm]	평균 완성 바깥지름 [mm]	전선의 단면적 $[mm^2]$
1.5	0.7	3.3	9
2.5	0.8	4.0	13
4	0.8	4.6	17
6	0.8	5.2	21
10	1.0	6.7	35
16	1.0	7.8	48
25	1.2	9.7	74
35	1.2	10.9	93
50	1.4	12.8	128
70	1.4	14.6	167

도체 단면적 [mm²]	절연체 두께 [mm]	평균 완성 바깥지름 [mm]	전선의 단면적 [mm²]
95	1.6	17.1	230
120	1.6	18.8	277
150	1.8	20.9	343
185	2.0	23.3	426
240	2.2	26.6	555
300	2.4	29.6	688
400	2.6	33.2	865

〈표 10-17〉 절연전선을 금속 전선관 안에 집어넣을 경우의 보정계수

도체 단면적[mm²]	보정계수
2.5	2.0
4	
6	1.2
10	
16 이상	1.0

* 보정계수는 전선의 굵기 산정시 허용전류에 보정계수를 곱하여 전선의 굵기를 최종적으로 산정하는 데 활용되는 계수이다.

〈표 10-18〉 후강 금속 전선관 내부 단면적의 32% 및 48%

관의 호칭	내부 단면적의 32%일 때[mm²]	내부 단면적의 48%일 때[mm²]
16	67	101
22	120	180
28	201	301
36	342	513
42	460	690
54	732	1,098
70	1,216	1,825
82	1,701	2,552
92	2,205	3,308
104	2,843	4,265

〈표 10-19〉 박강 금속 전선관 내부 단면적의 32% 및 48%

관의 호칭	내부 단면적의 32%일 때[mm^2]	내부 단면적의 48%일 때[mm^2]
19	63	95
25	123	185
31	205	308
39	305	458
51	569	853
63	889	1,333
75	1,309	1,964

굵기가 서로 다른 절연전선을 같은 전선관 안에 집어넣기 위해 필요한 금속 전선관의 굵기는 〈표 10-16〉부터 〈표 10-19〉까지를 참고하여 선정하되, 전선의 피복 절연물을 포함한 단면적의 총 합계가 전선관 내부 단면적의 32% 이하가 되도록 선정한다.

금속 전선관을 90˚로 굽히는 작업에서는 관의 곡률 반지름이 관 안지름의 6배 이상이 되도록 해야 한다. 예를 들어 16mm 관인 경우에는 안지름 d는 16.4mm, 바깥지름 D는 21.0mm이므로 곡률 반지름 r값과 굽히는 데 필요한 길이 L은 다음 식으로 구할 수 있다.

$$r = 6d + \frac{D}{2} = 6 + 16.4 + 21 \fallingdotseq 110\text{mm}$$

$$L = 2\pi r \times \frac{1}{4} = 2 \times 3.14 \times 110 \times \frac{1}{4} \fallingdotseq 170\text{mm}$$

금속 전선관을 굽히는 작업에 사용되는 공구에는 여러 가지가 있지만 히키(Hickey)가 가장 널리 사용되고 있고, 비교적 굵은 전선관을 굽힐 때에는 유압식 파이프 벤더를 사용한다.

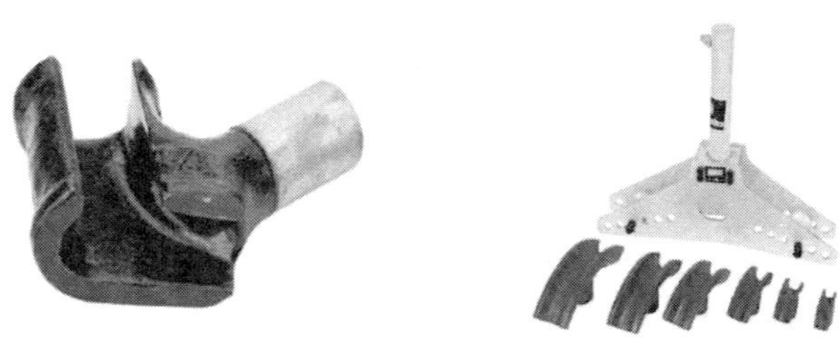

(a) 히 키　　(b) 유압식 파이프 벤더

[그림 10-6] 히키와 유압식 파이프 벤더

유압식 파이프 벤더는 소형은 19~25mm, 대형은 51～100mm 정도의 금속 전선관을 굽히는 작업에 사용된다. [그림 10-6]는 히키와 유압식 파이프 벤더를 나타낸 것이다.

금속 전선관에 나사를 내는 공구에는 리드 래칫과 오스터가 있다. 리드 래칫은 가는 금속 전선관에 사용하고, 오스터는 굵은 금속 전선관에 사용한다. [그림 10-7]는 오스터를 나타낸 것이다.

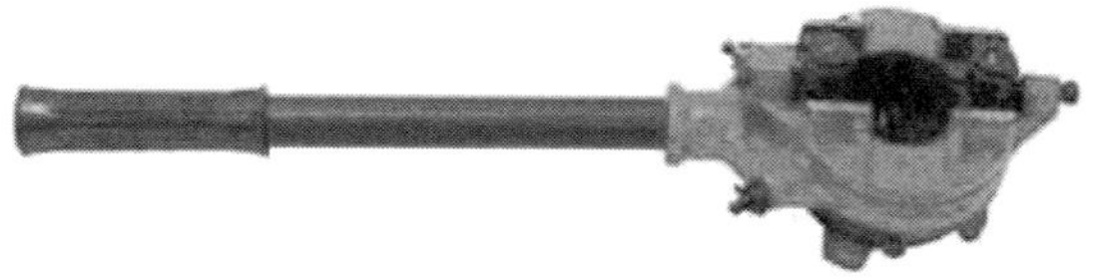

[그림 10-7] 오스터

금속 전선관에 나사내기를 하지 않고 커넥터를 사용하여 금속 전선관과 금속 전선관을 서로 연결하거나 금속 전선관과 박스를 연결할 수 있다. 많이 사용되고 있는 커넥터의 종류에는 [그림 10-8]과 같은 것들이 있다.

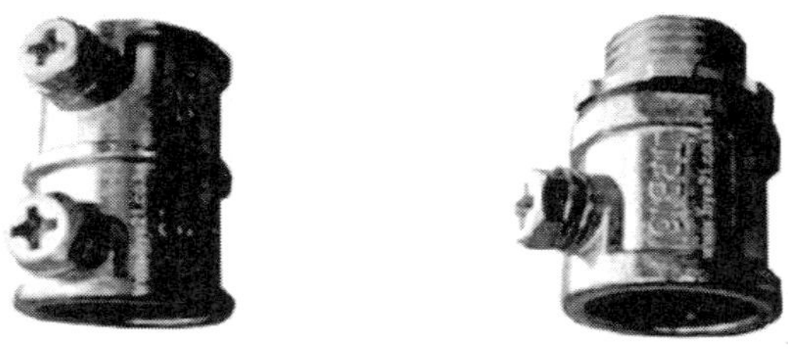

(a) TPP 커넥터 (b) TPB 커넥터

[그림 10-8] 금속 전선관 커넥터

금속 전선관 공사에서 관 안으로 물기나 먼지 등이 유입되지 않도록 입선작업 전에 전선관 내부를 깨끗하게 청소해야 한다.

배선작업에서 박스와 박스 사이의 떨어진 거리가 길고, 관의 굴곡이 많을 때에는 전선을 인도선(引導線)에 묶어서 관 안에 삽입하면 매우 쉽게 집어넣을 수 있다.

인도선과 전선을 묶은 부분을 가능한 한 작게 만들어야 입선을 쉽게 할 수 있다. 입선작업 중에 묶은 부분이 풀리지 않도록 견고하게 묶어 주어야 한다.

금속 전선관의 배선작업시 전선의 인입부와 인출부의 이격거리가 멀리 떨어져 있는 작업장에서는 전선관에 입선작업을 할 때 인입부와 인출부에 있는 작업자끼리 말로 신호를 주고받으면서 작업하는 것이 효율적이다. 예를 들면 인입부 쪽의 작업자는 전선을 밀고 인출부 쪽의 작업자는 전선을 잡아당기는 신호를 말로 주고받으면서 입선작업을 하는 것이다.

3. 레이스웨이

레이스웨이(Raceway) 공사는 배선용 덕트(Duct)와 각종 피팅(Fitting)을 조합하여 전기배선, 기구를 설치하는 공사방법으로 종전의 건축용 C형강이나 채널(Channel) 등으로 시공해 오던 불편과 문제점 등을 해결한 전기공사 방법이다.

1) 특 징

조립식 공법을 채택하여 레이스웨이 기구 설치, 배선, 조명기구 설치, 콘센트 설치, 조인트박스 설치 등의 작업이 동시에 이루어지므로 작업이 간단하다. 또한 다양한 형태의 조립식 피팅(Fitting)을 사용하므로 장치의 증설, 철거, 변경 및 이설 등이 쉽고, 수요자의 요구에 신속하게 대응할 수 있다.

외관적으로 미관이 좋으며 내구성이 뛰어나다. 현장의 설치환경에 따라서 전선 포설 형태를 자유롭게 설계·시공할 수 있는 장점이 있다. 또한 드라이버 하나만 있으면 조립과 해체를 할 수 있다. 거의 모든 자재를 재활용할 수 있고, 규격화되어 있어서 대량 생산이 가능하므로 비용을 절감할 수 있어서 경제성이 높다.

2) 용 도

사무실, 주차장, 기계실 등의 전반 조명, 국부 조명용 전기공사에 채택된다. 전시장, 생산(조립, 검사) 라인, 가설건물 등의 전반 조명, 국부 조명이나 콘센트 등의 설치에 채택된다. 조명 천장 내부, 소형 동력 배선, 통신용 배선 등에 채택된다.

3) 주요자재 및 부속품

(1) 보디 및 커버

보디(Body)와 커버(Cover)의 규격제품에는 110×50×3m, 70×40×3m, 40×40×3m 등이 있다.

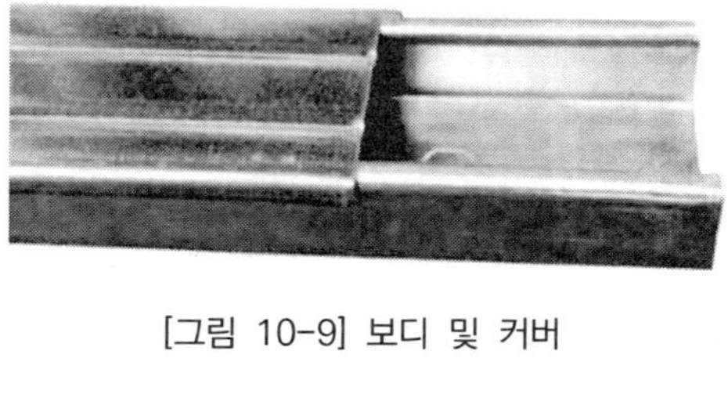

[그림 10-9] 보디 및 커버

(2) 부속품

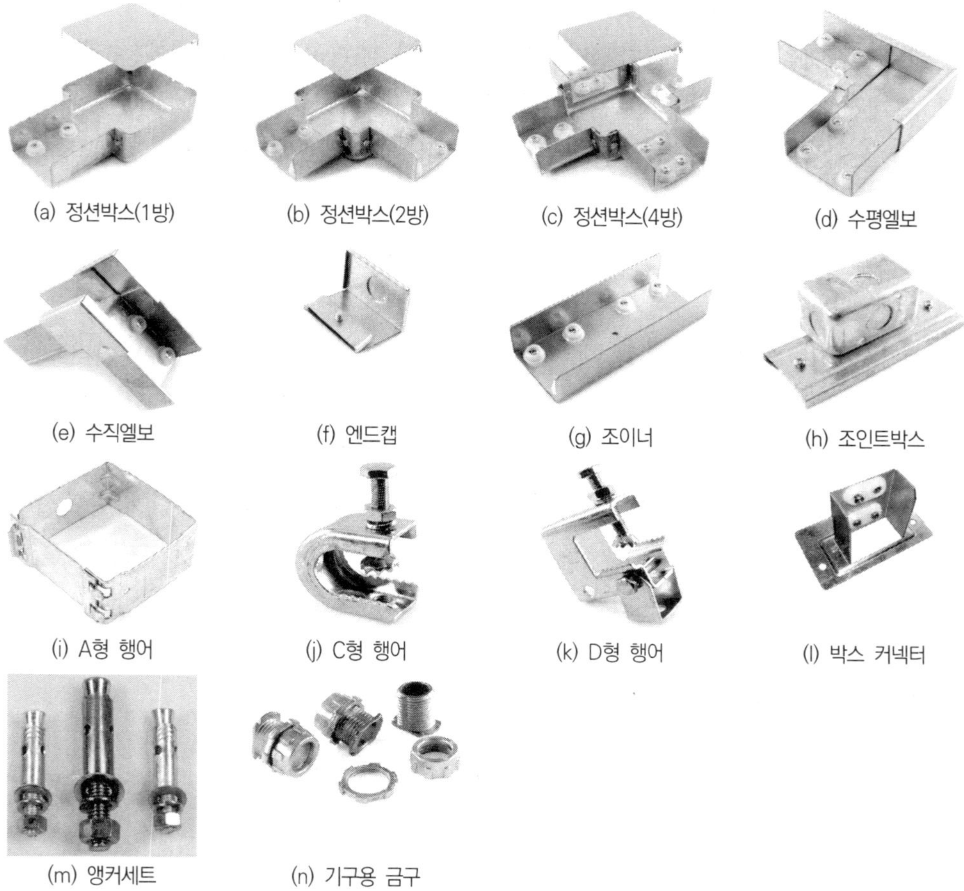

(a) 정션박스(1방) (b) 정션박스(2방) (c) 정션박스(4방) (d) 수평엘보
(e) 수직엘보 (f) 엔드캡 (g) 조이너 (h) 조인트박스
(i) A형 행어 (j) C형 행어 (k) D형 행어 (l) 박스 커넥터
(m) 앵커세트 (n) 기구용 금구

[그림 10-10] 레이스웨이 부속품

4) 레이스웨이 작업공정

레이스웨이를 이용한 등기구 설치공사의 일반적인 공정은 다음과 같다.

① 1단계 : 행어 설치작업
② 2단계 : 절단 가공작업
③ 3단계 : 배선 및 본체 설치작업
④ 4단계 : 등기구 설치
⑤ 5단계 : 입선, 결선 및 회로점검

5) 레이스웨이 공사의 적용방법

레이스웨이의 설치위치 및 자재 종류와 형상은 설계도서에 따른다.

레이스웨이를 서로 연결하거나 레이스웨이와 배관을 연결할 때에는 전기적으로나 기계적으로 견고하게 접속해야 한다.

레이스웨이의 커버설치는 공구를 사용하여 견고하게 해야 하며, 종단부는 엔드캡(End Cap)으로 막아야 한다.

레이스웨이와 배관을 연결할 때에는 배관규격에 맞는 천공기로 구멍을 낸 후 로크너트, 커넥터, 부싱 등을 활용하여 고정해야 한다.

레이스웨이 배선을 채택할 수 있는 사용전압은 400V 미만이어야 한다.

레이스웨이는 2m 이하의 간격으로 지지물을 사용하여 견고하게 고정한다. 모든 배관은 전산볼트를 사용하여 유동이 없도록 견고하게 취부해야 한다. 레이스웨이는 제3종 접지공사를 해야 한다. 공사를 완료한 후 전원을 투입하기 전에 반드시 절연저항과 결선상태를 점검하고 전원을 투입한다.

10-3 전기통신용 배관의 검사

배관의 검사는 배관공사 중 손상 및 타 공종에 의한 간섭 및 훼손이 있는지 확인할 수 있고, 설계도서 및 도면에 따라 정확히 시공되었는지 검사하고 필요시 조정할 수 있다. 또한 배관 상호 또는 박스, 기타 부속품의 연결상태가 완전한지 또는 배선공사 시 배선에 피해가 없을지 확인할 수 있다.

1. 배관검사의 적용범위

저압 옥내배선의 점검 및 검사기준의 범위는 대지전압 300V 이하(사용전압 400V 미만)이다. 단, 전기기계 기구의 전로와 대지전압이 150V 이하의 전로에는 적용하지 않는다.

2. 전기통신용 배관구성

1) 금속 전선관

금속 전선관에는 강제 전선관과 알루미늄 전선관이 있으며, 강제 전선관은 그 구조에 따라 후강 금속 전선관과 박강 금속 전선관으로 구분된다.

2) 합성 수지관

합성 수지관은 경질비닐(PVC) 전선관, 합성수지제 휨 가요 전선관, 파상형 경질 폴리에틸렌 전선관으로 구분된다.

3) 금속제 가요 전선관

금속제 가요 전선관은 금속재질로 된 가요 전선관으로 제1종과 제2종으로 구분된다. 1종 금속제 가요 전선관은 대철판(帶鐵板)을 나선형 모양으로 감아 제작한 것으로 가요성이 있는 전선관이다.

2종 금속제 가요 전선관은 테이프 모양의 금속편과 파이버(Fiber)를 조합하여 내수성(耐水性)과 가요성을 가지고 있는 전선관이다.

4) 케이블 트레이

케이블 트레이의 구성요소에는 케이블을 지지하기 위하여 사용하는 금속제, 불연성 재료로 제작된 유닛과 유닛의 집합체 그리고 그에 부속하는 부속재 등이 있다.

5) 버스덕트

버스덕트(Bus Duct)는 나모선(裸母線)과 절연모선(絶緣 母線)을 금속제의 함(函) 안에 넣은 것이다.

6) 풀박스

풀박스는 전선의 통과를 쉽게하기 위하여 배관 중간에 설치하는 박스이다. 대형은 특별히 제작되나 소형은 보통의 아웃렛 박스로 대용하기도 한다.

7) 박 스

박스(Box)는 금속제나 합성수지제로 된 각형 또는 환형으로 된 것이다. 박스의 종류에는 아웃렛 박스, 스위치 박스, 콘크리트 박스 등이 있다. 박스 내부로부터 전선을 인출하여 배선기구, 조명기구 등과 접속하거나 전선을 상호 접속할 목적으로 사용한다.

3. 배관검사

1) 합성수지제 전선관 검사

합성수지제 전선관 공사에서 전선관을 점검할 때에는 다음과 같은 검사 및 점검 기준에 따라 실시한다.

(1) 배관공사에 대한 시설장소의 제한 규정준수 점검

① 합성수지제 전선관은 중량물의 압력이나 심한 기계적 충격을 받는 장소에 시설하여서는 안된다. 단, 적당한 방호장치를 시설한 경우에는 적용하지 않는다.

② 콘크리트 내에 매입하는 경우 중량물의 압력이나 심한 기계적 충격을 받을 우려가 있는 장소로 간주하지 않는다.

③ 합성수지제 전선관을 다수 집중시켜 조영재의 하중이 합성수지제 전선관에 분담되는 것을 피해야 한다.

④ 아세톤이나 기타 방향족 탄화수소, 할로젠 탄화수소 등이 침해할 우려가 있는 장소에서는 사용하면 안 된다.

(2) 전선관의 굵기에 대한 적정 선정 점검

① 동일한 굵기인 절연전선의 단면적 합계가 합성수지제 전선관 내부 단면적의 48% 이하가 되어야 한다.

② 동일 굵기의 절연전선을 동일관 안에 집어넣을 경우 경질 전선관과 합성수지제 가요 전선관의 굵기는 〈표 10-4〉, 〈표 10-5〉, 〈표 10-6〉에 따라 시설해야 한다. 관에 집어넣는 절연전선의 본수가 10본을 초과하는 경우는 〈표 10-6〉에 따른다.

③ 서로 다른 굵기의 절연전선 단면적의 합계가 합성수지제 전선관 내부 단면적의 48% 이하가 되어야 한다.

④ 경질비닐(PVC) 전선관의 두께는 2mm 이상의 것을 사용해야 한다. 다만 옥내 배선의 사용전압이 400V 미만이고 건조하고 전개되어 있거나 점검할 수 있는 은폐장소에 사람이 접촉할 우려가 없도록 시설할 경우에는 관의 두께를 1mm 이상으로 해도 무방하다.

⑤ 합성수지제 전선관의 두께가 2mm 미만인 경우에는 기계적 충격에 약하므로 사용전압이 400V 이하이며, 건조하고 전개되어 있거나 점검할 수 있는 은폐 장소에 사람이 접촉할 우려가 없도록 시설했는지 확인한다.

(3) 전선관의 적정시공 점검

① 합성수지제 전선관과 그 부속품들은 전기용품 안전관리법이나 산업표준화법에 적합한 제품을 사용해야 한다. 다만, 부속품 중 금속제의 박스와 분진방폭형 가요성 부속은 적용하지 않는다.

② 합성수지제 전선관의 끝부분과 안쪽 면을 매끈하게 하여 전선의 피복이 손상될 우려가 없도록 시공해야 한다.

③ 수도관용 비닐관을 사용하지는 않았는지를 검사한다. 수도관용 비닐관은 전선관용으로 사용할 수 없다.

④ 전선관의 입구를 가볍게 연마하고 굴곡부는 안팎 면이 매끄러운지 검사한다. 전선인입 또는 교환시 전선의 피복손상이 되지 않도록 조치해야 한다.

⑤ 벽 내 매입박스 등은 콘크리트 타설시에 손상되지 않도록 충분한 강도가 있는 것을 사용해야 한다.

⑥ 관의 굴곡은 규정에 따라 시설해야 한다.

⑦ CD 전선관은(직접 콘크리트에 매설하는 경우는 제외한다) 전용의 불연성 또는 자소성이 있는 난연성의 관 또는 덕트에 넣어 시설해야 한다.

⑧ 합성수지제 가요관, CD 전선관 등을 박스 또는 풀박스 안으로 넣을 경우에는 물이 안으로 새어 들어가지 않도록 시설해야 한다.

(4) 전선관 및 그 부속품의 연결 및 지지상태의 점검

① 합성수지제 전선관 상호 또는 합성수지제 전선관과 기타 부속품의 연결이나 지지는 견고하게 하고, 조영재나 지지물에 확실하게 지지해야 한다.

② 합성수지제 전선관 상호 및 관과 박스는 접속시에 삽입하는 깊이를 관 바깥지름의 1.2배 이상으로 하고 삽입접속으로 견고하게 접속해야 한다. 접착제를 사용할 경우에는 0.8배 이상으로 한다.

③ 합성수지제 전선관을 새들 등으로 지지하는 경우에는 그 지지점 간의 거리를 1.5m 이하로 하고 그 지지점은 관의 끝, 관과 박스의 접속점 및 관 상호접속점에서 가까운 곳(0.3m 정도)에 시설해야 한다. 합성수지제 가요관인 경우는 그 지지점 간의 거리를 1m 이하로 한다.

④ 불연성의 조립식 건물 등에서 공사상 부득이하게 합성수지제 전선관 및 풀 박스를 건조한 장소에서 불연성의 조영재에 견고하게 시설할 경우에는 관과 풀 박스 간의 기계적 고정을 생략할 수 있다.

⑤ 관끼리의 접속에는 박스 또는 커플링(Coupling) 등을 사용해야 한다.

(5) 아웃렛 박스류의 점검

① 조명기구, 콘센트, 점멸기 등의 부착위치에는 아웃렛 박스 또는 이에 상당하는 것을 사용해야 한다. 다만 노출된 인하배선의 단말 또는 이와 유사한 경우에는 목대를 사용할 수도 있다.

② 아웃렛 박스에는 덮개를 부착했는지 확인한다. 단, 조명기구의 플랜지 등에 직접 접속되는 경우는 제외한다.

③ 박스는 충분한 용량을 가지는 것을 선정해야 한다.

2) 금속 전선관 공사에서의 전선관 검사

(1) 금속 전선관의 굵기에 대한 적정사용 점검

① 굵기가 같은 절연전선을 동일 전선관 안에 집어넣을 경우에 금속 전선관의 굵기는 〈표 10-11〉부터 〈표 10-13〉까지에서 제시한 내용에 따라 선정해야 한다.

② 관의 굴곡이 적어 쉽게 전선을 끌어낼 수 있는 경우에는 제 ①항의 규정에 관계없이 굵기가 같으면서 단면적 $10mm^2$ 이하인 경우 〈표 10-14〉, 기타의 경우에는 〈표 10-15〉부터 〈표 10-17〉까지의 내용에 따라 전선의 피복 절연물을 포함한 단면적의 총 합계가 전선관 내부 단면적의 48% 이하가 되도록 해야 한다.

③ 굵기가 다른 절연전선을 동일 전선관 안에 집어넣을 경우 금속 전선관의 굵기는 〈표 10-15〉부터 〈표 10-17〉까지의 내용에 따라 전선의 피복 절연물을 포함한 단면적의 총 합계가 관내부 단면적의 32% 이하가 되도록 해야 한다.

(2) 전선관 및 부속품의 점검

① 금속제의 전선관 및 금속제 박스 기타의 부속품들이 KS 조건을 만족하는 재료여야 한다.

② 관의 두께는 콘크리트에 매입할 경우는 1.2mm 이상, 기타의 경우는 1mm 이상인 것을 사용했는지를 확인한다. 단 이음매(Joint)가 없는 길이 4m 이하

의 것을 건조한 노출장소에 시설하는 경우는 0.5mm 이상이면 된다.

③ 관의 끝부분 및 안쪽 면은 전선의 피복이 손상되지 않도록 매끈하게 처리해야 한다.

(3) 관 및 부속품의 녹방지 처리 여부 점검

금속 전선관 배선에 사용하는 금속 전선관 및 그 부속품은 녹이나 부식이 발생할 우려가 있는 부분에는 방청도료 등을 칠하여 보호해야 한다.

(4) 관 및 부속품의 연결과 지지상태 점검

① 금속 전선관의 상호접속시 커플링 사용 여부와 조임상태를 확인한다.

② 금속 전선관을 조영재에 따라서 시설하는 경우는 새들 또는 행어(Hanger) 등으로 견고하게 지지하고, 그 간격이 2m 이하인지 확인한다.

(5) 관의 굴곡 점검

① 금속 전선관을 굽힐 때 금속 전선관의 단면이 심하게 변형되지 않도록 구부려야 하며, 그 안측의 반지름은 관 안지름의 6배 이상이 되도록 구부렸는지 확인한다. 다만 전선관의 안지름이 25mm 이하이고 건조물의 구조상 부득이한 경우에는 관의 안쪽 단면이 현저하게 변형되지 않고 관에 금이 생기지 않을 정도까지 구부려야 한다.

② 아웃렛 박스 사이 또는 전선 인입구가 있는 기구 사이의 금속 전선관에는 3개소를 초과하는 직각 또는 직각에 가까운 굴곡개소가 없어야 한다.

③ 유니버설 엘보(Universal Elbow), 티이, 크로스 등이 조영재에 은폐되지 않도록 시설되었는지 확인한다. 다만, 그 부분을 점검할 수 있는 경우는 예외이다.

(6) 아웃렛 박스류의 점검

① 조명 기구, 콘센트, 점멸기 등의 부착위치에 아웃렛 박스, 콘크리트 박스, 스위치 박스 등을 사용하였는지 확인한다. 단, 노출된 인하(引下) 배선의 맨 끝 또는 이와 유사한 경우에는 목대(木臺)를 사용할 수 있다.

② 박스는 충분한 용적이 있는 것을 사용해야 한다.

③ 아웃렛 박스에는 덮개를 부착해야 한다.

④ 박스에 이미 뚫려 있는 불필요한 구멍은 적당한 방법으로 메워야 한다.

(7) 풀박스 및 접속함의 점검

① 풀박스와 접속함은 은폐되지 않도록 시설해야 한다.

② 전선의 교체나 점검이 용이하도록 설치해야 한다.

③ 풀박스에 설치하는 배선회로 수가 2회로 이상인 경우에는 풀박스 내에서 회로 확인이 쉽도록 회로표시를 해야 한다.

④ 박스 내에 물기가 스며들지 않도록 시설해야 한다. 단, 공사상 부득이한 경우에는 방수형의 박스를 사용할 수 있다.

(8) 관의 단면에서 전선의 보호조치 여부 점검

① 금속 전선관 배선에 사용하는 금속 전선관의 단면은 전선의 인입 또는 교체 시에 전선의 피복이 손상되지 않도록 관의 단면에 부싱을 사용해야 한다.

② 금속 전선관 배선에 사용하는 금속 전선관의 단면은 매끈하게 하고, 전선의 피복이 손상될 우려가 없어야 한다.

③ 우선 외(雨線 外)에서 수직배관의 상단에는 엔트런스 캡을 사용하고, 수평배관의 끝단면에는 터미널 캡 또는 엔트런스 캡을 사용해야 한다.

(9) 배관 예방조치

금속 전선관 배선에 사용하는 금속 전선관에는 배관 후 전선을 인입할 때까지 관 안에 습기와 먼지 등이 침입하지 않도록 적당한 예방조치를 하고 전선을 인선하기 직전에 깨끗하게 청소를 해야 한다.

3) 1종 및 2종 가요 전선관공사에서 검사 및 검사기준

1종 및 2종 가요 전선관 공사에서 전선관의 점검은 다음과 같은 검사 및 점검 기준에 따라 실시한다.

① 가요 전선관의 시설장소가 외상을 받을 우려가 없는 곳이어야 한다.

② 가요 전선관과 박스, 기타 부속품은 KS의 조건에 만족하는 재료여야 한다.

③ 동일 굵기의 절연전선을 동일한 관 안에 넣는 경우 가요 전선관의 굵기가 규정에 맞게 선정되었는지 확인한다.

④ 배관의 점검

㉠ 가요 전선관과 그 부속품의 끝 면을 매끈하게 하여 전선의 피복이 손상될 우려가 없는지 확인한다.

㉡ 2종 가요 전선관을 굽히는 경우 규정에 맞게 시공했는지 확인한다.

- 노출장소이거나 점검이 가능한 은폐장소에서 관을 시설하고 제거하는 것이 자유로운 경우에는 곡률 반지름을 2종 가요 전선관 안지름의 3배 이상으로 시공했지 확인한다.
- 노출장소나 점검이 가능한 은폐장소에서 관을 시설하고 제거하는 것이 부자연스럽거나 점검이 불가능할 경우에는 곡률 반지름을 2종 가요 전선관 안지름의 6배 이상으로 시공했는지 확인한다.

㉢ 가요 전선관과 그 부속품은 기계적, 전기적으로 완전하게 연결하고 적당한 방법으로 조영재 등에 확실하게 지지했는지 확인한다.

㉣ 가요 전선관끼리의 접속은 커플링으로 했는지 확인한다.

㉤ 가요 전선관과 박스를 접속하거나 캐비닛의 접속은 접속기로 접속했는지 확인한다.

㉥ 가요 전선관을 금속 전선관 배선, 금속 몰드 배선 등과 연결하는 경우에는 적당한 구조의 커플링, 접속기 등을 사용하고 양자를 기계적, 전기적으로 완전하게 접속했는지 확인한다.

㉦ 가요 전선관을 새들로 지지할 경우에는 지지점 간의 이격거리를 〈표 10-20〉의 규정에 맞게 시공했는지 확인한다.

〈표 10-20〉 가요 전선관의 지지점 간의 거리

시설의 구분	지지점 간의 거리
조영재의 옆면 또는 밑면에 수평방향으로 시설한 것	1m 이하
사람이 접촉할 우려가 있는 것	1m 이하
가요 전선관 상호 또는 금속제 가요 전선관과 박스기구와의 접속개소	접속개소에서 0.9m 이하
기타	2m 이하

학습 10

수행 내용

재료 · 자료

- 배관의 유지보수 관련 자료

기기(장비 · 공구)

- 컴퓨터, 프린터, 주변기기

안전 · 유의사항

- 컴퓨터 및 주변기기의 전원을 관리한다.

수행 순서

01 스마트 전기용 배관관리 기술분석에 대하여 분석하라.

스마트 전기용 배관관리 기술은 전기시설물의 안전과 효율성을 증진시키기 위해 사용되는 기술이다. 이러한 기술은 센서, 데이터 수집, 인공지능, 원격 모니터링 등의 첨단 기술들을 활용하여 전기배관시스템을 지능적으로 관리하고 운영하는데 도움을 준다.

스마트 전기용 배관관리 기술의 주요 기능과 장점은 다음과 같다.

1. 센서기술

센서들은 전기 및 통신용 시설물 내부와 외부의 여러 파라미터를 감지하고 데이터를 수집한다. 전기배관의 전류, 전압, 전력사용량, 온도 등과 같은 데이터를 실시간으로 모니터링하여 문제를 조기에 발견하고 예방할 수 있다.

2. 데이터 수집 및 분석

수집된 데이터는 클라우드 기반의 플랫폼으로 전송되어 저장 및 분석된다. 이를 통해 패턴과 동향을 파악하고, 전력사용량의 변화나 비정상적인 상태를 감지하여 효율적인 에너지 관리와 장애예방에 도움이 된다.

3. 원격 모니터링

스마트 배관관리 시스템은 원격에서 배관시스템을 모니터링하고 관리할 수 있다. 이는 사람이 직접 현장에 가지 않고도 문제를 감지하고 조치를 취할 수 있게 한다.

4. 에너지 효율성

스마트 배관시스템은 전력사용량을 최적화하고 에너지 효율성을 높이는데 도움을 준다. 비정상적인 에너지 소비를 탐지하여 절전과 비용절감에 기여한다.

5. 예방점검과 유지보수

시스템은 정기적으로 자가진단을 하고, 예상치 못한 문제를 사전에 파악하여 정기적인 점검과 유지보수를 예방한다.

6. 안전강화

전기시설물의 안전을 강화하는데 도움이 된다. 배관시스템 내의 이상한 동작이나 장애를 빠르게 감지하여 화재 등의 위험을 최소화한다.

스마트 전기용 배관관리 기술은 산업, 상업, 주택 등 다양한 분야에서 적용되고 있으며, 에너지 효율성 향상과 안전성 강화에 큰 도움을 주고 있다. 이러한 기술은 지속적으로 발전하고 있으며, 더 많은 혁신과 발전이 기대된다.

02 통신용 배관관리 기술분석에 대하여 분석하라.

통신용 배관관리 기술은 통신 네트워크의 성능과 안정성을 유지하고 관리하는데 중요한 역할을 한다. 이 기술은 통신용 배관의 설치, 모니터링, 유지보수, 백업 등을 통해 효율적으로 운영하며 네트워크 서비스의 품질을 향상시키기 위해 다양한 방법과 기술을 포함하고 있다. 다음은 통신용 배관관리 기술에 대한 몇 가지 주요 요소들이다.

1. 배관설계와 배치

통신 네트워크의 효율성과 성능을 보장하기 위해 배관설계 단계에서 적절한 배관구조와 배치를 계획해야 한다. 통신 케이블과 광섬유 케이블을 최적의 경로로 배치하여 신호간 간섭을 최소화하고, 유지보수와 확장성을 고려해야 한다.

2. 배관 모니터링 시스템

배관의 상태를 모니터링하는 시스템을 구축하여 잠재적인 문제를 조기에 감지하고 대응할 수 있다. 온도, 습도, 진동 등과 같은 파라미터를 실시간으로 모니터링하여 네트워크의 건강상태를 파악한다.

3. 거리와 손실관리

배관내부의 케이블 거리와 연결점 등을 효율적으로 관리하여 신호손실을 최소화한다. 광섬유 네트워크의 경우 광신호의 감쇠를 최소화하는 것이 중요하다.

4. 안정성과 보안강화

배관은 외부 요인으로부터 보호되어야 한다. 물리적인 손상으로부터 보호하기 위해 튼튼한 재질과 적절한 덮개를 사용하며, 불법적인 접근으로부터 보호하기 위한 보안시스템도 구축할 수 있다.

5. 유지보수와 대응

배관에 문제가 발생했을 때 신속하고 효율적으로 대응할 수 있는 유지보수 계획이 필요한다. 문제발생시 신속한 대응을 위한 절차와 적절한 백업시스템 등을 구축해야 한다.

6. 미래 지향적 설계

통신기술은 지속적으로 발전하고 있으므로 배관관리 기술은 미래지향적인 설계를 고려해야 한다. 새로운 기술과 표준을 적용하여 네트워크의 업그레이드와 확장을 용이하게 하고, 기존 구조를 최대한 활용할 수 있도록 계획해야 한다.

이러한 통신용 배관관리 기술들은 안정적인 통신인프라를 구축하고 유지하는데 중요한 역할을 한다. 이를 통해 네트워크 서비스의 품질을 향상시키고 사용자들에게 더 나은 경험을 제공할 수 있다.

03 전기통신용 배관검사시 주의할 점에 대하여 분석하라.

전기통신용 배관검사시 주의해야 할 점은 다음과 같다.

1. 안전사항 준수

배관검사는 종종 작업자들이 작업현장에서 다양한 도구와 장비를 사용하게 된다. 안전장비를 착용하고, 작업자들에게 적절한 교육을 제공하여 안전절차와 규정을 준수하도록 해야 한다.

2. 전기안전

배관은 전기통신에 사용되는 케이블과 광섬유 등을 포함하므로 전기안전에 특히 신경을 써야 한다. 전기작업을 진행할 때는 전기위험에 대비하여 작업자들을 보호하고, 전기회로를 해제한 상태에서 검사를 진행해야 한다.

3. 환경검토

배관이 설치된 환경을 사전에 검토해야 한다. 배관이 노출된 지하나 옥상과 같은 환경에서는 다른 잠재적 위험이 발생할 수 있으며, 이를 사전에 파악하여 적절한 대비를 취해야 한다.

4. 배관접근

검사를 위해 배관에 접근할 때는 안전하고 안정적인 접근방법을 사용해야 한다. 높은 곳이나 어려운 접근성을 가진 배관은 추가적인 안전장비나 도구를 사용하여 접근해야 한다.

5. 배관 정기점검

배관검사는 정기적으로 이루어져야 한다. 정기점검은 배관의 상태를 파악하고 잠재적인 문제를 미리 예방하는데 도움이 된다.

6. 측정 및 테스트

배관의 전기신호를 측정하고 테스트하여 신호의 감쇠나 손실, 노이즈 등을 확인해야 한다. 이를 통해 배관의 건강상태를 파악하고 문제를 조기에 해결할 수 있다.

7. 문서화

검사결과와 배관의 상태를 문서화하여 기록해야 한다. 문서화된 정보는 추후에 문제 해결이나 유지보수에 도움이 된다.

전기통신용 배관은 통신 네트워크의 핵심 구성요소이므로 정기적이고 철저한 검사가 중요하다. 안전한 작업환경과 적절한 검사절차를 준수하여 네트워크의 안정성을 유지하는 것이 중요하다.

04 배관 부속장치의 점검에 대하여 분석하라.

〈표 10-21〉 기계실 배관 부속장치 일상점검 및 조치내용(예)

배관 부속장치 명	점검결과	조치내용
안전밸브	• 외관부식 발생 • 누설 발생 • 작동불량	• 청소 및 도장작업 • 교체작업 실시 • 교체작업 실시
증기트랩	• 외관부식 발생 • 누설 • 작동불량 • 이상소음, 진동 발생	• 청소 및 도장작업 • 보수작업 실시 • 분해청소 및 보수작업 • 작동상태 점검 및 보수작업
감압밸브	• 외관부식 발생 • 전, 후 압력 이상 • 누설 발생 • 이상소음, 진동 발생	• 청소 및 도장작업 • 연결관 점검 및 보수작업 • 교체작업 • 전·후 압력점검 및 보수작업
신축이음	• 누설 발생 • 외부부식 발생 • 이상소음, 진동 발생	• 누설부 보수작업 실시 • 청소 및 도장작업 • 배관 이상유무 점검
후렉시블 조인트	• 누설 발생 • 외부부식 발생 • 이상소음, 진동 발생	• 누설부 보수작업 실시 • 청소 및 도장작업 • 배관 이상유무 점검

배관 부속장치 명	점검결과	조치내용
유량계	• 누설 발생 • 외부부식 발생 • 이상소음, 진동 발생	• 누설부 보수작업 실시 • 청소 및 도장작업 • 배관 이상유무 점검
온도 조절 밸브	• 누설 발생 • 온도조절 불량 • 이상소음, 진동 발생	• 누설부 보수작업 실시 • 분해청소 및 보수작업 • 배관 이상유무 점검
유량 조절 밸브	• 누설 발생 • 작동불량 • 이상소음, 진동 발생	• 누설부 보수작업 실시 • 분해청소 및 보수작업 • 배관 이상유무 점검
정수위 밸브	• 누설 발생 • 수위유지 불량 • 이상소음, 진동 발생	• 누설부 보수작업 실시 • 플로우 스위치 점검 • 배관 이상유무 점검
온도계, 압력계	• 누설 발생 • 작동불량 • 이상소음, 진동 발생	• 누설부 보수작업 실시 • 교체작업 실시 • 배관 이상유무 점검조치

④ 공동구 배관 부속장치를 점검하고 조치한다.

〈표 10-22〉 공동구 배관 부속장치 일상점검 및 조치내용(예)

배관 부속장치 명	점검결과	조치내용
증기트랩	• 외관부식 발생 • 누설 • 작동불량 • 이상소음, 진동 발생	• 청소 및 도장작업 • 보수작업 실시 • 분해청소 및 보수작업 • 작동상태 점검 및 보수작업
감압밸브	• 외관부식 발생 • 전 · 후 압력 이상 • 누설 발생 • 이상소음, 진동 발생	• 청소 및 도장작업 • 연결관 점검 및 보수작업 • 교체작업 • 전 · 후 압력점검 및 보수작업
신축이음	• 누설 발생 • 외부부식 발생 • 이상소음, 진동 발생	• 누설부 보수작업 실시 • 청소 및 도장작업 • 배관 이상유무 점검
후렉시블 조인트	• 누설 발생 • 외부부식 발생 • 이상소음, 진동 발생	• 누설부 보수작업 실시 • 청소 및 도장작업 • 배관 이상유무 점검
온도조절 밸브	• 누설 발생 • 온도조절 불량 • 이상소음, 진동 발생	• 누설부 보수작업 실시 • 분해청소 및 보수작업 • 배관 이상유무 점검
온도계, 압력계	• 누설 발생 • 작동불량 • 이상소음, 진동 발생	• 누설부 보수작업 실시 • 교체작업 실시 • 배관 이상유무 점검조치

⑤ 사무동 배관 부속장치를 점검하고 조치한다.

〈표 10-23〉 사무동 배관 부속장치 일상점검 및 조치내용(예)

배관 부속장치 명	점검결과	조치내용
증기트랩	• 외관부식 발생 • 누설 • 작동불량 • 이상소음, 진동 발생	• 청소 및 도장작업 • 보수작업 실시 • 분해청소 및 보수작업 • 작동상태 점검 및 보수작업
감압밸브	• 외관부식 발생 • 전, 후 압력 이상 • 누설 발생 • 이상소음, 진동 발생	• 청소 및 도장작업 • 연결관 점검 및 보수작업 • 교체작업 • 전·후 압력점검 및 보수작업
신축이음	• 누설 발생 • 외부부식 발생 • 이상소음, 진동 발생	• 누설부 보수작업 실시 • 청소 및 도장작업 • 배관 이상유무 점검
후렉시블 조인트	• 누설 발생 • 외부부식 발생 • 이상소음, 진동 발생	• 누설부 보수작업 실시 • 청소 및 도장작업 • 배관 이상유무 점검
온도조절 밸브	• 누설 발생 • 온도조절 불량 • 이상소음, 진동 발생	• 누설부 보수작업 실시 • 분해청소 및 보수작업 • 배관 이상유무 점검
온도계, 압력계	• 누설 발생 • 작동불량 • 이상소음, 진동 발생	• 누설부 보수작업 실시 • 교체작업 실시 • 배관 이상유무 점검조치

05 배관 열결장비의 기타 설비점검에 대하여 분석하라.

1. 기타 기계설비를 점검하고 조치

기타 기계설비로는 신재생 에너지 설비와 오수정화설비를 점검하고 점검결과에 따라 조치한다.

1) 신재생 에너지 설비의 종류에 따라 점검하고 조치

태양열 시스템, 태양광 시스템, 지열 시스템을 점검하고 점결결과에 따라 조치한다.

① 자연순환식 태양열 시스템을 점검하고 조치한다.

〈표 10-24〉 태양열 시스템 점검 및 조치내용(예)

설비명	점검결과	조치내용
직수배관 및 집열기	온수가 안 나옴	• 지수배관 밸브확인 • 집열기 열매체 누수확인
축열탱크	녹물 발생	축열탱크 내부 코팅파손으로 탱크교환
배관	수압 약함	• 배관누수 점검 • 배관내 스케일 청소
집열기 배관	파열	교환
	동파	동파방지 열선점검 및 교환

② 태양광 시스템을 점검하고 조치한다.

설비명	점검결과	조치내용
태양전지판	• 모듈표면 얼룩 • 손상, 변형, 파손	• 청소실시 • 태양전지판 교환
접속함	부식, 파손, 나사 풀림	보수작업
인버터	• 부식, 파손 • 운전시 이상음 발생	• 보수작업 • 점검 및 보수작업

③ 지열시스템을 점검하고 조치한다.

〈표 10-25〉 지열시스템 점검 및 조치내용(예)

설비명	점검결과	조치내용
순환펌프	• 베어링의 이상소음, 진동 발생 • 이음부 누수	주 전원 차단 및 보수
히트펌프	냉매 누설	밸브 차단
	토출압력 이상 및 진동, 소음 발생	제조사 A/S 요청

학습 10

2) 오수정화설비를 점검하고 조치

〈표 10-26〉 오수정화설비 점검 및 조치내용(예)

설비명	점검결과	조치내용
폭기조	폭기량 부족으로 활성오니 부패발생	폭기량 및 반송량 증대
	발포 증가	• 소포제 살포 • 송풍량 증가 • 독성물질 유입조사
슬러지조	슬러지 배출불량	슬러지 배출 점검, 조치
	슬러지 부패로 악취발생	• 폭기량 증가 조치 • 반송 및 슬러지 제거 증가 조치
침전조	슬러지 부상	• 폭기량 감조 조치 • 반송량 증가 조치 • 슬러지 배출 조치
배출조	기기의 작동불량	정지 및 보수작업 실기

Tip

- 펌프 및 압축기의 종류를 파악해야 한다.
- 기타 기계설비에 대하여 파악해야 한다.

06 배관부식의 점검 및 조치에 대하여 분석하라.

유지보수 매뉴얼에 따라 배관 내·외부 부식을 점검하고 조치한다.

1. 배관 외부부식을 점검하고 조치

배관의 외부부식이 발생하면 브러쉬 등으로 녹이나 이물질을 제거하고 바탕을 유기성 방청 도색 후 주위 색상에 맞게 마감 도장작업을 해야 한다.

2. 배관 내부부식을 점검하고 조치

수중에 있는 금속의 부식 속도는 용존산소 농도에 비례하므로 용존산소를 0.2 mg/ℓ까지 제거하면 부식이 방지되고, 70℃이상 온수계통에서는 0.1mg/ℓ 이하, 18기압까지의 저압보 일러는 0.02mg/ℓ 이하, 고압 보일러는 0.005mg/ℓ 이하까지 제거하여야 부식을 방지할 수 있다.

1) 화학적 산소제거로 부식을 방지

화학적 산소제거는 아황산소다와 수화히드라진을 사용한다.

2) 기계적 산소를 제거하여 부식을 방지

기계적 산소제거는 적당한 온도와 압력하에서 물을 분무시키는 방법이 있다. 감압하에서 가열하여 끓이는 방법도 수중의 용존가스를 제거하는 능률적인 방법이다.

3) 부식억제제를 사용하여 부식을 방지

부식성의 용액에 어떤 물질을 첨가하면 부식이 현저하게 감소하거나 부식이 방지된다. 이때 첨가되는 물질을 부식억제제라 하며 부식 억제제의 종류는 크롬산염, 인산염, 고분자인산염, 구산염, 아황산염, 아비산염, 몰리브덴산염, 텡스텐산염 등의 무기화합물이 있으며 지방족 아민류, 방향족 아민류를 비롯한 유기산, 알코올, 머캅탄, 티오요소 등이 있다. 이 외에도 한천, 젤라틴, 당류, 전분 및 탄닌과 같은 천연물질도 있다.

4) 전기적 제어방법으로 부식을 방지

부식성의 수용액과 접촉하고 있는 금속체 사이에 직류전류를 흐르게 하여 금속체를 전기적인 부식을 방지한다.

5) 유기재료에 의한 방식

유기재료는 금속표면에 코팅 또는 라이닝하고 금속표면을 피복하여 부식을 억제하는 것이다. 유기재료의 종류로는 유성페인트, 천연고무, 합성고무 등이 있다.

Tip

- 배관부식의 원인이 되는 인자를 파악한다.
- 배관부식 방지조치에 대한 기본지식을 파악한다.

학습활동.10 교수 · 학습 방법

교수 방법

- 전기 및 통신용 배관관리의 분석에 대한 관련 용어, 구성, 방식 이해 정도를 파악한 후 수업을 진행한다.
- 교수자의 주도로 전기 및 통신용 배관관리의 분석 등의 내용을 PPT 자료로 제시한 후 설명한다.
- 가능하면 사전에 개인별 학습 자료를 준비하여 모든 학생이 참여할 수 있는 문제 해결식 수업, 협력 수업이 가능하도록 한다.
- 전기 및 통신용 배관관리의 분석전 과정을 작업의 순서에 따라 단계적으로 실습이 이루어질 수 있도록 지도한다.
- 교재를 통해 수업을 준비하는데 있어서 필요한 모든 정보나 팁, 힌트 등 도움이 될 만한 내용들을 확인할 수 있다.
- 학생들이 만들게 될 각 모델들은 수업시간에 중점적으로 다뤄질 부분과 어휘, 질문, 답을 포함하고 있으며 또한 탐구할만한 추가적인 아이디어들도 포함하고 있다.

학습 방법

- 전기 및 통신용 배관관리의 분석에 대한 관련 용어를 숙지하고, 전기 및 통신용 배관관리의 분석에 대해 이해한다.
- 전기 및 통신용 배관관리의 분석의 각 단계별 중점 사항을 체계적으로 학습한다.
- 전기 및 통신용 배관관리의 분석의 수행순서의 전 과정을 실습한다.
- 전기 및 통신용 배관관리의 분석의 내용을 이해한다.
- 전기 및 통신용 배관관리의 분석을 이해하고 숙달이 될 때까지 학습한다.

학습활동.10 평가 및 피드백

평가 준거

- 평가자는 피평가자가 수행 준거 및 평가 내용에 제시되어 있는 내용을 성공적으로 수행할 수 있는 지를 평가해야 한다.

평가 방법

학습내용	평가항목	성취수준		
		상	중	하
전기 및 통신용 배관관리의 분석	전기 및 통신용 배관관리의 분석 · 이해할 수 있다.			

• 작업 포트폴리오

학습내용	평가항목	성취수준		
		상	중	하
전기 및 통신용 배관관리의 분석	전기 및 통신용 배관관리의 분석 · 이해할 수 있다.			

• 필기시험

학습내용	평가항목	성취수준		
		상	중	하
전기 및 통신용 배관관리의 분석	전기 및 통신용 배관관리의 분석 · 이해할 수 있다.			

• 체크리스트를 통한 관찰

학습내용	평가항목	성취수준		
		상	중	하
전기 및 통신용 배관관리의 분석	전기 및 통신용 배관관리의 분석 · 이해할 수 있다.			

• 피드백

1. 작업 포트폴리오
   - 제출한 보고서를 평가한 후 주요 사항에 대하여 표시하여 돌려준다.
2. 필기시험
   - 평가 결과 성적이 저조한 학생은 보고서 제출 기회를 부여한다.
3. 체크리스트를 통한 관찰
   - 실습 과정에서 평가한 후 개선해야 할 사항 등을 정리하여 돌려둔다.

참 | 고 | 문 | 헌

- 대한설비공학회. 『설비공학 편람 제2권 공기조화』, 대한설비공학회.
- 대한설비공학회. 『설비공학 편람 제4권 위생, 소방, 환경』, 대한설비공학회.
- 김수영 · 이종석 · 박호준 · 조영호 · 오호영 · 백신원, 『건축설비관계법규』, 한솔아카데미, 2016.
- 역자 : 윤재호 · 최영석 · 권오경. 『홴 압축기 유지 관리』, 태훈 출판사.
- 역자 : 윤재호 · 최영석 · 권오경. 『배관의 유지 관리』, 태훈 출판사.
- 허요 · 이인훈, 『공업 배관』, 도서출판 세진사, 2011.
- 설비보전시험연구회, 『설비보전기사』, 도서 출판 일진사.
- 국가법령정보센터(홈페이지)
- 산업안전 공단(홈페이지)
- 국토해양부, 건축 기계 설비 공사 표준시방, 2011.
- 마스후라 후시지로 · 타나카 타게히로, 역자 : 곽노열, 『건축설비 유지관리』, 문운당, 2013.
- https://www.law.go.kr/ 전기통신설비의기술기준에 관한 규칙
- https://www.kica.or.kr/ 정보통신공사 설계기준(한국정보통신공사협회)
- https://glaw.scourt.go.kr/ 방송통신설비의 기술기준에 관한 규정
- https://ccac.rra.go.kr/ 정보통신공사 착공전 설계도 확인 및 사용전 검사 기준 해설정보

학습 목표	1. 스마트 배관관리의 분석을 이해할 수 있다.

11-1 스마트 배관관리의 분석

1. 스마트 배관관리의 개요

스마트 배관관리는 현대의 정보기술과 통신기술을 활용하여 배관시스템을 효율적으로 관리하고 분석하는 접근방법이다. 스마트 배관관리의 분석은 다양한 데이터를 수집하고 분석하여 배관시스템의 성능, 상태, 유지보수 요구사항 등을 파악하는 과정을 의미한다.

스마트 배관관리 분석은 다음과 같은 방법을 사용할 수 있다.

1) 센서데이터 수집

배관시스템의 다양한 센서를 사용하여 데이터를 수집한다. 예를 들어 압력센서, 온도센서, 유속센서 등을 사용하여 배관내부의 상태를 모니터링할 수 있다. 이러한 센서들은 실시간으로 데이터를 수집하고 저장한다.

2) 데이터 분석

수집된 데이터는 데이터 분석기술을 활용하여 처리된다. 기계학습, 인공지능, 통계분석 등의 기술을 사용하여 데이터를 분석하고 배관시스템의 성능과 상태를 평가한다. 예를 들어 압력과 유속데이터를 분석하여 배관내부의 누출이나 부족한 유량 등을 감지할 수 있다.

3) 예측과 유지보수

스마트 배관관리는 예측기능을 활용하여 문제를 예측하고 예방조치를 취할 수 있다. 데이터 분석결과를 기반으로 예측모델을 구축하고, 배관시스템의 미래상태를 예측하여 유지보수 일정을 계획할 수 있다. 예를 들어 배관내부의 부식상태를 예측하여 교체작업을 사전에 예방할 수 있다.

4) 원격 모니터링과 제어

스마트 배관관리 시스템은 통신기술을 사용하여 원격에서 배관시스템을 모니터링하고 제어할 수 있다. 이를 통해 실시간으로 배관시스템의 상태를 모니터링하고 문제가 발생하면 즉시 대응할 수 있다. 또한 원격에서 제어하여 배관시스템의 운영을 최적화할 수 있다.

2. 스마트 배관과 인공지능

스마트 배관이란 배관의 리스크 분석, 머신러닝을 활용한 배관의 데이터 검증과 안전사고 발생 예측, 배관상테의 이미지 처리를 활용한 현장 안전관리 등 다양한 분야에서 배관을 컴퓨터 비전과 AI를 활용한 관리 및 운영되는 배관관리를 말한다.

다음은 스마트배관에서 인공지능 기술을 활용하는 몇 가지 방법에 대한 설명이다.

1) 예측 유지보수(Predictive Maintenance)

인공지능은 센서데이터와 이전의 운영기록을 분석하여 배관시스템의 잠재적인 문제점을 식별하고 예측할 수 있다. 이를 통해 정기적인 유지보수 작업을 계획하고 시스템의 신뢰성과 효율성을 향상시킬 수 있다.

(1) 데이터 수집 및 모니터링

스마트배관 시스템은 다양한 센서를 사용하여 실시간으로 데이터를 수집하고 모니터링한다. 이러한 데이터는 배관시스템의 상태, 압력, 유량, 온도 등과 같은 운영 변수에 대한 정보를 제공한다.

(2) 데이터 분석과 예측

수집된 데이터는 인공지능 알고리즘을 사용하여 분석되고 예측모델을 구축하는 데 사용된다. 이 모델은 시스템의 동작을 이해하고 예측하기 위해 훈련된다. 예를 들어 특정 유량, 압력, 또는 온도조건에서 배관시스템의 이상을 감지하고 잠재적인 고장을 예측할 수 있다.

(3) 고장예측과 예방

예측모델은 배관시스템의 잠재적인 고장을 예측할 수 있으므로 유지보수팀은 예방조치를 취할 수 있다. 예를 들어 예측모델이 특정 부품의 고장가능성을 감지하면 해당 부품을 교체하거나 정기적인 점검과 유지보수 작업을 수행할 수 있다.

(4) 유지보수 일정 최적화

인공지능은 예측모델을 통해 배관시스템의 상태를 모니터링하고 예측하여 유지보수 일정을 최적화할 수 있다. 예를 들어 시스템의 예상 고장시기에 가장 비용 효율적인 유지보수 작업을 예약하거나 예약된 유지보수 작업을 조정할 수 있다.

(5) 실시간 알림과 대응

인공지능은 배관시스템에서 이상 상황을 실시간으로 감지하고 유지보수 팀에 알릴 수 있다. 이를 통해 문제가 신속하게 대응되고 시스템의 가동시간을 최대화할 수 있다.

2) 자동감지 및 이상진단

인공지능은 센서데이터를 실시간으로 모니터링하여 이상상태를 감지할 수 있다. 이를 통해 시스템의 문제를 신속하게 식별하고 적절한 조치를 취할 수 있다. 예를 들어 배관에서 누수를 감지하거나 압력이 비정상적으로 상승하는 경우 경고를 발생시킬 수 있다.

스마트배관에서 인공지능을 사용한 자동감지 및 이상진단은 현대기술의 한 예로 배관시스템의 안정성과 효율성을 향상시키기 위해 적용된다. 이러한 시스템은 센서와 인공지능 알고리즘을 결합하여 배관 네트워크에서 발생하는 이상현상을 자동으로 감지하고, 빠르고 정확한 이상진단을 수행한다.

인공지능 기술은 주로 다음과 같은 방법으로 자동감지 및 이상진단을 수행한다:

(1) 센서 네트워크 구축

배관시스템에는 온도, 압력, 유량 등을 측정하는 다양한 센서가 설치된다. 이러한 센서들은 배관 네트워크의 상태를 실시간으로 모니터링하고 데이터를 수집한다.

(2) 데이터 수집 및 전처리

센서에서 수집된 데이터는 인공지능 알고리즘이 분석할 수 있는 형태로 전처리되어야 한다. 예를 들어 데이터의 이상치나 잡음을 제거하고, 필요한 특징을 추출하는 등의 처리과정이 필요하다.

(3) 이상감지 알고리즘 적용

인공지능 알고리즘은 전처리된 데이터를 기반으로 배관시스템의 정상 작동범위를 학습한다. 학습된 알고리즘은 이후에 배관시스템의 데이터를 실시간으로 분석하면서 정상 작동범위를 벗어나는 이상현상을 탐지한다.

(4) 이상진단 및 경고

이상감지 알고리즘이 이상현상을 감지하면, 해당 이상에 대한 진단정보가 생성된다. 이러한 진단정보는 운영자나 유지보수 담당자에게 전달되어 신속한 조치를 취할 수 있도록 도와준다. 예를 들어 진단정보는 이상발생 위치, 원인 예측, 조치 권고 등을 포함할 수 있다.

(5) 지능적인 의사결정

스마트배관 시스템은 수집된 데이터와 이상진단 결과를 기반으로 지능적인 의사결정을 내릴 수 있다. 예를 들어 시스템은 예측분석을 통해 향후 이상발생 가능성을 예측하고, 예방조치를 제안할 수 있다.

3) 최적 운영계획

인공지능은 배관시스템의 운영데이터와 외부 환경요인을 분석하여 최적의 운영계획을 도출할 수 있다. 인공지능은 데이터 분석, 패턴 인식, 예측 모델링 등 다양한 기능을 통해 배관시스템의 성능을 최적화하고 에너지 소비를 최소화하는 계획을 수립할 수 있다.

다음은 스마트 배관에서 인공지능을 사용한 최적 운영계획방법에 대한 예시이다.

인공지능은 예측모델과 현재 상태에 따라 최적의 운영계획을 수립하기 위해 최적화 알고리즘을 적용한다. 예를 들어 에너지 소비를 최소화하거나 공급안정성을 향상시키기 위해 배관시스템의 패턴을 분석하여 최적의 유량 및 압력설정을 결정할 수 있다.

예를 들어 수요예측을 기반으로 배관 네트워크의 펌핑시스템을 최적으로 조절하여 전력소비를 최소화하거나 용수공급을 최적화할 수 있다.

4) 자동제어 및 조절

인공지능은 배관시스템의 운영을 자동으로 제어하고 조절할 수 있다. 센서데이터를 실시간으로 분석하여 펌프, 밸브, 밸브 등의 장치를 조절하고 최적의 운영상태를 유지할 수 있다.

5) 예측적인 유량 및 압력관리

인공지능은 배관시스템의 유량 및 압력을 예측하고 최적으로 관리할 수 있다. 예를 들어 수요예측과 알고리즘을 결합하여 유량과 압력을 조절하고 효율적인 용수관리를 할 수 있다.

6) 최적자원 할당

인공지능은 배관시스템에서 사용되는 자원(예 전력, 물 등)을 최적으로 할당할 수 있다.

11-2 스마트 배관관리의 지능화 정보기술

1. 인공센서 기술

인공센서는 '자극을 수신한 후 전기적 신호로 자동으로 반응하는 장치'로 정의되며, 모든 지능형 전자 배관관리 시스템의 필수요소 중 하나이다.

인공지능형 센서는 물리법칙에 의해 결정되는 물리적 세계와 다양한 애플리케이션에서 사용하기 위해 제공되는 정보를 해석하는 디지털 세계 사이의 인터페이스를 형성한다. 이들은 모두 주요 제어시스템에 입력되는 데이터를 수집하는 다양한 센서를 사용하여 지능적 의사결정을 가능하게 한다.

스마트폰과 IoT의 성장덕분에 더 많은 유형의 센서, 특히 고도의 집약적, 지능형, 저전력 센서를 개발할 수 있게 되었다.

물리적 속성을 감지하도록 설계된 것들도 있고, 움직임이나 근접성(광학장치와 빛을 사용함), 흐름을 탐지하도록 설계된 것도 있다. 이를 위해 유도, 자기저항, 초음파, 광학, 압력, 정전용량 기술 등 다양한 기술이 사용된다.

스마트 배관시스템은 배관에 인공센서를 달아 배관손상 등을 실시간으로 점검한다. 이를 통하여 지하배관 안전성을 개선하고 국가 주요 인프라인 사회간접자본, 환경, 교통, 안전, 에너지 등에 지능정보 기술을 적용, 국가 경쟁력을 높이고 지능정보 산업이 되었다.

최근 정부는 낡고 사고위험이 있는 공단 일부 및 가정/기업 등의 지역을 대상으로 '인공지능 기반 지하배관 안전관리 시스템'을 구축하고 있다.

노후화한 지하배관에 대한 직·간접 진단검사와 위험성 평가를 통한 모니터링 대상 도출, 지하배관 건전성 실시간 모니터링과 진단시스템 구축 등이다. 특히 음향방출 센서로 확보한 지하배관 상태정보를 AI 머신러닝 알고리즘을 활용하여 최적의 분석·관리함에 따라 사고가능성을 선제적으로 파악해 예방할 수 있게 된다.

2. 인공지능 학습 알고리즘

인공지능을 통한 4가지 차원은 각 단계들의 차이점들이 실제로 무엇을 의미하는지 명확하게 하기 위해서 각 단계의 차이점을 표현할 수 있도록 기본적인 차원을 도출하였으며 모든 단계에서 인공지능이 안정하고 신뢰할 수 있는 방법을 고려한다. 이러한 차원에 따른 발전은 배관종류별, 분야별 장점 및 서비스와 점점 더 높은 단계의 인공지능을 구현하기 위해 필요하다.

1) 효율화(Efficiency)

인공지능이 미리 정의된 명령이나 조건을 기반으로 시스템과 제품을 동작시켜 사용자의 편익을 높여주는 단계이다. 일반적인 기계학습(Machine Learning) 알고리즘을 적용해서 사용자가 음성으로 명령을 내리거나 특정 환경조건이 충족할 때 동작하게 된다.

배관의 상태를 1단계 효율화의 인공지능 기술을 적용하면 배관의 인공지능 센서는 항상 배관상태를 점검하여 배관의 노후 및 막히는 현상 등을 모니터링하여 사전점검하지 않아도 되는 상태로써 효율을 극대화가 가능하다.

2) 개인화(Personalization)

2단계의 인공지능은 개인화가 가능해서 사용자와의 누적된 상호작용을 통해 패턴 학습(Pattern Learning)을 할 수 있다. 이 단계의 인공지능은 사용자의 과거행동을 분석해 패턴을 찾고 미래의 행동을 예측한다.

배관의 고장사례 패턴을 학습하여 하나의 시스템 및 서비스를 분석해 고유의 패턴을 찾는다. 이를 통하여 배관의 상태를 면밀히 검토하지 않아도 인공지능은 배관의 위치 및 상태를 알아차린다.

디지털 인공지능 센서는 2단계 인공지능을 이용해 사용자의 배관 및 시스템의 각종 센서로부터 입력된 배관정보를 개인하의 상관관계를 보여준다.

3) 추론화(Reasoning)

추론단계의 인공지능은 인과학습(Causality Learning)을 통해 각종 제품과 서비스를 사용하여 발견되는 특정 패턴과 행동의 원인 등을 파악한다. 이를 토대로 새로운 상황에서도 사용자가 필요로 하는 결과를 예측해 동작한다.

사용자에게 맞춤형 서비스를 제공하기 위해서는 다양한 접점을 통한 정보수집이 필수적이다. 인공지능 2단계는 사용자와 제품, 사용자와 서비스 등에 대한 개인적인 상관관계를 파악했다면 3단계는 각기 다른 제품과 서비스에서 수집된 정보들을 통합해 종합적인 인과관계를 파악한다.

사용자가 온수배관을 더 많이 사용하고 온수배관의 사용시간이 길어지면 계절의 상태를 추론단계의 인공지능은 사용자의 행동이 추운 환경의 상태를 파악하고 나중에 기온이 많이 떨어진다는 일기예보가 나오면 인공지능을 가동중인 보일러의 외출상태이거나 정지상태일 때 난방배관을 통한 보일러를 가동하든지 배관의 동파를 방지하도록 제안하는 상태의 서비스를 할 수 있다.

4) 탐구(Exploration)

탐구단계는 실험학습(Experimental Learning)을 통해 사용자의 삶을 더욱 더욱 윤택하게 만드는 단계이다. 실험학습이란 인공지능이 스스로 논리적으로 추론하고 가설을 세워 검증하며 더 나은 솔루션을 발견해 내는 작업이다.

인공지능은 지속적으로 새로운 아이디어를 발견하고 지식을 습득하면서 새로운 정보가 사용자의 삶에 가치를 부여할 수 있도록 유의미한 실험을 반복한다.

4단계 인공지능을 기반으로 한 스마트시티는 기후나 온도 및 환경센서 등을 통해 들어오는 정보를 수집해 배관시스템을 최적화한다. 스마트시티는 스스로 최적화 과정을 거치며 사람들이 효율적이고 안전하게 생활할 수 있도록 돕는다.

Environmental Awareness	**Perceives** Perceives specific, pre-defined information and acts on it accordingly to increase its efficiency	**Recognizes** Recognizes patterns and uses them to make better predictions to increase relevance for users	**Understands** Understands the patterns and principles across systems in order to meet predefined missions. Uses reasoning to respond to new situations by applying unique approaches	**Explores** Seeks to test and validate the underlying conditions of a situation by analyzing data from a broader set of external sources to inform its inferences
Collaboration	**Independent** Works alone or relays commands from one system to another	**Connects** Connects with other devices within a user-controlled system so that the user can use one device to control others	**Coordinates** Understands the larger interconnected system and the function of different devices and shares learning outcomes to achieve a broader mission	**Orchestrates** Identifies gaps in data and user understanding then orchestrates across internal and external systems to find and apply new knowledge as it scrutinizes and optimizes its hypotheses
User Understanding	**Agent** Perceives user inputs and logs past inputs	**Assistant** Recognizes and distinguishes users and their unique behaviours and preferences	**Companion** Interprets the user's mood from contextual understanding of multiple data points and reasons about social relations to predict and support how users will interact	**Sage** Understands how to influence users - enabling them to trust new information and approaches by providing evidence, nudging behaviours in service of a broader purpose
Autonomy	**Task-oriented** *One-off actions* Can execute specific commands within specific parameters to achieve a specific task	**Goal-oriented** *Multiple actions* Works out various options for achieving a given goal and presents them to the user for selection or is pre-programmed to efficiently meet the desired goal	**Mission-focused** *Long-term actions* Understands users and its environment in order to predict, recommend and execute solutions to assigned missions	**Purpose-driven** *Exploratory actions* Using local context and external sources of knowledge, it balances users' competing needs and interests and is able to take creative approaches to influence user behaviours, whilst in service of the user's higher purpose

[그림 11-1] 인공지능 발전단계의 4가지 차원

3. 지능형 사물인터넷 기술

[그림 11-2]처럼 사물인터넷(IoT) 기반 지능형 지하 매설배관 안전관리 솔루션은 사물인터넷, 센서, 데이터마이닝 기술 등을 활용하였다.

사물인터넷, 센서, 데이터마이닝 기술 등을 활용한 스마트 배관망 시스템은 지하에 매설된 도시가스 시설관리에 필요한 데이터를 실시간으로 수집 · 분석하고 통신으로 전송함으로써 현장상태를 면밀히 파악하고 이상상황에 신속히 대처할 수 있다.

이와같이 도시가스 배관관리에 첨단 ICT 기술을 활용하며 도시가스 안전관리의 패러다임을 바꿔 나가고 있다.

스마트 배관망 시스템은 스마트 밸브실 모듈, 스마트 전기방식 모듈, 정류기 원격제어 모듈, 스마트 피복상태 모니터링 모듈, 특수구간 모니터링 모듈, 공급입력 모니터링 모듈, 지진 모니터링 모듈 등으로 구성되어 있다.

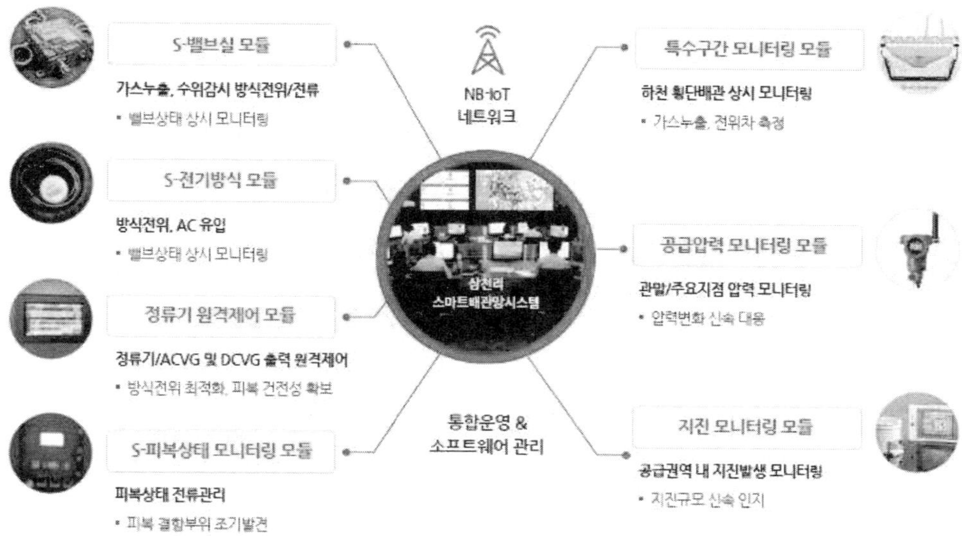

[그림 11-2] 스마트 배관망 시스템

IoT 기반 지능형 지하 매설배관 안전관리 솔루션은 지하배관 부식으로 인한 대형 사고를 예방하고 효율적으로 관리할 수 있도록 돕는 시스템이다. 지하배관 전반을 IoT 기술을 활용해 실시간 모니터링하고 수집한 데이터를 인공지능(AI) 기술로 분석해낼 수 있는 인공지능 IoT 시스템이다.

이 안전관리 솔루션은 IoT 기술과 접목해 지하배관을 상시 모니터링할 수 있고, 특히 폭발위험이 있는 지역에서도 설치해 운영할 수 있도록 구성되어 있다. 또한 NB-IoT 통신기술을 기반으로 안테나를 개발하고 회로 최적화를 구현한 것이 특징이다. 지상뿐 아니라 맨홀 하부와 같은 환경에서도 통신이 원활하게 이뤄질 수 있도록 했다.

이 시스템은 도시가스 지하배관에 적용할 수 있도록 개발됐다. 가스공사 생산기지 등 국가 보안시설에도 쓰일 수 있게 보안성을 확보되어 있고 단순히 데이터를 수집해 이상유무를 판단하는 것만 아니라 정류기 자체를 제어 · 모니터링한다. 이를 통해 지하배관 각 지점에서 수집한 지능형 IoT 센서로부터 얻은 특정 패턴 데이터를 AI 기술로 분석해 지하배관의 건전성을 정밀히 판별할 수 있다.

〈표 11-1〉 스마트 배관시스템의 특징 및 기능

모듈명	특징 및 내용	기 능
S-밸브실 모듈	밸브시설에서의 사고가 조기인지 및 사전 관리를 목적으로 밸브실 상태를 모니터링	• 가스누출 모니터링 • 침수감지 • 방식전위 측정
S-전기방식 모듈	금속배관의 효율적인 부식방지 관리를 목적으로 전기방식 상태를 모니터링	• 방식전위 측정 • 타시설(AC 유입) 간섭 모니터링
정류기 원격 제어 모듈	금속배관의 방식전위 관리를 위해 정류기 운전을 원격으로 제어	• 정류기 출력 전압/전류 모니터링 • 정류기 출력 전압/전류 원격제어 • DCVG, ACVG 피복탐측 신호 송신
S-피복상태 모니터링 모듈	방식구간별 금속배관의 피복상태를 정량적으로 관리하기 위한 전류를 측정	• 방식전위/전류측정
특수구간 모니터링 모듈	도시가스를 공급하기 위해 하천 아래를 통과하는 배관의 상태를 모니터링	• 가스누출 모니터링 • 시설간 접촉/전위 불량 모니터링
공급압력 모니터링 모듈	주요 압력관리 지점의 도시가스 공급압력을 실시간으로 모니터링	• 실시간 공급압력 모니터링
지진 모니터링 모듈	지진발생 및 규모를 신속하게 인지하기 위한 지진감시	• 지진 발생/규모 모니터링

4. 인공지능 연계 클라우드 관제(관망) 시스템

'딥뷰' 기술을 기반으로 AI기반 방재 및 안전관제 시스템 고도화를 위한 AI기반 시각지능형 시설관제 솔루션 방재 및 안전관제 시스템의 수준을 높이는 등 생활안전성 제고를 목적으로 하고 있다.

이 기술은 배관 내의 영상이미지 내 객체의 화면 특성, 상태 및 모습 등을 인식한 뒤 빅데이터 매칭을 통해 배관상태 ID를 추론하는 첨단기술이다. 건축물 품질을 영상기반으로 평가할 수 있도록 해주는 기술에 관한 것이다. 이로서 스마트 시티의 건축물과 배관관련 디지털 트윈을 구현하기 위한 각종 데이터와 영상을 클라우드 및 통신망으로 관리함으로써 건축물 품질평가 결과에 대한 신뢰를 확보할 수 있다.

5. 건축물과 배관관리용 디지털 트윈 활용

스마트 시티에서 건축물과 배관의 영상을 관리를 위한 외관영상, 배관영상, 비파괴 검사영상을 데이터베이스에 클라우드에 보관하도록 한다. 또한 5/6G와 WiFi를 기반으로 이들 영상을 건축물 건축도면(CAD) 영상과 마커, NFC 태그, 영상 특징점 기반으로 디지털 트윈 플랫폼의 활용이 필요하다.

디지털 트윈 플랫폼에서는 건축물 영상의 분석이 가능하도록 건축물 관련 정보를 신뢰도 높게 분산원장 관리하는 건축물 디지털 트윈 블록체인 기술의 적용도 검토할 수 있다. 이로서 건축물에 대해 건축도면 영상, 외관영상, 배관영상, 비파괴 검사영상을 멀티레이어로 정합 및 표출하여 사람들이 그 건축물의 분석을 증강현실(AR)이나 가상현실(VR)로 살펴볼 수 있게 제공함으로써 스마트 시티의 건축물 디지털 트윈을 구현할 수 있다.

검사장소	경기도 용인시 ******** (한국건설(주), 한마음 아파트)			검사대상	1000세대
검사일시	2020.12.12 10:00~14:00	검사자	홍길동	연락처	010-4767-1234
배관 영상 2001호 (배관마커 번호)	입상관 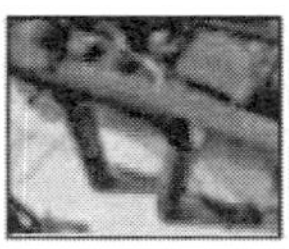	오배수관 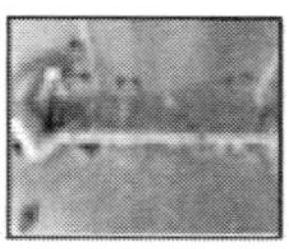	비트내부 	수평횡관 	특이사항 해설 배관 마커번호 B2001_1/ J2001_1 배관파손 1건 배관 마커번호 B2001_3/ J2001_3 이물질 1건
	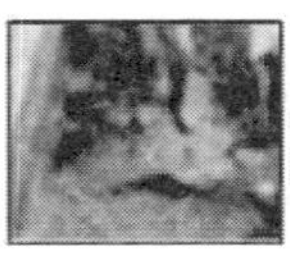 옥외 인출관 파손	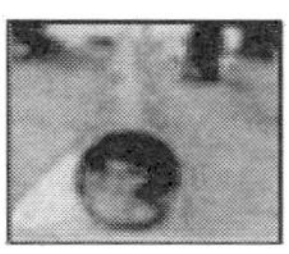 지하층 배관 막힘	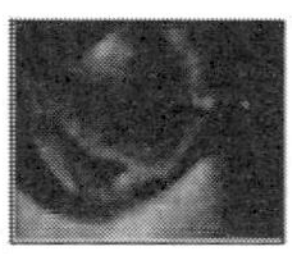 협상관내 이물질	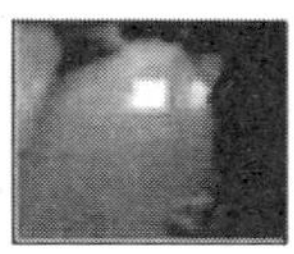 세대 역류	
검사결과	2건	1건	0건	5건	총 8건
검사요약	1. 파손 입상관의 재질 및 연결부위 보강 : 2건(2001호, 9002호) 2. 오배수관 막힘 제거 : 1건(102호) 3. 비트내부 : 이상없음 4. 수평횡관 : 누수 1건(101호), 연결부실 4건(201호, 301호, 401호, 501호) 5. 동영상 저장(비밀번호 0000) : https://drive.google.com/drive/folders/ 6. 기타 :				

[그림 11-3] 스마트 시티에서 건축물과 배관관리용 디지털 트윈 활용사례 분석

학습 11

수행 내용

재료 · 자료

- 배관의 시공 및 안전 관련 자료

기기(장비 · 공구)

- 컴퓨터, 프린터, 주변기기

안전 · 유의사항

- 컴퓨터 및 주변기기의 전원을 관리한다.

수행 순서

01 스마트 배관시스템의 유량센서에 대하여 분석하라.

1. 유량센서의 개요

유량센서(또는 계량기)는 선형, 비선형, 질량 또는 체적 유체나 기체의 유량속도를 측정하는 장치이다.

유량센서는 전기 및 기계적 하부시스템을 활용하여 유체의 물리적 속성변화를 측정하고 그 유량을 계산한다.

유량센서는 작동온도가 -20°C~+400°C인 기체, -50°C~+180°C인 액체에 적용되며, 0m/s~100m/s의 유량속도 및 방향을 측정할 수 있다.

유량센서는 누출, 막힘, 파이프 파열의 감지하기 위해 설치된다. 유량측정은 많은 종류의 장비제어에 매우 중요하다.

일반적으로 스마트 배관, 의료장치, HVAC 시스템, 자동차, 화학공장, 산업공정, 스마트 에너지 응용분야에 사용되고 있다.

2. 유량계의 선택시 고려사항

유량계를 선택할 때 고려해야 할 요소는 보정 및 유지보수의 용이성, 평균 무고장 시간, 구체적인 공장현장에서의 예비부품 가용성이다.

유량센서는 유량속도 정보, 연속적인지 총합인지 여부, 데이터가 로컬인지 원격인지와 같은 요구사항의 사양에 따라 선택된다.

데이터가 원격일 경우 아날로그 또는 디지털로 전송될 수 있다. 압력, 온도, 허용압력 강하, 밀도(또는 비중), 전도율, 점도, 최대 작동온도에서의 증기압과 같은 공정유체 요인의 특성 및 흐름 특징에 대한 평가도 중요하다.

3. 유량센서의 분류

유량센서는 접촉식 유량센서와 비접촉식 유량센서 두 가지로 분류할 수 있다.

1) 접촉식 유량센서

측정할 액체 또는 기체가 해당 센서의 움직이는 부품과 접촉할 때 파이프를 막히게 하지 않는다면 접촉시 유량센서가 사용된다.

2) 비접촉식 유량센서

비접촉식 유량센서는 움직이는 부품이 없으며, 액체 또는 기체추적에 일반적으로 사용되고 있다.

마찬가지로 유량센서의 종류는 체적 유량감지 시스템이거나 질량 유량센서 시스템일 수 있다. 기체유량센서는 질량유량에 기반한 시스템을 사용한다.

02 배관시공의 안전관리에 대하여 분석하라.

학습 11

1. 안전관리의 개념을 설명

안전관리의 의미를 설명하여 작업자가 배관작업시 안전하게 작업을 수행해야 하는 이유를 이해하는 단계이다.

2. 안전관리의 필요성을 설명

① 안전을 위협하는 무수한 위험요소에 대하여 안전관리의 개념 및 목표를 정하여 관리함으로써 인간의 활동에서 발생하는 재해를 막을 수 있다.

② 배관작업시 작업자에게 안전작업을 수행함으로써 발생하는 장점을 설명하여 안전관리의 필요성을 이해시키는 단계이다.

3. 안전관리를 위한 활동

생산성의 향상과 재해손실을 막기 위하여 재해의 원인을 파악하고 방지에 필요한 체계적인 관리방법이나 재해가 발생하지 않는 상태를 유지하기 위한 활동을 지속적으로 한다.

4. 배관시공시 재료에 따른 안전작업 방법을 확인

배관시공시 재료의 종류에 따른 작업방법을 이해하고 작업중 발생할 수 있는 안전사고 등을 파악하여 안전하게 작업 할 수 방법을 설명한다.

5. 안전관리의 시방서를 작성

모든 공사는 관련 법규 및 조례 등을 준수하여 시공하고, 공사시공에 필요한 관공서 및 기타 기관에 제출하여야 할 서류 및 수속 등은 수급인 부담으로 시행하는 것을 원칙으로 한다.

6. 배관시공 장비의 사용방법과 특성을 확인

배관의 종류에 따른 작업공구의 사용방법을 이해하고, 작업 중 발생 할 수 있는 안전사고 등을 파악하여 안전하게 작업 할 수 방법을 설명한다.

〈표 11-2〉 재료별 배관작업 종류 및 작업방법

종 류	작업종류		작업방법
강관 동관 스테인리스 강관	절단 작업	쇠톱 작업	• 톱날이 부러져서 상처를 입지 않도록 한다. • 절단 작업시 끝날 무렵에는 힘을 빼고 가볍게 사용한다.
		기계톱 작업	• 작업시 기계에 얼굴을 가까이 대지 않는다. • 칩이 비산하는 재료는 커터부분에 커버를 하고 보안경을 쓴다. • 작업 중 정전시에는 스위치를 끈다. • 절삭시 장갑을 착용하지 않는다.

종 류	작업종류		작업방법
	이음 작업	나사접합	• 관을 파이프 바이스에 단단하게 고정한다. • 절삭유 잘 공급되는지 확인한다. • 칩은 반드시 쇠솔로 제거한다.
		용접접합	• 용접 전에 소화기의 위치를 확인한다. • 보안경, 보안면을 착용한다. • 전기용접시 자동 전격 방지기를 사용한다. • 전기용접시 케이블 피복의 손상 여부를 확인한다. • 가스용접시 안전기와 산소조정기의 상태를 점검한다. • 가스용접시 화기나 가스의 누설 여부를 확인한다. • 주변에 인화성 물질 등이 있는지 확인한다. • 작업에 방해가 되는 물건은 정리 · 정돈한다.
		플랜지 접합	• 플랜지의 볼트접합시 기구를 잡은 손이 플랜지와 접촉하지 않도록 한다. • 플랜지면의 흠집이나 녹을 제거시 반드시 쇠솔로 제거한다.

7. 공구의 보관관리

공구는 일상관리를 하며 공구담당자를 정하여 항상 안전한 상태로 사용되도록 하여야 한다.

〈표 11-3〉 공구보관관리

구 분	보관관리
공 구	• 공구담당자 정하여 수리 및 불출을 관리한다. • 정기적으로 공구를 점검하여 파손상태를 점검한다. • 사용 전, 사용 중, 사용 후 상태를 점검한다.

Tip

- 배관시공시 안전관리의 필요성을 이해하고, 배관종류에 따른 사용공구의 특성을 파악하여 안전하게 작업 할 수 있도록 한다.

03 배관의 안전관리 교육 및 보호구에 대하여 분석하라.

1. 배관시공 안전관리 교육의 필요성을 설명

건설현장에서 사용하는 설비기기 및 환경에서는 많은 위험한 요인들이 산재되어 있다. 안전교육은 작업시 필요로 하는 안전지식 이해뿐만 아니라 근로자가 사고로 인해 상해를 입는 것을 방지하기 위해 필요한 과정이다.

2. 배관시공 안전관리교육 계획을 수립

안전관리교육을 위한 계획을 수립하여 체계적으로 교육함으로써 교육효과를 극대화 할 수 있도록 한다.

① 안전관리 관계법규 및 시방서를 기준으로 계획서를 작성한다.

② 교육내용에 배관시공 안전관리 기준과 관련 법규를 적용하였는지 확인한다.

③ 교육내용을 설명한다.

3. 보호구에 대하여 설명

① 보호구란 근로자가 안전을 위하여 신체의 일부에 직접 착용하여 작업에서 발생하는 위험 요소로부터 신체를 보호하기 위한 도구이다.

② 보호구를 대상별로 분류하여 설명함으로서 작업자가 보호구를 명확하게 이해하도록 한다.

〈표 11-4〉 보호구의 분류

구 분	대 상
안전보호구	안전모, 안전대, 안전 장갑
위생보호구	방진, 방독 마스크, 보안경, 귀 마개, 귀 덮개, 보호복
안전인증보호구	안전모, 안전대, 안전화, 보안경, 안전장갑, 방진 마스크, 방독 마스크, 귀 마개 또는 귀 덮개, 보호복, 전동식 호흡 보호구

4. 작업종류별 사용하는 보호구를 설명

각종 작업별 착용하는 보호구를 설명하여 작업의 효율성을 높이고 안전작업을 할 수 있게 한다.

〈표 11-5〉 작업종류별 보호구

구 분	보호구	기 타
절단기(기계톱)	보안경, 보호 장갑, 안전모	소화기
용접기	용접면, 용접조끼(앞치마), 용접장갑, 안전화, 안전모	소화기
탁상드릴	보호대, 안전모	
고소작업대	안전모	

5. 보호구의 착용방법을 설명

① 안전모는 작업의 종류에 적합한 안전모를 선택하여야 하며 착용시 턱 끈은 반드시 조인 후 작업해야 한다.

② 안전대 착용방법을 설명한다.
- 반드시 2.5m 이내로 설치하고 작업에 지장이 없는 경우에는 되도록 짧게 조절하여 사용한다.
- 낙하높이는 로프길이(통상 5.5m, 최대 2.5m)가 되도록 사용한다.

③ 방진 마스크 착용방법을 설명한다.
- 착용시 압박감이나 고통스럽지 않게 조인다.
- 호흡시 투시부가 흐려지지 않도록 한다.
- 안면부 여과식 마스크는 안면에 밀착시켜 착용한다.

④ 방음보호구(귀마개 또는 귀덮개)
- 귀에 잘 맞는 것을 착용한다.
- 사용 중 불쾌감을 느끼면 다른 것으로 교체한다.

학습 11

04 배관의작업시의 산업안전 관계 법규에 대하여 분석하라.

1. 산업안전 관계 법규를 설명

1) 산업안전보건법 중 안전관리 관련 주요 내용

① 산업안전 보건법이란 산업현장에서 근로자의 안전과 보건을 확보하고, 생명과 신체를 보호하기 위한 강제성 있는 규범이다.

② 사업장에서 사업주 및 근로자가 산업재해 예방을 위해 수행해야 할 업무내용을 법제화한 것이다.

③ 안전수칙

- 통행제한(규정속도 10km)
- 개인보호구 착용방법
- 화재 · 폭발 방지

2) 정부, 사업주, 근로자의 의무

① 정부의 책무

- 산업안전 보건정책의 수립, 진행, 조정 및 통제
- 재해 다발 사업장에 대한 재해예방 지원 및 지도
- 유해 · 위험기계, 기구설비 및 보호장치 보호구 등 안전성 평가, 개선
- 유해 · 위험기계, 기구설비 및 물질에 대한 안전보건상 조치기준 작성
- 자율적 안전보건 경영체제 확립을 위한 지원
- 무재해 운동 추진사항
- 기술의 연구개발 및 시설의 설치운영
- 산업재해 조사 및 통계 유지관리
- 안전 · 보건단체 지원, 지도 감독
- 근로자 안전 및 건강보호 · 증진

② 사업주의 의무

- 산업재해예방 기준 준수
- 사업장 안전 · 보건정보 근로자에게 제공

- 근로조건 개선을 통해 적절한 작업환경 조성
- 근로자 생명보건과 안전 · 보건 유지 증진
- 산업재해 예방시책 준수
- 유해 · 위험요인 파악, 평가, 관리, 개선조치

③ 근로자의 의무

- 산업재해예방을 위한 기준 준수
- 사업주, 그밖에 관련 단체에서 실시하는 산업재해 방지에 관한 조치 준수

2. 중대재해를 설명

1) 정 의

① 사망자 1인 이상 발생

② 3월 이상 요양을 요하는 부상자가 동시 2인 이상 발생

③ 부상자 또는 직업성 질병자가 동시에 10인 이상 발생

2) 보고시간

① 중대재해 : 발생 즉시

② 부상재해 : 1개월 이내(근로복지공단에 산업재해 신청시 예외)

③ 천재지변의 경우 : 사유 소멸 후 즉시

3) 보고내용

① 발생개요

② 피해상황

③ 조치 및 전망

④ 기타 중요한 사항

4) 재해발생시 조치순서 Flow Chart

긴급조치	피해자 응급조치, 피해확산 방지, 관계자 통보 현장 보존
↓	
재해조사	6하 원칙 누가 / 언제 / 어디서 / 무엇을 / 어떻게 / 왜
↓	
원인분석	간접, 직접 원인 분석 → 재해 원인 확인
↓	
예방대책 수립	유사 재해예방 대책수립
↓	
실시계획 수립	6하 원칙에 의한 수립
↓	
실시	실시
↓	
평가	재평가 후 시장

[그림 11-4] 재해발생시 조치순서

5) 안전 · 보건표지를 설명

(1) 목 적

근로자의 안전 및 건강 확보를 위하여 위험 장소, 물질에 대한 경고, 비상시 대처하기 위한 지시나 안내를 위한 표시하고 산업재해를 일으킬 우려가 있는 작업장의 특정 장소, 시설 또는 물체에 설치, 부착하는 표지한다.

(2) 종 류

〈표 11-6〉 안전 · 보건 표지

구 분	색 채	형 태	종 류	사용장소
금지표시	빨강	⊘	출입, 보행, 사용, 탑승	조립해체, 장비 운전
경고표시	빨강, 노랑	◇△	인화성 물질, 폭발물 전기	폭발물 휘발유 저장
지시표시	파랑	○	안전모, 방독, 방진 마스크	공사장 입구, 분진
안내표시	녹색	□	녹십자, 비상구 응급 구조	비상구, 식당 등

(3) 설 치

근로자가 쉽게 식별할 수 있는 장소, 시설, 물체에 설치하고 흔들리거나 쉽게 파손되지 않도록 견고하게 부착하고 설치 또는 부착이 곤란할 경우 물체에 직접 도장하고 외국인을 채용한 사업주는 외국어 안전표지와 작업 안전수칙을 부착한다.

6) 안전 · 보건관리 체계를 설명

(1) 목 적

안전 · 보건관리 체계를 확립하고, 사고예방 활동을 조직화하고, 위험요소를 사전에 제거하고, 기술 수준을 향상하고, 기업손실을 방지하는 데 목적이 있다.

(2) 안전 · 보건 관리체계

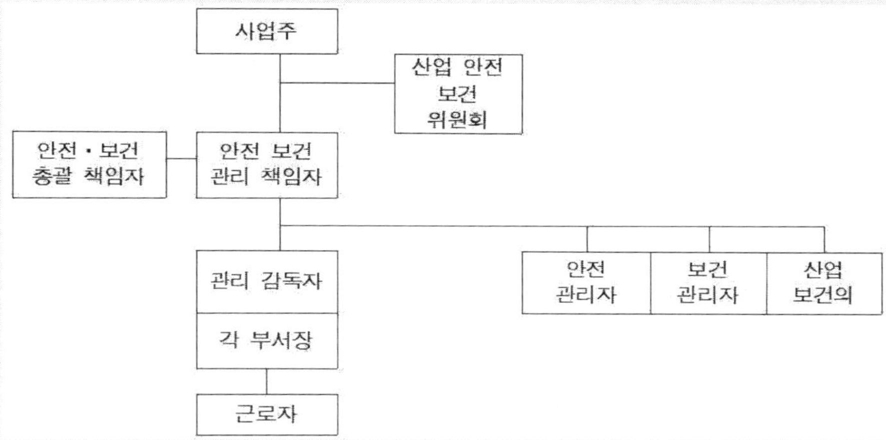

[그림 11-5] 안전 · 보건 관리체계도

(3) 안전 · 보건 관리 책임자

① 선임대상 : 공사 금액 20억원 이상 건설업

② 선임보고 : 사업주는 선임 또는 다시 임명할 때 보고서를 관할 지방 노동관서에 제출 및 보관한다.

③ 직무

- 산업재해 예방계획 수립에 관한 사항
- 안전 · 보건 관리 규정의 작성 및 그 변경에 관한 사항
- 근로자 안전 · 보건교육에 관한 사항
- 작업환경 측정 등 작업환경 점검 및 개선에 관한 사항
- 근로자의 건강진단 등 건강관리에 관한 사항

• 산업재해의 원인조사 및 재해방지 대책의 수립에 관한 사항
• 산업재해에 관한 통계의 기록유지에 관한 사항
• 보호구 구입시 적격품 여부 확인에 관한 사항
• 기타 근로자 유해 위험예방 조치에 관한 사항(고용노동부령)

(4) 안전 · 보건 총괄 책임자

① 선임대상 : 총공사비 20억원 이상 건설업(수급인 · 하수급인에 고용된 근로자 포함)

② 자격 및 업무

• 당해 사업관리 책임자
• 산업재해 예방을 위한 업무총괄 관리

③ 직무

• 작업의 중지 및 재개
• 도급사업에 있어 안전 · 보건 조치
• 수급업체 산업안전 · 보건관리비 집행감독 및 사용에 관한 수급업체 간 조정
• 기계 · 기구 및 설비의 사용 여부 확인
• 위험성 평가의 실시에 관한 사항

(5) 관리감독자

① 선임대상 및 업무

• 경영조직에서 생산과 관련된 업무와 소속 직원을 직접 지휘 · 감독하는 부서의 장이나 직위 담당자
• 위험방지가 필요한 작업으로서 대통령령이 정하는 작업에 대하여 특별교육 등 안전 · 보건업무를 추가로 수행
• 관리감독자가 있는 경우 「건설기술진흥법」이 정한 안전관리 책임자 및 안전관리자를 둔 것으로 봄

② 직무내용

• 기계 기구설비의 안전 · 보건점검 및 이상유무 확인
• 근로자의 작업복, 보호구, 방호장치 점검 및 사용에 관한 교육지도
• 당해 작업에서 발생한 산업재해에 관한 보고 및 응급조치
• 작업장의 통로확보 확인, 감독
• 산업보건 안전관리자, 보건관리자의 지도 · 조언에 대한 협조
• 유해 · 위험 요인의 파악 및 개선조치의 시행

③ 위험방지가 특히 필요한 작업

- 고압실 내 작업(잠함 압기 공법, 대기압을 넘는 기압하의 작업실 등)
- 아세틸렌, 가스집합 용접장치 사용가열 작업
- 밀폐된 장소에서의 용접, 습한장소에서의 용접, 습한장소에서의 전기용접 작업
- 폭발성, 물 반응성, 자연발화성 인화성 액체 제조, 취급
- LPG, 수소가스 등 인화 폭발성 물질 중 가스발생장치 취급

(6) 안전관리자

① 선임대상

- 공사금액 800억원 이상, 상시근로자 600명 이상 : 2명
- 공사금액 800억원 기준으로 매 700억원 또는 상시 근로자 600명을 기준으로 매 300명 추가될 때 : 1명씩 추가
- 공사금액 120억원 이상(토목 150억원) 800억원 미만 또는 상시 근로자 300명 이상 600명 미만 : 1명 이상

② 직 무

- 안전 · 보건 관리규정 및 취업규칙에서 정한 직무
- 방호장치, 기계, 기구, 설비보호구 구입시 적격품 선정
- 안전교육 계획수립 및 실시
- 사업장 순회 점검지도 및 조치의 건의
- 산업재해 발생 원인조사 및 재해방지를 위한 기술적 지도, 조언
- 안전사항을 위한 근로자에 대한 조치 건의
- 업무수행 내용의 기록 유지
- 산업재해에 관한 통계 · 유지관리를 위한 지도 · 조언
- 기타 고용노동부 장관이 정하는 사항

③ 자 격

- 산업안전지도사
- 산업안전기사, 산업안전 산업기사 자격 취득자
- 건설안전기사, 건설안전 산업기사 자격 취득자
- 산업안전 관련 학과를 전공하고 졸업한 자
- 고용노동부 장관이 지정한 기관이 실시한 교육을 이수하고 시험에 합격한 자

3. 안전 · 보건관리 규정

1) 정 의

사업장의 안전 · 보건을 유지하기 위해 안전관리에 대한 기본사항을 규정한 것으로 사업주는 안전 · 보건관리 규정을 작성하여 게시하거나 갖춰두고 이를 근로자에게 알려야 한다.

2) 필요성

① 구체성 결여

② 명확성 부족

③ 기본 기준안 책정

④ 안전활동 추진 곤란

3) 작성 대상 사업장

① 농업 외 9개 사업 중 상시근로자 300인 이상 사업장

② ①항외 사업으로 상시근로자 100인 이상 사업장

③ 작성 사유 발생 30일 내 작성

4) 안전 · 보건관리 규정에 포함할 사항

안전 · 보건관리 조직과 그 직무에 관한 사항

① 안전 · 보건교육에 관한 사항

② 작업장 안전관리에 관한 사항

③ 작업장 보건관리에 관한 사항

④ 사고조사 및 대책수립에 관한 사항

⑤ 기타 안전 · 보건에 관한 사항

5) 작성시 유의사항

① 실제 산업재해 예방 입장에서 작성한다.

② 규정된 법규를 준수한다.

③ 작업내용을 중심으로 작성한다.

④ 알기 쉽고 활용하기 쉽게 작성한다.

⑤ 현장의견을 반영한다.

4. 안전상 조치

1) 위험예방 조치

① 기계 · 기구 기타 설비에 의한 위험

② 폭발성, 발화성 및 인화성 물질 위험

③ 전기 · 열 기타 에너지에 대한 위험

2) 불량한 작업방법 등에 기인하여 발생하는 위험방지 조치

3) 작업수행 상 위험발생이 예견되는 장소 조치

① 추락위험이 있는 장소

② 토사 · 구축물 등이 붕괴할 우려가 있는 장소

③ 물체가 떨어지거나 날아올 위험이 있는 장소

④ 천재지변으로 인한 위험발생 장소

5. 작업중지

1) 개 요

사업주는 산업재해가 발생할 급박한 위험이 있을 때 또는 중대재해 발생시 즉시 작업을 중지시키고 근로자를 작업장소로부터 대피시키는 등 필요한 안전 · 보건상의 조치 후 작업을 다시 시작해야 한다.

2) 작업중지 시기

① 중대재해 발생시

- 사망자 1인 이상 발생
- 3개월 이상 요양을 요하는 부상자가 2인 이상 발생
- 부상자 또는 직업성 질병자가 동시에 10인 이상 발생

② 일상작업시

- 관 작업, 비계, 개구부 등에 따른 추락 위험시
- 일반 자재, 콘크리트 덩어리 등의 낙하, 비래 위험시
- 전기기계, 기구, 가공 선로, 전기배선 불량, 용접에 의한 감전위험시
- 작업 중 장비(차량)에 의한 작업자 충돌 · 협착 위험시
- 토사 붕괴, 지반 침하, 과 하중으로 인한 비계, 동바리, 거푸집의 붕괴, 도괴위험시

- 지반 부동 침하, 장비 급선회, 받침대 불량에 의한 각종 건설기계의 전도 위험시
- 발화물, 물, 정전기, 잔류 화학, 가스 등에 의한 화재·폭발 위험시
- 밀폐 작업장에서 질식, 중독 위험시

③ 조치사항

- 작업중지 후 안전상의 조치 후 작업 재개
- 작업중지 후 직·상급자에게 보고 : 직·상급자 적절한 조치
- 고용노동부 장관 : 근로 감독관과 전문가로 하여금 재해 원인조사 및 안전조치
- 중대재해 발생현장 훼손, 원인조사 방해 금지

6. 안전교육

1) 개 요

사업주는 해당 사업장 근로자에 대하여 고용노동부령이 정하는 바에 따라 정기적으로 또는 수시로 안전교육을 실시해야 한다.

2) 목 적

① 인간정신의 안전화
② 인간행동의 안전화
③ 환경의 안전화
④ 설비물자의 안전화

3) 안전교육 체계도

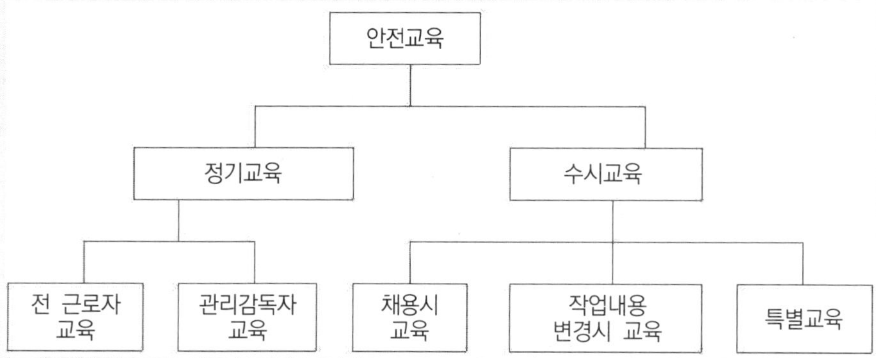

[그림 11-6] 안전교육 체계도

4) 법적 근거

① 안전교육 시간

〈표 11-7〉 안전교육 시간

<table>
<tr><th>교육과정</th><th colspan="2">교육대상</th><th>교육시간</th></tr>
<tr><td rowspan="4">가. 정기교육</td><td colspan="2">사무직 종사 근로자</td><td>매분기 3시간 이상</td></tr>
<tr><td rowspan="2">사무직 종사근로자 외의 근로자</td><td>판매업무에 직접 종사하는 근로자</td><td>매분기 3시간 이상</td></tr>
<tr><td>판매업무에 직접 종사하는 근로자 외의 근로자</td><td>매분기 6시간 이상</td></tr>
<tr><td colspan="2">관리감독자의 지위에 있는 사람</td><td>연간 16시간 이상</td></tr>
<tr><td rowspan="2">나. 채용시의 교육</td><td>일용근로자</td><td></td><td>1시간 이상</td></tr>
<tr><td colspan="2">일용근로자를 제외한 근로자</td><td>8시간 이상</td></tr>
<tr><td rowspan="2">다. 작업내용 변경시의 교육</td><td>일용근로자</td><td></td><td>1시간 이상</td></tr>
<tr><td colspan="2">일용근로자를 제외한 근로자</td><td>2시간 이상</td></tr>
<tr><td rowspan="2">라. 특별교육</td><td colspan="2">비계, 동아리 조립 및 해체, 타워 크레인 설치, 맨홀, 밀폐공간 석면 해체작업 등 38종에 해당하는 작업에 종사하는 일용근로자</td><td>2시간 이상</td></tr>
<tr><td colspan="2">비계, 동아리 조립 및 해체, 타워 크레인 설치, 맨홀, 밀폐공간 석면 해체작업 등 38종에 종사하는 일용근로자를 제외한 근로자</td><td>• 16시간 이상(최초 작업에 종사하기 전 4시간 이상 실시하고, 12시간은 3개월 이내에서 분할하여 실시 가능)
• 단기간 작업 또는 간헐적 작업인 경우에는 2시간 이상</td></tr>
<tr><td>마. 건설업 기초 안전교육</td><td colspan="2">건설 일용근로자</td><td>4시간</td></tr>
</table>

② 공통 안전교육 내용

- 산업안전법령에 관한 사항
- 근로자 건강증진 및 산업간호에 관한 사항
- 물질 안전자료에 관한 사항
- 기타 안전관리에 관한 사항

③ 안전교육의 면제

- 사업장 재해발생 정도 등이 고용노동부 장관이 정하는 기준에 해당될 때 근로자 정기 안전교육 일부 면제
- 특별교육 이수 근로자 : 신규채용 또는 작업내용 변경시 수시교육 면제
  - 관리감독자가 고용노동부 장관이 정하는 교육을 이수할 때 정기 안전교육 면제

5) 건설업 기초안전 교육

① 교육실시 시기 및 교육기관

- 건설 일용근로자를 채용할 때
- 고용노동부 장관에게 등록한 기관에서 기초 안전교육을 이수
- 채용되기 전에 건설업 기초교육을 이수한 경우는 제외

② 건설업 기초 안전교육에 대한 내용

〈표 11-8〉 기초 안전교육 내용

구 분	교육내용
공 통	산업안전보건법 주요내용(건설 일용 근로자 관련 부품)
	안전의식 제고에 관한 사항
교육 대상별	작업별 위험요인과 안전작업 방법(재해사례 및 예방대책)
	건설직종별 건강장해 위험요인과 건강관리

6) 유의사항

① 교육 대상자의 수준에 따라 교육실시

② 지속적이고 반복적으로 끈기있게 교육실시

③ 구체적인 내용으로 실시

④ 사례중심으로 산교육 유도

⑤ 교육 후 평가실시

7) 문제점

① 추상적이고 일반적인 안전의 강조

② 교육내용 모방

③ 강사의 수준 부적합

④ 집단교육(개성 무시)

⑤ 강의중심 지시교육에 편중

⑥ 동기부여 불충분

8) 대 책

① 사업장 실태에 맞는 교재개발

② 안전교육에 적합한 강사 선정

③ 충분한 동기부여

④ 현장적용 가능한 실질적 교육실시

⑤ 교육 성취결과의 데이터 베이스화

7. 유해, 위험기계 · 기구 등의 방호조치를 설명

1) 개 요

유해하거나 위험한 작업에 필요한 동력기계 · 기구로 대통령령이 정하는 것은 유해, 위험방지 조치를 해야 하고, 방호조치 없이 양도 · 대여 · 설치 · 사용하거나 진열을 금지한다.

2) 방호조치가 필요한 기계기구

① 원심기(회전체 접촉 예방장치)

② 공기압축기(압력 방출장치)

③ 지게차(헤드가드, 백레스트)

④ 금속 절단기(날 접촉 예방장치)

3) 근로자 준수사항 및 사업주의 조치

① 근로자 준수사항

- 방호조치 해체시 사업주 허가
- 해체사유 소멸시 즉시 원상복구
- 방호조치 기능이 상실된 것을 발견시 지체없이 사업주에게 신고

② 사업주의 조치

- 신고가 있을 때는 즉시 수리 · 보수 및 작업중지 등 적절한 조치

8. 유해 · 위험방지 계획서를 설명

1) 개 요

유해 · 위험방지 계획서는 산업재해 방지를 위한 사전 안전성 평가제도이고, 건설공사 중 고용노동부령이 정하는 일정 규모 이상의 공사 착공시 사업주는 유해 · 위험방지 계획서를 작성, 고용노동부 장관에게 제출해야 한다.

2) 제출대상 사업장

① 지상높이 31m 이상인 건축물 또는 인공구조물

② 연면적 30,000m^2 이상인 건축물

③ 연면적 5,000m^2 이상인 문화, 집회, 판매, 운수, 종교, 의료시설(종합 병원), 숙박시설, 지하상가, 냉동 · 냉장 창고시설

④ 연면적 5,000m^2 이상 냉동 · 냉장 창고시설의 설비 및 단열공사

3) 안전성 평가 필요성

① 중요 공사의 안전성 사전 검토

② 시공계획 사전 검토

③ 시공 중 위험성 사전 검토

4) 수립절차

① 작성자 : 사업주

② 확인자 : 산업안전보건공단

③ 제출서류 : 해당 항목별

④ 제출시기, 제출처

- 시기 : 착공전
- 제출처 : 산업안전보건공단

5) 제출서류

〈표 11-9〉 공종별 위험방지계획

대상공사	작업공사 종류	주요 작성 대상	첨부서류
설비 공사	기계설비 공사	• 밀폐공간 내 작업 • 우레탄폼 등 단열재 작업(취급장소와 인접한 곳에서 이루어지는 화기작업을 포함) • 설비작업 • 같은 장소(출입구를 공동으로 이용하는 장소)에서 둘이상의 공정이 동시에 진행 되는 작업	• 해당 작업공사 종류별 작업개요 및 재해예방 계획 • 위험물질의 종류별 사용량과 저장 · 보관 및 사용시의 안전작업 계획 〈비고〉 • 밀폐공간 내 작업에 대한 유해 · 위험 방지 계획에는 질식 · 화재 및 폭발예방 계획이 포함되어야 한다. • 각 항목의 작업과정에서 통풍이나 환기가 충분하지 않거나 가연성 물질이 있는 건축물 내부나 설비내부에서 단열재 취급 · 용접 · 용단 등과 같은 화 작업이 포함되어 있는 경우에는 세부계획이 포함되어야 한다.

① 공사개요 및 안전관리계획

- 공사개요서
- 공사현장의 주변현황 및 주변과의 관계를 나타내는 도면(매설물 현황을 포함)
- 건설물, 사용기계 설비 등의 배치를 나타내는 도면
- 전체 공정표
- 산업안전보건 관리비 사용계획(별지 제46호 서식)
- 안전관리 조직표
- 재해발생 위험시 연락 및 대피방법

② 작업공사 종류별 유해 · 위험방지 계획

Tip 공통적

- 산업안전에 대한 안전법규를 이해하고, 배관작업시 안전보호구 착용법 및 관리방법 등을 교육하여 안전사고를 방지한다.

학습활동.11 교수 · 학습 방법

교수 방법

- 스마트 배관관리의 분석에 대한 관련 용어, 구성, 방식 이해 정도를 파악한 후 수업을 진행한다.
- 교수자의 주도로 스마트 배관관리의 분석 등의 내용을 PPT 자료로 제시한 후 설명한다.
- 가능하면 사전에 개인별 학습 자료를 준비하여 모든 학생이 참여할 수 있는 문제 해결식 수업, 협력 수업이 가능하도록 한다.
- 스마트 배관관리의 분석 전 과정을 작업의 순서에 따라 단계적으로 실습이 이루어질 수 있도록 지도한다.
- 교재를 통해 수업을 준비하는데 있어서 필요한 모든 정보나 팁, 힌트 등 도움이 될 만한 내용들을 확인할 수 있다.
- 학생들이 만들게 될 각 모델들은 수업시간에 중점적으로 다뤄질 부분과 어휘, 질문, 답을 포함하고 있으며 또한 탐구할만한 추가적인 아이디어들도 포함하고 있다.

학습 방법

- 스마트 배관관리의 분석에 대한 관련 용어를 숙지하고, 스마트 배관관리의 분석에 대해 이해한다.
- 스마트 배관관리의 분석의 각 단계별 중점 사항을 체계적으로 학습한다.
- 스마트 배관관리의 분석의 수행순서의 전 과정을 실습한다.
- 스마트 배관관리의 분석의 내용을 이해한다.
- 스마트 배관관리의 분석을 이해하고 숙달이 될 때까지 학습한다.

학습활동.11 평가 및 피드백

평가 준거

- 평가자는 피평가자가 수행 준거 및 평가 내용에 제시되어 있는 내용을 성공적으로 수행할 수 있는 지를 평가해야 한다.

학습내용	평가항목	성취수준		
		상	중	하
스마트 배관관리의 분석	스마트 배관관리의 분석을 이해할 수 있다.			

평가 방법

• 작업 포트폴리오

학습내용	평가항목	성취수준		
		상	중	하
스마트 배관관리의 분석	스마트 배관관리의 분석을 이해할 수 있다.			

• 필기시험

학습내용	평가항목	성취수준		
		상	중	하
스마트 배관관리의 분석	스마트 배관관리의 분석을 이해할 수 있다.			

• 체크리스트를 통한 관찰

학습내용	평가항목	성취수준		
		상	중	하
스마트 배관관리의 분석	스마트 배관관리의 분석을 이해할 수 있다.			

• 피드백

1. 작업 포트폴리오
   - 제출한 보고서를 평가한 후 주요 사항에 대하여 표시하여 돌려준다.
2. 필기시험
   - 평가 결과 성적이 저조한 학생은 보고서 제출 기회를 부여한다.
3. 체크리스트를 통한 관찰
   - 실습 과정에서 평가한 후 개선해야 할 사항 등을 정리하여 돌려둔다.

참 | 고 | 문 | 헌

- 구재오 · 김광우 · 김신도 · 김정태 · 김회서 · 유호천, 『건축환경계획』, 태림문화사, 2008.3.10.
- 김강수 · 이승복 · 정대업, 『건축환경법』, 문운당, 2014.1.20.
- 김광문 · 박경호, 『건축환경계획원론』, 세진사, 1985.2.15.
- 김동우 · 황교선, 『배관공학』, 세진사, 2015.3.18.
- 김병석, 『산업안전관리론』, 형설출판사, 2015.2.27.
- 김정록, 『공조 · 위생기술 데이터북』, 한미, 1990.6.15.
- 대한건축학회, 『건축환경계획』, 기문당, 2003.1.10.
- 박병우 · 강윤진 · 장기석, 『배관설비공학』, 일진사, 2015.8.20.
- 서승직, 『건축설비 계획』, 일진사, 2005.2.25.
- 윤세창 · 이정근, 『냉동설비 기초실습』, 건기원, 2012.3.10.
- 장두섭, 『건설안전기술사』, 성안당, 2015.5.29.
- 홍기환, 『최신 기계공작법』, 세진북스, 2014.3.14.
- 육군공병학교, 『배관공학』, 육군공병학교, 2012.2.2.
- https://luckygg.tistory.com/27
- ㈜대우건설 · (사)대한건축학회, 『건축기술지침 Rev.1(기계)』, 도서출판 공간예술사, 2012.
- (사)대한건축학회, 『건축설비』, 기문당, 1995.
- 건축설비용어사전 편집위원회, 『건축설비용어사전』, 기문당, 1994.
- 박영순, 『건축기계설비일반시공』, 도서출판 세진사, 2000.
- 박종일 · 서기원 공저, 『건축설비 설계』, 도서출판 세진사, 1999.
- 한국종합건설 기계설비협의회, 『설비시공 개선 사례집』, 한국종합건설 기계설비협의회, 2014.
- 00건설 건축기전팀, 『일반배관작업지침』 별첨 품질관리기준, 2011.
- 강동우 · 강민구 · 정해진 · 남상엽, "스마트 시티형 다굴절 오배수관용 Push Rod 및 무선 영상전송 플랫폼," 2019년도 한국인터넷정보학회 추계학술발표대회 논문집 제20권2호, 2019.11.02.
- 정해진, "다굴절 파이프 라인의 내부 검사를 위한 내시경 장치," 대한민국특허등록번호(102157165), 2020.09.11.
- 설동현 외, "DDVS 기법을 활용한 일반 구조용 탄소강관 및 강재 파이프 서포트 영상기반 변위계측," 대한건축학회연합논문집 21권1호, 2019.
- 남명우, "EMD를 이용한 초음파 비파괴 평가용 3차원 영상처리 소프트웨어 개발," 한국산학기술학회 9권6호, 2008.
- 강민구 · 남상엽 · 정해진 · 전준철, "배관 네비게이션 시스템 및 이를 이용한 배관 네비게이팅 방법," 대한민국특허등록번호(102369573), 2022.02.25.
- 강민구, "스마트 시티를 위한 멀티레이어 영상정합 표출 기반의 건축물 디지털 트윈 블록체인 시스템," 대한민국특허등록번호(102451336), 2022.09.30.
- http://www.q-net.or.kr/ 한국산업인력공단(배관기능사)
- http://blog.naver.com/ltedrain
- http://www.tktech.kr/
- http://hiendt.co.kr/
- https://m.blog.naver.com/qorhksdml 정의 및 분류
- https://www.samchully.co.kr/business/gas/weather.do?p=1

학습 1	배관관리 기술의 개요
학습 2	배관검사와 판독
학습 3	배관영상 분석
학습 4	배관위치 파악과 영상마카
학습 5	배관기술 및 시장동향
학습 6	배관의 시공/누설확인 및 시운전
학습 7	상수 및 하수용 배관관리의 분석
학습 8	화학 및 오일용 배관관리의 분석
학습 9	가스용 배관관리의 분석
학습 10	전기 및 통신용 배관관리의 분석
학습 11	스마트 배관관리의 분석

학습 12 스마트 배관관리의 영상활용

학습 목표

1. 스마트 배관관리의 영상활용을 이해할 수 있다.

12-1 배관의 비파괴 검사기술의 개요

1. 비파괴 검사

비파괴 검사(Non-Destructive Testing)는 재료나 제품의 원형과 기능을 전혀 변화시키지 않고 재료나 제품에 물리적 에너지(햇빛, 열, 방사선, 음파, 전기와 전기에너지)등을 적용하여 조직의 이상이나 결함의 존재로 인해 적용된 에너지의 성질 및 특성 등이 변화하는 것을 적당한 변환자를 이용하여 이들 성질의 변화량을 측정함으로써 조직의 이상여부나 결함의 유무와 상태 또는 그것의 성질, 상태, 내부구조 등의 정도를 알아내는 모든 검사이다.

2. 비파괴 검사의 종류

비파괴 검사의 종류는 방사선 투과법(RT, Radiography), 초음파 탐상법(UT, Ultrasonics), 자분 탐상법(MTMagnetic Particles), 육안검사(VTVisual Testing),

누설검사(LT, Leak Testing), 액체침투 탐상법(PT, Liquid Penetrants), 와전류 탐상법(ECT, ET, Eddy Current), 음향 탐상법(AE, Acoutic Emission), 중성자 투과검사(NRT), 적외선검사(IRT) 수압검사(HT, Hydro Testing) 등이 있다.

1) 방사선 투과법

방사선 투과검사는 X-선, 감마선 등의 방사선을 시험체에 투과시켜 X-선 필름에 상을 형성시킴으로써 시험체 내부의 결함을 검출하는 검사방법으로 내부결함을 검출하는 비파괴 검사 방법 중 현재 가장 널리 이용되고 있다.

X-선 및 감마선의 물체를 투과하는 성질을 이용, X-선 발생기에 의해 생성되는 X-방사선이 조사부위의 두께 및 원자번호에 비례하여 흡수된다는 원리에 근거하고 있으며, 그 투과하는 정도는 시험체의 밀도 및 두께 등에 따라 달라지게 된다. 따라서 X-선 및 감마선이 시험체를 투과할 때 내부에 결함이 있으면 시험체로부터 투과되어 나오는 방사선량에 차이가 생기고, 이때 시험체 뒤에 X-선 필름을 부착시키게 되면 투과된 방사선량에 따라 필름의 감광정도가 달라진다.

이 X-선 필름을 현상하면 감광된 정도에 따라 농도의 차가 생겨 특정상을 형성하는데 X-선 흡수는 결함부 바로 옆의 손상되지 않은 부위와 비교하면 이미지가 보통 더 어둡게 나타나 다른 양상을 나타내게 되므로 이것을 관찰하여 시험체 내부에 존재하는 결함의 위치, 크기 등을 판정할 수 있다.

방사선 투과법의 가장 큰 장점은 내부결함의 크기 및 형태 등 결함의 성질을 판단하기가 쉽고, 이미지로 얻은 결과가 양호하며, 결과를 거의 영구적으로 보관이 가능하다는 점이다.

단점으로는 결함부위의 공간적인 정보를 얻을 수 없다는 것으로 결함의 깊이를 추정하기 어렵고, 방향성이 좋지 않은 2차원 결함을 검출하기 어렵다.

또한 방사선을 투과하는 장비는 방사선 분실과 피폭 등으로 인체에 유해한 방사선을 방출하기 때문에 Al 캡에 채워 텅스텐 제 용기에 보관하여야 하며, 전문가 이외에는 사용이 제한된다.

방사선 투과기의 크기로 인하여 경우에 따라서는 현장에서는 사용이 어려울 수도 있으며, 탐색속도가 느리고, 탐색비용이 상당히 고가이다.

이면을 볼 수 없는 파이프와 소켓의 내부와 구조물들 일부에 많이 사용된다.

2) 초음파 탐상법

초음파 음향 인피던스가 다른 경계면에서 반사, 굴절하는 현상을 이용하여 대상의 내부에 존재하는 불연속을 탐지하는 기법으로 대형 가스관 검사에 적합하고, 선진국에서 많이 사용한다. 초음파란 사람의 귀로 들을 수 없는 파장이 짧은 음파(소리)를 말하며, 금속 등의 물체 속을 쉽게 전파하고 서로 다른 물질과의 경계면에서는 반사하는 특성이 있다.

이러한 초음파의 특성을 이용하여 기계진동 형태의 고주파 음파를 시험할 부분으로 주사하면 재료를 통과하는 음파는 결함부 또는 경계면에 부딪치게 되면 음향진동은 반사가 되고, 이 반사파를 검출하여 반사파에 대한 정보를 음극선관(CRT) 또는 다른 기록장치에 나타내어 분석하면 결함의 유무와 위치, 크기 등을 판별 할 수 있다.

초음파 탐상법은 휴대성, 민감성이 높고 균열의 위치 또는 결함의 공간적인 정보를 얻을 수 있다는데 있으며, 방사선 투과법에 비하여 안전하고 경제적인 비파괴 검사법이며, 최근에는 현장 측정자료를 컴퓨터 처리와 보고서 작업에 적당한 형식으로 저장할 수 있는 디지털 장비가 보급되어 있어 작업의 효율성이 좋다.

용접부, 주조품, 압연품, 단조품 등의 표면 및 내부결함을 검출하고 그 위치와 크기를 추정할 수 있으며, 강부재의 두께측정 및 배관등의 부식정도를 측정할 수 있다. 주로 CO_2로 용접한 구조물과 H빔, 브라켓에 많이 쓰인다.

3) 자분 탐상법

검사대상을 자화시키면 불연속부에 누설자속이 형성되며 이 부위에 자분을 도포하면 자분이 집속되는 검사법으로 강자성체 재료의 표면 및 표면직하 결함검출에 많이 사용된다.

시험품에 자장을 적용하고 시험품을 석분화 시키고, 자화시키면 자속이 발생한다. 이때 시험품의 표면 또는 표면 하에 결함이 있으면 자속이 누설하고 결함의 양쪽에 자극이 발생하여 국부적인 자장을 형성하게 된다.

국부자장에 의한 결함부의 누설자속을 자분이나 검사코일에 의해 검출하여 결함의 위치와 크기를 알 수 있게 된다.

이 검사법은 휴대성이 좋고 시험에 최소한의 기술이 요구된다. 비교적 복잡한 형상을 갖는 강구조물의 구조를 상세 조사할 수 있으며, 결함 검출능력이 뛰어나 아주 미세한 결함이라도 검출할 수 있으므로 육안으로 확인할 수 없는 표면 및 표면 근방의 작은 균열 및 기타 결함도 검출할 수 있다 경제적인 비파괴 검사법이고 방사선 투과법보다는 사용이 쉽다.

구조물, 파이프, 서포트, 관통용 접부위 등의 현장에서 전반적으로 널리 쓰인다.

4) 액체침투 탐상법

표면으로 열린 결함을 탐지하는 기법으로 침투액이 모세관현상에 의해 침투하게 한 후 현상액을 적용하여 육안으로 식별하는 기법으로 용접부와 단조품 등의 표면 개구결함 검출에 적용된다.

침투액이 결함부위에 잘 스며들 수 있도록 조사할 물체표면을 기계적 또는 화학적인 제거제를 사용하여 기름, 수분, 다른 오염물질을 청소한 다음 분무기를 사용하여 침투액을 조사위치에 분사하고, 침투액이 모세관현상 또는 표면 습윤현상에 의해 결함부에 스며들도록 한다.

그리고 일정시간이 경화한 후 수세법, 유화제법, 용제법등의 방법으로 침투액을 닦아내고 현상제를 물체표면에 분사하고 물체표면이 건조되면 결함이 있는 부위에 스며든 침투액과 현상제의 반응으로 인하여 결함부위를 육안으로 확인 할 수 있다.

현장에서 많이 사용되고 있으며, 원리가 비교적 간단하면서도 표면의 균열 · 결함 · 불연속 등의 검출에 효과적이다. 그 적용범위가 넓고, 경제적이며 전문적인 기술이 필요없는 시험법으로 작은 결함이라도 육안으로 확실하게 확인할 수 있으나

물체표면에 있는 결함 또는 불연속면의 검출 이외에 결함의 공간적인 정보를 얻기는 어렵다는 단점이 있다

침투탐상검사는 용접부, 주강품, 단조품등과 같이 같은 금속재료뿐만 아니라 세라믹, 플라스틱, 유리등의 비금속 재료에도 폭넓게 이용할 수 있으며 시험체의 형상이 복잡하더라도 검사가 가능하다.

현장에서는 자성이 없어 MT검사를 받을 수 없는 비철류(서스플레이트 등) 검사에 MT검사 대용으로 쓰인다.

5) 누설검사

누설검사는 암모니아, 할로겐, 헬륨 등의 기체나 물과 같은 액체 등의 유체가 시험체 외부와 내부의 압력차에 의해 시험체의 미세한 구멍이나 균열 또는 틈 등의 결함을 통해 흘러 들어가거나 흘러나오는 성질을 이용하여 결함을 찾아내는 방법이다. 누설여부와 누설이 있을 시 누설개소와 누설량을 검출하여 시험체의 안전성을

확보할 수 있으므로 각종 분야에서 널리 이용되고 있다. 압력용기, 저장탱크, 파이프라인 등의 누설탐지에 사용된다.

6) 육안검사

오랜 경험을 가진 숙련자로 대상의 표면에 존재하는 결함이나 이상유무를 판단하는 가장 기본적인 비파괴 시험법이며, 경우에 따라서 저배율 확대경 등의 광학기기를 이용하여 관찰하기도 한다.

용접부 결함과 같은 재료의 표면결함을 검사하는데 주로 사용된다. 간편하고 신속하며 특별한 장치를 필요로 하지 않아 가장 기본적인 비파괴 검사법으로 널리 사용되나 검사의 신뢰성 확보가 어려운 단점이 있다.

모든 비파괴 시험 대상체의 이상(결함의 유무, 형상의 변화, 광택의 이상이나 변질, 표면 거칠기 등)유무를 식별하며 또 취약부의 선정에도 활용된다. 조선소 내의 모든 공정에서 관리 감독관과 선주 입회하에 검사가 진행된다.

7) 적외선 검사

시험체 표층부에 존재하는 결함이나 접합이 불완전한 부분에서 방사된 적외선을 감지하고, 적외선 에너지의 강도 변화량을 전기신호로 변환하여 결함부와 건전부의 온도정보의 분포패턴을 열화상으로 표시하여 결함을 탐지한다.

각종 배관 등의 재료표면 결함의 고감도 검출, 철근 콘크리트의 열화진단, 강도측정, CFRP 등 복합재료의 내부결함 검출, 열탄성효과에 의한 응력측정 등을 검사한다. 표면상태에 따라 방사율의 편차가 크기 때문에 결함검출시 편차가 생기지 않도록 배경잡음, 전파경로에서 흡수산란의 영향을 제거할 필요가 있다.

12-2 배관의 비파괴 X-Ray 검사기술

1. X-Ray 검사

X-Ray 검사는 [그림 12-1]처럼 방사선의 일종으로 검사물을 통과하여 사진필름 등 감광시키며 이 필름 등을 현상하면 검사물의 내부상태를 확인할 수 있다. 필름상 검사물체의 상태에 따라 투과된 방사선량이 적은 부분은 희게 나타나고, 투과된 방사선의 양이 많은 부분은 검은색으로 나타난다.

학습 12

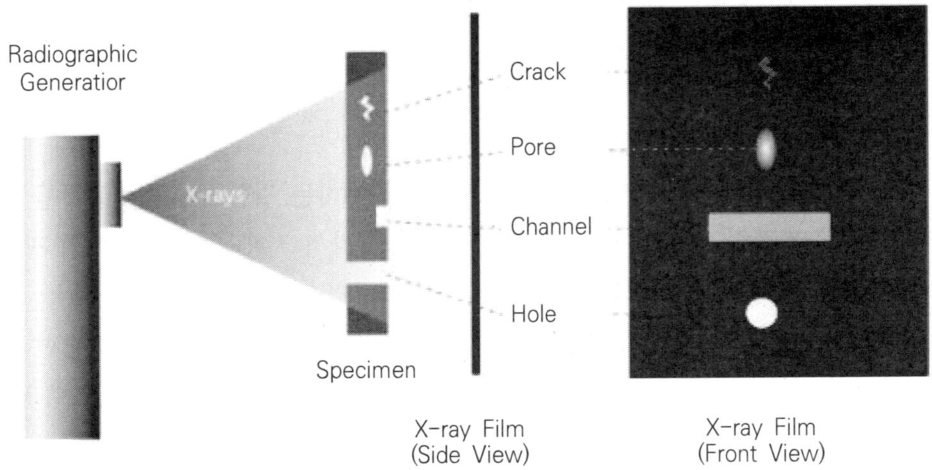

[그림 12-1] X-Ray 검사

2. X-Ray 검사기술

X-ray를 이용한 비파괴 상태 검사는 기존 광학카메라나 레이저광 등으로는 검사하기 어려운 BGA(Ball Grid Array), J-lead, Flip Chip 등의 내부 접합상태의 부품을 절단하지 않고도 수십 μm 단위의 고해상도로 검사할 수 있는 장점을 지니고 있다.

X-ray 비파괴 검사방법은 영상을 생성하는 방법에 따라 투과와 단층의 2가지 검사방식으로 나뉘는데, 3차원 X-ray 검사기는 임의 높이에서의 단층영상을 합성하는 Digital Tomo-synthesis 기술을 사용함으로써 양면기판과 같이 투과방식으로는 상하면 부품들의 영상이 겹쳐 정상적인 검사가 어려운 경우에도 각 부품의 상태를 3차원적으로 검사할 수 있는 장점을 지니고 있다.

인체에 유해한 X-ray 누출방지를 위해 검사장비는 국제안전기준보다(ICRP 49) 안전하게 설계되어야 하며, 자연방사선 수준(1μSv/hr 이하)으로 하여야만 시장경쟁력이 있고, 전자기 적합성(Electromagnetic Compatibility) 및 기계류(Machinery) 부문에 대해서는 국제규격인 CE를 획득장비의 안전성을 공인받아야 한다.

X-Ray 검사장비 시장이 확대되고 있는 이유는 반도체 패키지인 BGA, PoP (Package-on-Package), SoC(System-on Chip) 등의 첨단 패키지 부품의 적용이 늘어나면서 X-Ray에 대한 관심이 높아지고 있기 때문이다.

최근 아이폰, 갤럭시S, 옵티머스 등 스마트폰과 더불어 아이패드, 갤럭시탭 등 스마트패드의 급속한 시장확대는 이러한 패키지 부품들의 사용을 더욱 부채질하고 있다.

〈표 12-1〉 검사기술의 변화

항목	과거/현재 기술	미래지향기술	
	X-Ray 검사시장 기술	고객Needs기술	Z사 보유기술
Imaging 기술	Image Intensifier (1Mega Pixels)	2인치 Flat Panel (3Mega Pixels 이상)	5인치 Flat Panel (5Mega Pixels 이상)
검사방식	• 수동검사 • Sampling 검사 • Off-Line 검사	• 전자동 In-Line검사(AXI) • 전수 자동 판정검사(Off-Line & Stand Alone 포함)	전수 자동 판정검사 SW적용(Belt-Type AXI/ Area-Type AXI) (A & H Series Models)
요구분해능 (해상도)	mm & Micro Level	Micro & Nano Level	0.3um~0.5im보유 (JIMA 기준)
검사능력	• BGA Void/Crack • Gold Wire • Destructive CT & 3D	부품에 대한 Missing, Swift, Short Voids, Creak 납량 자동 판정검사(Non-Destructive CT & 3D)	부품에 대한 Missing, Swift, Short Voids, Creak 납량 자동 판정 검사(Non-Destructive CT & 3D)
적용영역	제한적 적용 (검사시간 & 검사능력)	품질강화에 의한 전수검사(전 영역 적용)	품질 강화에 의한 전수검사(전 영역 적용)
적용 산업군	SMT/다이캐스팅/반도체/배터리, 산업에서의 Lot별 Sampling 검사	전수 자동 판정검사 SMT/자동차 전장품/다이케스팅/반도체/LED/배터리/항공/FPCB/Rigid PCB/배관 등	전수 자동 판정검사 SMT/자동차 전장품/다이케스팅/반도체/LED/배터리/항공/FPCB/Rigid PCB/배관 등

아이폰의 경우 대략 17개의 시스템-칩이 적용되고 있으며, 이 중 12개 정도가 매우 중요한 역할을 담당하고 있다. 따라서 이들 부품의 불량을 검출할 수 있는 X-Ray 검사기가 재조명되고 있다. 시스템-칩은 배면에 납땜이 되어 있기 때문에 AOI 검사기로는 위치검사밖에 하지 못하고, 추후에 발생할 수 있는 미납, 소납, 과납 등을 검증하기 위해서는 X-Ray 검사기가 필요하다. 그동안 가격, 검사속도 때문에 인라인 X-Ray 검사기가 확대되지 못했는데, 이제는 검사 택 타임까지 향상시킬 수 있는 기술이 확보되었고, 가격도 어느 정도 맞출 수 있게 된 만큼 X-Ray 검사기 시장이 본격화할 될 것으로 보인다.

3. X-Ray 장비

X-Ray장비는 X-Ray Tube, Detector, Manipulator, Shielding 등으로 구분한다.

1) X-Ray Tube의 구조 및 작동원리

X-Ray Tube의 구조는 [그림 12-2]처럼 구성되어 있다. 작동원리는 텅스텐으로 만들어진 필라멘트 C에 Uh 전압을 가하면 필라멘트 C에 전류가 흐르면서 가열된다. Uh 전압을 가하는 것과 동시에 필라멘트 C를 음극(Cathode) 전극으로 하고, 금속판 A를 양극(Anode) 전극으로 하여 수 kV~수십 kV의 고전압을 가한다. 가열된 필라멘트 C에서 에너지를 얻은 열전자(Thermal Electron)가 Tube로 방출되는데 방출된 전자는 고전압에 따라 가속된다. 방출된 전자가 진행할 수 있도록 Tube의 내부는 진공상태를 유지한다. 일반적으로 진공 Tube 내의 기압은 대기압보다 약 10억분의 1 정도로 낮다. 고전압으로 가속된 전자는 양극 전극인 금속판 A에 충돌하는데 이때 전자가 가지고 있던 운동에너지가 빛에너지와 열에너지로 변환된다. 전자의 운동에너지가 빛에너지로 바뀐 것이 X-ray이다. X-ray가 조사되는 동안 발생하는 열을 외부로 방출하기 위하여 공냉식 또는 수냉식 냉각시스템이 반드시 필요하다.

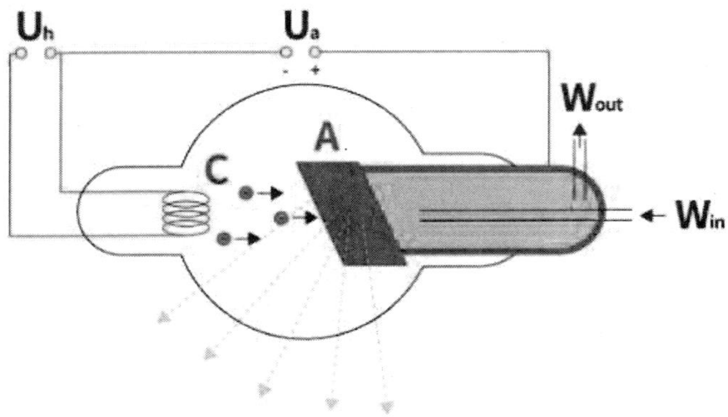

[그림 12-2] X-ray Tube의 구조

2) 감지기(Detector)

(1) Gas-filled Detector

비활성 가스로 가득 찬 Tube의 원통형 외벽을 음극과 연결하고, 중심 금속선을 양극에 연결한 후 양 전극 사이에 수백 kV의 전압을 가해준 상태에서 방사선이 들어오면 비활성 가스를 전리시켜 (+) 전하를 가진 양이온과 (-) 전하를 가진 전자로 분리된다. 이렇게 분리된 양이온과 전자를 '이온 쌍(Ion Pair)'이라고 하는데, 양이온은 음극으로 전자는 양극으로 전압에 의해 가속되면서 이동하다가 전극에 충돌한

그 순간에 전류 Pulse가 나타나게 된다. 이러한 전류 Pulse의 수를 세는 방법으로 방사선의 세기를 확인하는 장비를 통칭하여 'Gas-filled Detector'라고 부른다.

① Ionization Chamber : 비활성 가스로 가득 찬 Tube에 방사선이 입사하여 비활성 가스를 전리시킨 후, 생성된 양이온은 음극으로 전자는 양극으로 각각 이동하는데, 이렇게 직접적으로 이온 쌍이 전극에 도달할 때 발생하는 전류 Pulse를 측정하여 그 수를 셈으로써 방사선의 세기를 측정한다. Ionization Chamber 전압보다 낮은 전압이 걸리면 전리된 이온과 전자가 전극에 도달하지 못하고 다시 결합하게 되어 방사선을 측정할 수 없다. 방사선의 세기가 강하면 측정되는 Pulse의 수도 증가하는데 이를 수치화하여 방사선의 세기를 측정한다.

② Proportional Counter : 구조적으로는 Ionization Chamber와 같지만 양 전극에 걸리는 전압은 Ionization Chamber보다 높게 가해준다. 방사선이 Tube에 입사하면 가스원자를 전리하여 양이온과 전자의 이온 쌍을 생성하는 것도 Ionization Chamber와 동일하다. 전리된 전자가 가해준 고전압에 의하여 계속 가속되다가 양극의 근처에 오게 되면 이온의 운동 에너지가 다시 가스원자를 전리시키는 강도에 도달하게 된다. 따라서 양극 주변에서 전리현상이 연쇄반응으로 진행되어 많은 수의 이온 쌍을 생성하게 되는데, 이를 'Townsend Avalanche'라고 부른다. 이러한 과정으로 생성된 이온 쌍이 전극에 도달하여 생성되는 전류 Pulse의 수를 모두 셈으로 방사선을 측정한다. 여기서 양이온이 가속되는 구간을 'Ion Drift Region'이라고 하고, 가속된 이온에 의해 연쇄반응이 일어나는 구간을 'Aavalanche Region'이라고 한다. 방사선이 가지고 있는 에너지에 비례하여 이온 쌍이 생성되므로 방사선의 에너지를 확인할 수 있다. 따라서 Gas-filled Detector 중에서 유일하게 분광학(Spectroscopy)에 적용할 수 있는 Detector로 XRD와 같은 물질 분석장비에 사용될 수 있다. 방사선에 대한 반응 정도를 높이기 위하여 비활성 가스 90%에 10% 메탄을 혼합한 'P-10'가스를 주로 사용한다.

③ Geiger-Muller Counter(GM Counter) : 독일의 물리학자인 Hans Geiger (1882~1945)가 1908년에 측정원리를 제안하였고, 독일의 물리학자인 Walther Muller(1905~1979)가 1928년에 Geiger의 원리를 활용한 실용적인 형태의 계측기를 발명하였다. 이를 두 사람의 이름을 붙여 'Geiger-Muller Counter' 라고 한다. 구조적으로는 Ionization Chamber나 Proportion 및 Counter와

같다. 양 전극에 걸리는 전압이 Proportional Counter 보다 높다. 이 보다 높은 전압을 양 전극에 가하면 그 에너지에 의하여 방사선이 존재하지 않더라도 가스가 전리되게 된다. 따라서 이보다 높은 전압을 가하는 조건에서는 방사선을 측정할 수 없다. 방사선이 Tube에 입사하면 가스원자를 전리하여 양이온과 전자의 이온 쌍을 생성한다. 양 전극에 가해준 전압이 높기 때문에 가속된 이온 쌍이 충돌하면서 강한 자외선을 방출하게 되고, 그 자외선이 다시 가스와 반응하여 전리작용을 일으켜 대량의 이온 쌍을 발생시킨다. 즉 Proportional Counter에서는 중심부 양극의 주변에서만 Avalanche Region이 존재함에 비하여 GM counter에서는 Tube 전체가 민감한 Avalanche region이 되는 셈이다. 방사선의 세기가 강하면 측정되는 Pulse의 수도 증가하는데, 이를 수치화하여 방사선의 세기를 측정한다.

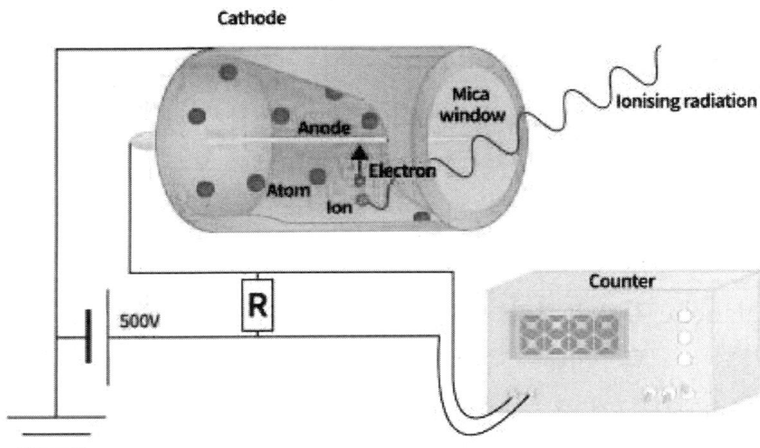

[그림 12-3] Gas-Filled Detector의 구조

(2) Scintillation Detector

① 영상증배관(Image Intensifier) : 영상증배관의 Scintillation 물질에 의하여 X선이 가시광선으로 전환된 후, 광전관(Photocathode)에 의하여 전자로 다시 변환된다. 변환된 전자는 주변의 초점회로(Focusing Electrode)에 의하여 모이면서 광전관과 양극(Anode) 사이에 걸린 DC 전압에 의하여 가속된다. 형광물질이 도포되어 있는 Screen에 전자가 도달하면 다시 가시광선의 이미지가 재현되는데, 재현된 이미지를 CCD Camera로 촬영하면 2차원의 전자 이미지를 얻을 수 있다.

② 평판 검출기(Flat Panel Detector) : 평판 검출기의 Scintillation 물질에 의하여 X선이 가시광선으로 전환된 후, [그림 12-4]의 Photo-diode Array에 전달되어 2차원의 전자이미지를 획득할 수 있다.

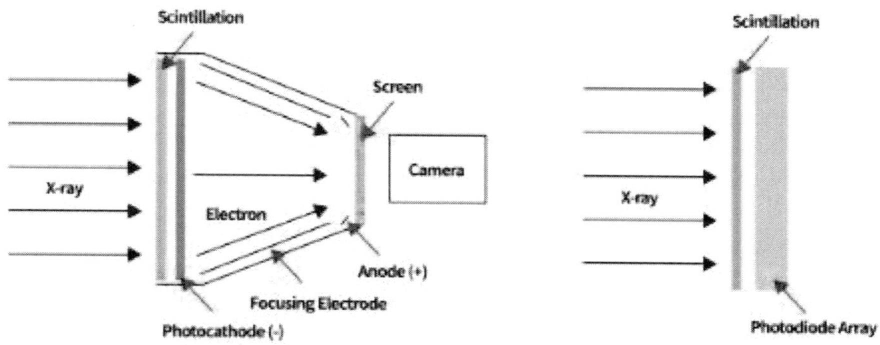

[그림 12-4] 영상증배관의 구조/평판 검출기의 구조

3) Manipulator

(1) 정 의

제품 혹은 Tube/Detector를 원격으로 움직이게 하는 장치를 'Manipulator'라고 한다. 구동 Motor와 축, 기어 등의 구동부와 움직임의 정도를 확인하는 Sensor부로 구성되어 전체의 움직임을 제어한다.

(2) 종 류

① 이동(Transition) : 원리적으로 3차원 공간에서의 모든 움직임은 x축, y축, z축의 각각의 움직임을 조합함으로써 구현할 수 있다. 이러한 조합은 시료를 올려놓는 Stage, Tube, Detector에 각각 적용할 수 있다.

② 회전(Rotation) : 3차원 공간에서의 회전운동을 분류하면 x축을 회전축으로 하는 ω축(omega 축), y축을 회전축으로 하는 χ축(chi 축), z축을 회전축으로 하는 φ축(phi 축)으로 분리될 수 있다. 주로 Stage에 사용되는 축은 시료를 Tilt를 할 수 있는 χ축이다.

③ C-arm : X-ray Tube와 Detector의 거리가 고정된 조건 아래에서 자유로운 움직임을 통한 측정이 가능한 구조이다. 주로 의료용 장비에서 많이 사용되었으나 현재는 산업용에서도 사용되고 있다.

학습 12

4) Shielding

(1) 피폭 및 차폐

방사선이 가지고 있는 높은 에너지가 원인이 되어 인체에 피해를 주는 상황을 '피폭(Exposure)'이라고 한다. 방사선이 인체 및 환경에 피해를 주는 것을 막기 위하여 방사선을 흡수 혹은 산란시켜 그 영향을 감소시키는 것을 '차폐(Shielding)'라고 한다. 일반적으로 차폐 물질로는 사용되는 물질은 납(Pb)이지만, 에너지가 높은 방사선의 경우에는 콘크리트를 사용하여 방호 구조물을 건축하기도 한다.

(2) 피폭 방사선량의 측정 단위 : Sv(Sievert)

방사선의 종류와 상관없이 방사선이 생물에 미치는 영향을 나타내는 단위로 1979년 국제 표준 단위계로 선정되었다. 1Sv는 일반적으로 사용하기에 너무 큰 량이므로 'mSv' 혹은 'μSv'를 주로 사용한다(1Sv = 1,000mSV = 1,000,000μSv, 1mSv = 1,000μSv) 방사선의 생물학적 효과를 연구한 스웨덴의 Rolf Maximilian Sievert(1896~1966)을 기념하여 이름 붙여졌다.

(3) 피폭 선량의 기준

① 자연 방사선에 의한 한국인의 평균 선량 : 연간 2.8mSv

② 일반인의 선량한도 : 연간 1mSv(단, 자연 방사선에 의한 피폭 및 의료목적에 의한 피폭은 제외한다.)

③ 방사선 작업 종사자의 연간 선량한도 : 5년간 100mSv를 넘지 않는 범위에서 연간 50mSv

4. X-Ray의 활용

X-Ray를 활용하여 [그림 12-5]처럼 보온되어 있는 배관 같은 경우에도 문제없이 보온 내부의 배관을 검사할 수 있다. 이는 배관 두께 측정, 부식 트렌드 관리에 유용하게 활용되고 있다. [그림 12-6]은 열선이 장착된 배관의 경우 내부의 경함으로 인하여 검사를 할 경우에 대하여 X-Ray를 활용한 사례이다.

[그림 12-5] X-Ray를 활용한 보온재 배관검사

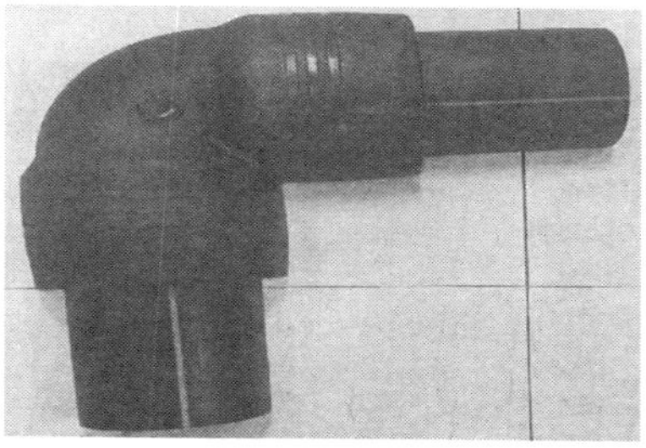

(a) 열선을 갖은 배관

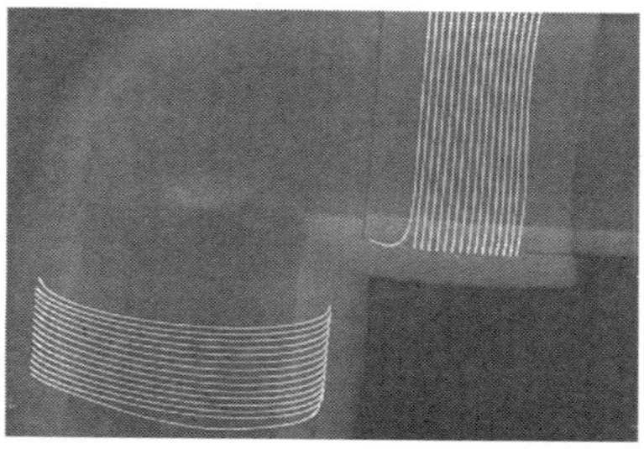

(b) X-Ray를 활용한 배관검사

[그림 12-6] X-Ray를 활용한 배관열선 배관검사

12-3 배관의 비파괴 적외선 열화상 카메라 기술

1. 열화상 카메라의 구조

적외선 열화상 카메라는 냉각기의 유무에 따라서 냉각형과 비냉각형으로 구분되는데 냉각형의 경우 초기에 군사 및 우주항공용으로 쓰이며 화질이 우수하지만 고가이며, 시스템도 휴대에 매우 분리하여 특별한 용도가 아니면 최근에는 비냉각형이 주류이다.

비냉각 적외선 열화상 카메라는 일반 가시광의 CCTV 카메라와 유사한 구조를 갖는다. 다만 열화상카메라의 온도 정확도를 높이기 위해 자동 켈리브레이터(Calibrator : Shutter)를 센서와 광학렌즈의 사이에 설치한다. 최근에는 초소형화 추세에 부응하여 Shutterless형이 출시되었으나, 실시간으로 다수의 체온측정이 필요한 호흡기 질환의 검역 등에서는 별도의 대책이 필요하다.

학습 12

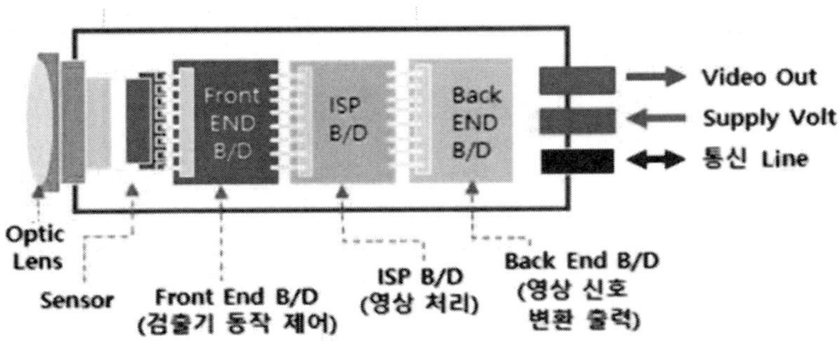

(a) 열화상 카메라의 시스템 구성

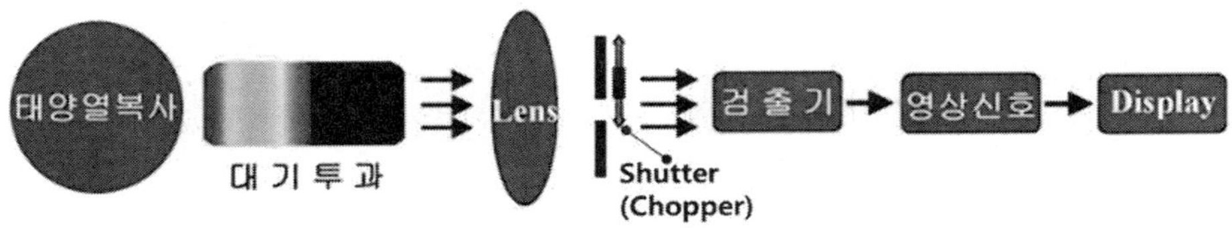

(b) 열화상 카메라의 자동 켈리브레이션을 위한 Shutter

[그림 12-7] 열화상 카메라의 시스템 구성

2. 열화상 카메라 센서

적외선 센서는 초기에 단소자(Single Pixel : 수백um^2)를 이용하여 X/Y 스캔 방식으로 영상을 구현하였으며, 다소자의 경우 라인형태의 선형배열 및 초점면 배열의 소자로 전환 되었다. 최근에는 반도체 집적기술의 발전과 함께 단위 화소의 크기가 약 $100um^2$까지 작아져서 QVGA는 물론이고 VGA 및 XGA급까지 고해상도의 열화상 카메라가 출시되고 있다.

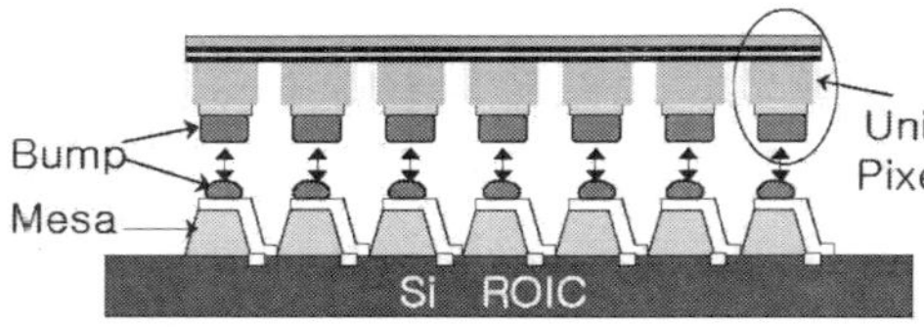

(a) Hybrid type

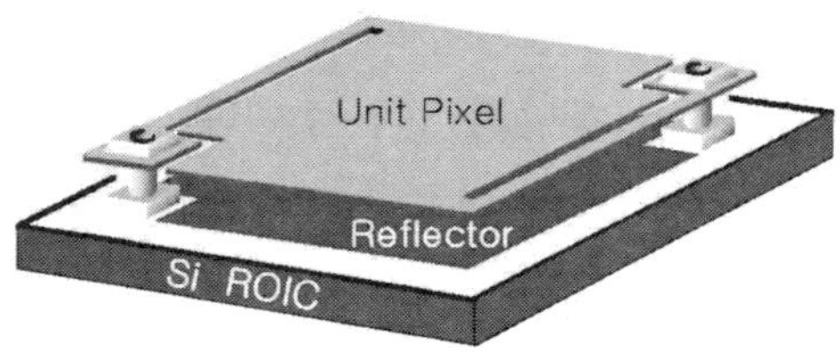

(b) Monolithic type

[그림 12-8] 열화상 카메라의 센서 형태

적외선 열화상 카메라의 센서에는 재료의 동작환경을 고려하여 극저온(77K)에서 동작하는 냉각형과 상온에서 동작하는 비냉각형이 있다. 또한 화소의 수에 따라서 단소자형과 선병배열 혹은 초점면배열 형태로 구분할 수 있다. 아래 그림은 단소자의 온도측정건과 초점면배열의 비냉각형 열화상카메라의 센서의 단위 화소(소자)와 구동회로를 비교하였다.

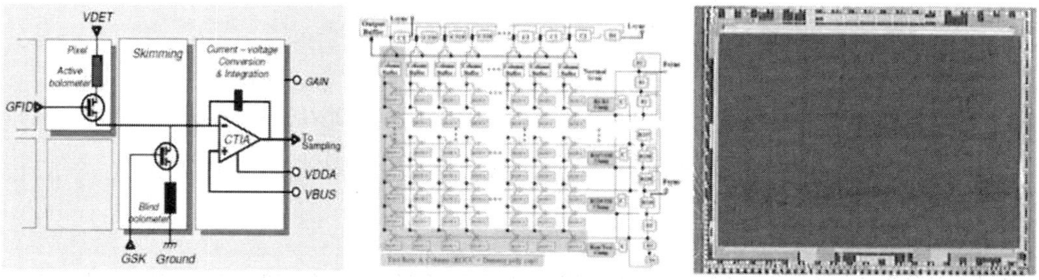

(a) 단위 셀의 IR 신호처리(ROUC) (b) IC 신호처리(ROIC) 구조 (c) IR 신호처리 IC(ROIC) 칩사진

[그림 12-9] 열화상 카메라 센서의 신호처리 IC(Readout IC)

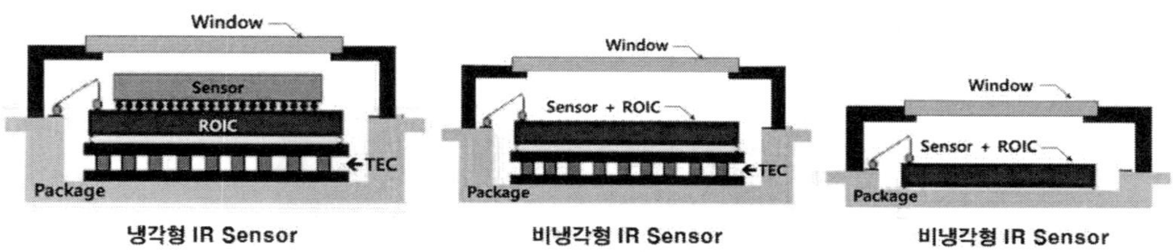

(a) 하이브리드 (b) 모노리틱 (c) 모노리틱/TECless

[그림 12-10] IR 센서의 기술변화 추이

[그림 12-10]에서 적외선 센서의 형태는 하이브리드형과 모놀리틱형 두 가지로 제시하였는데, 냉각형이나 비냉각형 모두 유사한 구조이다.

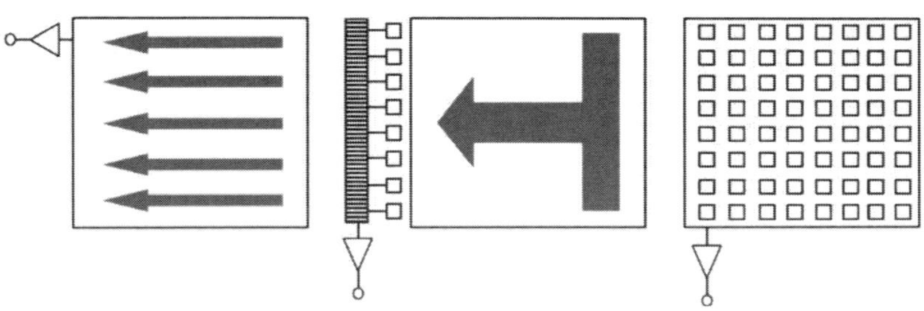

(a) 단소자 (X/Y 스캔 영상) (b) 선형배열 소자 (X 스캔 영상) (c) 초점면배열 소자 (프레임 영상)

[그림 12-11] 센서의 화소 구성에 따른 리드아웃 체계

비냉각 적외선 열화상 카메라의 핵심인 센서모듈은 초기에 하이브리드형에서 모놀리틱으로 전환되었고, 최근에는 측정온도의 안정성 확보를 위해 적용했던 열전냉각기(TEC)를 제거한 슬림형이 대부분이다. 또한 초소형 카메라 구현을 위하여 광학

렌즈와 센서의 중간에 설치했던 셔터(Shutter)를 제거한 TECless형이 주로 쓰이고 있다.

3. 적외선 센서를 이용한 비접촉식 온도계

[그림 12-12]에서는 비접촉식 온도측정은 1개의 적외선 센서를 이용한 포인트 온도측정기와 다수의 적외선 센서를 이용하여 2차원의 면의 온도분포를 측정하는 열화상 카메라를 비교하였다.

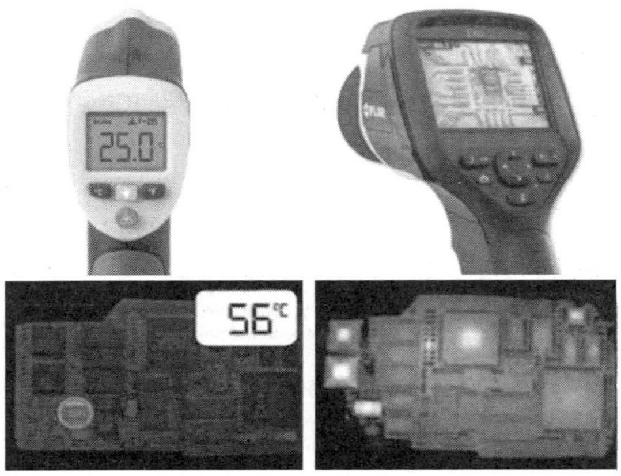

(a) 온도측정건　　　　(b) 열화상카메라

[그림 12-12] 비접촉식 온도측정

4. 배관의 열화상 카메라 활용

누수탐지는 기본적으로 계량기 체크후 누수징후가 있으면 가장 우선적으로 콤퓨레샤를 이용하여 압력검사를 하면 배관이 막히지 않으면 압력손실이 나타나고, 어떤 배관이 누수가 되었는지 쉽게 분별이 가능하다.

열화상 카메라는 열이 가해지는 배관의 경우 배관라인 분별이 가능하고 누수되는 바닥을 파쇠할 때 표시를 해두면 누수와 무관한 배관을 손상을 시키지 않고 수리가 가능하다.

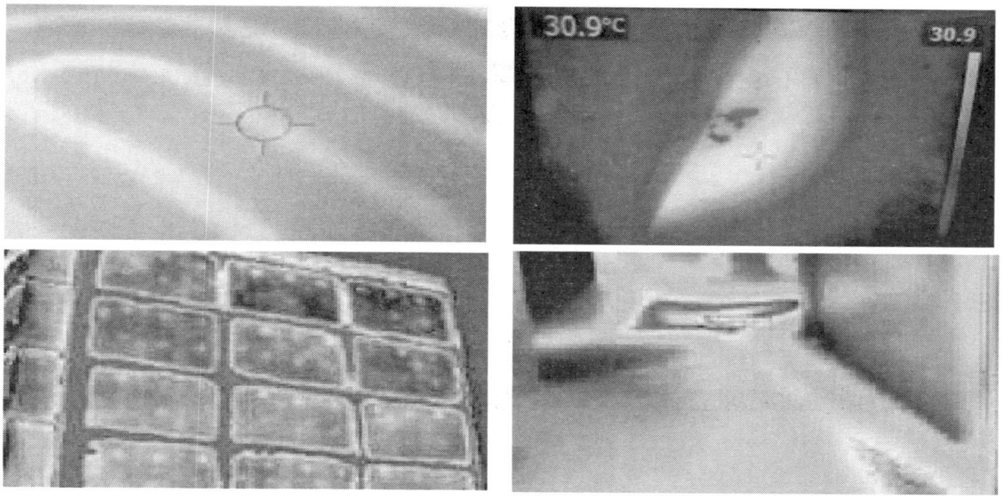

[그림 12-13] 열화상 카메라를 이용한 배관영상 분석

12-4 지능형 배관관리용 영상활용 기술

1. 건축물 배관의 멀티레이어 영상분석

스마트 시티에서 건축물 별로 외관영상, 배관영상, 비파괴 검사영상을 데이터베이스에 보관하고, 이들 영상을 건축물 건축도면(CAD) 영상과 마커, NFC 태그, 영상 특징점 기반으로 멀티레이어 정합 및 표출 할 수 있다.

이러한 디지털 트윈 방식은 건축물의 영상분석이 가능하도록 건축물 관련 정보를 관리하는 건축물 디지털 트윈을 적용할 수 있다.

아파트 101동	외관 영상	배관 영상	열화상 카메라 영상	X-RAY 영상
2001호	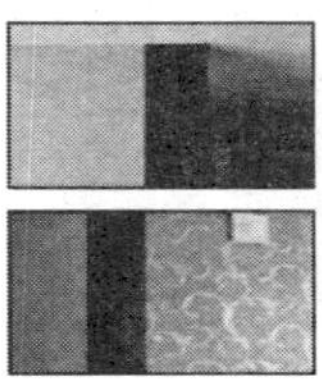	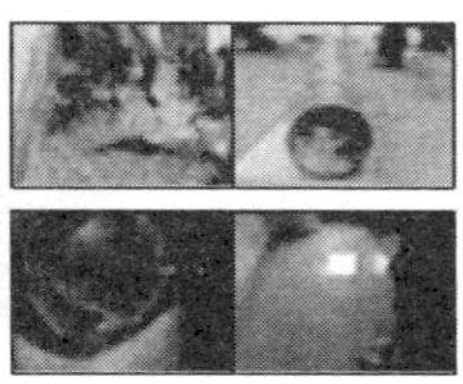	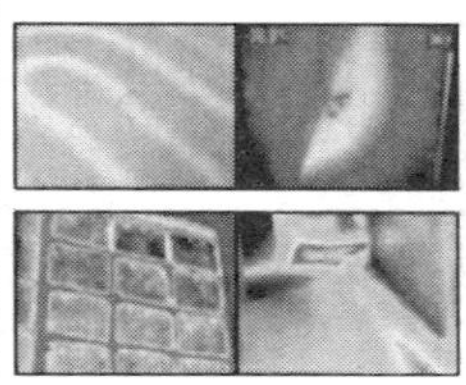	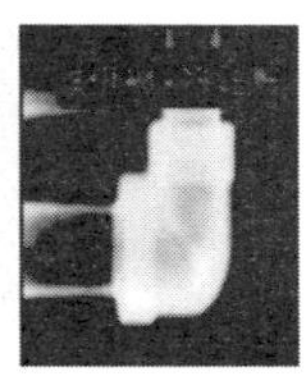
2002호	V202007101000 _2002_LHR	P202007111000 _2002_LHR	T202007121000 _2002_LHR	X202007131000 _2002_LHR

[그림 12-14] 지능형 배관관리용 영상분석을 위한 멀티레이어 영상자료 분석사례

학습 12

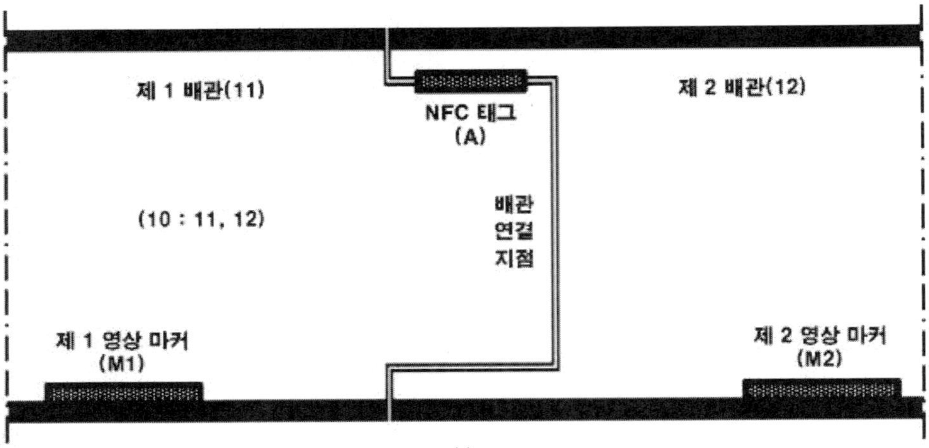

(a)

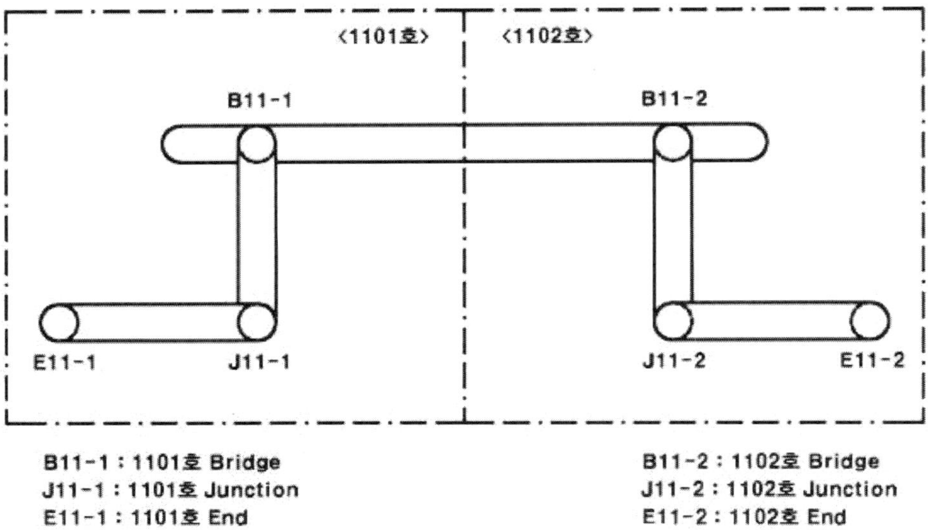

(b)

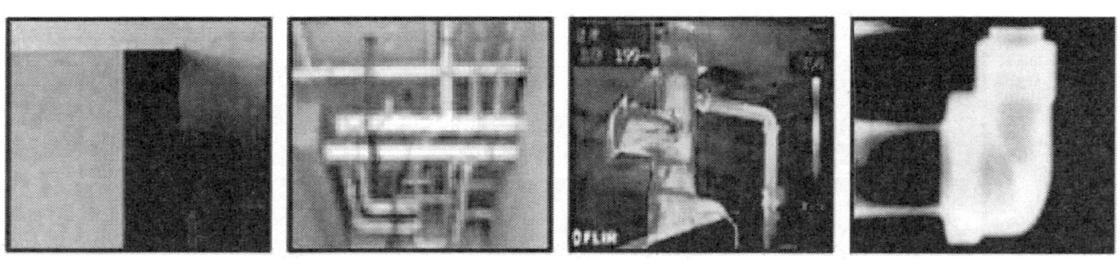

(c)

[그림 12-15] 지능형 건축물 배관관리용 영상활용과 사례분석

2. 스마트 배관관리와 건축물의 지능형 영상분석 플랫폼의 활용분석

특정 건축물의 멀티레이어 영상을 분석하기 위한 3D 입체 영상을 활용할 수 있다. 또한 클라우드와 네트워크로 연결된 미래 건축물은 증강현실(AR)이나 가상현실(VR) 기반으로 스마트 시티의 디지털 트윈을 체험할 수 있다.

101동102호	날자/시간	표준위치/마커인식	설계/촬영결과	측정정보	관련자료
CAD 정보	2020.07.10 10:00	101_102_Room1_LHR	건설CAD사	CAD SW 정보	
비디오영상 (Layer_1) 외관검사	2020.07.10 10:00	101_102_Room1_LHR 좌측시점(L)>우측종료(R) 층고최고(H1)>층고최저(H2)	홍길동 (자격번호) 비틀림,연결 등	동영상 해상도 촬영장비 속성 마커/특징점 매핑	
배관영상 (Layer_2) 배관검사	2020.07.11 10:00	101_102_Room1_LHR 좌측시점(L)>우측종료(R) 층고최고(H1)>층고최저(H2)	김길동 (자격번호) 배관영상정합	동영상 해상도 촬영장비 속성 마커/특징점 매핑	
열화상영상 (Layer_3) 에너지방열	2020.07.12 10:00	101_102_Room1_LHR 좌측시점(L)>우측종료(R) 층고최고(H1)>층고최저(H2)	이길동 (자격번호) 에너지영상정합	동영상 해상도 촬영장비 속성 마커/특징점 매핑	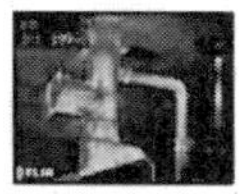
X-Ray영상 (Layer_4) 비파괴철골	2020.07.13 10:00	101_102_Room1_LHR 좌측시점(L)>우측종료(R) 층고최고(H1)>층고최저(H2)	박길동 (자격번호) 철골안전영상	동영상 해상도 촬영장비 속성 마커/특징점 매핑	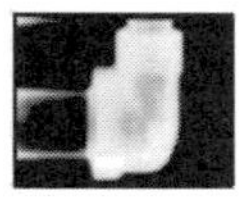
블록체인 노드	영상 히스토리 기록(재촬영 기록)		마커/특징점의 변경정보 기록		주기적 정보

[그림 12-16] 건축물 배관용 영상관리 샘플과 신뢰성 향상위한 블록체인 활용분석

https://cnsolutionsystem.kr/

https://www.hhclean.co.kr/

[그림 12-17] 건축물 배관관리를 위한 중계플랫폼 사례분석

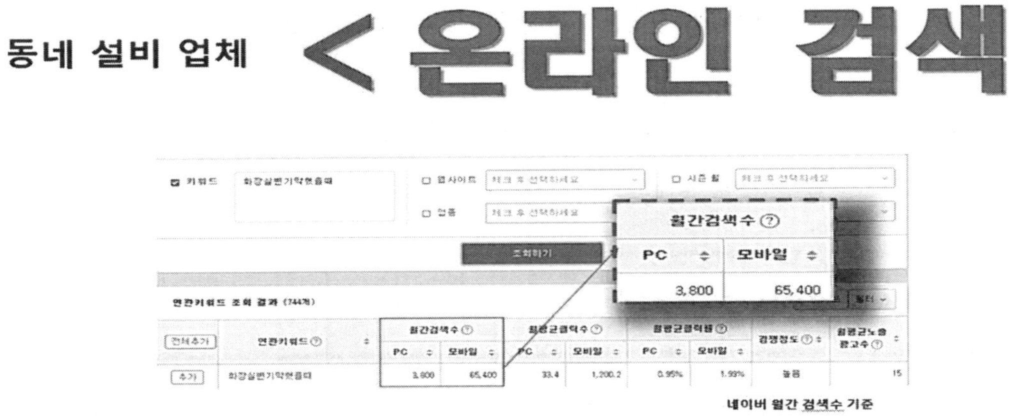

(a) 배관관리용 중계플랫폼의 사용자가 온라인 검색 사례분석

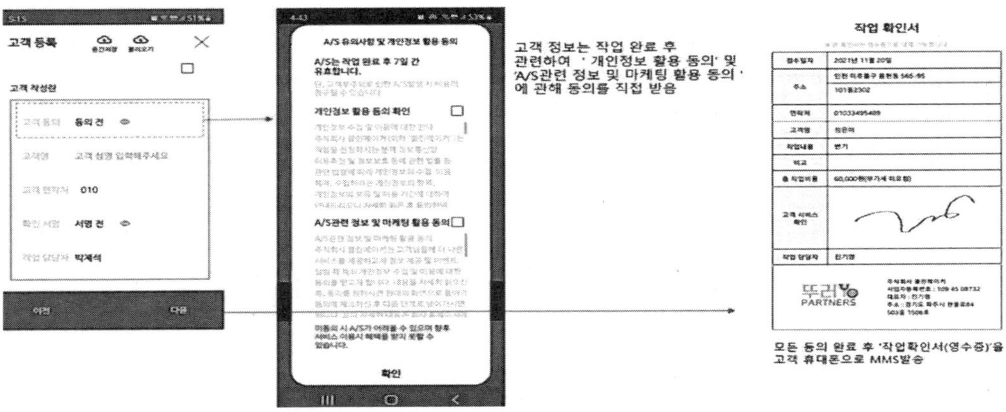

(b) 배관관리용 중계플랫폼의 사용자화면 사례(개인정보보호)

(c) 배관관리용 중계플랫폼의 사용자화면(사용자 위치정보 API 연동사례)

[그림 12-18] 배관관리 서비스를 위한 중계플랫폼의 사용자화면 구축사례 분석

수행 내용

재료 · 자료

- 스마트 배관관리의 영상활용 관련 자료

기기(장비 · 공구)

- 컴퓨터, 프린터, 주변기기

안전 · 유의사항

- 컴퓨터 및 주변기기의 전원을 관리한다.

수행 순서

01 비파괴 검사 산업의 특성에 대하여 분석하라.

1. 비파괴 검사 산업의 특성

전세계적으로 안전에 대한 욕구가 증가하고 산업경제가 고도화됨에 따라 공공의 안전성과 신뢰성 향상을 위한 비파괴 검사 기술의 중요성이 부각되고 있다.

원자력, 중화학시설 및 교량 등 산업 · 공공시설의 안전예방과 신뢰성 있는 관리진단에 대한 국가적 수요와 사회적 관심이 증대되고 있다. 전세계적으로 비파괴 검사와 관련하여 IT기술과의 융합 및 복합기술 등 신기술 개발이 활발하게 진행중이며, 최근 비파괴 검사 장비는 전자화, 디지털화, 영상화, 지능화되어 가고 있는 추세이다. 비파괴 검사 시장은 성숙기에 접어 들었으나, 새로운 응용분야를 위한 새로운 기술개발과 비파괴 검사 서비스에 대한 수요는 지속적으로 증가할 것으로 예상된다.

2. 세계의 비파괴 검사 시장동향

전세계 비파괴 검사 시장은 2017년 76억 7,000만 달러에서 연평균 성장률 7.83%로 증가하여, 2023년에는 120억 6,000만 달러에 이를 것으로 전망된다.

전세계 비파괴 검사 시장은 유형에 따라 비파괴 검사 기술, 비파괴 검사 서비스로 구분된다.

비파괴 검사 기술은 2017년 19억 8,000만 달러에서 연평균 성장률 7.20%로 증가하여, 2023년에는 30억 달러에 이를 것으로 전망된다. 비파괴 검사 서비스는 2017년 56억 9,000만 달러에서 연평균 성장률 8.05% 로 증가하여, 2023년에는 90억 6,000만 달러에 이를 것으로 전망된다.

전세계 비파괴 검사 기술 시장은 검사 방식에 따라 초음파 탐상 검사(UT), 방사선 투과 검사(RT), 육안 검사(VT), 와전류 탐상 검사(ECT), 자분 탐상 검사(MPT), 음향 방출 검사(AET), 침투 탐상 검사(LPT) 및 기타로 구분된다.

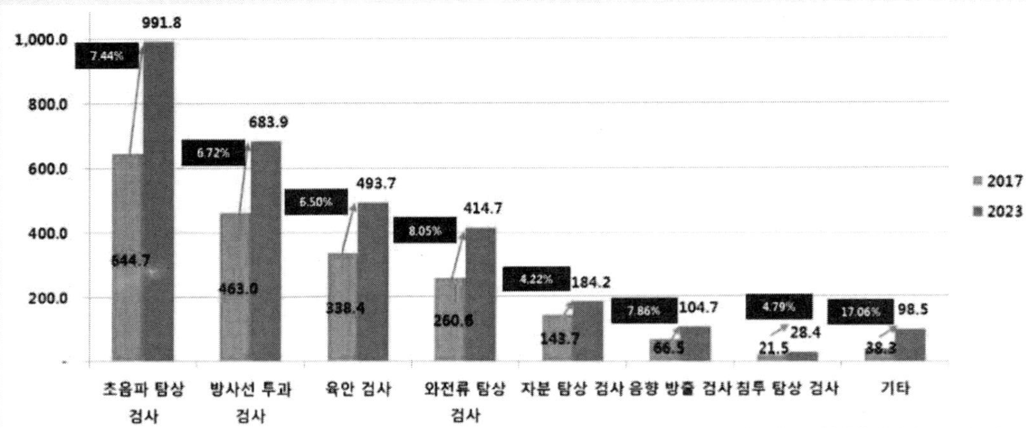

[그림 12-19] 글로벌 비파괴 검사 기술 시장의 검사 방식별 시장규모 및 전망

전세계 비파괴 검사 서비스 시장은 서비스에 따라 비파괴 검사 서비스, 교육 서비스, 장비 임대 서비스 및 교정(Calibration) 서비스로 구분된다.

비파괴 검사 서비스는 2017년 47억 6,060만 달러에서 연평균 성장률 7.76%로 증가하여, 2023년에는 74억 5,360만 달러에 이를 것으로 전망된다. 교육서비스는 2017년 4억 7,920만 달러에서 연평균 성장률 10.10%로 증가하여, 2023년에는 8억 5,360만 달러에 이를 것으로 전망된다. 장비 임대서비스는 2017년 3억 6,680만 달러에서 연평균 성장률 8.64%로 증가하여, 2023년에는 6억 300만 달러에 이를 것으로 전망된다. 교정서비스는 2017년 8,680만 달러에서 연평균 성장률 9.21%로 증가하여, 2023년에는 1억 4,730만 달러에 이를 것으로 전망된다.

전세계 비파괴 검사 기술 시장은 최종 사용자에 따라 발전소 분야, 석유/가스 분야, 우주항공 분야, 제조 분야, 자동차 분야, 공공기반 분야 및 기타로 구분된다. 발전소 분

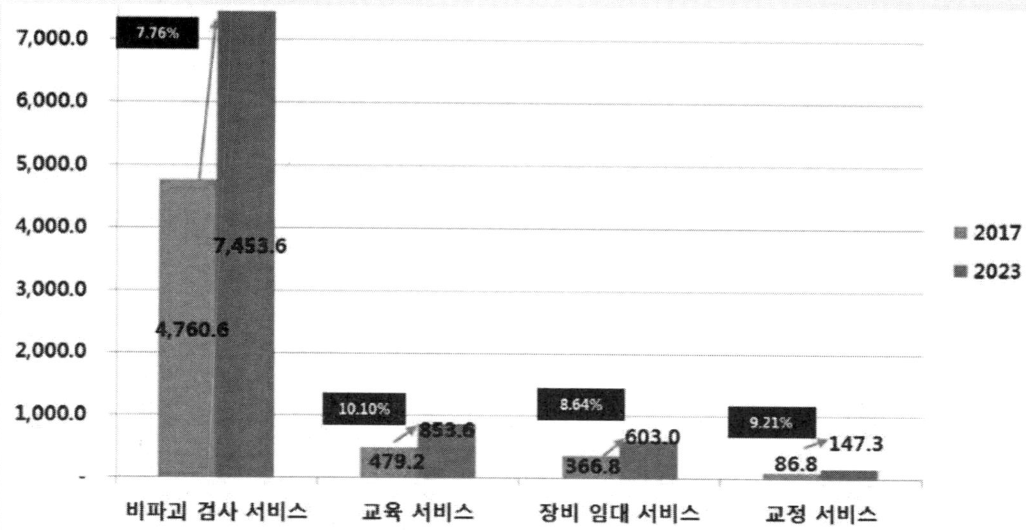

[그림 12-20] 글로벌 비파괴 검사 서비스 시장의 서비스별 시장규모 및 전망

야는 2017년 17억 4,050만 달러에서 연평균 성장률 9.38%로 증가하여, 2023년에는 29억 8,010만 달러에 이를 것으로 전망된다.

석유/가스 분야는 2017년 19억 9,120만 달러에서 연평균 성장률 5.34%로 증가하여, 2023년에는 27억 2,010만 달러에 이를 것으로 전망된다. 우주항공 분야는 2017년 12억 7,890만 달러에서 연평균 성장률 7.48%로 증가하여, 2023년에는 19억 7,130만 달러에 이를 것으로 전망된다.

제조 분야는 2017년 10억 5,230만 달러에서 연평균 성장률 10.63%로 증가하여, 2023년에는 19억 2,930만 달러에 이를 것으로 전망된다.

02 X Ray의 개념과 특성에 대하여 분석하라.

1. X-ray란

1895년 11월 8일 W.C ROENCGEN은 차폐된 음극관을 이용한 실험 중 형광작용이 미지의 광선에 의해 생기는 것을 확인하고 이를 X-선이라고 명명한 후 1895년 12월 8일 논문을 발표하였으며, 이것으로 1901년 제1회 노벨 물리학상을 수상하였다.

빛, 자외선, 적외선, 라디오 전파와 똑같은 전자파로 고속전자의 흐름을 물질에 충돌

학습 12

시켰을 때 생기는 파장이 짧은 전자기파이다. X-ray 파장이 원자크기 정도로 작아서 결정마다 고유한 회절무늬를 형성하고 에너지가 크기 때문에 물질에 대한 형광작용이 강하며, 물질을 쉽게 투과할 수 있고, 투과할 때 물질을 이온화시킨다. 특히 투과시에는 물질의 밀도, 원자에 따라 투과율이 달라져서 이 원리를 이용한 X선 촬영장치는 생체내부를 촬영하는 의료장비와 일반산업의 비파괴 검사 장비 등으로 사용되고, 일반산업의 비파괴 검사장비 등에 사용한다.

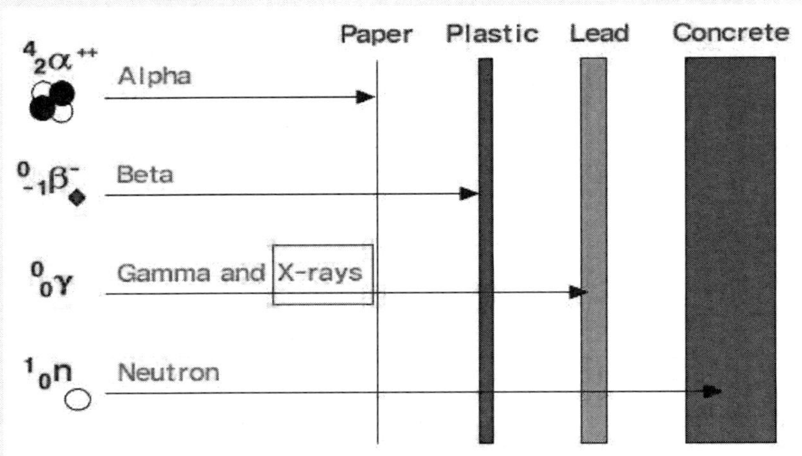

[그림 12-21] 산업용 X-Ray의 투과력

2. X-ray 산업의 전망

고도의 신뢰성과 안전성이 요구되는 산업용 부품시장과 식품시장에서는 X-Ray 검사기술 수요 증대 및 사회적 관심의 고조는 지속될 것이다.

검사시장은 여전히 핵심기술의 해외 의존도가 높기 때문에 신기술 연구 및 원천기술 개발을 위한 체계적인 기초연구 및 제품개발이 요구된다.

향후 X-Ray 검사시장은 기존의 대형시장에 대한 수요증가 및 신규 미래형 검사 대상체에 대한 검사요구 증대, 그리고 융합형 기술을 적용한 검사기술 및 제품요구의 증대 등이 예상되고 있다.

정부에서도 이러한 측면에서 관련 R&D 및 기술 활용증대를 추진하고 있으며, 관련 인력의 양성 및 정보 등에서도 지원을 확대하고 있다.

3. 비파괴 검사 X-ray 검사장비 산업특성

비파괴 검사 X-ray 산업분야는 전자부품 기능이 통합되고 점점 더 경박(輕薄) · 단소화하고 있다. 이렇게 첨단 패키지 부품이 늘어나면서 광학검사기로 안 보이는 항목이 점점 늘어나고 있으며, 식품 이물질이 단순 금속뿐만 아니라 비금속 이물의 발견율이 많아지면서 금속 검출기로만은 검사가 힘든 실정이다. 이러한 정밀검사와 비금속 이물검사의 중요도가 높아지면서 X-ray 검사기의 역할이 높아지고 있다.

03 X-ray Tube의 종류 및 용어에 대하여 분석하라.

1. X-ray Tube의 종류

1) 진공확보 방법에 따른 구분

(1) Closed Tube

Tube의 제작단계에서 미리 진공을 확보하여 밀봉한 구조를 가지고 있는 X-ray Tube를 'Closed Tube'라고 한다. 따라서 Tube를 파괴하지 않고는 내부 부품에 대한 접근은 불가능하므로 문제가 발생할 경우 전체를 교환해야 한다.

(2) Open Tube

외부에서 진공펌프를 사용하여 Tube의 진공을 유지하는 구조를 가지고 있는 Tube를 'Open Tube'라고 한다. Tube 내부 부품, 특히 Target이나 필라멘트에 문제가 발생하였을 때 교체가 가능하므로 유지보수의 측면에서 유리한다.

2) 고열방지 방법에 따른 구분

(1) Rotating Anode Tube

전자의 충돌 및 감속에 따라 발생하는 엄청난 고열의 영향으로 금속 양극전극에 변형이 발생하는 것을 막기 위하여 넓은 원판형의 금속 양극을 회전시키는 구조를 Tube의 내부에 가지고 있다.

이처럼 회전하는 양극은 특정 부분에 전자의 에너지가 집중되지 않으므로 전극의 수명이 향상되는 효과를 가져오게 된다.

2. X-ray Tube 연관 용어

1) 관전압(Tube Voltage)

일반적으로 필라멘트 C와 금속 양극 전극 A사이에 걸리는 고전압 Ua를 '관전압'이라고 한다. 관전압은 X-ray Tube에서 발생하는 X-ray의 최대 에너지 값에 제한 조건으로 작용하는데, 예를 들어 X-ray Tube에 걸리는 관전압이 30kV라고 하면 그 Tube에서 발생하는 X-ray의 최대 에너지는 30keV를 넘을 수 없다.

2) 관전류(Tube Current)

필라멘트 C에 흐르는 전류를 '관전류'라고 한다. 관전류는 필라멘트 C에 전류가 많이 흐를수록 더 많은 열전자가 발생하므로 관전류 값이 높을수록 X-ray의 발생량이 많아지게 되는데, 이것이 X-ray의 출력을 결정한다.

04 적외선의 개념과 특성에 대하여 분석하라.

1. 에너지의 분포와 전달

1) 열

① 두 물체 사이의 온도 차이로 이동하는 에너지이다.

② 대기중에서 열은 전도, 대류, 복사에 의해 전달한다.

2) 온 도

① 물질 내에 있는 원자 또는 분자의 평균 운동에너지이다.

② 화씨온도[1], 섭씨온도[2], 켈빈온도[3]가 있다.

2. 열전달 방법

열전달 방법에는 열전도, 열대류, 열복사와 같이 크게 세가지로 나눌 수 있다.

---

1) 물의 어는 점과 끓는 점을 180등분한 온도 눈금(어는점 : 32℉, 끓는점 : 212℉)
2) 물의 어는점과 끓는 점을 100등분한 온도 눈금(어는점 : 0℃, 끓는점 : 100℃)
3) 분자의 운동에너지가 0(영)이 되는 온도를 0K(-273.15℃)으로 정의

1) 열전도(Thermal Conduction)

열에너지가 물질의 이동을 수반하지 않고 고온에서 저온으로 연속적으로 전달되는 현상, 즉 열이 물체(고체) 속에서 순차적으로 전달되어 가는 현상이다.

2) 열대류(Thermal Convection)

태양열에 의해 지면 가까운 공기가 가열되어 상승하면 발생하는 대류 현상이다. 즉 액체나 기체의 유체운동으로 인해 열이 다른 장소로 이동하는 것이다.

3) 열복사(Thermal Radiation)

물질을 구성하는 원자집단이 열에 의해서 들뜨게 되어, 그 결과 전자기파를 복사하는 현상으로 중간 매질없이 공간을 통해 열이 직접 이동하는 현상이다.

전도, 대류, 복사방법 중에서 복사가 가장 전달속도가 빠르며, 진공에서도 복사 가능하다.

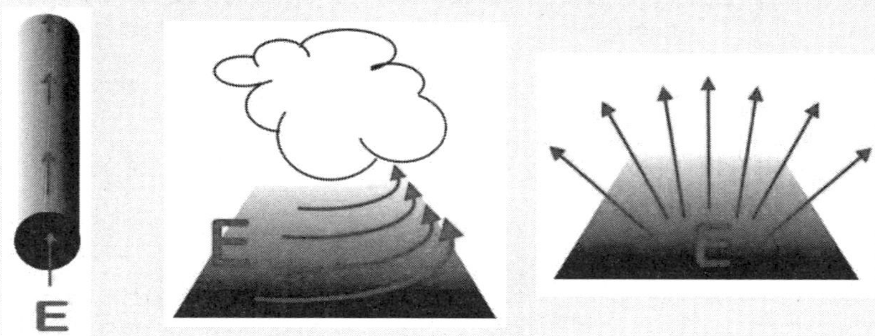

(a) 열전도 : 온도계 (b) 열대류 (c) 열복사 : 적외선 열화상

[그림 12-22] 에너지의 전달방식과 파장과의 관계

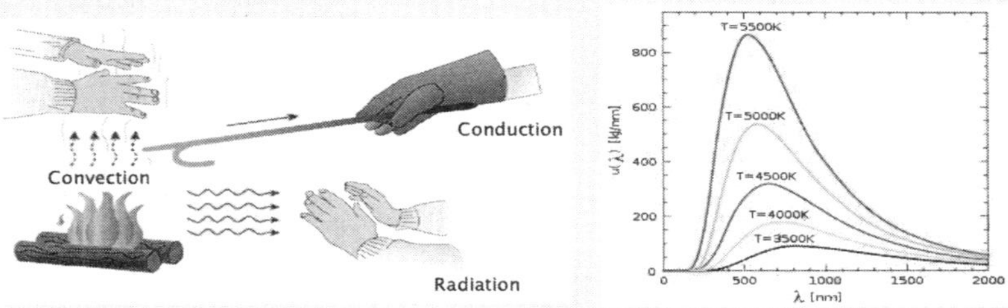

[그림 12-23] 에너지의 전달방식과 파장과의 관계

학습 12

3. 적외선의 정의

태양이 방출하는 빛을 프리즘으로 분산시켜 보았을 때 적색선의 끝보다 더 바깥쪽에 있는 전자기파를 적외선이라 한다. 가시광선이나 자외선에 비해 강한 열작용을 가지고 있는 것이 특징이며, 이 때문에 열선(熱線)이라고도 한다. 태양이나 발열체로부터 공간으로 전달되는 복사열은 주로 적외선에 의한 것이다.

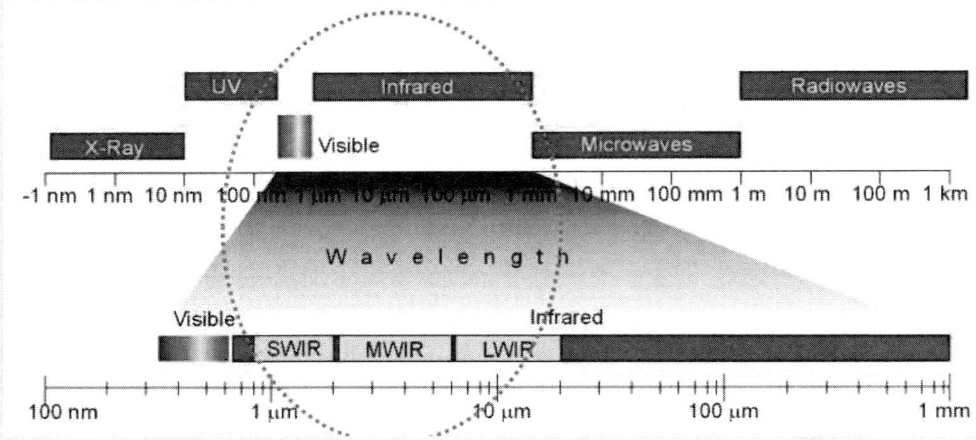

[그림 12-24] 적외선의 파장

전자기파는 파장에 따라서 'X선 - 자외선 - 가시광 - 적외선'으로 구분된다.

〈표 12-2〉 전자기파와 적외선

전자기파	적외선
• 엑스선 0.01~10nm • 자외선 0.01~10nm • 가시광선 400~700nm • 적외선 750~40,000nm	• 근적외선 750~1,500nm • 중적외선 1,500~6,000nm • 원적외선 6,000~40,000nm
※ 1um = 1,000 nm	※ 현장의 적외선 파장 분류는 약간 다름

① 엑스선(X ray) : 투과력이 높아서 체내의 뼈나 금속 물질 분석용 카메라
② 자외선(紫外線 : UV) : 자외선 카메라(고압설비 노화 진단)
③ 가시광(可視光 : Visible light) : 일반CCTV/휴대폰 카메라
④ 적외선(赤外線 : IR) : 열화상 카메라(온도 측정/분석)

[그림 12-25]에 보인 것처럼 태양광 에너지는 파장 대역에 따라서 대기권을 지나 지구에 도달하는 것도 있지만 그렇지 않고 중간에 차단되어 지표에 이르지 못하는 것도 있다.

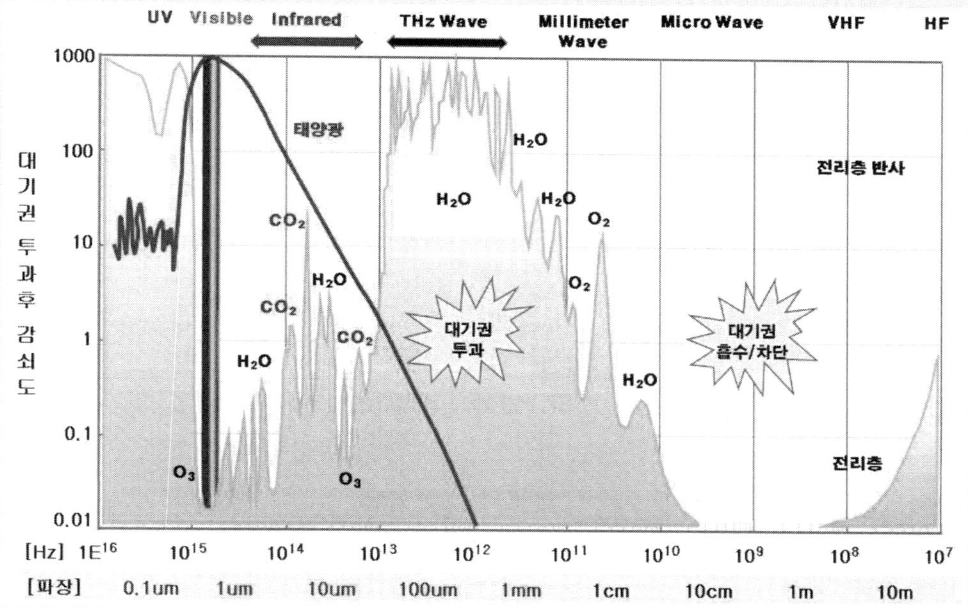

[그림 12-25] 지구의 대기창(Atmospheric Window; 大氣窓)

약 1~12um 파장의 적외선 신호는 보통 열감지 센서를 MEMS 기술을 이용하여 표면 온도측정 및 야간 감시영상으로 활용된다. 최근 호흡기 전염병의 확산으로 인하여 체열 진단기용 적외선 열화상 카메라 시장이 급격히 증가하는 추세이다.

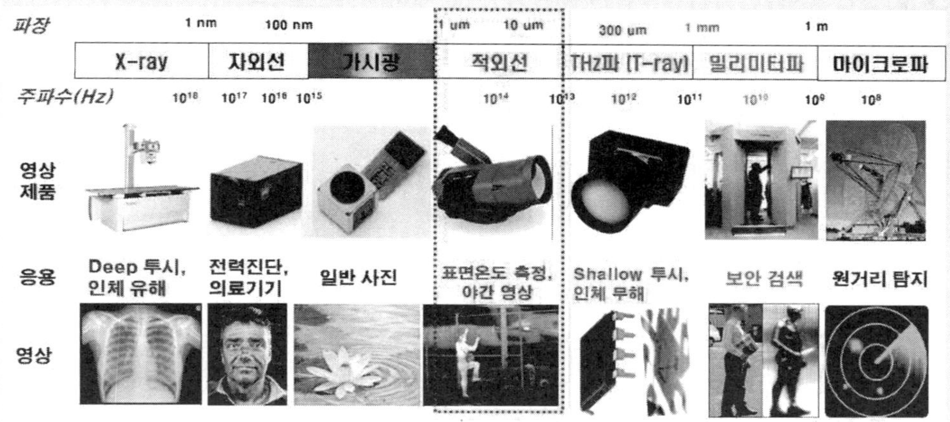

[그림 12-26] 전자기파의 파장대역별 응용

적외선 열화상 카메라는 파장의 크기에 따라서 NIR/SWIR/MWIR/LWIR로 구분하는데, 다른 표현으로 근적외선/중적외선 원적외선으로도 부른다. 군수용 및 보안용으로 쓰이는 SWIR/MWIR은 냉각형이라서 감지거리와 화질 측면에서 우수하다. LWIR은 고가의 냉각기가 필요없고, IT기기와 연계하여 다양한 응용이 가능하여서 산업용으로 널리 이용된다.

〈표 12-3〉 적외선 신호의 파장에 따른 특성

	광의의 적외선(IR)	NIR (근적외선)	IR			THz (테라헤르츠; 초장파장IR)
			SWIR (단파장IR)	MWIR (중파장IR)	LWIR (장파장IR)	
파장	0.75~ 1000um (=1mm)	0.7~0.9um	1~2.7um	3~5um	8~12um	100~1000um (=1mm)
신호특징	눈에 안보이며, 신호가 미약함	가시광보다 약간 작음	가시광보다 상당히 작음	기사광보다 상당히 작음	기사광보다 상당히 작음	기사광보다 매우 작음
센서특징		가시광센서 (비냉각형)	SWIR센서 (냉각형)	MWIR센서 (냉각형)	LWIR센서 (냉각/비냉각형	THz센서 (비냉각/초소형)
광원		필요~ (NIR 투광기)	불필요	불필요	불필요	필요 (THz 투광기)
센서가격		Very low	High	High	Medium	Very High
센서응용		민수 보안	민/군수 보안	군수 보안	민/군수 보안/방재	민수 보안/ 분석/의료

05 적외선 열화상 카메라의 응용에 대하여 분석하라.

적외선 열화상 카메라는 최근 군사 및 보안은 물론이고 산업체의 방재 및 의료산업까지 다양하게 쓰이고 있다.

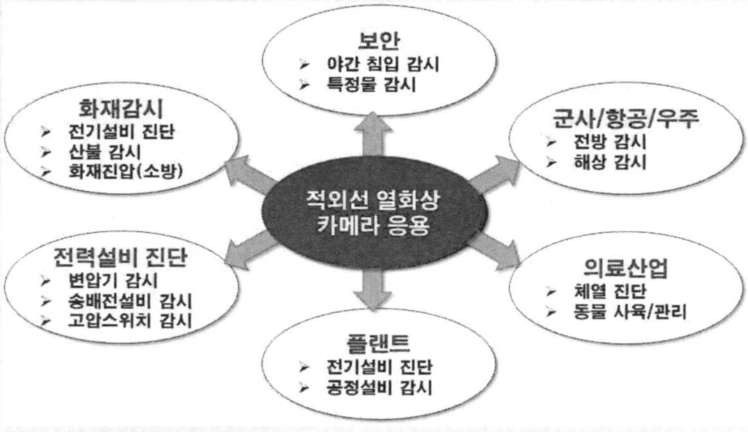

[그림 12-27] 적외선 화상카메라의 응용분야

1. 인체 체열감지

체열감지용 열화상 카메라는 호흡기질환의 전염병, 특히 최근 유행되는 코로나 등의 검역에 세계적인 관심 대상이며 그 수요가 폭발적이다.

(a) 체열감지(흑백) (b) 체열감지(컬러)

[그림 12-28] 열화상 카메라의 이용한 호흡기질환의 체열감시

[그림 12-29]에 보인 내용은 의료용 체열진단기와 그 촬영 사진이다. 주로 체열진단기는 사람의 체열을 임상의학 및 예방의학적으로 분석하여 사전에 병의 확대를 방지하는 데 사용된다.

① 초기에는 단소자 센서의 카메라가 쓰이였는데 최근에는 2차원 초점면 배열의 센서를 적용한 비냉각형 열화상카메라가 사용된다.

② 인체뿐만 아니라 동식물의 시험 및 분석에도 쓰이고 있다.

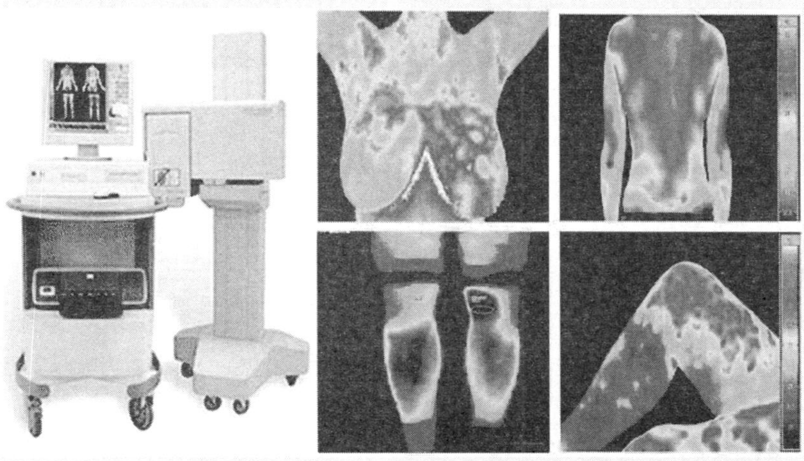

[그림 12-29] 열화상 카메라를 이용한 질병 및 건강상태 진단

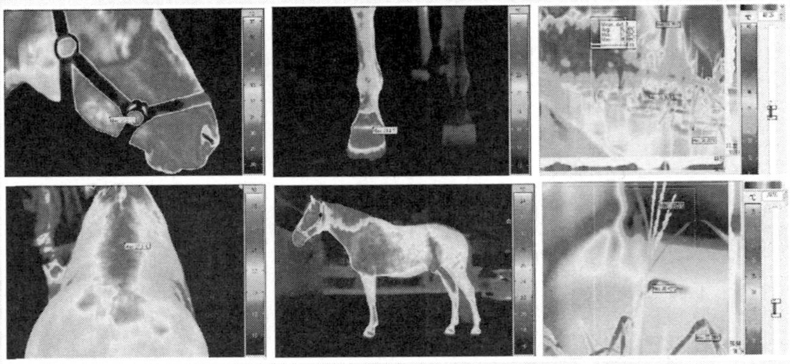

[그림 12-30] 열화상 카메라를 이용한 동물진단 및 식물품종 시험

2. 고압 전기설비 진단

안전상의 문제로 사람의 접근 제한이 따르는 고압 전기설비 진단에 매우 유용하게 쓰인다. 최근에는 적외선 열화상과 일반 가시광 실화상을 조합한 Fusion 혹은 PIP(Picture-in-picture) 형태의 제품이 널리 이용된다.

(a) 변압기 2차측 단자 접속 불량 : (좌)열화상, (우)실화상

(b) 옥외 단자 접속 불량 : (좌)열화상, (우)실화상

[그림 12-31] 열화상 카메라의 이용한 전기설비 진단

3. 건물 안전진단 및 제품검사

2차원 온도분포의 측정기능을 이용한 적외선 열화상 카메라는 건물의 단열이나 균열 등의 상태진단에 이용한다.

[그림 12-32] 열화상 카메라를 이용한 건물 상태진단(방열, 단열, 균열 등)

또한 열 에너지를 신호의 핵심으로 다루는 적외선 열화상 카메라는 전자제품 발열 분석이나 석유화학공장 등의 플랜트 진단에도 쓰이고 있다.

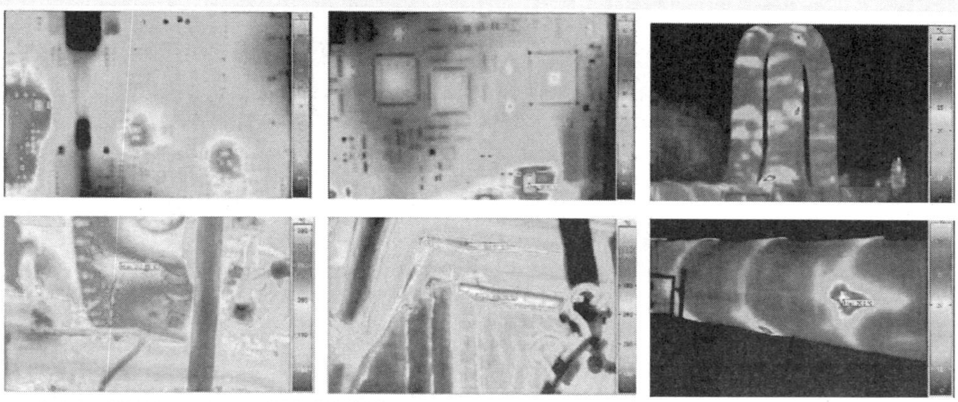

[그림 12-33] 제품 결함 및 과부하 시험

4. 플랜트 제조공정 모니터링

제철소에서는 발생가능한 용광로 슬러지 모니터링 및 야적장의 석탄 화재 사전예방에도 이용된다.

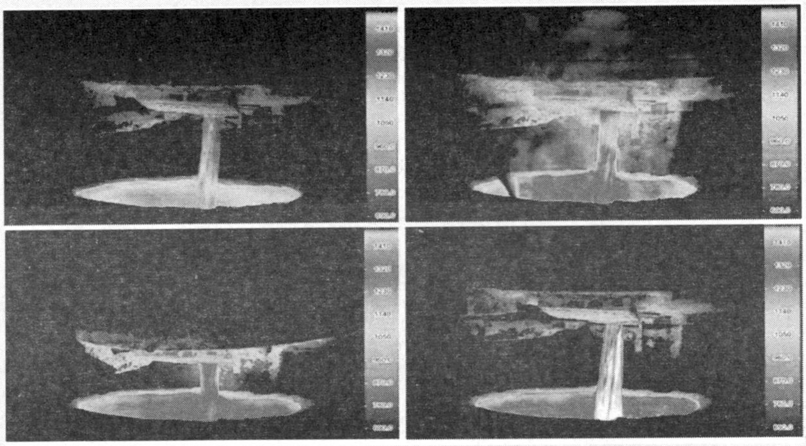

[그림 12-34] 제철소 용광로의 슬러지 모니터링

5. 야간감시

군사지역 및 일반산업체의 야간감시를 위하여 CCTV 카메라와 함께 설치되어서 CCTV의 한계를 보완하고 있다.

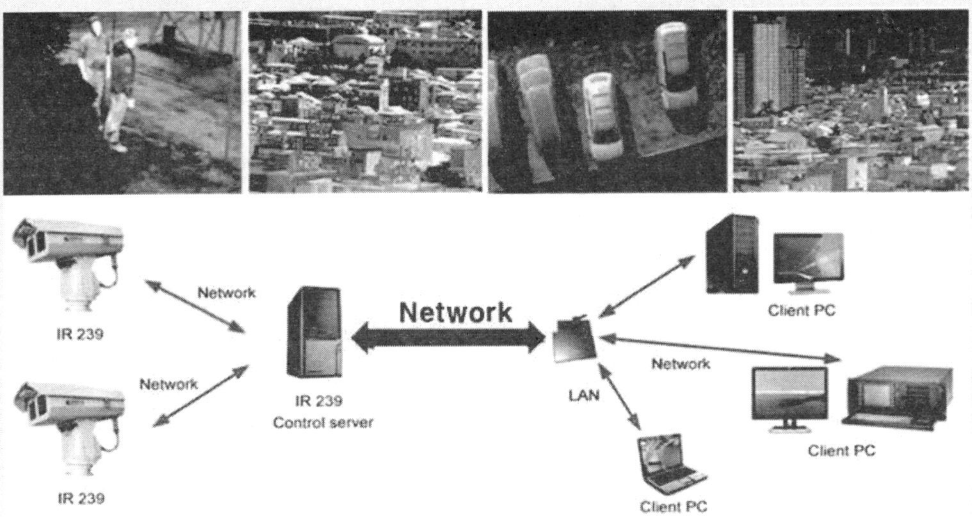

[그림 12-35] 야간감시용 열화상 카메라

6. 군사용

군사용으로는 야간감시, 복합소총, 휴대용 대공미사일 그리고 헬기 지상관측 등에 다양하게 쓰이고 있다.

[그림 12-36] 야간 감시용 열화상 카메라

7. 산업현장의 소방방재

산업현장의 방재의 수단으로서 열감지기, 연기감지기지 그리고 불꽃감지기 등이 있으나 주요 위험 시설물의 집중감시를 위해서 적용될 수 있다.

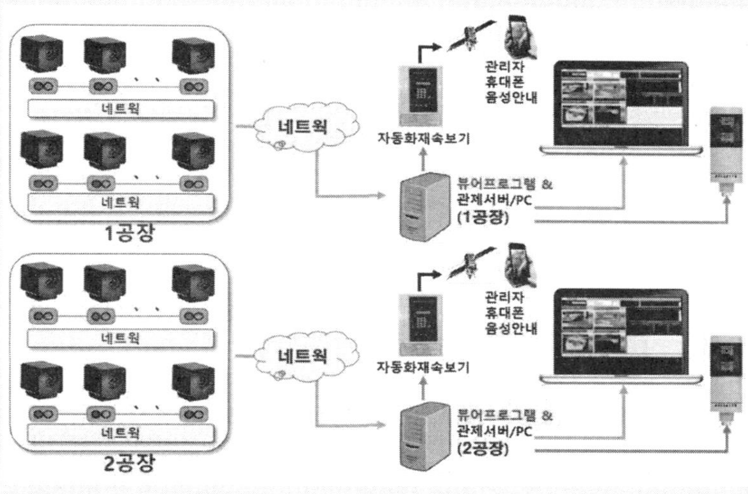

[그림 12-37] 산업현장의 방재용 열화상 카메라 시스템

8. 산불감시

원거리 산불감시용으로서 CCTV와 함께 배치되어서 사고시 IoT 통신 망을 이용하여 관계자의 휴대폰으로 직접 연락된다.

[그림 12-38] 산불감시용 열화상 카메라 시스템

9. 드론을 이용한 항공촬영

드론의 확대로 다양한 항공촬영이 가능한데, 야간촬영은 제한적이다. 이러한 문제 해결에 열화상카메라가 이용되고 있으며, 송전탑 등의 사람이 접근하기 곤란한 지역의 현장감시에도 적합하다.

[그림 12-39] 드론을 이용한 항공촬영(주야간 가능)

10. 자동차 야간운전 보조장비

전차량의 야간운전 보조장비로 이용된다. 가격문제로 아직 대중화되지 못했지만 향후 그 시장이 주목된다. 특히 우천 등으로 시야가 안 좋을 때 주변 사각지역의 돌출물과의 충돌방지 효과가 있다.

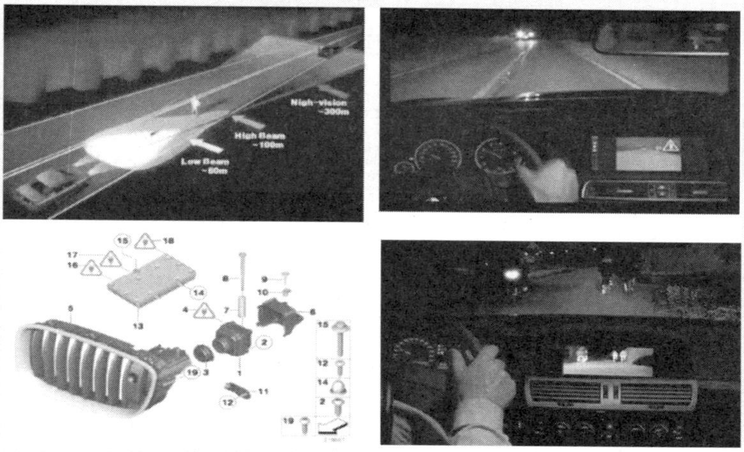

[그림 12-40] 열화상 카메라를 이용한 나이트비전

11. PCB 및 기구물 분석 및 신뢰성 시험

전자기기 부품 및 보드 등의 발열분석과 신뢰성 시험의 수단으로 이용되며, 효율적인 활용을 위해 별도의 분석 프로그램이 필요할 수 있다.

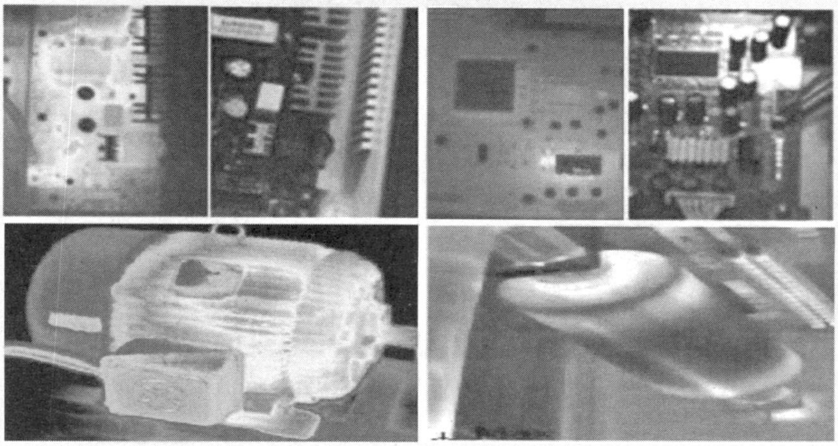

[그림 12-41] PCB 및 기구물 분석 및 신뢰성 시험

12. 스마트 빌딩 - 매장고객 분석

백화점이나 대형 매장에서 고객들의 인원수, 동선 그리고 구매성향의 파악을 위해 열화상 카메라를 설치하는데 별도의 운용 프로그램과 함께 제공된다.

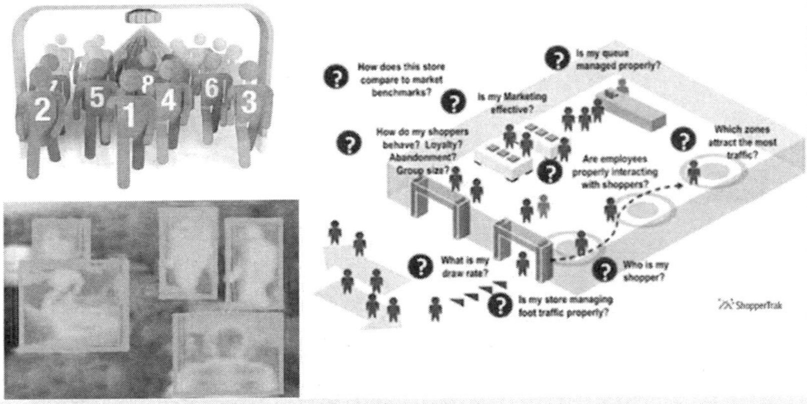

[그림 12-42] 열화상 카메라를 이용한 매장고객의 동선분석

13. 각종 하수구 진단촬영

열화상 카메라는 각종 하수구 진단촬영에도 적용가능하다.

(a) 하수종말처리장 파이프 내부 촬영

(b) 도로 하수구 내부 진단 촬영

(c) 건물내 하수구 내부 진단 촬영

(d) 도로변 하수구 내부 촬영

[그림 12-43] 열화상 카메라를 이용한 하수구 진단촬영

06 적외선 열화상 카메라 시장에 대하여 분석하라.

① 비냉각형 적외선 열화상 카메라의 세계시장(민수용 및 군수용)과 민수용(산업용) 시장의 연도별 시장규모와 추이를 파악하였다.

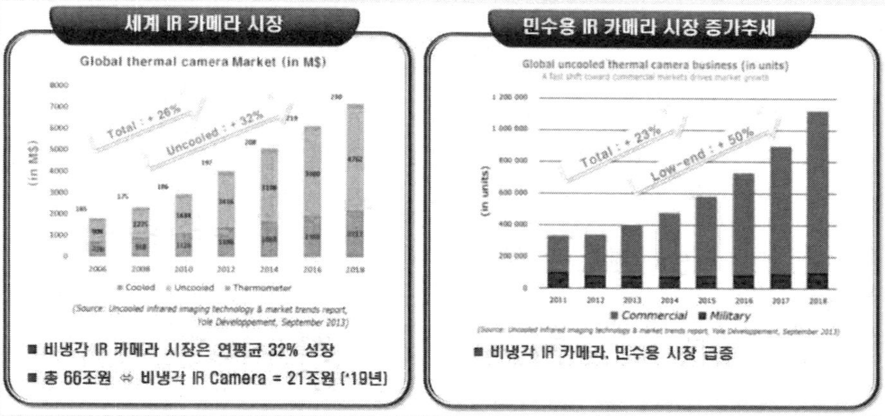

[그림 12-44] 비냉각 열화상 카메라의 시장성장 추이

② 비냉각형 적외선 열화상 카메라 센서시장의 규모를 화소 수와 제조업체별로 파악하였다. 초소형화 추세에 부응하여 저가형 센서가 주목을 끌고 있다(80×60, 320×240, 640×480 array).

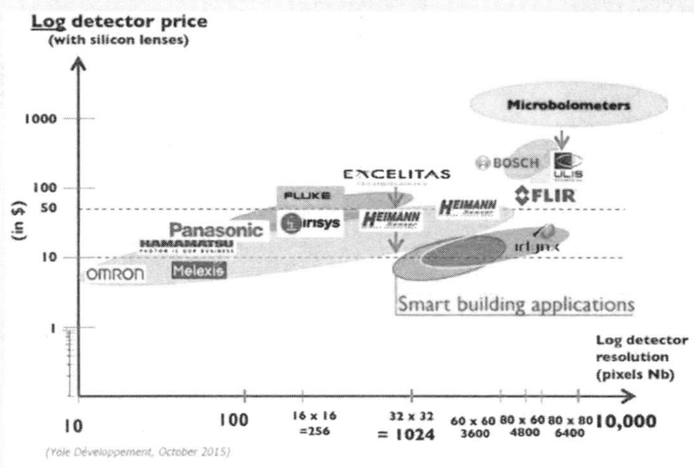

[그림 12-45] 비냉각형 열화상 카메라 센서시장

③ 향후 주요 시설물 진단 및 드론 항공촬영 등의 확대로 CCTV와 조합된 열화상과 실화상의 퓨전형 카메라가 관심의 대상이 될 것으로 추정한다.

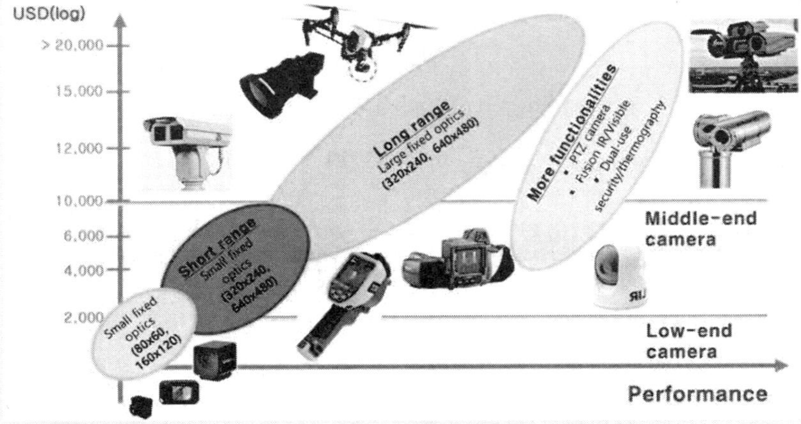

[그림 12-46] 열화상 카메라 시장

④ 휴대폰에 탑재된 저가형의 열화상 카메라는 USB에 의한 플러그 인형에서 스마트폰 내장형으로 발전하는 단계인데, 가장 큰 문제는 배터리 소비전력의 감축이다.

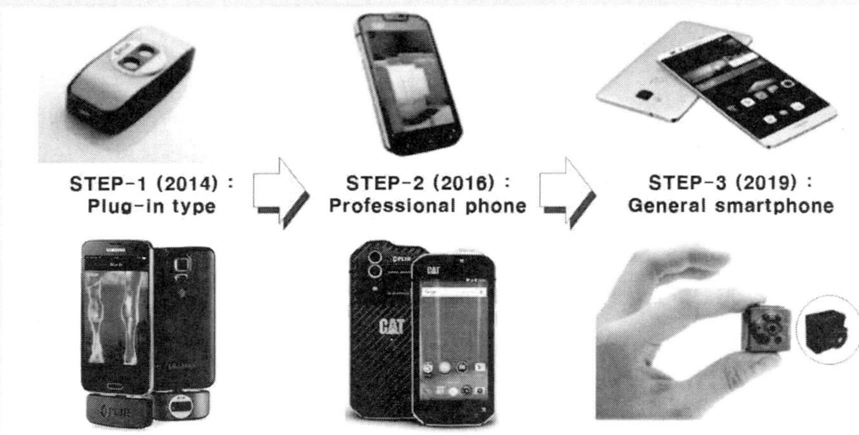

[그림 12-47] 열화상 카메라 탑재형 스마트폰 (80x60, 160x120)

⑤ 향후에는 IoT 기술의 발전과 함께 웨어러블 열화상 카메라가 CCTV 카메라와 함께 모듈형태로 적용될 것으로 본다.

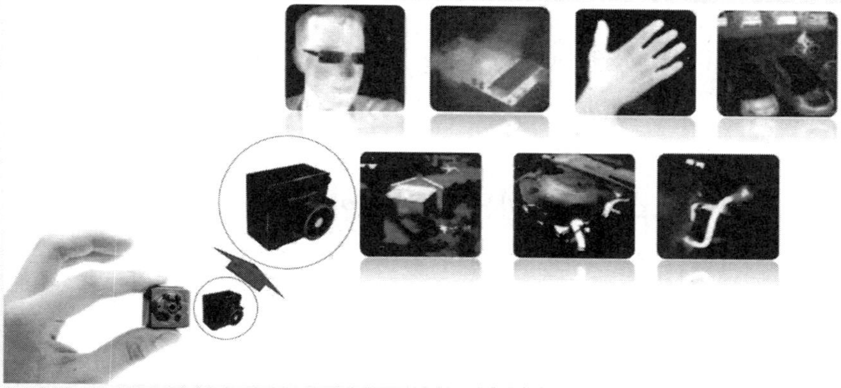

[그림 12-48] 웨어러블 열화상 카메라(80×60, 160×120)

07 열화상 카메라의 장/단점에 대하여 분석하라.

1. 장 점

1) 신속성

광범위한 부위에 대하여 비접촉식으로 신속하게 표면온도를 측정함으로써 문제부위 원인 및 범위의 검출이 가능하다.

2) 작업용이성

접근이 어려운 부위 및 고소부에서의 측정이 용이하고 안전하다. 거리상의 제약이 없으며 빛이 없는 상태에서도 정확한 영상을 구현한다.

3) 다기능성

적정 단열여부, 기밀, 열교현상 등에 대한 유효한 검출에서부터 비파괴 검사용 및 시공간리 장비로의 활용도 가능하다.

2. 단 점

1) 장비의 고가성

국내장비 생산자의 부족으로 인하여 장비가 고가이다.

2) 전문적인 분석 부족

각종설비의 이상 여부에 대한 전문인력의 부족으로 정확한 진단이 어렵다.

3) 장비의 유지보수

고가의 수입장비이므로 고장시 많은 수리비용이 발생한다.

학습활동.12 교수 · 학습 방법

교수 방법

- 스마트 배관관리의 영상활용에 대한 관련 용어, 구성, 방식 이해 정도를 파악한 후 수업을 진행한다.
- 교수자의 주도로 스마트 배관관리의 영상활용 등의 내용을 PPT 자료로 제시한 후 설명한다.
- 가능하면 사전에 개인별 학습 자료를 준비하여 모든 학생이 참여할 수 있는 문제 해결식 수업, 협력 수업이 가능하도록 한다.
- 스마트 배관관리의 영상활용 전 과정을 작업의 순서에 따라 단계적으로 실습이 이루어질 수 있도록 지도한다.
- 교재를 통해 수업을 준비하는데 있어서 필요한 모든 정보나 팁, 힌트 등 도움이 될 만한 내용들을 확인할 수 있다.
- 학생들이 만들게 될 각 모델들은 수업시간에 중점적으로 다뤄질 부분과 어휘, 질문, 답을 포함하고 있으며 또한 탐구할만한 추가적인 아이디어들도 포함하고 있다.

학습 방법

- 스마트 배관관리의 영상활용에 대한 관련 용어를 숙지하고, 스마트 배관관리의 영상활용에 대해 이해한다.
- 스마트 배관관리의 영상활용의 각 단계별 중점 사항을 체계적으로 학습한다.
- 스마트 배관관리의 영상활용의 수행순서의 전 과정을 실습한다.
- 스마트 배관관리의 영상활용의 내용을 이해한다.
- 스마트 배관관리의 영상활용을 이해하고 숙달이 될 때까지 학습한다.

학습활동.12 평가 및 피드백

평가 준거

- 평가자는 피평가자가 수행 준거 및 평가 내용에 제시되어 있는 내용을 성공적으로 수행할 수 있는 지를 평가해야 한다.

학습내용	평가항목	성취수준		
		상	중	하
스마트 배관관리의 영상활용	스마트 배관관리의 영상활용을 이해할 수 있다.			

평가 방법

- 작업 포트폴리오

학습내용	평가항목	성취수준		
		상	중	하
스마트 배관관리의 영상활용	스마트 배관관리의 영상활용을 이해할 수 있다.			

- 필기시험

학습내용	평가항목	성취수준		
		상	중	하
스마트 배관관리의 영상활용	스마트 배관관리의 영상활용을 이해할 수 있다.			

- 체크리스트를 통한 관찰

학습내용	평가항목	성취수준		
		상	중	하
스마트 배관관리의 영상활용	스마트 배관관리의 영상활용을 이해할 수 있다.			

- 피드백

1. 작업 포트폴리오
   - 제출한 보고서를 평가한 후 주요 사항에 대하여 표시하여 돌려준다.
2. 필기시험
   - 평가 결과 성적이 저조한 학생은 보고서 제출 기회를 부여한다.
3. 체크리스트를 통한 관찰
   - 실습 과정에서 평가한 후 개선해야 할 사항 등을 정리하여 돌려둔다.

참 | 고 | 문 | 헌

- ttp://blog.naver.com/PostView.nhn?blogId=louis7915&logNo=221007251186
- 용접검사(비파괴검사)의 종류 및 내용(RT/UT/MT/PT/LT/VT) 작성자 루이스
- www.hanmacco.com
- 적외선 열화상 카메라의 기술 및 응용
- 한국비파괴검사학회, "http://ksnt.or.kr/community/community05.asp"
- Marketsandmarket, Non-Destructive Testing and Inspection Market, 2017.
- 연구개발특구진흥재단 "비파괴 검사 시장" 2017.10.
- ttp://www.hellot.net/new_hellot
- 산업용 X-Ray 주) 자비스 홈페이지 "http://www.xavis.co.kr/"
- http://www.techvalley.co.kr/service/x-ray.php
- https://www.chemidream.com/381 [한화솔루션/케미칼 공식블로그]
- https://luckygg.tistory.com/27
- ㈜대우건설 · (사)대한건축학회, 『건축기술지침 Rev.1(기계)』, 도서출판 공간예술사, 2012.
- (사)대한건축학회, 『건축설비』, 기문당, 1995.
- 건축설비용어사전 편집위원회, 『건축설비용어사전』, 기문당, 1994.
- 박영순, 『건축기계설비일반시공』, 도서출판 세진사, 2000.
- 박종일 · 서기원 공저, 『건축설비 설계』, 도서출판 세진사, 1999.
- 한국종합건설 기계설비협의회, 『설비시공 개선 사례집』, 한국종합건설 기계설비협의회, 2014.
- 00건설 건축기전팀, 『일반배관작업지침』 별첨 품질관리기준, 2011.
- 강동우 · 강민구 · 정해진 · 남상엽, "스마트 시티형 다굴절 오배수관용 Push Rod 및 무선 영상전송 플랫폼," 2019년도 한국인터넷정보학회 추계학술발표대회 논문집 제20권2호, 2019.11.02.
- 정해진, "다굴절 파이프 라인의 내부 검사를 위한 내시경 장치," 대한민국특허등록번호(102157165), 2020.09.11.
- 설동현 외, "DDVS 기법을 활용한 일반 구조용 탄소강관 및 강재 파이프 서포트 영상기반 변위계측," 대한건축학회연합논문집 21권1호, 2019.
- 남명우, "EMD를 이용한 초음파 비파괴 평가용 3차원 영상처리 소프트웨어 개발," 한국산학기술학회 9권6호, 2008.
- 강민구 · 남상엽 · 정해진 · 전준철, "배관 네비게이션 시스템 및 이를 이용한 배관 네비게이팅 방법," 대한민국특허등록번호(102369573), 2022.02.25.
- 강민구, "스마트 시티를 위한 멀티레이어 영상정합 표출 기반의 건축물 디지털 트윈 블록체인 시스템," 대한민국특허등록번호(102451336), 2022.09.30.
- http://blog.naver.com/ltedrain
- http://www.tktech.kr/
- http://hiendt.co.kr/
- https://m.blog.naver.com/qorhksdml 정의 및 분류
- http://www.q-net.or.kr/ 한국산업인력공단(배관기능사)
- http://cleanup.itforone.co.kr/ 배관관리사
- http://www.ddrcall.co.kr/ 배관관리사

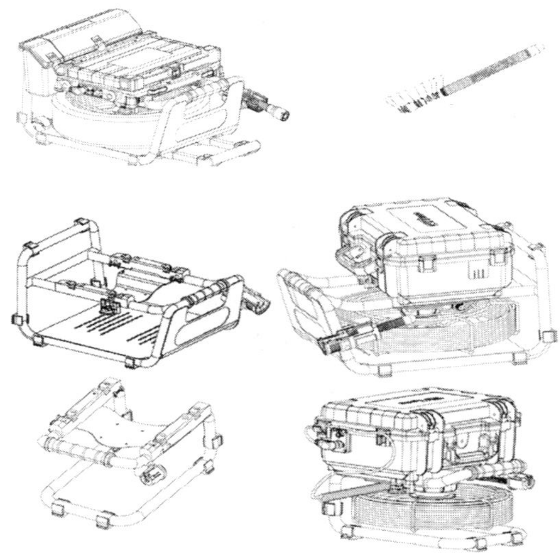

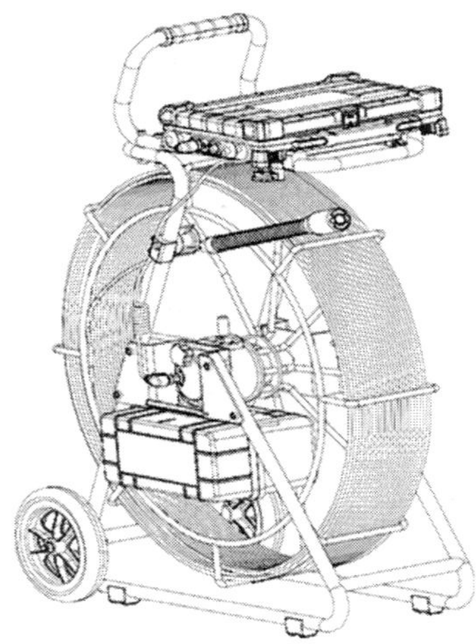

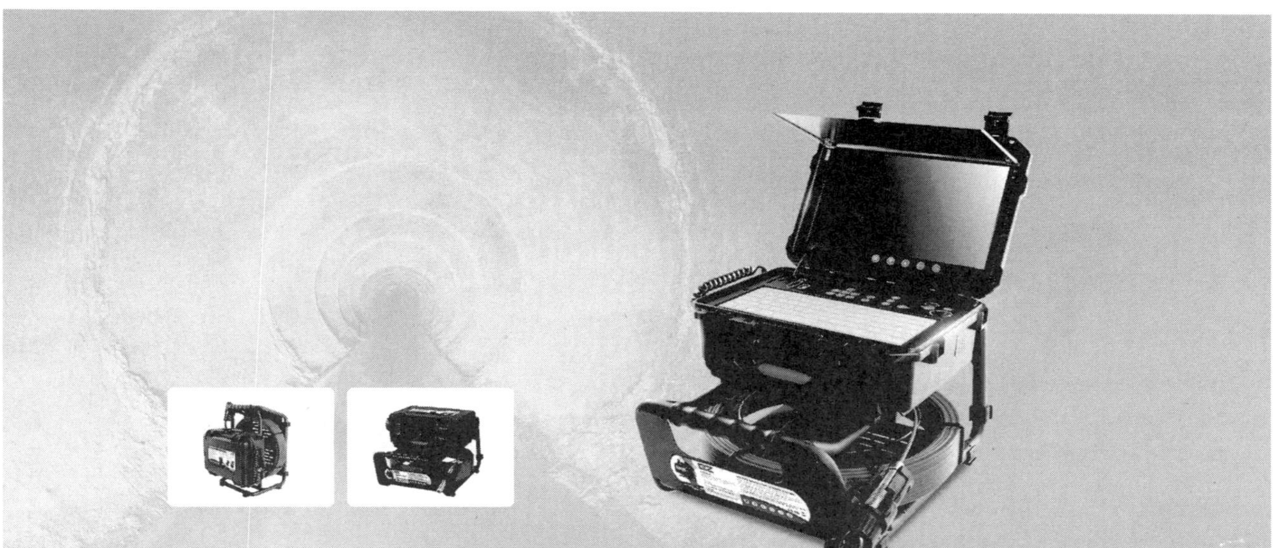

www.qyteco.com
sales@qyteco.com

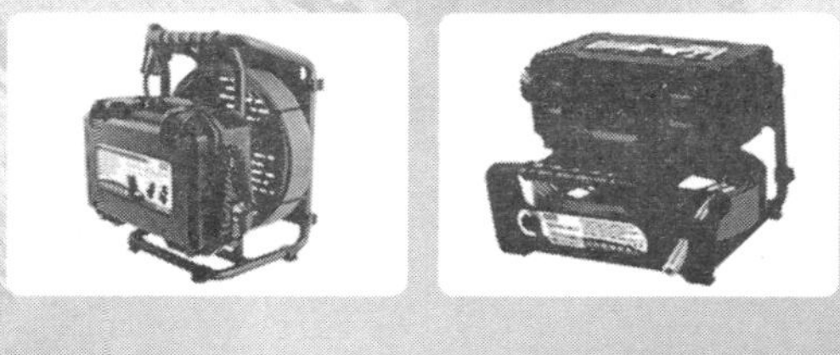

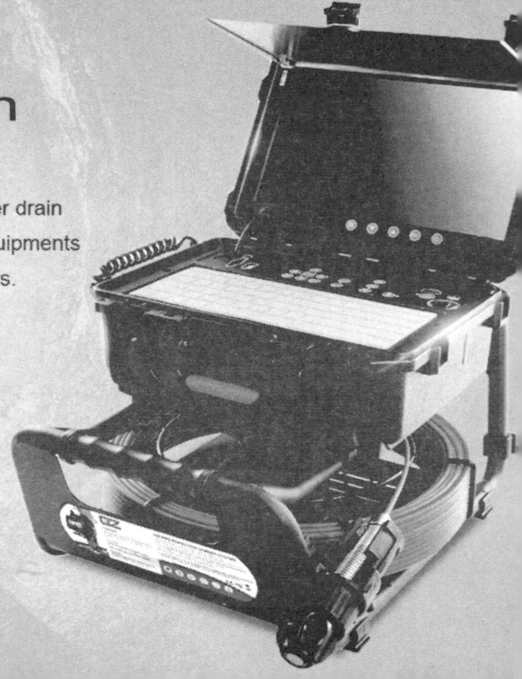

http://www.parangeng.kr/
지명원
PREQUALIFICATION STATEMENT
파랑ENG
건설내시경
PARANG

저자약력

남 상 엽

- 공학박사
- 삼성종합기술원 정보시스템연구소 근무
- 모토로라반도체통신 기술연구소 근무
- 국제대학교 교수(현재)

강 민 구

- 공학박사(연세대학교 전자공학과)
- 삼성전자 연구원 근무(1985~1987)
- 한신대학교 교수(2000~현재)

전 준 철

- 공학박사(코네티컷대학교 컴퓨터공학과)
- 삼성전자 통신연구소 연구원 근무
- 경기대학교 교수(1995~현재)

정 해 진

- AT 대표(현재)

박 제 석

- 크린메이커 이사(현재)

황 동 선

- 파란 ENG 대표(현재)

스마트 배관관리 기술분석

2023년 9월 20일 1판 1쇄 발행

저 자 남상엽 · 강민구 · 전준철
정해진 · 박제석 · 황동선

발행인 남 승 우

발행처 도서출판 상尙 학學 당堂

서울특별시 동작구 사당로9가길 6
TEL : 02) 595-1692~4
FAX : 02) 595-1394
E-mail : shdbooks@naver.com
신고 : 2-155호 (1968. 11. 29)

정가 35,000원

ISBN 978-89-6587-242-9 93540

〈디자인〉 편집 엄해숙 / 표지 토틀컴